HARDCORE PROGRAMMING FOR MECHANICAL ENGINEERS

BUILD ENGINEERING APPLICATIONS FROM SCRATCH

机械工程师Python编程

入门、实战与进阶

[西] 安琪儿·索拉·奥尔巴塞塔（Ángel Sola Orbaiceta）著

未止 译

图书在版编目（CIP）数据

机械工程师 Python 编程：入门、实战与进阶 /（西）安琪儿·索拉·奥尔巴塞塔著；未止译 .—北京：机械工业出版社，2024.6

书名原文：Hardcore Programming for Mechanical Engineers

ISBN 978-7-111-75847-1

Ⅰ. ①机…　Ⅱ. ①安…　②未…　Ⅲ. ①软件工具 – 程序设计 – 应用 – 机械工程　Ⅳ. ① TH-39 ② TP311.561

中国国家版本馆 CIP 数据核字（2024）第 100001 号

机械工业出版社（北京市百万庄大街 22 号　邮政编码 100037）

策划编辑：刘　锋　　　　　　责任编辑：刘　锋　　董一波

责任校对：贾海霞　　陈　越　　责任印制：郜　敏

中煤（北京）印务有限公司印刷

2024 年 7 月第 1 版第 1 次印刷

186mm × 240mm · 29 印张 · 748 千字

标准书号：ISBN 978-7-111-75847-1

定价：149.00 元

电话服务	网络服务
客服电话：010-88361066	机　工　官　网：www.cmpbook.com
010-88379833	机　工　官　博：weibo.com/cmp1952
010-68326294	金　　书　　网：www.golden-book.com
封底无防伪标均为盗版	机工教育服务网：www.cmpedu.com

The Translator's Words 译者序

正如本书书名所言，本书的目标读者是机械工程师，更确切一点说，是需要经常求解工程力学问题、希望或者已经在运用计算机辅助求解的那一部分机械工程师。

本书是一本编程教材，但是涉及对材料力学、线性代数、数值分析和计算机编程等相关知识的综合性运用。因此，读者需要具备一定的专业知识才能更好地理解和学习本书内容，其中，材料力学是核心。本书本质上是运用材料力学知识对工程力学问题进行建模，然后将其数值化、程序化，再借助计算机编程手段来实现对问题的求解。数值化是材料力学与计算机求解之间的桥梁，本书主要涉及初等几何、数值分析和线性代数等知识。计算机编程是计算机求解的关键，也是本书的重要主题。材料力学是对实际工程问题的理论分析和建模，计算机编程则是让计算机理解实际问题并正确求解的关键，只有通过正确有效的编程，才能实现最终的目标。

另外，有三点需要额外说明：一是读者可以适当了解有限元理论分析的相关知识，这样有助于加深对本书的理解；二是本书使用的编程语言是 Python3，但是相关理论是相通的，读者可以根据自己的需求选择合适的语言，不必拘泥于 Python3；三是虽然有以上这些背景知识要求，然而读者不必因此而却步，本书毕竟是一本基础教程，对于理论不会涉及太深。

最后，感谢刘锋编辑给予我翻译本书的机会，但限于本人水平，书中难免有错漏之处，恳请各位读者不吝指教。如有意见或建议，欢迎发邮件至 soloman@qq.com，本人不胜感激。

前　言 *Preface*

编程可以提高你解决复杂问题的能力。现在的 CPU 运算速度可达每秒数十亿次，在其帮助下，我们可以快速、正确地找到难题的解决方案。

本书使用 Python 来解决工程问题。我们将学习编码几何基元（作为实现其他复杂操作的基础）、读写文件、绘制矢量图并制作动画来展示运算结果，以及求解大型线性方程组。最后，我们将整合所有知识，搭建一个用于求解桁架结构问题的应用程序。

目标读者

本书针对的是工程专业的学生或已毕业的工程师，或者任何有专业背景、想通过学习编写应用程序来解决工程问题的人。

读者必须拥有数学和力学的专业背景。本书会涉及线性代数、平面二维几何和物理学的相关概念，以及材料力学和数值方法的一些原理，这些是工程专业的常规课程。我们不会过多深入讨论这些理论知识，以照顾更多的读者。同时，在本书中学到的技巧可以用于解决涉及更复杂概念的问题。

为了跟上本书的教学，你还需要具备一些编程能力和 Python 基础。本书不是编程入门教程，优秀的编程入门教程已经有很多，如果你想要这类书，我推荐 Eric Matthes 撰写的 *Python Crash Course*（No Starch 出版社，2019 年）。网络上也有很多好资料，我最喜欢的网站的网址是 https://realpython.com。Python 的官方网站上也有很好的教程和文档，网址是 https://www.python.org/about/gettingstarted/。

我们会编写很多代码，因此我强烈建议你在学习本书时，带上一台计算机，用来编写和测试本书中的所有代码。

读者收获

在本书中，我们将学习优秀程序的开发技巧，以正确、快速地解决工程问题。我们将使用自动化测试来测试代码，以确保其正确。我们开发的每个应用程序都应该运用自动化测试来进行有效测试，关于该测试方法的讨论会贯穿全书。

工程应用程序通常需要一些数据作为输入，因此我们还将学习从文件中读取数据，以及使用正则表达式来解析数据的方法。

工程应用程序通常需要求解大型方程组，因此我们将学习编写数值算法的技巧来实现这些复杂的计算。我们会重点关注线性方程组，但该技巧可以轻易地应用于编写非线性方程组的数值算法。

最后，工程应用程序需要输出计算结果。我们将学习把数据写入文件的方法，以便后续检查。我们将学习绘制优美的矢量图和制作动画，以呈现程序运算的结果。俗话说，一图胜千言：一幅精心绘制的、展示最关键的计算结果的图像可以赋予程序更大的价值。

为了展示以上所有概念，在本书末尾，我们将构建一个求解二维桁架结构的应用程序。这个程序将涵盖构建工程应用程序所需的一切知识。构建该应用程序所获得的知识可以轻易地移植到其他类型的工程应用程序编写中。

关于本书

本部分主要包括三点：本书英文书名的含义、选择 Python 的原因和本书的章节列表。

“硬核”的含义

本书英文书名中的“Hardcore”（硬核）一词是指我们将只使用 Python 标准库（与 Python 一起分发的库）来编写本书所有代码，我们不会使用任何第三方库来求解方程组或绘制矢量图。

你可能会不理解，如果已经有现成的代码可以完成这些操作，为什么不直接使用呢？一定要重复造轮子[⊖]吗？

本书是学习的指南，而学习必须要自己动手。如果不重复造轮子，你将永远无法理解轮子。在你拥有了扎实的编程技能、编写过几千行代码、完成许多项目后，你才能判断哪些外部库可以满足需求，以及该如何利用它们。如果从一开始就使用外部库，你就会形成习惯，将其视作理所当然。切记，在使用外部库的时候，要经常问自己，它是如何解决问题的。

和其他任何事情一样，编程也是熟能生巧的。想成为优秀的程序员，就必须编写大量代码，没有捷径可言。如果你只将编程作为赚钱的手段，或者只是想尽快将某个想法推到市场上，那就使用现有的库吧。但如果你是为了学习并且希望熟练掌握编程的艺术，那就不要使用外部库，要独立编写代码。

为什么选择 Python

Python 是最受喜爱的编程语言之一。根据 Stack Overflow 网站的 2020 年开发者调查报告（https://insights.stackoverflow.com/survey/2020），Python 在“最受喜爱的编程语言”中排名第三，有 66.7% 的用户愿意继续使用它，仅次于 TypeScript 和 Rust（见图 1）。

同样是这份调查报告，在“最想学习的语言”排名中，Python 排在第一位：在接受调查的、此前没有使用过 Python 的开发者中，有 30% 表示有兴趣学习 Python（见图 2）。

这个结果并不令人惊讶，Python 是一门极其通用且高效的编程语言。用 Python 编程非常轻松，而且它的标准库非常完善：几乎任何你想做的事情，Python 都有现成的资源可以使用。

本书之所以选择 Python，不仅因为它受欢迎，还因为它易于使用和用途广泛。Python 的一个优

⊖ 重复造轮子，是指重复创造已经存在的方法，多用于软件开发领域。——译者注

点在于，即使你在阅读本书前对它完全不了解，入门也不需要花太多时间。它相对易学，互联网上有各式各样的教材和课程。

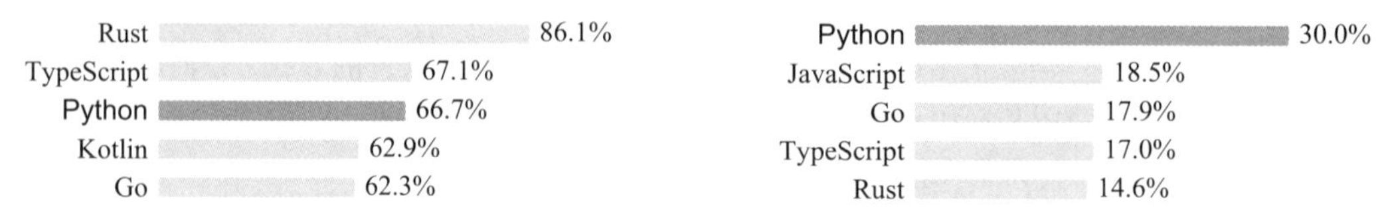

图 1　2020 年最受喜爱的编程语言（来源：Stack Overflow 网站调查报告）

图 2　2020 年最想学习的编程语言（来源：Stack Overflow 网站调查报告）

通常来说，Python 不是一种“快速”的编程语言。的确，执行速度不是 Python 的长项。图 3 展示了用 Python 和 Go（谷歌开发的一种快速编程语言）编写的三个相同程序的执行时间（单位为秒）。Python 执行每一个程序的时间都比 Go 长很多。

reverse-complement

source	secs	mem	gz	busy	cpu load
Python 3	16.41	1,772,696	434	17.57	1% 78% 28% 0%
Go	3.73	826,488	611	4.10	88% 6% 2% 14%

k-nucleotide

source	secs	mem	gz	busy	cpu load
Python 3	72.58	183,484	1967	276.33	95% 95% 94% 97%
Go	12.67	150,584	1722	47.44	95% 90% 93% 96%

fasta

source	secs	mem	gz	busy	cpu load
Python 3	63.63	841,056	1947	127.80	58% 61% 44% 37%
Go	2.11	4,228	1358	5.66	69% 65% 64% 70%

图 3　Python 对标测试（来源：https://benchmarksgame-teampages.debian.net/benchmarksgame/fastest/python3-go.html）

那么，难道我们不在乎速度吗？当然在乎，但对于本书的目的而言，开发时间和开发经验更加关键。Python 有很多代码结构，可以使编程变得轻松。例如，对集合的过滤或映射等操作，Python 的列表推导式可以一步到位，而 Go 则需要用到“古老”的 for 循环。我们将要编写的所有程序基本都不用顾虑执行时间，我们会得到超预期的结果。如果你在其他应用程序中遇到速度问题，那么在本书中学习到的技巧也可以应用到其他更快的编程语言中。

在开始学习之前，先快速预览本书的主要内容。

内容概览

本书的内容非常丰富。每一章都建立在之前的章节基础之上，因此请确保按顺序阅读本书，并练习每一章的代码。

本书包括以下内容：

第一部分：基础知识

第 1 章主要介绍 Python 的一些中级概念，这些概念会贯穿全书。我会介绍如何将代码拆分成模块和包的形式、如何使用 Python 的集合，以及如何运行 Python 脚本和导入模块等。

第 2 章介绍函数式编程和面向对象编程这两种范式，探讨对应的代码编写技巧。

第 3 章介绍如何使用命令行来运行程序，以及执行一些简单任务，如创建文件。

第二部分：二维几何

第 4 章介绍最基础但至关重要的几何基元：点和向量。本书的其余部分都依赖这两个基元的应用。同时，我们还将学习自动化测试方法，以确保代码没有错误。

第 5 章将直线和线段这两个几何基元加入我们的几何工具箱中。我们将学习如何检查两条线段或直线是否相交，如何计算交点。

第 6 章将矩形、圆和多边形添加到我们的几何工具箱中。

第 7 章讲解仿射变换这一有趣的代数构造，我们将用其来制作漂亮的图片和动画。

第三部分：图形和模拟

第 8 章介绍可缩放矢量图形（SVG）格式。我们将编写自己的库，使用几何基元来生成这类图形。

第 9 章利用前面章节学到的所有知识，搭建我们的第一个应用程序，该程序会计算出经过三个指定点的圆，并将结果绘制成矢量图。

第 10 章介绍 Tkinter 包的基础知识，该包用于在 Python 中创建用户界面。我们将主要学习如何使用画布小部件，以在屏幕上绘制图像。

第 11 章学习如何通过在 Tkinter 的画布中绘图来创建动画。我们将探讨时间循环，这一概念被用于工程仿真和视频游戏引擎中来将场景渲染到屏幕上。

第 12 章创建一个应用程序，将对一些几何基元应用仿射变换的效果制作成动画。

第四部分：方程组

第 13 章介绍矩阵和向量的构造，并介绍如何编码这两个基元，这在我们处理方程组时会非常有用。

第 14 章介绍使用数值方法求解大型线性方程组的方法。我们会对 Cholesky 因式分解算法进行编码，该算法在第五部分的方程组求解中还会用到。

第五部分：桁架结构

第 15 章讲解本部分会涉及的材料力学的一些基本概念。我们会编写一些类来代表一个桁架结构模型，然后用这个模型建立一个完整的结构分析应用程序。

第 16 章使用上一章建立的模型，学习求解结构位移、变形和应力所需的所有计算方法。

第 17 章介绍读取和解析文件的方法，使得我们的桁架分析应用程序能够读取以文本文档形式存储的数据。

第 18 章介绍用结构计算结果生成 SVG 图像的算法。我们将使用自己编写的 SVG 包来绘制图形，这个图形会包含所有相关的细节，如结构变形后的几何形状和每个杆旁边的应力标签。

第 19 章学习如何将前面章节中编写的代码组合到一起，构建完整的桁架分析程序。

搭建开发环境

本书使用 Python3 和 PyCharm 软件，并会提供 PyCharm 的操作指导。PyCharm 是一个开发环境软件，可以提高编程效率。书中的代码已经经过 Python 3.6 到 3.9 版本的测试，对于更新的版本，大概率也可以很好地运行。请下载本书附带的代码，安装最新的 Python3 解释器，并安装 PyCharm 软件。

下载本书代码

GitHub 网站上有本书所有代码，链接为 https://github.com/angelsolaorbaiceta/Mechanics。虽然我强烈建议你手动编写所有代码，但也不妨将其作为参考。

如果你熟悉 Git 版本控制系统和 GitHub 网站，那么你可能会克隆该仓库。我建议你定期拉取该仓库，因为我偶尔可能会添加新特性或修复错误代码。

如果你不熟悉 Git 或 GitHub，那么最好的选择是下载一份代码副本。单击 Clone（克隆）按钮并选择 Download ZIP（下载 ZIP）选项即可（见图 4）。

解压缩该项目，并将其放在某个目录中。你会发现，我用 README 文件（README.md）记录了该项目的每个包和子包。这些文件经常出现在软件项目中，它们负责解释和记录项目的特性，也包含编译或运行代码的指导。当打开一个软件项目时，你应该首先阅读 README 文件，因为它描述了配置项目和运行代码的方法。

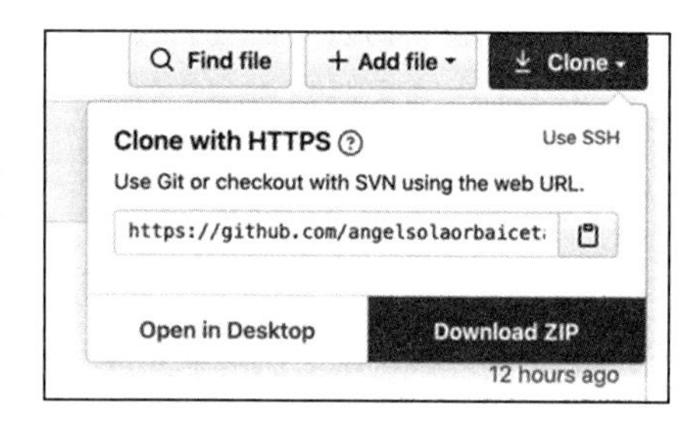

图 4　从 GitHub 网站下载代码

注意　README 文件使用 Markdown 格式编写。如果想对该格式有更多了解，可以访问网址 https://www.markdownguide.org/。

GitHub 上的 Mechanics 项目所包含的代码比本书中涉及的要多。我不想把这本书写得太长，因此没有涵盖该项目的所有内容。

例如，在第 14 章中，我们将探讨线性方程组求解的数值方法，并详细解释楚列斯基（Cholesky）分解法。其他数值方法，如共轭梯度法（conjugate gradient），我们在书中无法一一讨论，但是该项目中有对应的代码，可以供你分析和运用。为了简洁起见，我们在书中也省略了许多自动测试代码，当你编写测试代码时，可以参考项目中的代码。

现在是时候安装 Python 了。

安装 Python

从链接 https://www.python.org/downloads/ 可以下载 macOS、Linux 和 Windows 操作系统对应的 Python 版本。Windows 和 macOS 操作系统需要下载安装程序并运行。

Linux 操作系统通常预装 Python。你可以在 shell 中使用以下命令查看计算机上安装的 Python 版本：

```
$ python3 -V
Python 3.8.2
```

在 Linux 计算机上安装 Python 的特定版本，需要用到 os 包管理器（os package manager）。对于使用 apt 包管理器的 Ubuntu 系统用户，命令如下：

```
$ sudo apt install python3.8
```

对于使用 dnf 包管理器的 Fedora 系统用户，命令如下：

```
$ sudo dnf install python38
```

如果你使用的是 Linux 的其他发行版本，用谷歌搜索可以找到对应的包管理器的 Python 安装教程。关键是下载 Python3 版本，如 3.9 版，这是本书编写时的最新版本。3.6 及以上的版本都可以。

注意 Python2 和 Python3 不兼容；用 Python3 编写的代码大概率无法在 Python2 的解释器上运行。Python 的升级是非向后兼容的，因此 Python3 中的一些特性在 Python2 中不存在。

安装和配置 PyCharm 软件

开发代码时，我们通常会使用集成开发环境软件（Integrated Development Environment，IDE），它拥有很多功能，能提高我们的编程效率。IDE 通常具有自动补全功能，让你在输入时知道有哪些备选项，构建、调试和测试工具时也一样。花一点时间学习 IDE 的主要功能是值得的，它将使你在开发阶段更高效。

本书使用 PyCharm 软件，它是由 JetBrains 公司创建的功能强大的 IDE，该公司不仅拥有市场上最好的 IDE 软件，还拥有自己的编程语言：Kotlin。如果你已经拥有一些 Python 编程经验，并且更喜欢使用其他 IDE（如 Visual Studio Code），倒也无妨，只是在碰到问题时，你需要自己查阅 IDE 文档来解决问题。如果你没有太多的 IDE 使用经验，我建议使用 PyCharm，这样你就可以紧随本书课程。

要下载 PyCharm 软件，请打开链接 https://www.jetbrains.com/pycharm/，单击 DOWNLOAD（下载）按钮（见图 5）。

图 5　下载 PyCharm IDE 软件

PyCharm 有 Linux、macOS 和 Windows 版本。每个版本又有两种类型：专业版和社区版。你可以下载免费的社区版，然后在计算机上按照步骤安装 PyCharm。

打开 Mechanics 项目文件

让我们用 PyCharm 软件来设置之前下载的 Mechanics 项目，这样就可以使用它并将其代码作为参考。

打开 PyCharm，然后单击欢迎界面的“打开”（Open）选项，找到你在 GitHub 下载或克隆的 Mechanics 项目文件夹并选中它。PyCharm 会打开该项目，并使用计算机中安装的 Python 版本为其配置 Python 解释器。

PyCharm 中的每个项目都需要设置对应的 Python 解释器。因为计算机可能安装了不同版本的 Python，安装位置也可能不同，所以你需要告诉 PyCharm，你想使用哪一个 Python 版本来解释项目代码，以及该解释器在什么路径。对于 Windows 和 Linux 系统用户，请在菜单栏选择 File（文件）→ Settings（设置）。对于 macOS 用户，请选择 PyCharm → Preferences（首选项）。在 Settings/Preferences（设置 / 首选项）窗口中，单击左侧的 Project：Mechanics 来展开项目，并选择相应的 Python 解释器（见图 6）。

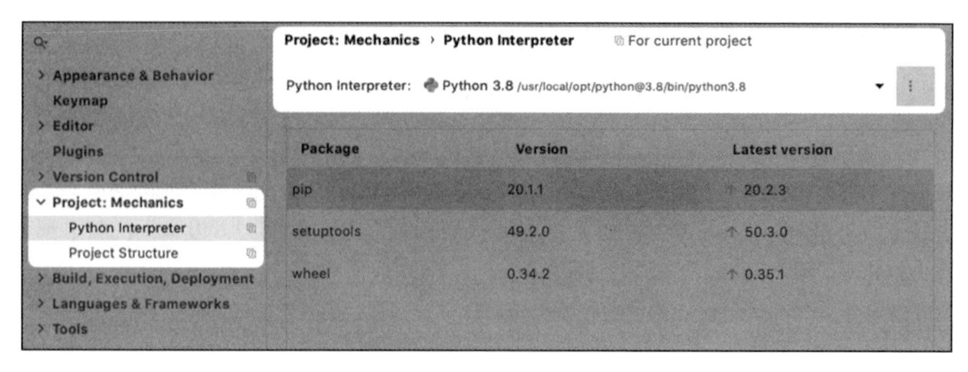

图 6　设置项目的 Python 解释器

在窗口的右侧，单击 Python 解释器一行最右侧的下拉箭头，在下拉窗口中，选择对应的 Python 版本。如果你遵循前面的教程，Python 会安装到默认目录中，PyCharm 可以直接找到它，因此对应的解释器也应该出现在列表中。如果你将 Python 安装到了其他位置，则需要告诉 PyCharm 具体的文件夹位置。

注意　如果在设置项目解释器时遇到问题，请查看 PyCharm 的官方文档：https://www.jetbrains.com/help/pycharm/configuring-python-interpreter.html（此链接包含该操作的详细说明）。

再次打开 Mechanics 项目，它应该已经设置好了。双击 README.md 文件，在 PyCharm 中打开它。在 PyCharm 中打开 Markdown 文件，会默认显示一个分割视图：左侧是 Markdown 的源文件，右侧是该文件的渲染版本，见图 7。

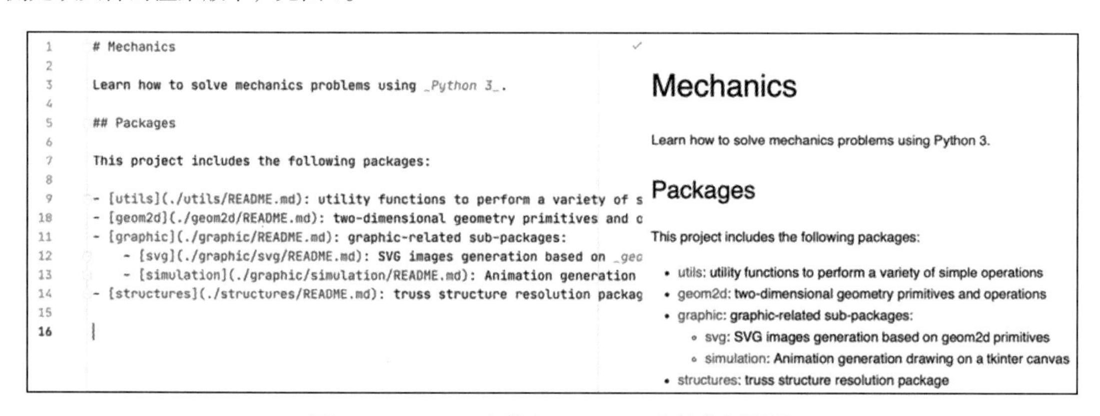

图 7　README 文件在 PyCharm 中的分割视图

这份 README.md 文件阐述了项目的基本结构。请随意浏览预览中链接的内容，花一些时间阅读每个软件包的 README 文件。这将让你更好地了解我们将要完成的工作量。

创建单独的 Mechanics 项目

下载的 Mechanics 项目已经设置完成，让我们创建一个新项目，用于编写自己的代码。如果项目已打开，请先将其关闭［选择 File（文件）→ Close Project（关闭项目）］，然后你会看到欢迎界面，见图 8。

单击欢迎界面的 Create New Project（新建项目），在位置一栏中输入项目名称：Mechanics。然后，选择解释器部分，忽略默认的 New environment using（使用此工具新建环境），选择 Existing interpreter（先前配置的解释器），见图 9。找到之前下载的 Python 版本，然后单击 CREATE（创建）按钮。

图 8　PyCharm 的欢迎界面

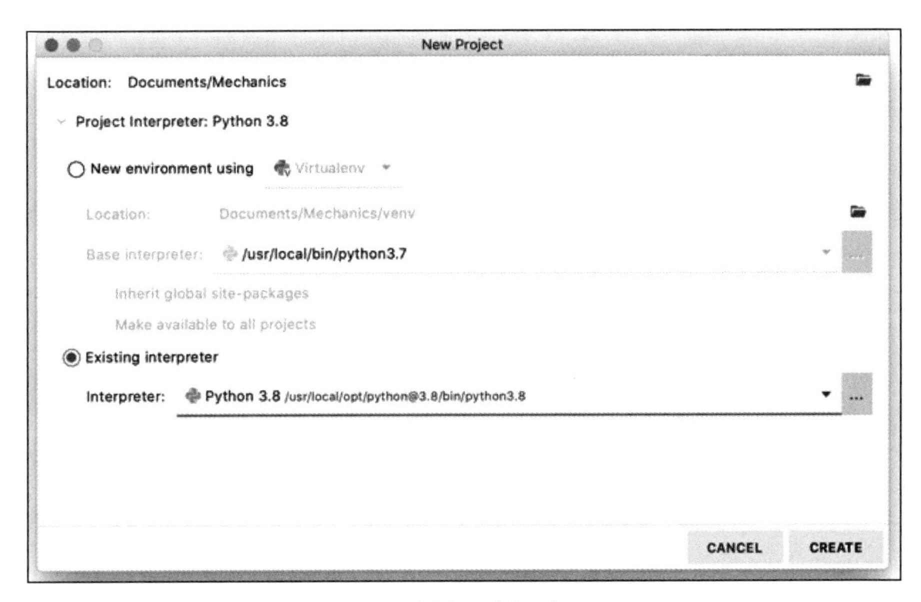

图 9　创建一个新项目

至此，一个新项目就创建好，可以编写代码了。让我们先快速学习一下 PyCharm 的主要功能。

PyCharm 介绍

这里并没有给出 PyCharm 的详细指南。要获得对该 IDE 的更完整概述，请阅读官方文档 https://www.jetbrains.com/help/pycharm。该官方文档不仅全面，而且会实时更新最新的特性。

PyCharm 功能强大，它的社区（免费）版包含许多功能，这也使得 Python 编程变得令人愉快。它的用户界面（UI）主要分为四个部分（见图 10）。

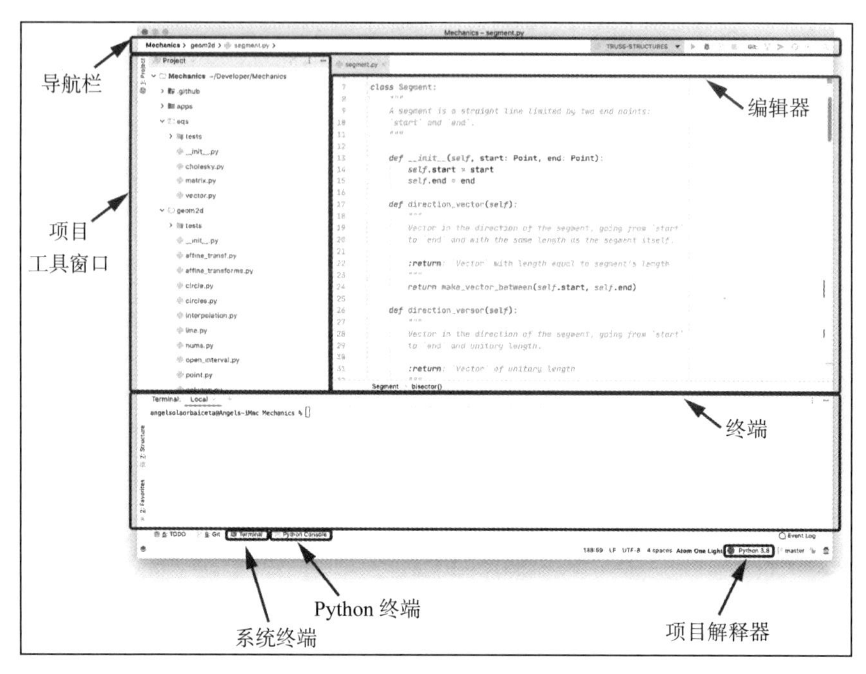

图 10　PyCharm 的用户界面

导航栏：窗口的顶部是导航栏。其左侧是当前文件的路径导航（又叫面包屑导航），右侧是程序运行和调试按钮，以及显示当前运行配置的下拉列表（后面会介绍运行配置）。

项目工具窗口：显示项目的目录结构，包括所有包和文件。

编辑器：用于编写代码。

终端：PyCharm 拥有两个终端，即计算机系统终端和 Python 终端。两者在本书中都会经常使用。我们将在第 3 章中讲解这些内容。

用户界面的右下角还会显示项目对应的 Python 解释器。你可以在这里更改解释器版本，从系统上安装的版本列表中选择即可。

创建包和文件

我们可以在项目工具窗口中创建新的 Python 项目包（我们将在第 1 章中介绍包的知识）。要创建新包，请在项目工具窗口中，右击要创建新包的文件夹或包，在出现的菜单中选择 New（新建）→ Python Package（Python 包）。同样，创建 Python 文件可以选择 New → Python File（Python 文件）。图 11 中显示了这些选项。

还可以选择 New → Directory（目录）以创建常规目录，选择 New → File（文件），选中对应文件的扩展名，即可创建任意类型的文件。常规目录和 Python 包的区别在于，后者包含一个名为 __init__.py 的文件，该文件会指示 Python 解释器将其所在的目录视作一个具有 Python 代码的包。你可以在第 1 章中了解更多相关信息。

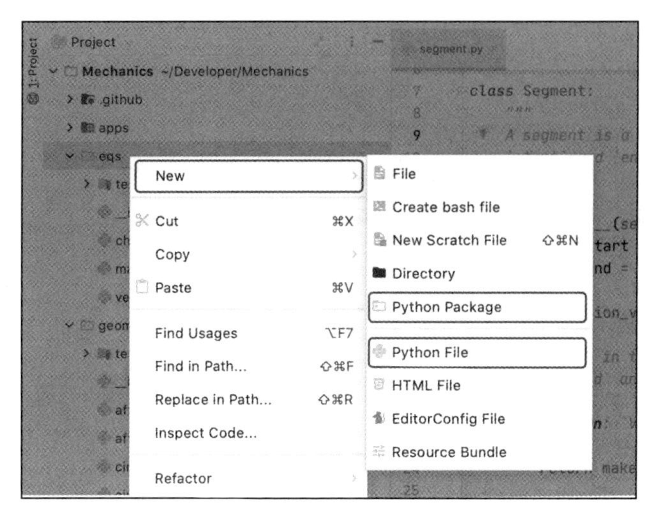

图 11　PyCharm 创建新的包或文件

创建运行配置

运行配置（run configuration）用于告诉 PyCharm 项目（或它的某部分）应该如何运行。我们可以保存配置，以便根据需要重复使用。有了运行配置，我们只用一个按钮就能执行应用程序，而不需要在 shell 中编写繁杂的命令，如复制 / 粘贴参数、输入文件名称等。

另外，运行配置可以包括其他信息，如应用程序的入口点、标准输入的重定向文件、必须设置的环境变量以及传递给程序的参数等。运行配置非常方便，可以节省开发时间；它还可以让我们轻松地调试 Python 代码，下文会介绍这一点。你可以通过如下路径获取运行配置的官方文档：https://www.jetbrains.com/help/pycharm/run-debug-configuration.html。

让我们动手创建一个运行配置吧。为此，首先需要创建一个新项目。

创建一个测试项目

在菜单栏中新建项目，请选择 File → New Project（新建项目）。在 Create Project（创建项目）对话框中，输入“RunConfig”作为项目名称，选择 Existing interpreter，然后单击 CREATE。

在这个新项目中，右击项目工具窗口中的 RunConfig 目录，然后选择 New → Python File 以创建一个 Python 文件，将其命名为“fibonacci”。打开该文件，输入以下代码：

```
def fibonacci(n):
    if n < 3:
        return 1

    return fibonacci(n - 1) + fibonacci(n - 2)


fib_30 = fibonacci(30)
print(f'the 30th Fibonacci number is {fib_30}')
```

这是一个用递归算法计算第 n 个斐波那契数的函数，我们用它来计算和输出第 30 个斐波那契数。

让我们创建一个新的运行配置来执行此脚本。

创建一个新的运行配置

若要创建新的运行配置，请在菜单栏中选择 Run（运行）→ Edit Configurations（编辑配置），从而弹出如图 12 所示的对话框。

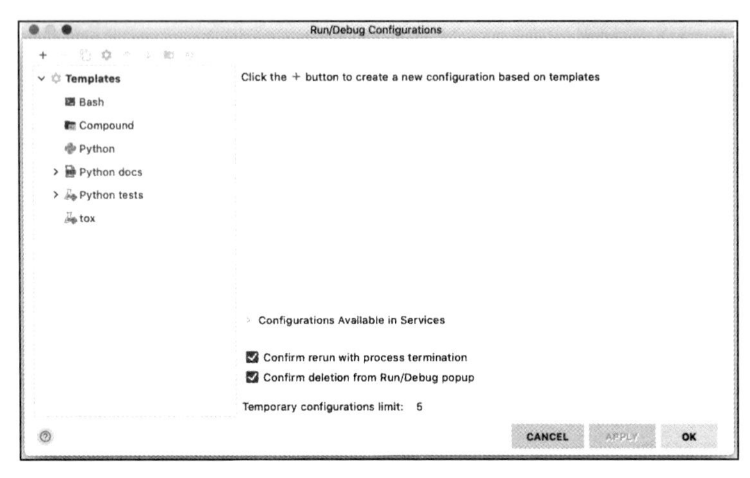

图 12 “运行 / 调试配置”对话框

如图 12 所示，我们可以使用模板来创建一个新的运行配置。每个模板都定义了一些参数，可以帮助我们轻松地创建正确的配置。在这本书中，我们只会使用 Python 模板。该模板定义了一个用来运行和调试 Python 文件的运行配置。

在对话框中，单击左上角的“+”按钮，并从弹出的模板列表中选择 Python（见图 13）。

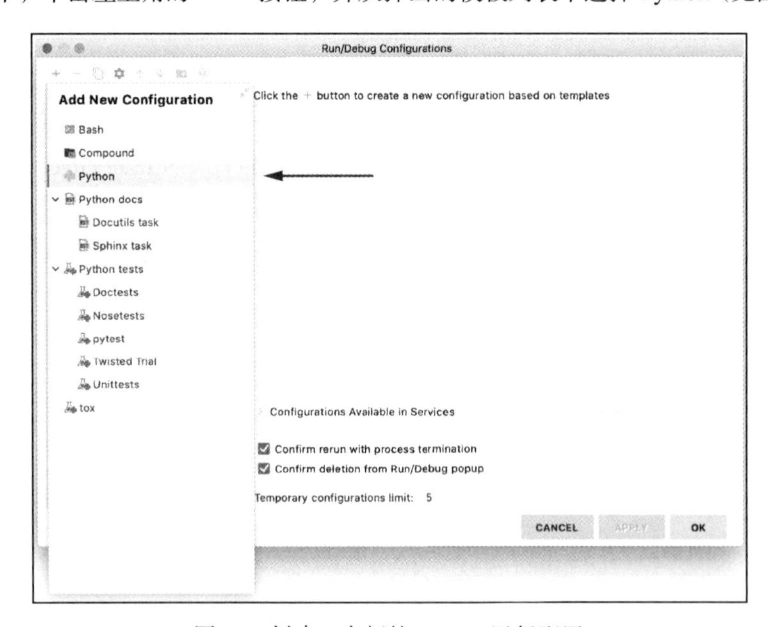

图 13 创建一个新的 Python 运行配置

选择配置模板后，对话框的右侧会显示我们需要为运行配置代码提供的参数。我们只需填写两个参数：配置名称和脚本路径。

找到对话框顶部的 Name（名称）字段，输入“fibonacci”，然后在 Configuration（配置）部分找到脚本路径字段，单击其右侧的文件夹图标。单击图标后，会打开一个选择脚本对话框，路径指向项目的根文件夹，这也是我们添加 fibonacci.py 文件的位置。选择此文件作为脚本路径。最终的配置对话框如图 14 所示。单击 OK（确定）按钮。

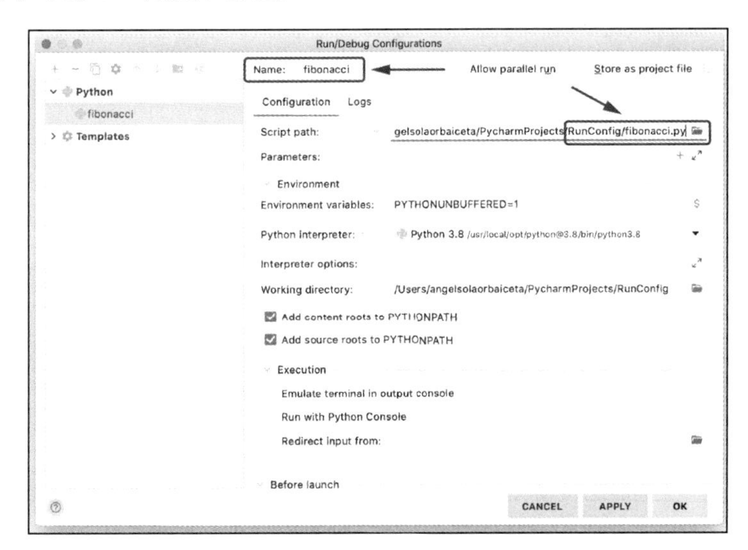

图 14　运行配置参数设置

你已经成功地创建了一个运行配置，让我们运行它吧。

使用运行配置

在导航栏的右侧，找到运行配置选择器，如图 15 所示。

图 15　运行配置选择器

在下拉列表中，选择刚才创建的运行配置，单击绿色运行按钮来执行它。IDE 的 shell 中应该会显示如下信息：

```
the 30th Fibonacci number is 832040

Process finished with exit code 0
```

还可以通过在菜单中选择 Run → Run fibonacci（运行 fibonacci）来启动运行配置。

我们已经使用运行配置成功地执行了 fibonacci.py 脚本。现在让我们学习如何使用它调试 Python 代码。

调试 Python 代码

当程序运行不正常且原因不明时，需要对其进行调试。要调试程序，我们可以一次一步，逐行执行该程序，检查变量值。

在调试脚本之前，先对 fibonacci 函数小改一下。假设使用这个函数的人抱怨它计算大数时速度太慢，例如，函数计算第 50 个斐波那契数需要好几分钟：

```
# this will fry your CPU... be prepared to wait
>>> fibonacci(50)
```

经过仔细分析，我们意识到，如果我们对已经计算出的斐波那契数进行存储，避免一次又一次地重复计算，那么我们的 fibonacci 函数就可以得到改进。为了加快执行速度，我们决定将已经计算出的斐波那契数保存到一个字典中。代码修改如下：

```
cache = {}


def fibonacci(n):
    if n < 3:
        return 1

    if n in cache:
        return cache[n]
    cache[n] = fibonacci(n - 1) + fibonacci(n - 2)
    return cache[n]


fib_30 = fibonacci(30)
print(f'the 30th Fibonacci number is {fib_30}')
```

在开始调试练习之前，请再次运行该脚本，以确保其仍能产生预期结果。你可以更进一步，尝试计算第 50 个斐波那契数。这一次计算时间将是毫秒级。命令如下：

```
--snip--

fib_50 = fibonacci(50)
print(f'the 50th Fibonacci number is {fib_50}')
```

产生的结果如下：

```
the 50th Fibonacci number is 12586269025

Process finished with exit code 0
```

现在让我们在调用函数的那一行停止执行：

```
fib_50 = fibonacci(50)
```

要做到这一点，我们需要在 Python 解释器停止执行的那一行设置断点（breakpoint）。设置断点有两种方式：一是在编辑器区域你想要停止的行的右侧单击（如图 16 中显示的点处）；二是单击该行的任意位置，然后从菜单中选择 Run → Toggle Breakpoints（切换断点）→ Line Breakpoint（行断点）。

如果添加断点成功，你应该看到类似图 16 所示的一个圆点。

要想在调试模式下启动 Fibonacci 运行配置，需要单击红色的调试按钮，而不是绿色的运行按钮（见图 15），或在菜单栏选择 Run → Debug fibonacci（调试 fibonacci）。

PyCharm 会执行脚本并检查断点，一旦发现断点，它就会在这一行之前停止执行。你的 IDE 应该在设置断点的行上停止执行，并在下方显示调试控件，如图 17 所示。

```
1   cache = {}
2
3
4   def fibonacci(n):
5       if n < 3:
6           return 1
7
8       if n in cache:
9           return cache[n]
10
11      cache[n] = fibonacci(n - 1) + fibonacci(n - 2)
12      return cache[n]
13
14
15  fib_50 = fibonacci(50)
16  print(f'the 50th Fibonacci number is {fib_50}')
17
```

图 16　在代码中设置断点

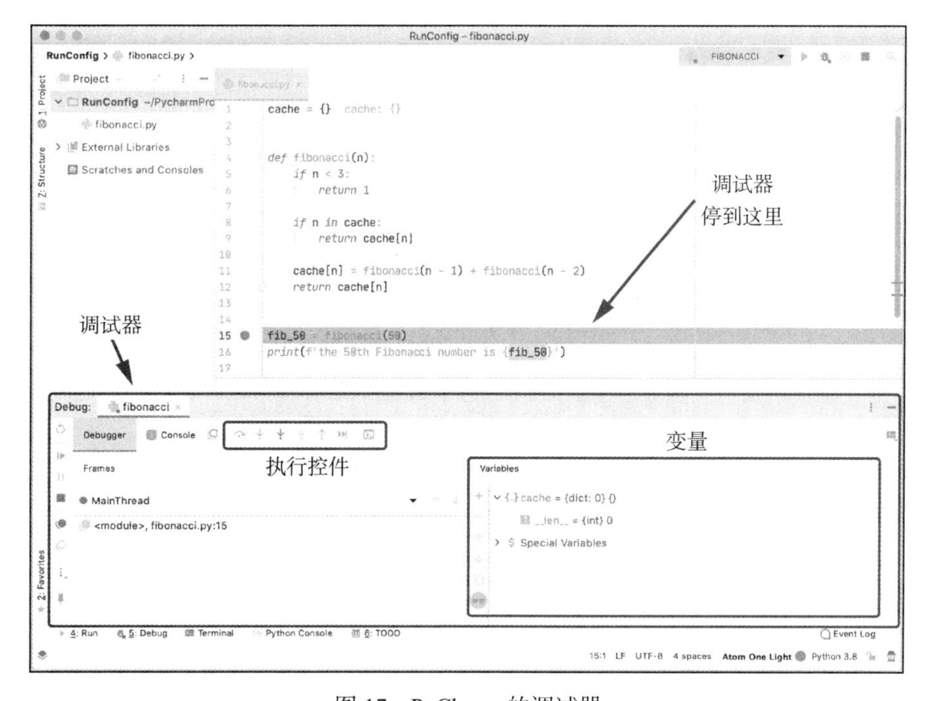

图 17　PyCharm 的调试器

在调试器的顶部附近有一栏，用来控制程序的执行（见图 18）。该栏上有一些图标，我们主要关注的是前两个：步过（step over）和步入（step into）。使用“步过”选项，我们可以执行当前行并跳转到下一行。“步入”选项则会进入当前行的函数内部。我们稍后会讲解这两个选项。

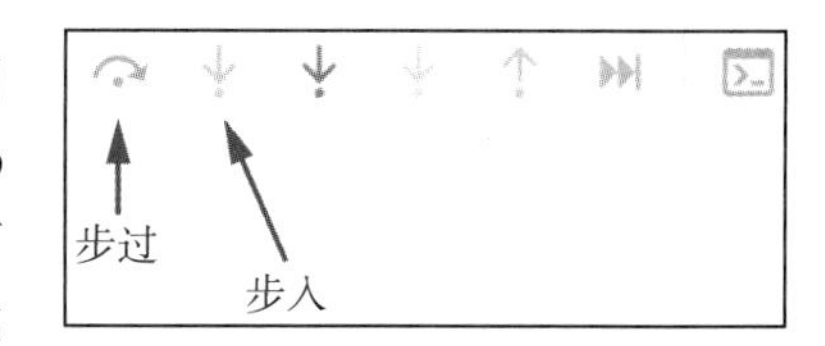

图 18　调试器的执行控件

调试器的右侧有一个变量窗格，我们可以在这里检查程序的当前状态：所有变量的值。例如，在图 17 中可以看到 cache 变量，它是一个空字典。

现在，让我们单击调试器执行控件中的“步入”图标，执行进入 fibonacci 函数内部，并停在第一行指令上（见图 19）。

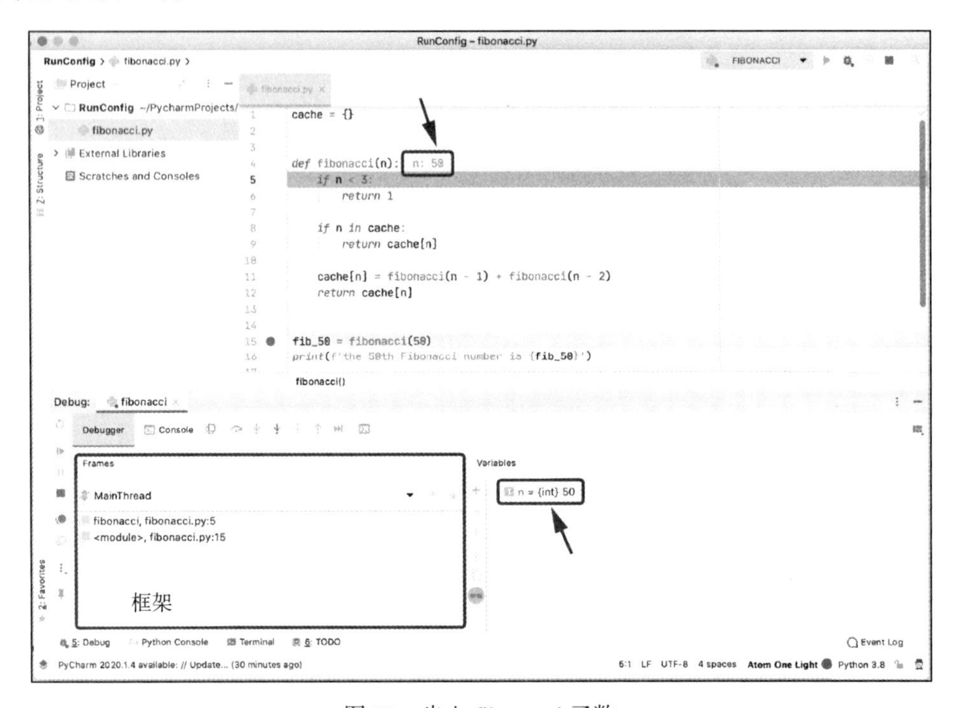

图 19　步入 fibonacci 函数

调试器的变量窗格显示变量 n 当前值为 50。这个值也出现在 fibonacci 函数定义的旁边，如图 19 所示（这两个位置都用箭头表示）。

调试器的左侧是“框架”窗格。这个窗格展示了程序的栈帧。每当函数执行时，一个带有函数局部变量和其他信息的新帧就会被压入该栈。你可以来回单击帧来检查程序在调用函数之前的状态。例如，你可以单击 <module>,fibonacci.py:15 栈帧，查看调用 fibonacci 函数之前的状态。要返回当前执行点，只需单击最顶部的栈帧，本例中是 fibonacci,fibonacci.py:5。

尝试继续使用步过和步入控件来调试程序，观察 cache 变量和 n 的值如何改变。实验结束后，为了停止调试，你可以执行程序中的所有指令，直到结束，或者单击调试器中的停止按钮。你可以从菜单中选择 Run → Stop fibonacci（停止 fibonacci）来执行此操作或单击调试器左侧的红色正方形图标。

让我们最后尝试一次调试练习。在调试模式下再次运行程序，当执行到断点处停止时，单击“步过”图标。在变量窗格中检查变量 cache。如你所见，cache 现在被从 3 到 50 的斐波纳契数填满了。你可以展开字典以检查其内部的所有值，如图 20 所示。

你还可以使用调试器的控制台与当前的程序进行交互（见图 21）。在调试器视图中，单击 Debugger 选项卡旁边的 Console（控制台）选项卡。在控制台中，你可以检查当前程序的状态，执行某些操作，如检查某个斐波那契数是否被缓存：

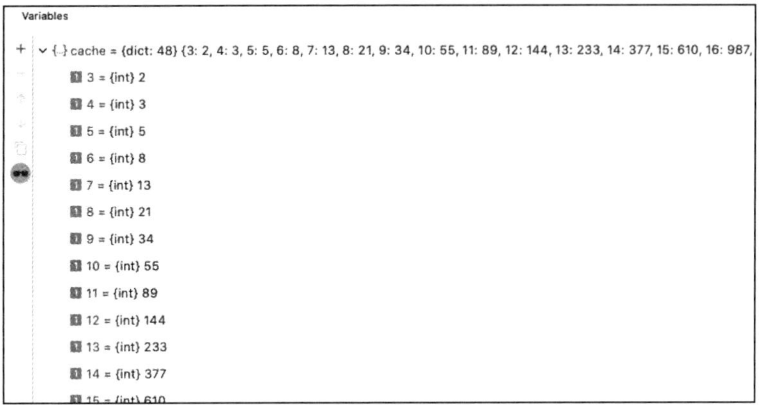

```
Variables
{...} cache = {dict: 48} {3: 2, 4: 3, 5: 5, 6: 8, 7: 13, 8: 21, 9: 34, 10: 55, 11: 89, 12: 144, 13: 233, 14: 377, 15: 610, 16: 987,
    3 = {int} 2
    4 = {int} 3
    5 = {int} 5
    6 = {int} 8
    7 = {int} 13
    8 = {int} 21
    9 = {int} 34
    10 = {int} 55
    11 = {int} 89
    12 = {int} 144
    13 = {int} 233
    14 = {int} 377
    15 = {int} 610
```

图 20　调试器中的变量

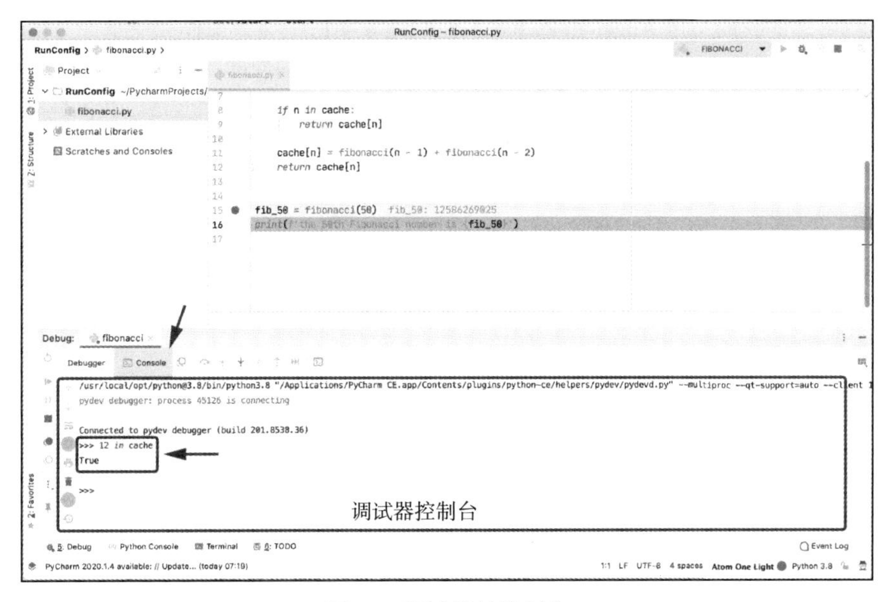

图 21　调试器的控制台

小结

在前言中，我们预览了本书的内容，了解了学习本书并充分利用它所需的先决条件。我们还安装了 Python，配置了开发环境，使其能够有效地运行。

最后一部分，我们预览了 PyCharm 及其强大的调试工具，不过你可能已经意识到，我们的了解非常有限。想了解更多关于 PyCharm 调试的知识，请查看官方文档 https://www.jetbrains.com/help/pycharm/debugging-code.html。

现在，让我们开始学习 Python 吧。

致谢 Acknowledgements

我最想感谢的人是我的妻子 Jen，没有她的支持，我不可能写完这本书。

其次，我要感谢我的父母 Angel 和 Raquel，他们让我明白了努力工作和注重细节的重要性。这些品质是我们能从父母那里学到的最珍贵的东西。他们是我最好的导师。

万分感谢 Bill Pollock，他相信这个项目会成功，并给予我这个机会来实现。我同样非常感谢本书的编辑 Alex Freed，没有她的编辑工作，本书的质量可能连现在的一半都达不到。她的编辑技巧至关重要。我也非常感谢 Katrina Taylor，她花了很大工夫来校核本书，统一本书的文字风格，并最终将其推向市场。我还要感谢参与出版本书的 No Starch 出版社的团队成员，和他们一起工作非常愉快。我也不会忘记 Gina Redman，感谢她为本书提供的封面插图。

最后，我要感谢 Peter Kazarinoff，感谢他给予的宝贵的技术反馈。他的很多建议对于完善本书的代码和注释都非常关键。

About the Author 作者简介

安琪儿·索拉·奥尔巴塞塔（Ángel Sola Orbaiceta）毕业于西班牙纳瓦拉公立大学（Public University of Navarra）的工业工程专业，主修力学。他靠自学成为一名程序员，自 2013 年以来一直在软件行业工作。他目前就职于 Glovo 公司（官方网址是 https://glovoapp.com/）——位于巴塞罗那市中心的一个蓬勃发展的初创企业。业余时间，他喜欢编写应用程序（如 InkStructure，可以用于求解二维结构问题）、酿造啤酒以及烹饪世界各地的美食。

技术评审员简介 *Introduction of technical assessor in foreign language*

彼得·D·卡扎里诺夫（Peter D. Kazarinoff）博士任教于美国波特兰社区学院的工艺与工程技术专业。他拥有康奈尔大学学士学位，以及华盛顿大学材料科学与工程专业的博士学位。他负责教授工程编程、机械工程和材料科学。他和他的妻子以及两个好学的女儿一起住在俄勒冈州的波特兰市。他著有 *Problem Solving with Python* 一书，也在 pythonforundergradengineers.com 发表博客。

Contents 目录

第一部分 *Part 1*

基础知识

Chapter 1 第 1 章

Python 快速入门

在本章中，我们将学习一些全书都会用到的 Python 特性。但是本章并不是 Python 的入门教程，我假定你对它已经有了一定的了解。如果没有，很多好书和在线教程可以帮助你上手。

我们首先探讨如何将 Python 代码分解成包，以及如何将这些包导入我们的程序中。我们将学习如何注释 Python 代码，以及如何使用 Python 查阅这些注释。最后，我们将学习元组、列表、集合和字典，这些是 Python 应用最广泛的数据集。

1.1 Python 包和模块

软件项目通常包含许多源文件，又叫模块（module）。一系列相关联的 Python 模块组成包（package）。我们对 Python 的学习就从这两个概念开始。

1.1.1 Python 模块

Python 模块是指包含 Python 代码的文件，可以被其他 Python 模块或脚本导入。脚本（script）则是可以被执行的 Python 文件。

Python 模块能够使不同文件之间共享代码，避免重复工作。

每个 Python 文件都可以访问一个名为 __name__ 的全局变量，此变量有两个可能的值：

- 模块名称，即不包括 .py 后缀的文件名；
- '__main__' 字符串。

Python 根据该文件是由其他模块导入还是作为脚本运行来决定变量 __name__ 的值。当该模块被导入另一个模块或脚本时，__name__ 被设置为模块的名称。如果将模块作为脚本运行，如下所示：

```
$ python3 my_module.py
```

则 __name__ 的值会被设置为 '__main__'。这可能有点抽象，不过我们将在本章的后面部分解释为什么我们要关注这个全局变量。你会发现，一个模块是被导入还是作为脚本运行，这个信息非常重要，我们需要关注。

随着我们为项目编写的 Python 模块越来越多，将这些模块根据功能进行分组也顺理成章。这些分组被称为包。

1.1.2 Python 包

包（package）是包含 Python 模块和特殊文件的目录，该文件的名称必须是 __init__.py。Python 解释器会将任何包含 __init__.py 文件的文件夹视作一个包。

例如，如下文件夹就是一个 Python 包，名为 geom2d：

```
geom2d
  |- __init__.py
  |- point.py
  |- vector.py
```

这个包有两个文件：point.py 和 vector.py。

每当从包中导入某些内容时，__init__.py 文件都会被执行。也就是说，__init__.py 文件可以包含 Python 代码——通常是初始化代码。不过大部分时候，__init__.py 都是空文件。

1.2 运行文件

Python 导入文件时会读取文件内容，如果该文件只包含函数和数据，则 Python 会加载这些定义，而不会执行任何代码。但是，如果文件中包含顶级代码指令或调用函数命令，Python 将把它们作为导入过程的一部分执行——这是我们通常不希望看到的。

前面我们提到，当一个文件被运行（而不是被导入）时，Python 会将全局变量 __name__ 设置为 '__main__' 字符串。我们可以利用这一点，使文件的主逻辑只在被运行时才执行，在文件被导入时不执行：

```
if __name__ == '__main__':
    # only executes if file is run, not imported
```

我们把这个模式称为“if name is main”模式，在本书编写的应用程序中会用到。

请记住，当文件被导入时，Python 会将变量 __name__ 设置为该模块的名称。

1.3 导入代码

假设你有一段 Python 代码，需要在多个文件中使用。方法之一是，在每次需要该代码时，都进行复制和粘贴。这不仅费时而无聊，而且如果你想对代码做一些改动，则需要打开每一个粘贴有这段代码的文件，然后以同样的方式修改它。可想而知，这样编写软件的效率不高。

幸运的是，Python 提供了一个共享代码的强大功能：模块导入。当模块 b 导入模块 a 时，模块 b 可以访问模块 a 中的代码。这使我们可以在某处编写程序，然后跨文件共享。让我们以本书第二部分将要编写的两个模块为例。

假设有两个模块：point.py 和 vector.py。这两个模块都在前面提到的包中：

```
geom2d
  |- __init__.py
  |- point.py
  |- vector.py
```

第一个模块 point.py 定义了几何基元——点，第二个模块 vector.py 定义了另一个几何基元——向量。图 1-1 是两个模块的图示。每个模块都分为两个部分：灰色区域代表从其他地方导入的代码，白色区域代表模块自身定义的代码。

现在，假设 point.py 模块的某些功能需要使用向量（例如，使用向量移动某个点），我们可以使用 Python 的 import 命令访问 vector.py 中的向量代码。图 1-2 描绘了这个过程，Python 将向量代码带到 point.py 的“导入区”，使它在模块内部可以被使用。

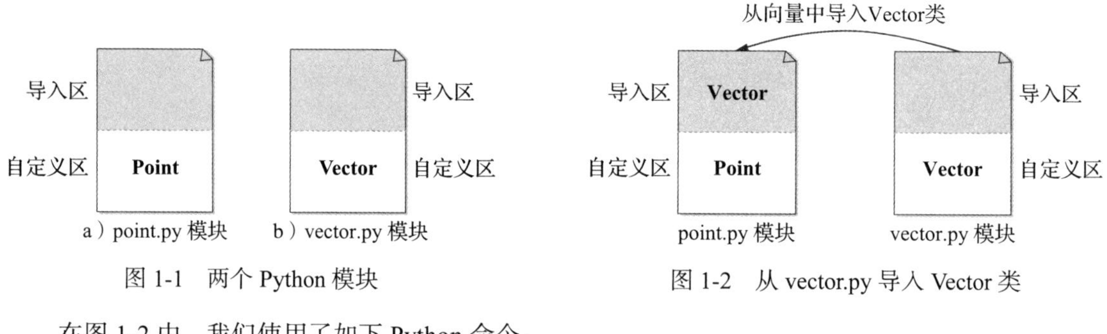

图 1-1 两个 Python 模块

图 1-2 从 vector.py 导入 Vector 类

在图 1-2 中，我们使用了如下 Python 命令：

```
from vector import Vector
```

这个命令只从 vector.py 中获取 Vector 类，不会导入其他任何东西。

下面将会介绍几种模块导入方法。

不同的导入形式

为了理解导入模块和模块内实体的不同方法，我们需要使用 Mechanics 项目的两个包：

```
Mechanics
  |- geom2d
  |     |- __init__.py
  |     |- point.py
  |     |- vector.py
  |
  |- eqs
  |     |- __init__.py
  |     |- matrix.py
  |     |- vector.py
```

在本例中，我们会使用 geom2d 和 eqs 包的各两个文件，或者模块。每个模块都定义了一个与模块同名的类，类名的首字母大写。例如，point.py 模块定义了 Point 类，vector.py 模块定义了 Vector 类，matrix.py 模块定义了 Matrix 类。图 1-3 展示了包的结构。

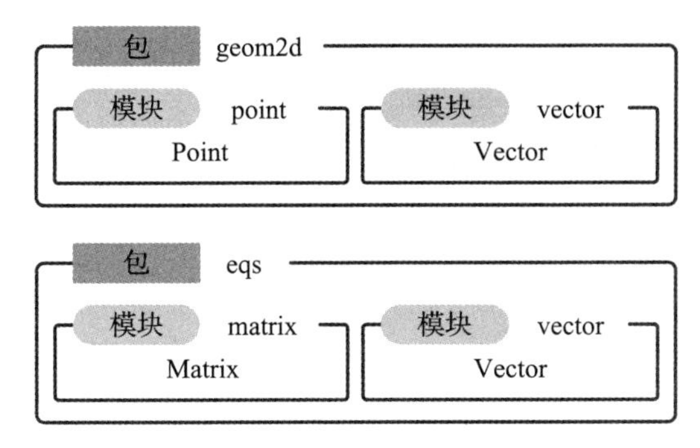

图 1-3　Mechanics 项目中的两个包和它们的部分模块

记住这个目录结构，让我们分析几个场景。

（1）导入同一个包的模块

在 geom2d 包的 point.py 模块中，如果想导入整个 vector.py 模块，我们可以使用以下方法：

```
import vector
```

这样我们就可以使用 vector.py 中的内容，如下所示：

```
v = vector.Vector(1, 2)
```

请注意，由于我们导入的是整个模块，而不是它的某个实体，因此我们必须用模块名称来指向该模块中定义的实体。如果想给被引用的模块一个不同的名称，我们可以给它重命名：

```
import vector as vec
```

然后可以这样使用它：

```
v = vec.Vector(1, 2)
```

我们还可以从模块中导入特定的名称，而不是整个模块。正如你前面所看到的，它的语法如下：

```
from vector import Vector
```

使用这种导入方式，我们可以执行如下操作：

```
v = Vector(1, 2)
```

在这种情况下，我们还可以重命名导入的名称：

```
from vector import Vector as Vec
```

当我们为一个导入的名称起别名时，我们只需将其重命名为其他名称。在本例中，代码可以写成如下形式：

```
v = Vec(1, 2)
```

（2）导入不同包的模块

如果想在 matrix.py 模块中导入 point.py 模块，那么由于 point.py 在不同的包中，我们可以如下操作：

```
import geom.point
```

或者

```
from geom import point
```

这让我们可以在 matrix.py 中使用 point.py 模块的全部内容：

```
p = point.Point(1, 2)
```

同样，我们可以对导入的模块重命名：

```
import geom.point as pt
```

或者，等价地：

```
from geom import point as pt
```

用这两种方式，我们都可以使用 pt 如下：

```
p = pt.Point(1, 2)
```

我们还可以从模块中导入特定的名称，而不是整个模块，如下所示：

```
from geom.point import Point

p = Point(1, 2)
```

与前面一样，我们可以使用一个别名：

```
from geom.point import Point as Pt

p = Pt(1, 2)
```

（3）相对导入

最后是相对导入。相对导入（relative import）是指导入模块所使用的路径是相对路径，其起点是文件的当前位置。

我们用一个点（.）指代同一个包内的模块或包，用两点（..）指代该包的父级目录。

同样是前面的例子，我们可以使用相对导入在 matrix.py 内导入 point.py 模块：

```
from ..geom.point import Point

p = Point(1, 2)
```

上述代码中，路径 ..geom.point 的含义是：从当前的目录移动到父级目录，然后定位 point.py 模块。

1.4　用文档字符串注释代码

当我们编写的代码可能被其他开发人员使用时，添加注释是一个好习惯。注释应该包括如何使用代码、代码使用的前提条件，以及每个函数的作用。

Python 使用文档字符串（docstring）来注释代码。这些字符串用三引号（"""）定义，是其注释的函数、类或模块的第一条语句。

你可能已经注意到，之前下载的 Mechanics 项目代码是使用这些文档字符串的方式。例如，matrix.py 文件中 Matrix 类的方法被注释如下：

```
def set_data(self, data: [float]):
    """
    Sets the given list of 'float' numbers as the values of
    the matrix.

    The matrix is filled with the passed in numbers from left
    to right and from top to bottom.
    The length of the passed in list has to be equal to the
number of values in the matrix: rows x columns.

If the size of the list doesn't match the matrix number
of elements, an error is raised.

:param data: [float] with the values
:return: this Matrix
"""
if len(data) != self.__cols_count * self.__rows_count:
    raise ValueError('Cannot set data: size mismatch')

for row in range(self.__rows_count):
    offset = self.__cols_count * row
    for col in range(self.__cols_count):
        self.__data[row][col] = data[offset + col]

return self
```

如果在使用某段代码时，你有一些疑问，则可以使用 Python 全局函数 help。对模块、函数、类或方法使用 help 函数，会返回对应代码的文档字符串。例如，我们可以在 Python 解释器控制台中获得 set_data 方法的注释文件，命令如下：

```
>>> from eqs.matrix import Matrix
>>> help(Matrix.set_data)

Help on function set_data in module eqs.matrix:
set_data(self, data: [<class 'float'>])
    Sets the given list of 'float' numbers as the values of
    the matrix.

    The matrix is filled with the passed in numbers from left
```

```
to right and from top to bottom.
The length of the passed in list has to be equal to the
number of values in the matrix: rows x columns.

If the size of the list doesn't match the matrix number
of elements, an error is raised.

:param data: [float] with the values
:return: this Matrix
```

一些自动化工具，如 Sphinx(https://www.sphinx-doc.org/)，可以将项目中的文档字符串生成 HTML、PDF 或 plaintext 格式的文档。你可以将这些文档与代码一起发布，这样其他开发人员就可以很好地学习你所写的代码。

考虑到篇幅有限，我们在本书中不会写文档字符串，但是在你下载的代码中都有，你可以去那里查看。

1.5 Python 中的元素集

程序通常要处理元素的集合，有时集合会非常大。我们希望方便地存储这些元素，以符合相应的目的。我们有时希望知道集合是否包含某个特定的元素，有时希望知道元素排列的顺序，有时可能还想要根据特定条件快速找到某个元素。

如你所见，与元素集进行交互的方法有很多。事实证明，选择正确的数据存储方式对于程序运行至关重要。不同的集合适用于不同的场景。什么场景应该使用什么类型的集合，是每个软件开发人员都应该掌握的一项重要技能。

Python 提供了四个主要的元素集：集合、元组、列表和字典。让我们一一解释这些元素集如何存储元素以及如何使用它们。

1.5.1 集合

集合（set）中的元素唯一且无序。当我们需要快速确定元素集中是否存在某元素时，集合最有用。

Python 中创建集合，可以使用 set 函数：

```
>>> s1 = set([1, 2, 3])
```

也可以使用字面量语法（literal syntax）：

```
>>> s1 = {1, 2, 3}
```

请注意，当使用字面量语法时，要使用大括号（{}）来定义集合。

我们可以使用全局函数 len 得到集合中元素的数量：

```
>>> len(s1)
3
```

检查集合中是否存在元素的操作非常快速，可以使用操作符 in：

```
>>> 2 in s1
True

>>> 5 in s1
False
```

使用 add 方法可以向集合中添加新的元素：

```
>>> s1.add(4)
# the set is now {1, 2, 3, 4}
```

如果试图添加一个已经存在的元素，则什么也不会发生，因为集合中不允许存在相同的元素：

```
>>> s1.add(3)
# the set is still {1, 2, 3, 4}
```

使用 remove 方法可以从集合中删除元素：

```
>>> s1.add(3)
>>> s1.remove(1)
# the set is now {2, 3, 4}
```

可以对集合使用常见的数学运算。例如，我们可以计算两个集合的差集，从而得到一个集合，其元素属于第一个集合且不属于第二个集合：

```
>>> s1 = set([1, 2, 3])
>>> s2 = set([3, 4])
>>> s1.difference(s2)
{1, 2}
```

还可以计算两个集合的并集，结果是包含两个集合所有元素的集合：

```
>>> s1 = set([1, 2, 3])
>>> s2 = set([3, 4])
>>> s1.union(s2)
{1, 2, 3, 4}
```

可以遍历集合，但迭代的顺序是随机的：

```
>>> for element in s1:
...     print(element)
...
3
1
2
```

1.5.2 元组

元组（tuple）中的元素不可变且有序。不可变（Immutable）是指元组一旦被创建，就无法更改。元组中的每个元素都有索引，从零开始递增。Python 中的计数总是从零开始。

当我们在代码内部传递有序的数据集，且不希望该集合发生任何更改时，元组是很好的选择。

例如，在以下代码中：

```
>>> names = ('Anne', 'Emma')
>>> some_function(names)
```

你可以放心，some_function 不会以任何方式更改 names 元组。相比之下，如果你使用如下集合：

```
>>> names = set('Anne', 'Emma')
>>> some_function(names)
```

没有什么能阻止 some_function 给传递的 names 添加元素或从传递的 names 删除元素，因此你需要检查函数的代码，以确定代码是否对元素进行修改。

注意：我们稍后将看到，无论何种情况，函数都不应该修改它们的形参[㊀]。我们在本书中编写的函数永远不会修改它们的输入形参。然而，你可能会使用其他不遵循这个规则的开发者所编写的函数，因此你需要检查这些函数是否有这类副作用。

元组使用括号来定义，内部元素以逗号分隔。如下是使用字面量语法定义的、包含我的名称和年龄的元组：

```
>>> me = ('Angel', 31)
```

如果想创建只有一个元素的元组，我们需要在元素后面添加逗号：

```
>>> name = ('Angel',)
```

创建元组也可以使用 tuple 函数，参数是列表格式的元素集：

```
>>> me = tuple(['Angel', 31])
```

使用全局函数 len 可以获取元组中元素的数量：

```
>>> len(count)
2
```

还可以使用 count 方法计算某元素在元组中出现的次数：

```
>>> me.count('Angel')
1

>>> me.count(50)
0

>>> ('hey', 'hey', 'hey').count('hey')
3
```

使用 index 方法可以得到某元素第一次出现时的索引：

```
>>> family = ('Angel', 'Alvaro', 'Mery', 'Paul', 'Isabel', 'Alvaro')
>>> family.index('Alvaro')
1
```

㊀ 本书对形参和实参并未做严格的区分，如想了解这两者的区别，可以自行查阅相关资料。——译者注

在上例中，我们寻找字符串“Alvaro”的索引，“Alvaro”出现了两次：在索引1和5处。index方法会输出第一个出现的索引，在本例中即为1。

in运算符可用于检查元组中是否存在某元素：

```
>>> 'Isabel' in family
True

>>> 'Elena' in family
False
```

元组可以与数字相乘，这个特殊的操作会生成一个新元组，其元素是原元组元素的重复，重复次数与乘数相同：

```
>>> ('ruby', 'ruby') * 4
('ruby', 'ruby', 'ruby', 'ruby', 'ruby', 'ruby', 'ruby', 'ruby')

>>> ('we', 'found', 'love', 'in', 'a', 'hopeless', 'place') * 16
('we', 'found', 'love', 'in', 'a', 'hopeless', 'place', 'we', 'found', ...
```

使用for循环可以遍历元组的元素：

```
>>> for city in ('San Francisco', 'Barcelona', 'Pamplona'):
...     print(f'{city} is a beautiful city')
...
San Francisco is a beautiful city
Barcelona is a beautiful city
Pamplona is a beautiful city
```

使用Python内置的enumerate函数，我们可以遍历元组中的元素及其索引：

```
>>> cities = ('Pamplona', 'San Francisco', 'Barcelona')
>>> for index, city in enumerate(cities):
...     print(f'{city} is #{index + 1} in my favorite cities list')
...
Pamplona is #1 in my favorite cities list
San Francisco is #2 in my favorite cities list
Barcelona is #3 in my favorite cities list
```

1.5.3 列表

列表（list）的元素有序但不唯一，且拥有索引。列表非常适合于元素需要有序存储且元素索引已知的场景。

列表和元组相似，唯一的区别是元组不可变，而列表中的元素可以移动，也可以增删。如果你确定一个集合中的元素不会被修改，请使用元组而非列表，因为操作元组比操作相同的列表更快。如果集合中的元素不可变，Python会进行一些优化。

创建Python列表，可以使用list函数：

```
>>> l1 = list(['a', 'b', 'c'])
```

或者使用字面量语法：

```
>>> l1 = ['a', 'b', 'c']
```

请注意，这里使用的是方括号（[]）。

使用 len 函数可以得到列表中元素的数量：

```
>>> len(l1)
3
```

列表元素可以通过索引访问（第一个元素的索引为 0）：

```
>>> l1[1]
'b'
```

我们还可以替换列表中的现有元素：

```
>>> l1[1] = 'm'
# the list is now ['a', 'm', 'c']
```

注意，不要使用列表中不存在的索引值，否则会弹出 IndexError：

```
>>> l1[35] = 'x'
Traceback (most recent call last):
  File "<input>", line 1, in <module>
IndexError: list assignment index out of range
```

使用 append 方法可以将元素添加到列表的末尾：

```
>>> l1.append('d')
# the list is now ['a', 'm', 'c', 'd']
```

列表可以迭代，且迭代的顺序确定：

```
>>> for element in l1:
...     print(element)
...
a
m
c
d
```

通常，我们感兴趣的不仅是元素，还包括其索引。在这种情况下，我们可以使用 enumerate 函数，它会生成一个包含索引和元素的元组：

```
>>> for index, element in enumerate(l1):
...     print(f'{index} -> {element}')
...
0 -> a
1 -> m
2 -> c
3 -> d
```

可以通过从其他列表中获取连续的元素来创建一个新的列表。这个过程被称为切片（slicing）。

列表切片

对列表进行切片操作，与使用方括号对列表进行索引类似，只不过我们使用的是两个用冒号分隔的索引：[<起始值>：<结束值>]。示例如下：

```
>>> a = [1, 2, 3, 4]
>>> b = a[1:3]
# list b is [2, 3]
```

在上例中，我们有一个列表 a：[1, 2, 3, 4]。通过对该列表进行切片，选取从索引 1（包含）到索引 3（不包含）的元素，来创建一个新列表 b。

注意：请记住，Python 中的切片操作总是包含起始索引的元素，不包括结束索引的元素。

图 1-4 描绘了这个过程。

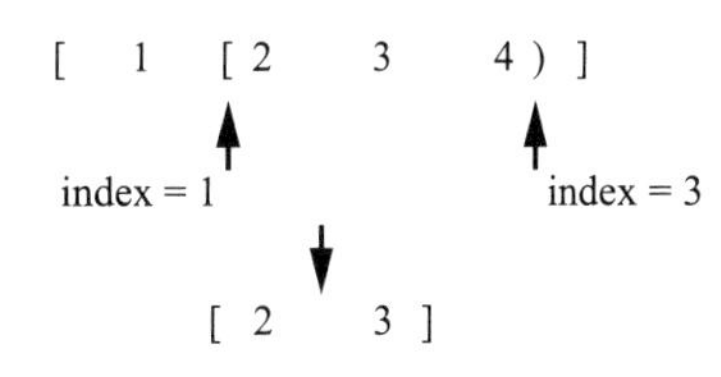

图 1-4　对列表进行切片

切片操作符中的起始值和结束值都是可选的，因为它们有默认值。默认情况下，起始索引被赋值为列表中的第一个索引，也就是 0。结束索引被赋值为列表中的最后一个索引加 1，等于 len(the_list)。

```
>>> a = [1, 2, 3, 4]

# these two are equivalent:
>>> b_1 = a[0:4]
>>> b_2 = a[:]
```

在这个例子中，列表 b_1 和 b_2 都是列表 a 的副本。之所以说是副本，是因为它们确实是不同的列表，你可以放心地修改 b_1 或 b_2，而不会改变列表 a。你可以通过执行以下操作来测试这一点：

```
>>> a = [1, 2, 3, 4]
>>> b = a[:]
>>> b[0] = 55

>>> print('list a:', a)
list a: [1, 2, 3, 4]

>>> print('list b:', b)
list b: [55, 2, 3, 4]
```

另一个小技巧是使用负索引。负索引的计数方向是从列表末尾开始，并向列表开头移动。负索引可以用于切片，操作方式和正索引相同，只有一个小的区别：负索引从 –1 而非 –0 开始。例如，我们可以对一个列表切片，得到它最后的两个值，如下：

```
>>> a = [1, 2, 3, 4]
>>> b = a[-2:]
# list b is [3, 4]
```

这里我们创建了一个新的列表，从列表的倒数第二个元素开始，一直到最后一个元素。图 1-5 描绘了这一点。

列表切片在 Python 中用途广泛。

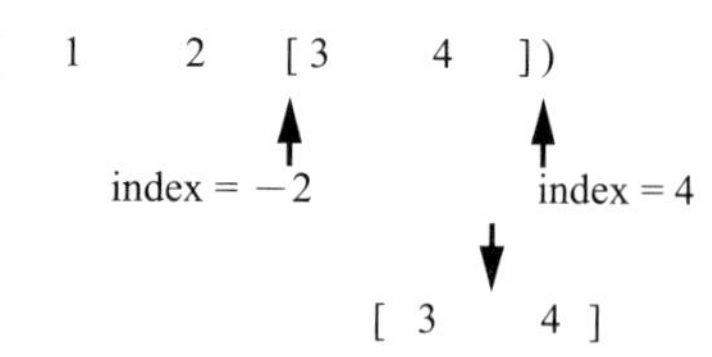

图 1-5 使用负索引对列表进行切片

1.5.4 字典

字典（dictionary）是键–值对的集合。字典中的值被映射到对应的键上，我们使用键从字典中检索元素。在字典中查找值非常快速。

当我们希望存储由某些键引用的元素时，字典很有用。例如，如果我们想存储兄弟姐妹的信息，并且希望通过名称检索，那么就可以使用字典。让我们来看一下实际代码。

Python 中创建字典，可以使用 dict 函数：

```
>>> colors = dict([('stoke', 'red'), ('fill', 'orange')])
```

或者使用字面量语法：

```
>>> colors = {'stoke': 'red', 'fill': 'orange'}
```

dict 函数需要一个元组的列表。这些元组应该包含两个值：第一个值被用作键，第二个值被用作值。创建字典的字面量语法要简洁很多，而且这两种情况生成的字典是相同的。

与列表一样，我们使用方括号访问字典中的值。不过，方括号之间是键，而不是索引：

```
>>> colors['stroke']
red
```

你可以使用任何不可变对象作为字典中的键。请记住。元组不可变，列表可变。数字、字符串和布尔值也不可变，因此可以用作字典键。

让我们创建一个字典，以元组为键：

```
>>> ages = {('Angel', 'Sola'): 31, ('Jen', 'Gil'): 30}
```

在这个例子中，年龄映射的键是由名和姓组成的元组。如果想知道 Jen 的年龄，我们可以用键进行检索：

```
>>> age = ages[('Jen', 'Gil')]
>>> print(f'she is {age} years old')
she is 30 years old
```

当我们检索一个不在字典里的键时，会发生什么？

```
>>> age = ages[('Steve', 'Perry')]
Traceback (most recent call last):
  File "<input>", line 1, in <module>
KeyError: ('Steve', 'Perry')
```

我们收到一个错误提示。在获取值之前，我们可以先使用 in 操作符，检查键是否在字典中：

```
>>> ('Steve', 'Perry') in ages
False
```

如下代码可以得到字典中所有键的类集合视图：

```
>>> ages.keys()
dict_keys([('Angel', 'Sola'), ('Jen', 'Gil')])
```

对值也可以做同样的操作：

```
>>> ages.values()
dict_values([31, 30])
```

使用 in 操作符可以检查某个值是否出现在字典的键和值中：

```
>>> ('Jen', 'Gil') in ages.keys()
True

>>> 45 in ages.values()
False
```

字典可以通过几种方式进行迭代。假设我们有如下的 ages 字典：

```
>>> ages = {'Angel': 31, 'Jen': 30}
```

我们可以使用 for 循环来遍历字典中的键：

```
>>> for name in ages.keys():
...     print(f'we have the age for {name}')
...
we have the age for Angel
we have the age for Jen
```

对值可以做同样的操作：

```
>>> for age in ages.values():
...     print(f'someone is {age} years old')
...
someone is 31 years old
someone is 30 years old
```

也可以对键 – 值对做同样的操作：

```
>>> for name, age in ages.items():
...     print(f'{name} is {age} years old')
...
Angel is 31 years old
Jen is 30 years old
```

以上是我们目前需要了解的 Python 元素集的知识。让我们继续 Python 之旅，看看集合的解包。

1.6　解包

解包（destructuring 或 unpacking）可以将元素集中的元素赋值给变量。让我们来看一些例子。假设我们有一个包含某人信息的元组，包括名称和最喜欢的饮料：

```
>>> anne_info = ('Anne', 'grape juice')
```

假设我们想把这两个信息放在不同的变量中。我们可以像这样把它们分开：

```
>>> name = anne_info[0]
>>> beverage = anne_info[1]
```

这非常好，不过我们可以使用解包语法，更优雅地实现它。为了将元组内的两个字符串解包为两个变量，我们需要在赋值语句的左边，使用另一个包含变量名的元组：

```
>>> (name, beverage) = anne_info

>>> name
'Anne'

>>> beverage
>>> 'grape juice'
```

我们还可以解包列表。例如，如果我们有一个列表，它包含另一个人的类似信息，如下所示：

```
>>> emma_info = ['Emma', 'hot chocolate']
```

那么我们可以在赋值语句的左边，用一个列表来解包名称和最喜欢的饮料：

```
>>> [name, beverage] = emma_info

>>> name
'Emma'

>>> beverage
'hot chocolate'
```

左边的元组或列表必须与右侧的元组或列表的大小相匹配，但有时候我们并非对所有的元素都感兴趣。在这种情况下，可以在需要忽略的值相应的位置使用下划线，例如：

```
[a, _, c] = [1, 2, 3]
```

该代码将 1 分配给变量 a，3 分配给变量 c，而忽略 2。

这是另一种可以帮助我们编写更简洁代码的技巧。

1.7 小结

本章介绍了我们之后会使用的一些中级和高级的 Python 技巧。我们了解了组合成包的模块如何组成 Python 程序，以及如何从其他代码处导入模块。

我们还解释了“if name is main”模式，该模式用于防止在导入文件时执行代码。

然后，我们简要地介绍了四个基本的 Python 元素集：元组、列表、集合和字典。我们还研究了如何解包这些集合。

现在让我们讨论一些编程范式吧。

第 2 章 Chapter 2

两种编程范式

我们已经探讨了 Python 编程语言的部分内容，是时候了解编写代码时使用的两种主要范式了。在这一章中，我们将讨论函数式编程和面向对象编程以及各自的优点。最后，我们将简要介绍一下类型提示。让我们开始吧。

2.1 函数式编程

函数式编程是一种编程范式，范式是指一种我们可以遵循的代码编写风格。当我们说“我们在进行函数式编程”时，我们必须遵循一些简单的规则，这些规则定义了函数式编程。

函数式编程范式的核心元素是纯函数和不可变对象。我们将在下一节中解释这些概念。

并非所有的编程语言都能很好地支持函数式编程。例如，C 语言就没有很好地支持它。另一方面，有一些语言，比如 Haskell，是纯函数式的，这意味着你只能编写函数式风格的代码。Python 并没有设计成一种函数式语言，但它确实支持函数式编程。

让我们来学习一下纯函数。

2.1.1 纯函数

让我们快速复习一下 Python 函数的语法：

```
def function_name(parameters):
    <function body>
```

函数的定义从关键字 def 开始，后面是函数的名称和括号内的输入参数。冒号（ : ）标记函数头的结束。函数的主体代码需要缩进一级。

在函数式编程范式中，函数与其数学定义相似：输入到输出的映射。一个函数是纯函数，当且仅当：

- 输入相同时，输出始终相同；
- 没有副作用。

当该函数修改函数体以外的数据，或者修改函数的输入时，就会产生副作用。纯函数永远不会修改其输入参数。例如，以下函数是纯函数：

```
def make_vector_between(p, q):
    u = q['x'] - p['x']
    v = q['y'] - p['y']

    return {'u': u, 'v': v}
```

给定相同的输入点 p 和 q，输出的向量总是相同，并且在函数体之外的任何东西都没有被修改。相比之下，以下代码是 make_vector 的“不纯”版本：

```
last_point = {'x': 10, 'y': 20}

def make_vector(q):
    u = q['x'] - last_point['x']
    v = q['y'] - last_point['y']
    new_vector = {'u': u, 'v': v}
    last_point = q

    return new_vector
```

这个代码使用 last_point 的共享状态，该状态在每次调用 make_vector 时都会改变。这种改变是该函数的一个副作用。函数返回的向量依赖于 last_point 的共享状态，因此对相同的输入点，该函数不会返回相同的向量。

2.1.2 不可变性

正如前面的例子所示，函数式编程的一个关键特性是不可变性。如果某样东西不随时间变化，那么它就是不可变的。如果决定以函数式编程的方式编写代码，我们必须避免可变数据，使用纯函数对程序进行建模。

让我们来看一个例子。假设，我们使用字典在平面上定义了一个点和向量：

```
point = {'x': 5, 'y': 2}
vector = {'u': 10, 'v': 20}
```

如果想计算用向量移动该点后所生成的点，我们可以用函数式编程的方式，用函数创建一个新点。示例如下：

```
def displaced_point(point, vector):
    x = point['x'] + vector['u']
    y = point['y'] + vector['v']

    return {'x': x, 'y': y}
```

这个函数是纯函数：给定相同的点和向量作为输入，得到的位移点总是相同，而且函数处理的数据没有任何改变，也包括函数参数。

运行这个函数，将之前定义的 point 和 vector 传入，结果如下：

```
>>> displaced_point(point, vector)
{'x': 15, 'y': 22}

# let's check the state of point (shouldn't have been mutated)
>>> point
{'x': 5, 'y': 2}
```

与之相反，非函数式编程的解决方法可能需要使用如下函数来改变原来的点：

```
def displace_point_in_place(point, vector):
    point['x'] += vector['u']
    point['y'] += vector['v']
```

这个函数修改了作为参数输入的 point，违反了函数式编程的关键规则。

请注意，函数名称中使用了 in_place，这是一种常用的命名约定，它意味着原对象将被修改。我们将在全书中遵循这种命名约定。

现在，让我们看看使用 displace_point_in_place 函数会发生什么：

```
>>> displace_point_in_place(point, vector)
# nothing gets returned from the function, so let's check the point

>>> point
{'x': 15, 'y': 22}
# the original point has been mutated!
```

如你所见，函数没有返回任何东西，这是非纯函数的标志，因为函数发挥作用时，必然在某个地方改变了某些东西。在本例中，“某些东西”是点，其坐标已被更新。

函数式风格的一个重要优点是，通过恪守数据结构的不可变性，我们可以避免意料之外的副作用。当修改某个对象时，你可能并不知道代码中引用该对象的所有位置。如果有其他部分代码依赖于该对象的状态，就可能出现难以预料的副作用。因此，在对象发生改变之后，程序的行为可能与预期的不同。这类错误非常难发现，甚至可能需要数小时的调试。

在项目中尽量减少可变对象的数量，可以使其更可靠，更不容易出错。

现在让我们来看看一类特殊的函数——lambda 函数，它在函数式编程中起着关键作用。

2.1.3 lambda 函数

早在 20 世纪 30 年代，一位名叫阿隆佐·邱奇（Alonzo Church）的数学家发明了 lambda 演算——一种关于函数及其如何应用于参数的理论。lambda 演算是函数式编程的核心。

在 Python 中，lambda 函数是一种匿名的、通常只有一行代码的短函数。当把函数作为参数传递给其他函数时，lambda 函数非常有用。

在 Python 中定义 lambda 函数需要使用关键字 lambda，后面跟着参数（用逗号分隔）、冒号和函数的表达式：

```
lambda <arg1>, <arg2>, ...: <expression body>
```

表达式的结果就是返回值。

一个对两个数字进行求和的 lambda 函数可以写成如下：

```
>>> sum = lambda x, y: x + y
>>> sum(1, 2)
3
```

这相当于如下的常规 Python 函数：

```
>>> def sum(x, y):
...     return x + y
...
>>> sum(1, 2)
3
```

lambda 函数将在接下来的章节中出现；我们将看到它是如何在几种场景中被使用的。最常使用 lambda 的地方是将其作为 filter、map 和 reduce 函数的参数，我们将在 2.1.6 节中对此进行探讨。

2.1.4 高阶函数

高阶函数是指输入参数为一个（或一组）函数或返回值为函数的函数。

让我们分别看看这两种情况的例子。

1. 函数作为输入参数

假设我们想写一个函数，它可以多次执行另一个函数。我们可以这样实现：

```
>>> def repeat_fn(fn, times):
...     for _ in range(times):
...         fn()
...

>>> def say_hi():
...     print('Hi there!')
...

>>> repeat_fn(say_hi, 5)
Hi there!
Hi there!
Hi there!
Hi there!
Hi there!
```

如你所见，repeat_fn 函数的第一个参数是另一个函数，它被重复执行，执行次数由第二个参数给出。然后，我们定义了另一个函数 say_hi，它会在屏幕上输出字符串“Hi there!”。调用 repeat_fn 函数并传入 say_hi 的结果是屏幕上的五个问候语。

我们可以使用一个匿名的 lambda 函数来重写这个例子：

```
>>> def repeat_fn(fn, times):
...     for _ in range(times):
...         fn()
...

>>> repeat_fn(lambda: print("Hello!"), 5)
Hello!
Hello!
Hello!
Hello!
Hello!
```

lambda 函数使我们不必再定义一个函数来输出信息。

2. 函数作为返回值

让我们来看看一个返回另一个函数的函数。假设我们想要定义一个验证函数，以验证一个字符串是否包含某些字符序列。我们可以编写一个名为 make_contains_validator 的函数，它接受一个序列并返回一个函数，来验证字符串是否包含该序列：

```
>>> def make_contains_validator(sequence):
...     return lambda string: sequence in string
```

我们可以使用这个函数来生成验证函数，如下所示，

```
>>> validate_contains_at = make_contains_validator('@')
```

可以用这个函数来检查输入的字符串是否包含符号 @：

```
>>> validate_contains_at('foo@bar.com')
True
>>> validate_contains_at('not this one')
False
```

高阶函数非常有用，之后会用到。

2.1.5 嵌套函数

本书中用到的另一个技巧是在函数内部定义函数。这样做有两个很好的理由：一是，它允许内部函数访问外部函数的所有信息，而不需要将这些信息作为参数传递；二是，内部函数可以定义一些对外部世界不可见的逻辑。

使用常规语法即可在函数中定义函数。让我们看一个例子：

```
def outer_fn(a, b):
    c = a + b

    def inner_fn():
        # we have access to a, b and c here
        print(a, b, c)

    inner_fn()
```

这里，inner_fn 函数是在 outer_fn 函数内部定义的，因此，它不能从主函数的外部访问，只能从其内部访问。inner_fn 函数可以访问 outer_fn 中定义的所有内容，包括函数参数。

当函数的逻辑变得复杂，且可以被分解时，在函数内部定义子函数很有用。当然，我们也可以将函数分解成同一级别的简单函数。在这种情况下，为了表明这些子函数不从模块外部导入和使用，我们需要遵循 Python 的标准，将函数名称写成两个下划线开头的形式：

```
def public_fn():
    # this function can be imported

def __private_fn():
    # this function should only be accessed from inside the module
```

注意，Python 没有访问修饰符（公共、专用……），因此，在模块顶层（即 Python 文件）编写的所有代码都可以被导入和使用。

记住，这两个下划线只是表示一个我们应该遵守的约定。实际上并没有阻止我们导入和使用这些代码。在导入以两个下划线开头的函数时，我们必须明白，该函数的作者并不希望其被外部引用；如果调用该函数，结果可能在意料之外。通过在被调用的函数内部定义子函数，我们可以避免这种行为。

2.1.6 filter、map 和 reduce 函数

在函数式编程中，我们从不修改集合中的元素，而是创建一个新的集合来反映对该集合的操作的更改。有三个操作构成了函数式编程的基石，而且可以实现对集合的、我们能想到的任何修改：filter、map 和 reduce。

1. filter 函数

filter 函数接收一个集合，过滤掉某些元素并生成一个新集合。元素的过滤是根据判定函数进行，判定函数会接受参数，根据该参数是否通过给定的测试来返回 True 或 False。

图 2-1 说明了过滤器的操作。

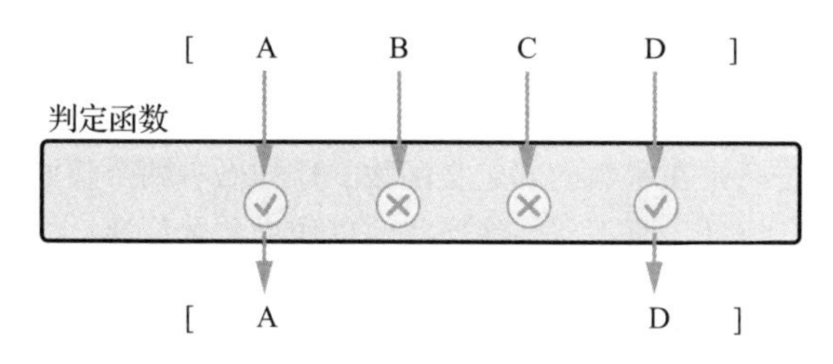

图 2-1 过滤一个元素集

图 2-1 显示了由 A、B、C 和 D 四个元素组成的元素集。元素集下面是一个代表判定函数的框，它决定哪些元素被保留，哪些元素被丢弃。元素集中的每个元素都被传递给该函数，只有通过测试的元素才会出现在结果集合中。

Python 有两种方法可以过滤集合：一，使用全局函数 filter；二，如果集合是一个列表，使用列表推导式。这里我们主要关注 filter 函数，下一节会介绍列表推导式。filter 函数的输入参数是一

个函数（判定）和一个集合：

```
filter(<predicate_fn>, <collection>)
```

让我们写一个 lambda 判定函数来测试一个数字是否为偶数：

```
lambda n: n % 2 == 0
```

现在让我们使用 lambda 函数来过滤一个数字列表，并获得一个只有偶数的新集合：

```
>>> numbers = [1, 2, 3, 4, 5, 6, 7, 8]
>>> evens = filter(lambda n: n % 2 == 0, numbers)
>>> list(evens)
[2, 4, 6, 8]
```

需要注意的是，filter 函数并不会返回列表，而是返回迭代器。迭代器允许对一组元素进行依次迭代。如果你想了解更多关于 Python 迭代器及其底层原理，请参阅 https://docs.python.org/3/library/stdtypes.html#typeiter 和 https://docs.python.org/3/glossary.html#termiterator 上的文档。

我们可以使用前面看到的 list 函数使用所有迭代器的值，并将它们放入一个列表中，也可以使用 for 循环来使用迭代器：

```
>>> for number in evens:
...     print(number)
...
2
4
6
8
```

2. map 函数

map 函数对原集合中的每个元素进行函数运算，并将结果存储到一个新的元素集中。两个元素集的大小相同。

图 2-2 描绘了映射操作。

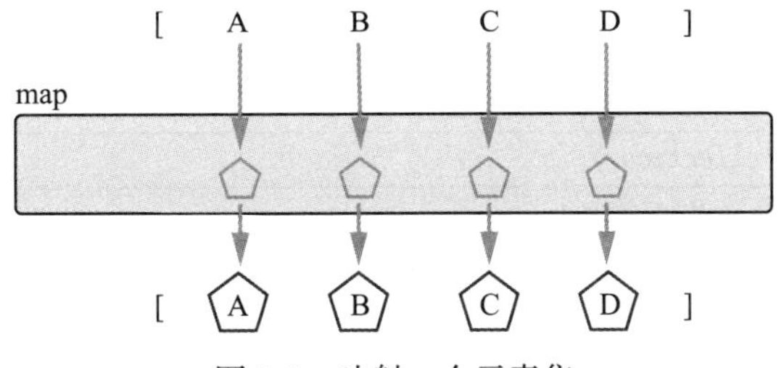

图 2-2　映射一个元素集

我们通过一个映射函数，对元素 A、B、C 和 D 组成的源集合进行运算，如图 2-2 中的五边形所示，运算的结果存储在一个新的元素集中。

我们可以使用全局函数 map 来映射一个元素集，对于列表，还可以使用列表推导式。我们稍后将讨论列表推导式，现在，让我们研究如何使用 map 函数来映射元素集。

全局函数 map 接收两个参数，即一个映射函数和一个源集合：

```
map(<mapping_fn>, <collection>)
```

以下代码将一个名称列表与它们的长度进行映射：

```
>>> names = ['Angel', 'Alvaro', 'Mery', 'Paul', 'Isabel']
>>> lengths = map(lambda name: len(name), names)
>>> list(lengths)
[5, 6, 4, 4, 6]
```

与 filter 函数一样，map 返回一个迭代器，可以使用 list 函数生成列表。在上面的示例中，结果列表包含了名称列表中每个名称的字符数：Angel 对应 5 个字符，Alvaro 对应 6 个字符，以此类推。这样就把每个名称映射成了表示其长度的数字。

3. reduce 函数

reduce 函数是三个函数中最复杂，但同时用途最广泛的。它可以创建一个少于、多于或等于原集合的元素数量的元素集。为构造这个新的元素集，它首先对第一和第二个元素应用 reduce 函数；然后，对第三个元素和第一次操作的结果再次应用 reduce 函数；接着，对第四个元素和第二次操作的结果再次应用 reduce 函数。这样一来，结果就会累积起来。一个图在这里会有所帮助。请看图 2-3。

本例中的 reduce 函数将元素集中的每个元素（A、B、C 和 D）累积为单个元素：ABCD。

reduce 函数接收两个参数，即累积结果和元素集中的一个元素：

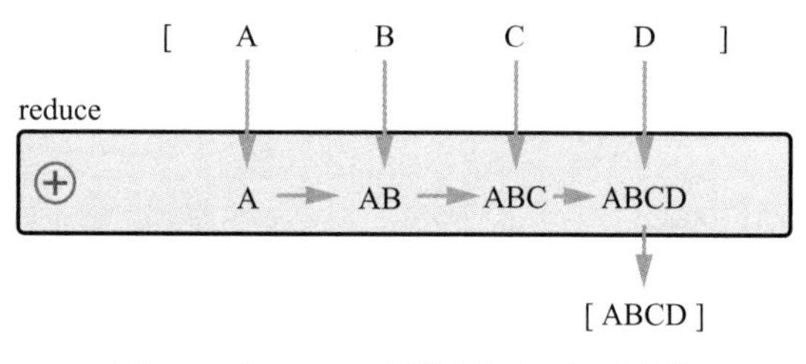

图 2-3 将 reduce 函数用于一个元素集

```
reducer_fn(<accumulated_result>, <item>)
```

该函数在处理完新元素后返回累积结果。

Python 没有提供全局函数 reduce，但是有一个叫 functools 的包，里面有一些处理高阶函数的有用操作，包括 reduce 函数。这个函数不返回迭代器，而是直接返回生成的元素集或元素。函数的语法如下：

```
reduce(<reducer_fn>, <collection>)
```

让我们看一个例子：

```
>>> from functools import reduce

>>> letters = ['A', 'B', 'C', 'D']

>>> reduce(lambda result, letter: result + letter, letters)
'ABCD'
```

在这个示例中，reduce 函数返回元素“ABCD”，即元素集中的所有字母连接起来的结果。reduce 过程开始时，先接收前两个字母 A 和 B，并将它们连接成 AB。对于第一步而言，Python 使用集合的第一个元素（A）作为累积结果，并将它和第二个元素上应用 reduce 函数。然后，它移动到第三个字母 C，并将其与当前的累积结果 AB 连接起来，从而生成新的结果：ABC。最后一步，对 D 字母同样操作，生成最终结果 ABCD。

当累积结果和元素集的元素类型不同时会发生什么？在这种情况下，我们不能将第一个元素作为累积结果，因此 reduce 函数需要我们提供第三个参数作为初始累积结果：

```
reduce(<reducer_fn>, <collection>, <start_result>)
```

例如，假设我们想将前面用到的名称集合进行缩减，以获得这些名称长度的总和。在这种情况下，累积结果是数字，而集合中的元素是字符串，我们不能使用第一项作为累积的长度。如果我们忘记给 reduce 函数提供初始结果，Python 会弹出一个错误来提醒我们：

```
>>> reduce(lambda total_length, name: total_length + len(name), names)
Traceback (most recent call last):
  File "<input>", line 1, in <module>
  File "<input>", line 1, in <lambda>
TypeError: can only concatenate str (not "int") to str
```

这种情况，我们应该传递 0 作为初始累积长度：

```
>>> reduce(lambda total_length, name: total_length + len(name), names, 0)
25
```

一个有趣的点在于，如果累积结果和集合元素的类型不同，我们总可以用 map 函数连接 reduce 函数以获得相同的结果。例如，在前面的练习中，我们也可以这么做：

```
>>> from functools import reduce

>>> names = ['Angel', 'Alvaro', 'Mery', 'Paul', 'Isabel']
>>> lengths = map(lambda name: len(name), names)
>>> reduce(lambda total_length, length: total_length + length, lengths)
25
```

在这段代码中，我们首先将列表 names 映射到一个名称长度的列表 lengths 中。然后，我们缩减列表 lengths 来求和所有的值，而不需要提供起始值。

当使用一个常规操作来缩减元素——如两个数字求和或两个字符串的连接——我们不需要编写 lambda 函数；可以直接将现有的 Python 函数传递给 reduce 函数。例如，在缩减数字时，Python 提供了一个有用的模块，名为 operator.py。这个模块定义了对数字进行操作的函数。使用这个模块，我们可以简化之前的代码如下：

```
>>> from functools import reduce
>>> import operator

>>> names = ['Angel', 'Alvaro', 'Mery', 'Paul', 'Isabel']
>>> lengths = map(lambda name: len(name), names)
>>> reduce(operator.add, lengths)
25
```

这个代码更短，更易读，因此我们在本书中会倾向于使用这种形式。

operator.add 函数由 Python 定义如下：

```
def add(a, b):
    "Same as a + b."
    return a + b
```

如你所见，这个函数等价于我们之前定义的两个数字求和的 lambda 函数。后面我们会看到更多由 Python 定义的，可以和 reduce 函数一起使用的函数。

到目前为止，我们所有的示例都将元素集合缩减到一个值，但 reduce 函数可以做得更多。事实上，filter 和 map 函数都是 reduce 函数的特例。我们可以使用 reduce 函数来过滤和映射一个元素集。但我们并不会在这里停下来分析它；如果你有兴趣，可以试着自己弄清楚。

让我们看一个例子，我们希望基于列表 names 创建一个新的集合，其中的每个元素都是前面所有的名称与当前名称的组合，由连接符（–）进行分隔。结果类似如下：

```
['Angel', 'Angel-Alvaro', 'Angel-Alvaro-Mery', ...]
```

我们可以使用以下代码来做到这一点：

```
>>> from functools import reduce

>>> names = ['Angel', 'Alvaro', 'Mery', 'Paul', 'Isabel']
>>> def compute_next_name(names, name):
...     if len(names) < 1:
...         return name
...     return names[-1] + '-' + name
...
>>> reduce(
...    lambda result, name: result + [compute_next_name(result, name)],
...    names,
...    [])
['Angel', 'Angel-Alvaro', 'Angel-Alvaro-Mery', 'Angel-Alvaro-Mery-Paul', ...]
```

这里，我们使用 compute_next_name 来确定列表中的下一个项。reduce 函数内部的 lambda 函数将累积结果连接起来，生成由组合名称形成的列表，和一个由新元素组成的新列表。需要提供空列表作为初始结果，因为列表中的每个元素的类型（字符串）与结果的类型（字符串组成的列表）不同。

如你所见，reduce 函数用途非常广泛。

2.1.7 列表推导式

如前所述，在 Python 中我们可以使用列表推导式过滤和映射列表。在处理列表时，这种形式通常比 filter 和 map 函数更好，因为它的语法更简洁和易读。

列表推导式映射列表的语法结构如下：

```
[<expression> for <item> in <list>]
```

它分为两个部分：

- for <item> in <list> 是一个 for 循环，负责迭代 <list> 中的元素；
- <expression> 是一个映射表达式，负责将 <item> 映射到其他东西上。

让我们重复之前做过的练习，将一个名称列表映射到每个名称的长度列表，这次使用列表推导式：

```
>>> names = ['Angel', 'Alvaro', 'Mery', 'Paul', 'Isabel']
>>> [len(name) for name in names]
[5, 6, 4, 4, 6]
```

或许你已经明白，为什么 Python 程序员倾向于使用列表推导式而非 map 函数；上面的例子读起来就像日常英语：“name 列表中（每个）名称的名称长度。”在本例中，for name in names 遍历原始列表中的名称，然后将每个名称的长度（len(name)）作为结果输出。

使用列表推导式过滤列表，可以在推导式的末尾添加一个 if 子句：

```
[<expression> for <item> in <list> if <condition>]
```

例如，如果我们想过滤一个名称列表，只保留以 A 开头的名称，列表推导式可以这么写：

```
>>> [name for name in names if name.startswith('A')]
['Angel', 'Alvaro']
```

本例中有两点需要注意：映射表达式是 name 自身（恒等映射，映射后的对象不变），过滤操作使用了字符串的 startswith 方法。只有当字符串以给定的参数作为前缀时，此方法才会返回 True。

我们可以在同一个列表推导式中进行过滤和映射操作。例如，假设我们想过滤名称列表中超过 5 个字母的名称，然后构造一个新的列表，其元素是原名称及其长度组成的元组。我们可以很容易地做到这一点：

```
>>> [(name, len(name)) for name in names if len(name) < 6]
[('Angel', 5), ('Mery', 4), ('Paul', 4)]
```

为了便于比较，让我们看看如果使用 filter 和 map 函数，会是什么样子：

```
>>> names_with_length = map(lambda name: (name, len(name)), names)
>>> result = filter(lambda name_length: name_length[1] < 6, names_with_length)
>>> list(result)
[('Angel', 5), ('Mery', 4), ('Paul', 4)]
```

如你所见，结果相同，但列表推导式的版本更简单易读。越容易阅读的东西也越容易维护，因此列表推导式将是我们过滤和映射列表的首选方式。

现在让我们将注意力转向第二个范式：面向对象编程。

2.2 面向对象编程

在上一节中，我们讨论了函数式编程和相应的编程模式。现在我们将学习另一个范式：面向对象范式（object-oriented paradigm）。函数式编程对应函数，面向对象编程则对应对象。那么，第一个问题：什么是对象？

对象的定义有好几种。相比于其在面向对象编程理论中的标准学术定义，我想试着给出一个非常规的解释。

从实践的角度来看，我们可以将对象看作是特定领域的专家。我们提出问题，他们提供答案；或者我们可以请求他们做一些事情，他们也会去做。我们的问题或请求可能需要复杂的操作，但专家会隐藏其复杂性，这样我们就不需要担心细节——只关心工作是否完成。

以牙医为例。当你去看牙医的时候，你不需要对牙科有多了解，只需要依靠牙医的专业知识来修复蛀牙。你也可以问一些你的牙齿相关的问题，牙医会用一种你能理解的方式来回答，隐藏这个话题实际的复杂性。在上述例子中，牙医就是一个对象——可以完成牙科相关任务或咨询的对象。

对对象做出请求，需要调用对象的方法（method）。方法是属于对象的函数，可以访问对象的内部数据。对象本身有一些数据，通常对外部不可见，有时候对象会以特性（property）的形式公开这些数据。

注意：方法是属于类的函数，它是类的定义的一部分。需要在定义它的类的实例上被调用（执行）。相比之下，函数不属于任何类，它可以独立运行。

在 Python 当中，对象中的任何函数或变量都被称为属性（attribute）。特性和方法都是属性。我们将在本章和本书的其余部分中使用这些等价的术语。

现在让我们动起手来，看看如何在 Python 中定义和处理对象。

2.2.1 类

类（class）定义了如何构造对象以及它们所具有的特征和知识。有些人喜欢将类比作蓝图，它们都是对对象拥有的信息和功能的一般描述。对象和类相关但是不同。如果类是蓝图，那对象就是完工的建筑。

我们在 Python 中使用保留关键字 class 定义类。按照惯例，类名以大写字母开头，每个新单词的开头也都用大写字母 (此惯例被称为 Pascal case)。让我们创建一个模拟咖啡机的类：

```
class CoffeeMachine:
    def __init__(self):
        self.__coffees_brewed = 0
```

在上述代码中，我们定义了一个表示咖啡机的类。我们可以使用这个类来生成新的咖啡机对象，这个过程称为实例化（instantiation）。实例化一个类，是指创建该类的一个新的对象。通过调用类的名称来实例化，就像它是一个返回实例化对象的函数一样：

```
>>> machine = CoffeeMachine()
```

现在我们有了 machine 对象，其功能由 CoffeeMachine 类定义（它仍然是空的，我们将在后面的部分进行完善）。当类被实例化时，它的 __init__ 函数将被调用。在 __init__ 函数中，我们可以进行一些初始化操作。例如，这里我们添加了一个煮咖啡的数量，并将其设置为零：

```
def __init__(self):
    self.__coffees_brewed = 0
```

注意 __coffees_brewed 开头的两个下划线。如果你还记得之前关于访问级别的讨论，默认情况下，Python 的所有数据都对外部可见。双下划线命名模式用于表示某物是私有的，不希望被直接访问。

```
# Don't do this!
>>> machine.__coffees_brewed
0
```

在本例中，我们不希望外界访问 __coffees_brewed；否则他们可以随意改变咖啡冲泡次数！

```
# Don't do this!
>>> machine.__coffees_brewed = 5469
>>> machine.__coffees_brewed
5469
```

如果不能访问 __coffees_brewed，那我们如何知道机器煮了多少杯咖啡呢？答案是特性。特性是类的只读属性。不过，在讨论特性之前，还有一些语法需要介绍。

1. 变量 self

如果查看前面的示例，你会发现我们经常使用一个名为 self 的变量。我们也可以使用其他名称，不过约定使用 self。正如你前面看到的，我们将其传递给类中的每个函数，包括初始化函数。多亏了 self 这第一个形参，我们才可以访问类中定义的所有数据。例如，在 __init__ 函数中，我们将变量 __coffees_brewed 加到 self 后面，这样，这个变量就存在于对象中了。

变量 self 必须是类中每个函数定义的第一个形参，但是当我们在类的实例上调用这些函数时，它不需要作为第一个实参数被传递。例如，为了实例化 CoffeeMachine 类，我们写了如下代码：

```
>>> machine = CoffeeMachine()
```

调用初始化函数时没有任何形参（没有 self）。如果你细想一下，如果我们还没有初始化对象，怎么可能将该初始化函数作为 self 传递呢？原来，Python 已经为我们解决了这个问题：我们永远不需要将 self 传递给初始化函数或对象的任何方法或特性。

调用 self 正是指类的不同属性访问类中的其他定义的方式。例如，在我们稍后将编写的 brew_coffee 方法中，我们正是使用 self 来访问 __coffees_brewed 的数量：

```
def brew_coffee(self):
    # we need 'self' here to access the class' __coffees_brewed count
    self.__coffees_brewed += 1
```

理解 self 以后，我们就可以学习特性了。

2. 类的特性

对象的特性（property）是可以返回数据的只读属性。使用点号即可访问对象的特性：object.property。还是以咖啡机为例，我们可以添加一个 coffees_brewed 特性（用咖啡机煮的咖啡数量），代码如下：

```
class CoffeeMachine:
    def __init__(self):
        self.__coffees_brewed = 0
```

```
    @property
    def coffees_brewed(self):
        return self.__coffees_brewed
```

然后，我们可以访问它：

```
>>> machine = CoffeeMachine()
>>> machine.coffees_brewed
0
```

特性是使用 @property 装饰器定义的函数：

```
@property
def coffees_brewed(self):
    return self.__coffees_brewed
```

特性不能接收参数（self 除外），且需要有返回值。不返回任值或接收其他参数的特性在概念上就是错误的：特性应该是我们请求对象提供的只读数据。

我们提到，@property 是装饰器的一个例子。Python 装饰器允许我们修改特性的行为。@property 修改类的函数，以便它可以像类的属性一样被使用。本书不会再使用其他装饰器，所以我们不会对此进行讲解，但如果你有兴趣，我鼓励你自行研究。

特性告诉我们对象的信息。例如，如果我们想知道某个 CoffeeMachine 类的实例是否至少煮了一杯咖啡，我们可以添加如下特性：

```
class CoffeeMachine:
    def __init__(self):
        self.__coffees_brewed

    @property
    def has_brewed(self):
        return self.__coffees_brewed > 0

    --snip--
```

现在就可以询问 CoffeeMachine 类的实例，是否已经煮过咖啡了：

```
>>> machine.has_brewed
False
```

显然，这台机器还没有准备好咖啡，那么如何让 CoffeeMachine 的实例为我们煮咖啡呢？使用方法。

3. 类的方法

特性允许我们了解对象的某些信息：通过回答我们的询问。为了让对象执行一些任务，我们使用方法。方法（method）不过是属于类的函数，可以访问类中定义的属性。在 CoffeeMachine 类的代码中，编写一个方法来请求它煮咖啡：

```
class CoffeeMachine:
    def __init__(self):
```

```
        self.__coffees_brewed = 0

    @property
    def coffees_brewed(self):
        return self.__coffees_brewed

    @property
    def has_brewed(self):
        return self.__coffees_brewed > 0

    def brew_coffee(self):
        self.__coffees_brewed += 1
```

方法将 self 作为第一个形参，这使它们能够访问类中定义的所有内容。正如我们前面讨论的，在调用对象的方法时，我们不需要传递 self 参数，Python 会为我们代劳。

注意：特性类似于用 @property 装饰的方法。特性和方法都将 self 作为它们的第一个实参。在调用方法时，我们使用括号并可选地传递其参数，但是访问属性时不需要使用括号。

我们可以在实例上调用 brew_coffee 方法：

```
>>> machine = CoffeeMachine()
>>> machine.brew_coffee()
```

既然第一杯咖啡已经煮好，我们可以询问实例：

```
>>> machine.coffees_brewed
1
>>> machine.has_brewed
True
```

如你所见，方法必须在类（对象）的特定实例上调用。此对象将是响应请求的对象。函数的调用不需要对象，如下所示：

```
a_function()
```

然而方法必须对对象进行调用，如下所示：

```
machine.brew_coffee()
```

对象只能响应创建它们的类中定义的方法。如果在对象上调用了一个方法（或任何特性），但该方法在类中没有定义，则会触发一个属性错误（AttributeError）。让我们试一试。让咖啡机泡一杯茶，尽管我们从来没有告诉过它怎么泡茶：

```
>>> machine.brew_tea()
Traceback (most recent call last):
  File "<input>", line 1, in <module>
AttributeError: 'CoffeeMachine' object has no attribute 'brew_tea'
```

好吧，对象“抱怨”说：我们从来没有说过，希望它学会如何泡茶。以下“抱怨”的关键：

```
'CoffeeMachine' object has no attribute 'brew_tea'
```

教训是：永远不要请求对象做它没有学过的事情，这会吓坏它，并让你的程序失效。

方法可以接受任意数量的形参，但必须在第一个实参 self 之后定义。例如，让我们在 CoffeeMachine 类中添加一个方法，让我们能够给咖啡机倒入给定数量的水：

```
class CoffeeMachine:

    def __init__(self):
        self.__coffees_brewed = 0
        self.__liters_of_water = 0

    def fill_water_tank(self, liters):
        self.__liters_of_water += liters
```

我们可以通过调用这个新方法来给咖啡机实例加水：

```
>>> machine = CoffeeMachine()
>>> machine.fill_water_tank(5)
```

在继续学习其他知识之前，关于方法需要知道的最后一点是它们强大的动态调度特性。当在对象上调用方法时，Python 将检查该对象是否响应该方法，但是，关键点在于，只要该对象的类定义了所请求的方法，Python 并不关心对象的类。

我们可以使用这个特性来定义响应相同方法的不同对象（相同的方法指的是相同的名称和实参），并可以互换地使用它们。例如，我们可以定义一个新的现代咖啡生产商：

```
class CoffeeHipster:
    def __init__(self, skill_level):
        self.__skill_level = skill_level

    def brew_coffee(self):
        # depending on the __skill_level, this method
        # may take a long time to complete.
        # But apparently the result will be worth it?
        --snip--
```

现在，我们可以编写函数，期望有一个咖啡生产者（任何定义了 brew_coffee() 方法的类的对象），并对其执行某些操作：

```
def keep_programmer_awake(programmer, coffee_producer):
    while programmer.wants_to_sleep:
        # give the coder some wakey juice
        coffee_producer.brew_coffee()
        --snip--
```

这个函数对 CoffeeMachine 和 CoffeeHipster 的实例都适用：

```
>>> machine = CoffeeMachine()
>>> hipster = CoffeeHipster()
>>> programmer = SleepyProgrammer('Angel')
```

```
# works!
>>> keep_programmer_awake(programmer, machine)

# also works!
>>> keep_programmer_awake(programmer, hipster)
```

为了达成这种效果，我们需要确保这些方法具有相同的“签名”，也就是说，它们的名称相同，形参也完全一致。

2.2.2 魔术方法

类可以定义一些特殊方法，称为魔术方法（magic method）或双划方法（双下划线的简写）。这些方法通常不会由我们直接调用，而是由 Python 在底层使用，我们将在下面的示例中看到。

我们使用过这种方法：__init__，在实例化对象时使用它作为初始化语句。__init__ 方法定义了创建类的实例时执行的代码。

魔术方法的一个著名用法（本书将会大量使用）是重载运算符。让我们通过一个例子来看一看。假设我们创建了一个表示复数的类：

```
class ComplexNum:
    def __init__(self, re, im):
        self.__re = re
        self.__im = im

    @property
    def real(self):
        return self.__re

    @property
    def imaginary(self):
        return self.__im
```

如何在 ComplexNum 的实例上实现加法操作？方法一是添加一个 plus 方法：

```
class ComplexNum:

    --snip--

    def plus(self, addend):
        return ComplexNum(
            self.__re + addend.__re,
            self.__im + addend.__im
        )
```

可以像下面这样使用：

```
>>> c1 = ComplexNum(2, 3)
>>> c2 = ComplexNum(5, 7)
```

```
>>> c1.plus(c2)
# the result is: 7 + 10i
```

这是可以的，但是如果能像对数字那样使用 + 运算符，显然会更好：

```
>>> c1 + c2
```

Python 包含一个魔术方法 __add__。如果创建了这个方法，我们就可以使用 + 运算符，Python 将在后台调用 __add__ 方法。因此，如果我们将 plus 重命名为 __add__，就可以使用 + 运算符对 ComplexNum 进行加法操作了：

```
class ComplexNum:

    --snip--

    def __add__(self, addend):
        return ComplexNum(
            self.__re + addend.__re,
            self.__im + addend.__im
        )
```

我们可以在类中创建更多的魔术方法，来执行减法、除法、比较等。你可以快速浏览一下表 4-1，看一看魔术方法可以实现的操作。例如，创建 __sub__ 方法后就可以使用 – 运算符简单地计算两个复数的减法：

```
class ComplexNum:

    --snip--

    def __sub__(self, subtrahend):
        return ComplexNum(
            self.__re - subtrahend.__re,
            self.__im - subtrahend.__im
        )
```

现在，我们可以使用 – 运算符：

```
>>> c1 - c2
# yields: -3 - 4i
```

怎样才能使用 == 操作符比较实例是否相等呢？创建 __eq__ 方法就行：

```
class ComplexNum:

    --snip--

    def __eq__(self, other):
        return (self.__re == other.__re) and (self.__im == other.__im)
```

这样就可以轻易地比较复数大小了：

```
>>> c1 == c2
False
```

本书会使用很多魔术方法，它们确实提高了代码的可读性。

现在，让我们换换话题，学习类型提示。

2.3　类型提示

编写代码时，Python 的类型提示（type hint）功能可以给予一些帮助，以确保我们在输入方法名或类的属性时不出错。

以上一节创建的复数类为例：

```
class ComplexNum:

    def __init__(self, re, im):
        self.__re = re
        self.__im = im

    @property
    def real(self):
        return self.__re

    @property
    def imaginary(self):
        return self.__im
```

假设我们写了一个以 ComplexNum 的实例作为实参的函数，来提取复数的虚数部分，但由于困倦，我们错误地写了以下内容：

```
def defrangulate(complex):
    --snip--
    im = complex.imaginry
```

你发现拼写错误了吗？由于我们对参数 complex 一无所知，IDE 也无法给我们任何线索。以 IDE 的角度，imaginry 是一个完全有效的属性名。直到我们运行该程序并传入一个复数，我们才会得到错误提示。

Python 是一种动态类型语言：它在运行时会使用类型信息。例如，它会检查一个给定类型的对象在运行时是否响应一个方法，如果不响应，就会弹出一个错误提示：

```
AttributeError: 'ComplexNum' object has no attribute 'imaginry'
```

不太幸运，对吧？在上例中，我们知道函数只接收 ComplexNum 类的实例，如果 IDE 提醒我们该属性输入错误，那就好了。事实上，使用类型提示可以做到这一点。

在定义函数或方法时，将类型提示放在参数名后面，用冒号分隔：

```
def defrangulate(complex: ComplexNum):
    --snip--
```

```
    im = complex.imaginry
    -------------^-------
    'ComplexNum' object has no attribute 'imaginry'
```

如你所见，IDE 向我们发出信号，ComplexNum 类没有属性“imaginry”。

除了使用类定义的类型外，我们还可以使用 Python 的内置类型作为类型提示。例如，以两个浮点数作为输入的复数初始值可以这样写：

```
class ComplexNum:
    def __init__(self, re: float, im: float):
        self.__re = re
        self.__im = im
```

现在，如果我们试图用错误的参数类型对类进行实例化，IDE 会警告我们：

```
i = ComplexNumber('one', 'two')
------------------^------------
Expected type 'float', got 'str' instead.
```

我们可以使用 float 表示浮点数，int 表示整数，str 表示字符串。

这些类型提示在开发过程中帮助我们，但在运行时没有影响。我们将在本书的许多地方使用类型提示：添加它们不需要多少时间，但安全是切实的。

2.4 小结

我们在本章中讨论了两种编程范式：函数式编程和面向对象编程。当然，这两个都是巨大的话题，可以用一整本书来讲解，而且已经有这类书了。我们只是学了一点皮毛。

我们还讨论了魔术方法和类型提示，这两种技巧将在整本书中被广泛使用。

下一章，我们将讨论命令行。在那之后，我们将开始编写代码。

第3章 Chapter 3

命 令 行

命令行接口（command line interface）可以让我们直接给计算机下指令。在命令行中，我们可以运行程序、搜索文件、创建或删除目录、连接互联网等。我们在本书中创建的应用程序都被设计为从命令行执行，只有两个例外。本章将介绍命令行接口的基础知识。如果你已经知道这些，可以跳过本章。

3.1 UNIX 和 Windows 系统的命令行

不同操作系统，命令行界面风格各异，但它们的目的都相似：直接向操作系统下达命令。Linux 系统和 macOS 系统都基于 UNIX 系统，因此它们的语法相同，使用的命令行处理器（command line processor）也相似，这些命令行处理器可以解释命令，以纯文本的形式发出，并将它们转换为机器可以执行的语言。目前有几个 UNIX 命令行处理器，bash、bourne 和 zsh 就是其中的几个例子。

上述系统中的命令行程序通常被称为壳（shell）、终端（terminal）或提示符（prompt）。苹果公司给 macOS 捆绑了一个 bash 壳，最近又用 zsh 取代了 bash，zsh 可以说更现代，功能更丰富。我们不用太担心这些 shell 的差异，对于我们的目的而言，我们可以认为它们是互换的关系。

Windows 系统有自己的命令行系统，语法与 macOS 或 Linux 不同。幸好由于大多数开发者都更熟悉 UNIX 风格的 shell，因此 Windows 也允许用户安装 Linux 子系统。考虑到你可能使用 Windows，下一节将介绍如何安装 Windows Subsystem for Linux（WSL）子系统。

3.2 准备好 shell

Linux 或 macOS 用户不需要安装任何其他软件，因为系统自带 shell。你可以在应用程序目录中找到它。

Windows 系统也有命令行，但我们不会使用它。我们将安装 WSL，你可以使用这个系统中的

shell，完成本书的学习。让我们来看看如何把它安装在你的机器上。非 Windows 用户可以直接跳过此部分。

3.2.1 安装 Windows Subsystem for Linux 软件

Windows Subsystem for Linux，简称 WSL，是可以安装在 Windows 操作系统上的 Linux 操作系统，它可以让你访问 Linux 的主要工具，包括 shell。

由于安装说明会经常更新，如果以下步骤出现任何问题，请查阅官方文档。你可以在 https://docs.microsoft.com/windows/wsl 上找到官方文档，还可以找到详细介绍和安装指南。

在撰写本书时，要想安装 Linux 子系统，首先需要启用计算机上的 WSL 可选特性。为此，请以管理员身份打开 PowerShell 应用程序，然后执行以下命令：

```
PS C:\> dism.exe /online /enable-feature
    /featurename:Microsoft-Windows-Subsystem-Linux
    /all /norestart
```

请注意，以上命令必须写成一行；我之所以没有写成一行，是因为它不适合印刷。命令可能需要几秒钟才能完成。命令执行后，请重新启动计算机。

机器重新启动后，可以继续安装你所选择的任何 Linux 发行版（也称为 distro）。如果你没有最喜欢的版本，我建议安装 Ubuntu；它既可靠，对开发者也友好。

要安装 Linux 子系统，请打开微软商店并搜索 Ubuntu（或你选择的发行版）。本书将使用 Ubuntu 的 20LTS 版本。运行 Linux 子系统的安装程序；安装过程完成后，将其打开。

第一次打开 Linux 子系统时，它需要进行一些安装，这可能需要几分钟。你将看到，此安装包括 Linux 操作系统和用于与之通信的 shell，但不包括图形界面。shell 会提示你创建一个新的用户名和密码。如果你在安装和配置系统的过程中遇到问题，不要忘记阅读官方文档。

3.2.2 初识 shell

当你打开 shell 时，它会显示以下内容：

```
angel@MacBook ~ %
```

结尾的字符可能不同，但前面的部分是登录的用户名和机器名，由 @ 符号分隔：

```
<user>@<machine> ~ %
```

后面我们会使用美元符号（$）来表示 shell，省略用户名和机器名：

```
$
```

你已经知道如何打开 shell，让我们学习一些有用的命令。

3.3 文件和目录

让我们尝试第一个命令：pwd（print working directory，输出工作目录的缩写）。在 shell 中输入 pwd，然后按回车键或返回键。此命令会显示当前目录的路径，即 shell 所在的目录路径：

```
$ pwd
/Users/angel
```

在本例中，shell 告诉我们，当前的工作目录是 angel，而 angel 在 Users 目录下。

whoami 命令可以让 shell 告诉我们当前登录的用户名：

```
$ whoami
angel
```

使用 ls 命令可以列出当前目录的内容：

```
$ ls
Desktop          Downloads        Music          PycharmProjects
Applications     Developer        Library        Pictures
Documents        Git              Movies         Public
```

3.3.1 移动命令

使用 cd 加上目录名可以进入对应的目录：

```
$ cd Documents
$ pwd
/Users/angel/Documents
```

使用两点，可以回退一步，到父级目录：

```
$ cd ..
$ pwd
/Users/angel
```

上面两个更改目录的 cd 命令，使用的是相对路径。相对路径（relative path）是指相对于当前位置的路径。例如，如果想使用相对路径来更改目录，我们只需要这样写：

```
$ cd Documents/Video
$ pwd
/Users/angel/Documents/Video
```

可以使用一点（.）来表示当前目录。下面是另一种切换到 Documents/Video 目录的方式：

```
$ cd ./Documents/Video
$ pwd
/Users/angel/Documents/Video
```

我们也可以使用绝对路径（absolute path）来更改目录，它是指相对于根目录的路径。根目录用斜杠符号（/）表示。让我们尝试使用绝对路径来转到根目录：

```
$ cd /
$ pwd
/
```

现在，让我们回到主目录。主目录也有一个专门的快捷方式——波浪号（~）：

```
$ cd ~
$ pwd
/Users/angel
```

3.3.2 创建文件和目录

使用 mkdir 命令创建新目录，后面跟着我们想要创建的目录名：

```
$ mkdir tmp/mechanics
```

我们在工作目录中创建了一个名为 tmp 的新目录，它包含一个名为 mechanics 的新目录。我们也可以用两步来完成同样的事情，首先创建 tmp 目录：

```
$ mkdir tmp
```

然后将路径切换到 tmp(cd tmp)，并创建 mechanics 目录：

```
$ mkdir mechanics
```

两种方式的结果完全一致。

使用 cd 命令进入新目录中：

```
$ cd tmp/mechanics
```

要创建一个新文件，可以使用 touch 命令加上文件名：

```
$ touch file.txt
$ ls
file.txt
```

向文件中写入文本可以使用输入重定向，3.6 节会进一步讲解这个方法：

```
$ echo write me to the file > file.txt
```

上面的命令比我们目前见到的其他命令要更复杂。它分为两个部分。符号 > 的左侧是第一部分，使用 echo 命令输出文本“ write me to the file”。我们可以单独运行这个命令，看看它能做些什么：

```
$ echo write me to the file
write me to the file
```

如你所见，echo 命令只是简单地输出我们传递给它的内容。使用符号 >，我们可以将输出目标从标准输出（指 shell）重定向到某文件，从而将信息写入该文件，而不是输出到 shell 上。

为了证明我们做到了这一点，让我们使用 cat 命令来读取文件内容：

```
$ cat file.txt
write me to the file
```

cat 命令会输出文件内容。该命令是 concatenate 的缩写，它会拼接传递给它的文件内容。事实上，我们可以将同一个文件重复传递到 cat，以查看拼接结果：

```
$ cat file.txt file.txt
write me to the file
write me to the file
```

现在让我们删除刚才创建的文件和目录。

3.3.3 删除文件和目录

使用 rm 命令删除文件：

```
$ rm file.txt
```

这个文件已经彻底消失：使用命令行时，没有垃圾桶或其他安全机制。因此，在删除文件或目录时，我们需要格外小心。

让我们退出 tmp/mechanics 文件夹，返回上上级目录：

```
$ cd ../..
$ pwd
/Users/angel
```

对于空目录，我们可以使用命令行选项 -d 进行删除。命令行选项（command line option）是可以传递给命令以修改其行为的参数。命令行选项以两种形式出现：短横线后跟一个或多个小写字母，如 -f，或双短横线后跟单个或复合词，如 --file 或 --file-name。

删除空目录代码如下：

```
$ rm -d tmp
rm: tmp: Directory not empty
```

如你所见，shell 返回了一个错误信息，因为 tmp 不是空目录（它有一个子目录）。如果想删除一个目录及其所有子目录，可以使用选项 -r：

```
$ rm -r tmp
```

如果目录或子目录中存在文件，上面的命令不会生效。当我们想要删除不包含文件的目录时，这个命令很有用，因为如果文件存在，它不会删除任何东西，这是一个安全措施。删除带文件的目录，可以使用选项 -rf：

```
$ rm -rf tmp
```

使用 rm -rf 命令需要非常小心。这个命令可能会造成一些严重的、无法恢复的伤害。

3.3.4 命令汇总

表 3-1 汇总了本节探讨的所有命令。

表 3-1 文件和目录相关的 shell 命令

命令	描述	命令	描述
whoami	显示有效的用户 ID	ls	列出目录的内容
pwd	返回工作目录名	cd	更改目录

（续）

命令	描述	命令	描述
mkdir	创建一个新目录	rm -d	删除一个空目录
echo	将参数写入标准输出	rm -r	删除包含其他目录的目录
cat	连接并输出文件	rm -rf	删除目录和文件（递归）
rm	删除一个文件		

3.3.5 使用 Windows Subsystem for Linux

现在我们已经知道了在计算机中进行目录移动的基本命令，让我们看看使用 Windows Subsystem for Linux 的一些细节。

1. 找到 C 盘：驱动器

每次打开 Linux 子系统，shell 所在的工作目录就会被设置为 Linux 子系统的主目录。你可以使用 pwd 命令来显示当前目录：

```
$ pwd
/home/angel
```

WSL 有自己的目录，与你的计算机不相连。但是，因为你是在 Windows 系统上编写本书代码，因此需要访问 C 盘的方式。WSL 提供了一种简单方式。

本地驱动盘的路径在 Linux 子系统的一个名为 /mnt 的目录中。使用 cd 命令进入 /mnt，然后列出其内容：

```
$ cd /mnt
$ ls
c    d
```

使用绝对路径（从 / 开始）转到 /mnt 很关键。ls 命令列出了我的两个驱动盘：C 盘和 D 盘。要打开其中的一个，只需更改目录：

```
$ cd c
```

现在，WSL 的工作目录已经是 C 盘。你可以找到主目录或其他文件夹来编写代码：

```
$ cd Users/angel
```

2. 确认 Python 安装（Ubuntu）

Ubuntu 已经安装了 Python3 版本。你可以在 shell 中检查已安装的版本：

```
$ python3 --version
Python 3.8.2
```

使用 Ubuntu 的命令行工具 apt 可以将 Python 更新到最新版本。首先，你需要更新 apt 包，确保其为最新版本。执行这个命令需要超级用户（superuser）权限。你可以在要执行的命令前添加 sudo（superuser do 的缩写）来获取。超级用户运行任何命令都需提供密码：

```
$ sudo apt update
[sudo] password for angel: <write your password here>
```

当你输入密码时，shell将保持空白，不会显示任何内容，这主要是出于安全考虑。一旦包更新完成，你就可以升级Python版本：

```
$ sudo apt upgrade python3
```

可以确定Python3已经是Ubuntu上的最新的稳定版本了。现在可以学习如何运行Python脚本了。

3.4 运行Python脚本

使用命令行运行Python文件非常简单：

```
$ python3 <filename.py>
```

使用Python3的解释器非常重要，因为我们会使用一些仅在此版本中可用的特性。由于Python2和Python3可以安装在同一台机器上，因此Python3的解释器名称末尾是3。

让我们创建一个Python文件并执行。在shell中，使用以下命令创建一个新的Python文件：

```
$ touch script.py
```

这将在shell的工作目录中创建一个新的文件script.py。在PyCharm（或其他编辑器）中打开该文件，并输入一个print语句：

```
print('hello, World!')
```

请保存文件。然后检查一下script.py文件是否正确：

```
$ cat script.py
print('hello, World!')
```

最后，让我们从命令行中执行Python脚本：

```
$ python3 script.py
hello, World!
```

不出所料，程序给了我们一个hello, World!的问候。

3.5 给脚本传递参数

命令行程序可以接受实参。让我们尝试一下，让Python脚本接收一个参数，来实现个性化的问候。打开script.py文件，将内容修改如下：

```
import sys

name = sys.argv[1] if len(sys.argv) > 1 else 'unknown'
print(f'Hello, {name}')
```

Python中的sys.argv是传递给执行脚本的实参列表。列表的第一项是执行脚本的名称，在本例中是script.py。因此，我们首先需要检查实参列表中是否包含多个元素，以确认作为实参的名称是否传递给了程序。如果检测到用户传递了一个实参，我们将使用它作为问候对象的名称；如果没有传递任何参数，名称默认是 unknown。

现在可以运行程序，不输入参数，以得到一个无名称的问候：

```
$ python3 script.py
Hello, unknown!
```

我们也可以给脚本传递一个名称，以获得个性化的问候：

```
$ python3 script.py Jenny
Hello, Jenny!
```

3.6 标准输入和输出

shell 中执行的程序可以读写数据。当一个程序——类似上面的 script.py——输出一些内容的时候，内容会出现在 shell 中。之前的程序输出了一个字符串“Hello Jenny !”并显示在 shell 中。shell 的屏幕通常被称为标准输出（standard output）。

3.6.1 将输出重定向到文件

之前，我们使用符号 > 重定向输出，将 echo 命令的结果写入文件当中。

在 shell 中尝试如下命令：

```
$ python3 script.py Jenny > greeting.txt
$ cat greeting.txt
Hello, Jenny!
```

这次，script.py 程序的结果没有输出到 shell 的屏幕上，而是被写入了一个新文件 greeting.txt 中。

使用符号 >，我们可以将程序的输出重定向到一个新文件。如果目标文件已经存在，则它将被覆盖。我们还可以使用符号 >> 将数据附加到现有文件中，而不是创建一个新文件：

```
$ python3 script.py Angel >> greeting.txt
$ cat greeting.txt
Hello, Jenny!
Hello, Angel!
```

这个技术很有用，之后我们将用它来将程序运行的结果写入外部文件。

3.6.2 将输入重定向为文件

与重定向 shell 的标准输出类似，我们也可以重定向 shell 的输入。让我们创建一个新的脚本。它不从程序的实参中读取名称，而是让用户输入自己的名称。首先，创建一个新的空文件：

```
$ touch script2.py
```

打开文件，输入以下代码：

```
print("What's your name?")
name = input()
print('Hello there, {name}')
```

如果运行这个新脚本，它会提示我们输入名称：

```
$ python3 script2.py
What's your name?
Angel
Hello there, Angel
```

这个程序从标准输入（standard input）——shell——中读取名称。我们必须在 shell 中写下名称，并按返回键，让程序读取它。我们可以将程序的输入重定向为一个文件，这次是使用符号 <。在这种情况下，程序会读取文件的内容，而不是从 shell 中读取。

让我们在新文件中写入一个名称：

```
$ echo Mary > name.txt
```

现在，让我们将程序的输入重定向为这个文件：

```
$ python3 script2.py < name.txt
What's your name?
Hello there, Mary
```

这一次，当程序提示输入名称时，我们不必输入任何内容，shell 会直接读取 name.txt 文件的内容。

我们将在之后编写的应用程序将会使用输入重定向，将文件内容读取到我们的 Python 程序中。

3.7 使用 PyCharm 自带的 Python 控制台

正如本书的前言所述，PyCharm 软件拥有两个控制台：一个 Python 控制台和你的系统 shell。前者特别有趣，因为它允许我们直接运行 Python 代码，且会检查所有加载的数据。你可以通过单击下栏中的 Python 控制台按钮或选择菜单中的 View（视图）→ Tool Windows（工具窗口）→ Python Console（Python 控制台）来打开 PyCharm 的 Python 控制台。

如图 3-1 中所示，Python 控制台分为两个窗格：左窗格是编写 Python 代码的地方，右窗格包含定义的所有变量的列表。让我们做一个练习，了解它是如何工作的。

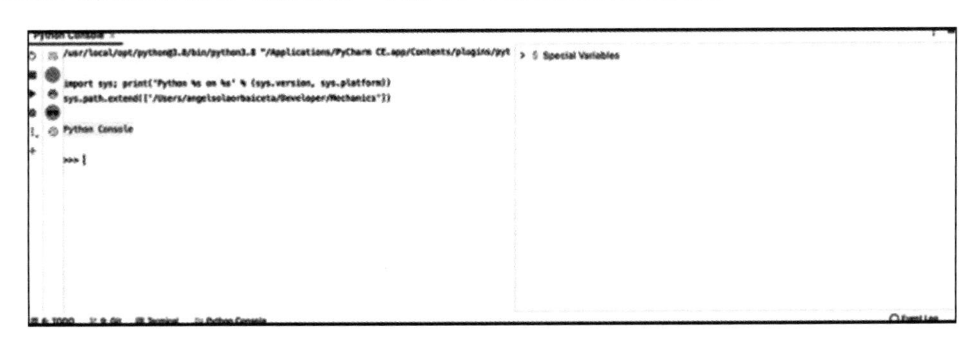

图 3-1 PyCharm 软件的 Python 控制台

在 Python 控制台中，输入以下内容：

```
>>> names = ['Angel', 'Alvaro', 'Mary', 'Paul', 'Isabel']
```

现在，右窗格包含了一个符号列表（见图 3-2），你可以查看。展开 names 符号，以检查列表中的元素。

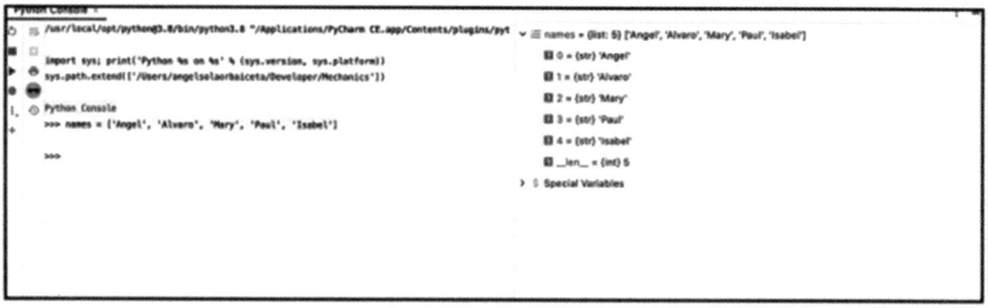

图 3-2 定义一个名称列表

现在让我们写一个函数，过滤字符串列表，保留比给定长度短的字符串。在控制台中输入以下内容（注意在控制台中输入代码时，三个点表示缩进）：

```
>>> def filter_list_shorter_than(lst, length):
...     return [item for item in lst if len(item) < length]
...

>>> filter_list_shorter_than(names, 5)
['Mary', 'Paul']
```

如果要保留过滤后列表用作参考，可以将结果存储到一个变量中：

```
>>> result = filter_list_shorter_than(names, 5)
```

现在，你可以使用 Python 控制台的右窗格来查看列表 result。

你还可以在控制台中导入 Python 模块。可以从自己的项目或标准库中导入模块。例如，如果你在 PyCharm 中打开了之前下载的 Mechanics 项目，则可以导入 Point 类。

```
>>> from geom2d import Point
>>> p = Point(10, 15)
```

从标准库中导入模块也同样简单。例如，从 json 模块导入 JSONDecoder 类，可以使用以下代码：

```
>>> from json import JSONDecoder
```

我们可能经常需要重新加载控制台，以便清除所有导入模块和定义的变量。这是一个好主意，因为导入模块和定义的变量可能会与你后面编写的新代码发生冲突。我们可以通过单击位于控制台左上角的 reload（重新加载）按钮来重新加载 Python 的控制台（见图 3-3）。

建议多花点时间熟悉 Python 控制台，因为你会发现它在后面很有用，我们会经常在里面做些实验来测试代码。

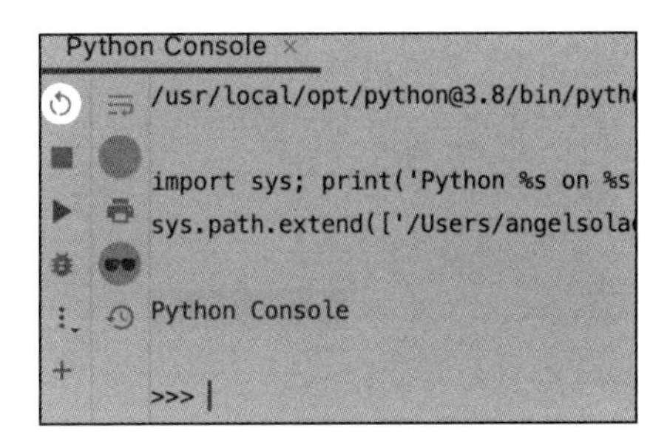

图 3-3 重新加载控制台

3.8 小结

在这个简短的章节中，我们介绍了 bash/zsh 命令行的基本知识。在 shell 中，我们可以向计算机发出命令，运行 Python 脚本。我们还探索了标准输入和输出重定向，我们将在后面大量使用这个技巧。

闲话少说，让我们着手创建 Mechanics 项目，体验乐趣吧！

第二部分 Part 2

二维几何

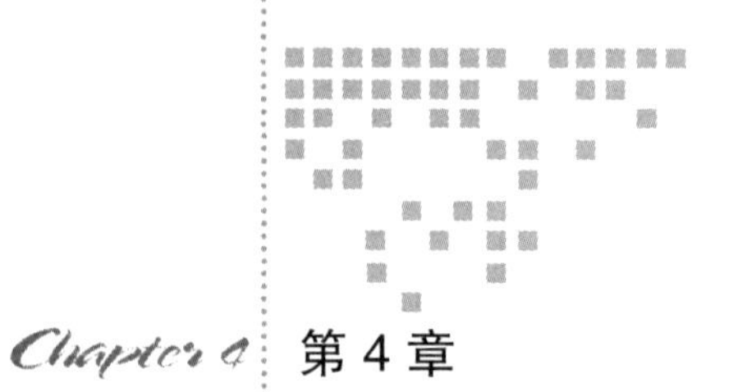

Chapter 4 第4章

点和向量

点和向量是几何学的基础，在本书中，我们将其作为几何基元——我们亲手构建的几何大厦的基石。为了使几何大厦可用，使用无错代码来实现点和向量至关重要。代码中的错误不仅会导致大厦中的函数错误，还会传导到上面构建的所有库，带来各种各样的运算错误。

本章有两个主要任务。首先，我们需要分别创建表示点和向量的类。然后，我们需要通过单元测试法来确保我们的代码没有错误，我们会在后面不断重复使用这个方法。不过，在我们学会这两者之前，首先需要学会构建一些有用的方法。

4.1 比较数字

计算机在表示实数时，并没有无限的精度。大多数计算机使用浮点数来存储这些数字，但它并不能涵盖所有有理数，更不用说无理数了。

因此，当比较浮点数的大小时，必须指定公差（tolerance）——一个尽可能小的数 ε，使得

$$|a-b|<\varepsilon$$

其中，a 和 b 是需要比较大小的两个数。

公差的数量级需要和实际问题的数量级以及期望精度一致。例如，处理行星轨道长度的问题时，其数量级为百万千米，因此使用 1e–20 mm 的公差没有多大意义。同样，计算原子间距时，使用 1e–2 cm 的公差也毫无意义。

在开始编写几何基元之前，我们需要构建一种方法，能够在给定公差 ε 后，比较两个浮点数的大小。但我们不能依靠计算机来比较浮点数，以它的逻辑，即使是只有小数点后第一百位不同，也会被判定为不同的数字。因此，我们要先构造一个函数，使用给定公差来比较两个数的大小。考虑到之后的几何计算，我们将默认公差设为 1e–10，对于会进行的大多数计算来说，这是一个可以接受的精度。

在 IDE 中打开项目，右击项目的根文件夹，然后选择 New(新建) → Python Package(Python 包)。将其命名为 geom2d，然后单击 OK（确定）按钮。它会是我们创建的所有几何图形代码的软件包。

注意：包名中的 2D 表明其内部所有内容都是二维的，当我们给文件或类命名时，都会遵循这个规则。在包内，我们会使用类似 point 或 segment 的名称，而不是 point2d 或 segment2d。如果我们想创建一个三维几何包——geom3d，我们仍然会使用 point 和 segment，并在三维空间上构建。

右击 geom2d 包文件夹，选择 New（新建） → Python File（Python 文件）来创建一个新文件。将其命名为 nums，其他不变，然后单击 OK（确定）按钮。

创建好文件后，让我们来构建第一个比较函数。清单 4-1 是该函数的代码。

清单 4-1 比较数字大小

```
import math


def are_close_enough(a, b, tolerance=1e-10):
    return math.fabs(a - b) < tolerance
```

首先，导入 math 模块，它在 Python 的标准库中，包含一些有用的数学函数。我们的函数接收两个数字 a 和 b，和一个可选的公差参数，如果没有提供其他值，该参数默认为 1e–10。最后，使用 math 库中的 fabs 函数检验 a 和 b 之差的绝对值是否小于公差，并返回相应的布尔值。

根据经验，0 和 1 这两个特定的值在比较中会经常出现，为了避免反复输入同样的代码：

```
are_close_enough(num, 1.0, 1e-5)
```

或

```
are_close_enough(num, 0.0, 1e-5)
```

我们会将它们直接写成函数。在上一个函数代码之后，添加清单 4-2 的代码。

清单 4-2 比较某数字与 0 或 1 大小的函数

```
--snip--

def is_close_to_zero(a, tolerance=1e-10):
    return are_close_enough(a, 0.0, tolerance)


def is_close_to_one(a, tolerance=1e-10):
    return are_close_enough(a, 1.0, tolerance)
```

类似清单 4-2 中的函数并非必需，但它们很方便，且使得代码更易读。

4.2 创建类：Point

根据欧几里得《几何原本》一书第一卷，点是“无法分割的”。换句话说，点是一个没有宽度、长度或深度的实体。它是空间中的一个位置，肉眼无法看到。点是欧几里得几何学的基础，其著作全部基于这个简单的概念。因此，我们的几何大厦也将基于这个强大的基元。

点可以表示为两个数字——x 和 y——也就是其坐标，有时也称为投影（projection）。图 4-1 描绘了点 P 及其在欧氏平面上的坐标。

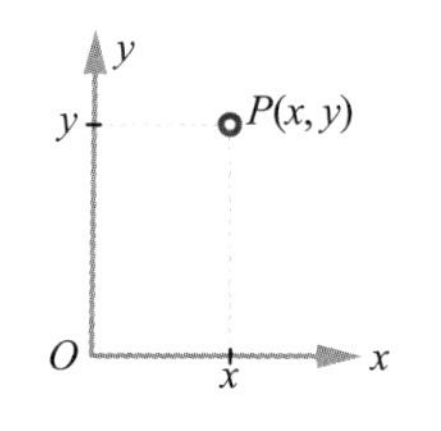

图 4-1 平面上的一点 P

让我们创建一个代表二维点的类。与之前一样，右击 geom2d 包文件夹，选择 New（新建）→ Python File（Python 文件），以创建一个新文件。将其命名为 Point，然后单击 OK（确定）按钮。在该文件中，输入清单 4-3 的代码。

清单 4-3 Point 类的代码

```
class Point:
    def __init__(self, x, y):
        self.x = x
        self.y = y
```

点的坐标会被传递给初始化方法 (__init__)，以类的属性存储。

完成初始化方法以后，让我们实现一些功能。

4.2.1 计算两点间的距离

使用公式（4.1）计算 P 和 Q 两点之间的距离 $d(P,Q)$：

$$d(P,Q)=\sqrt{(Q_x-P_x)^2+(Q_y-P_y)^2} \quad (4.1)$$

其中，P_x 和 P_y 是点 P 的坐标，Q_x 和 Q_y 是点 Q 的坐标。图 4-2 给出计算的示意图。

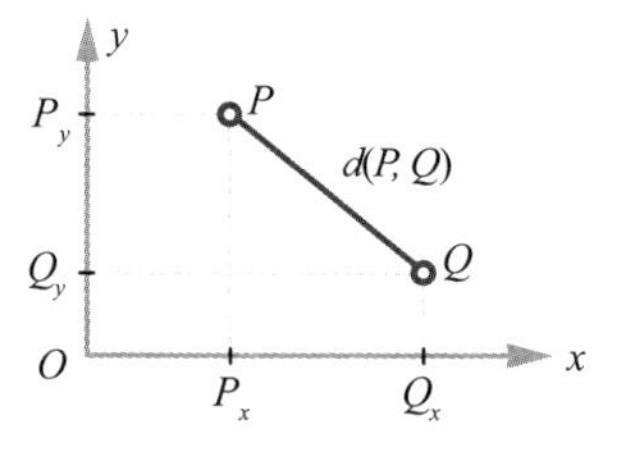

图 4-2 点 P 和点 Q 的距离

我们可以用两种算法来实现距离计算。我们可以在点 P 上调用该方法，计算其到另一点 Q 的距离，即 p.distance_to(q)。我们将两个点都作为参数传递给负责计算的函数：distance_between(p,q)。前者是面向对象的风格，后者是函数式编程的风格。因为本书做的是面向对象编程，所以我们会选择前者。

清单 4-4 是在类中实现公式（4.1）的代码。

清单 4-4 计算两点之间的距离

```
import math


class Point:
    --snip--

    def distance_to(self, other):
        delta_x = other.x - self.x
delta_y = other.y - self.y
return math.sqrt(delta_x ** 2 + delta_y ** 2)
```

首先，我们需要导入 math 模块，它会将很多有用的数学运算加载到我们的类中。我们定义接收 self 和 other 两个实参的方法 distance_to：self 表示当前点，而 other 表示需要计算距离的另一个点。然后，我们计算两个坐标之间的距离（或 delta），并使用 power(**) 运算符计算两个 delta 的平方，最后返回平方和的平方根。

让我们来测试一下。从 IDE 中打开 Python 控制台，并尝试以下操作：

```
>>> from geom2d.point import Point
>>> p = Point(1, 3)
>>> q = Point(2, 4)
>>> p.distance_to(q)
1.4142135623730951
```

太令人兴奋了！我们已经迈出了建立几何大厦的第一步——欧几里得也会为我们感到自豪的。你可以用计算器同样操作一遍，确认我们的算法结果是否正确。在本章的后面，我们将进行一个自动化测试，以检验该方法是否产生正确的结果。

控制台既然已经打开，且已加载 p 和 q，请尝试以下操作：

```
>>> p
<geom2d.point.Point object at 0x10f8a2588>

>>> p.__dict__
{'x': 1, 'y': 3}
```

输入 p 会生成一个字符串，意思是，p 是 Point 类的对象，内存地址是 0x10f8a2588。请注意，你得到的内存地址可能与我的不同。如果不了解计算机的内存（和十六进制的含义），这段描述就没有多大帮助了。你还可以检查任何类的 __dict__ 属性，以获得一个字典，包含它拥有的所有属性。这个关于实例的信息有趣多了。在本章的后面，我们将构建一个特殊的方法，它可以输出更有效的对象信息，如坐标（2,5）。

现在，让我们把重点放在 Point 类重载 + 和 – 操作符上。

4.2.2 加减操作

下一个需要构建的基本操作是加减法，向量类上也需要构建。我们将经常使用这些基本方法，包括直接使用和用于构建更复杂的方法。我们可以将它们写成普通的方法，用 p.plus(q) 和 p.minus(q) 等代码进行调用，但我们可以做得更好。Python 允许我们通过重载 + 和 – 操作符（我们在 2.2.2 节学过），之后输入 p+q 和 p–q，Python 就可以执行相应的操作。重载操作符可以让代码更容易阅读和理解。

在 Python 中重载操作符需要构建一个方法，其名称必须与操作符对应。这样，当 Python 遇到操作符时，会将其替换为对应的方法并调用。+ 操作符的名称为 __add__，– 操作符的名称为 __sub__。表 4-1 包含了能够在类中重载的常用操作符。

表 4-1 Python 中的重载操作符

操作符	方法名称	描述
+	__add__(self, other)	加
–	__sub__(self, other)	减
*	__mul__(self, other)	乘
/	__truediv__(self, other)	除
%	__mod__(self, other)	取模
==	__eq__(self, other)	等于
!=	__ne__(self, other)	不等于
<	__lt__(self, other)	小于
<=	__le__(self, other)	小于等于
>	__gt__(self, other)	大于
>=	__ge__(self, other)	大于等于

让我们将加法和减法操作构建成方法。在 Point 类中，

distance_to 方法之后，添加清单 4-5 中的代码。

清单 4-5 对点进行加减操作

```
class Point:
    --snip--

    def __add__(self, other):
        return Point(
            self.x + other.x,
            self.y + other.y
        )

    def __sub__(self, other):
        return Point(
            self.x - other.x,
            self.y - other.y
        )
```

方法 __add__ 创建并返回一个新点，其投影是两个参数投影的和。从代数上来讲，这个操作没有太大意义，但以后我们会发现它的用处。

方法 __sub__ 类似，结果的投影是输入点的投影之差。两点的减法 $P–Q$ 可以得到从 Q 到 P 的向量，但是我们还没有为向量创建类。下一节我们会重构这段代码，使它返回一个向量的实例。

让我们实现下一个关键的基元：向量。

4.3 创建类：Vector

与点类似，欧几里得平面上的向量也可以表示成两个数字坐标，它们可以转化成向量的大小和方向。例如，向量（3,5）可以理解为沿横轴正方向移动 3 个单位，沿纵轴正方向移动 5 个单位后的总位移。图 4-3 描绘了欧几里得平面上的向量 $\vec{p}$。

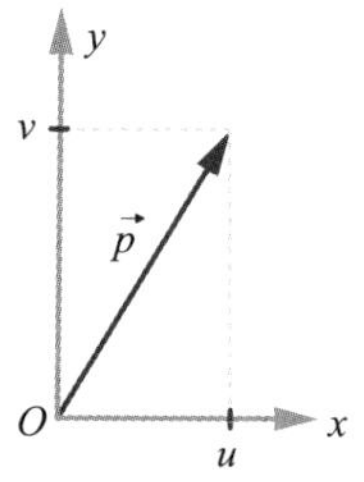

许多物理量都是向量：需要用大小和方向来完全定义。例如，速度、加速度和力都是向量。由于向量很常见，所以让我们创建一个类来表示它们。

右击 geom2d 软件包并选择 New（新建）→ Python File（Python 文件）。将其命名为 Vector，并单击 OK（确定）按钮。然后输入清单 4-6 中的代码。

图 4-3 平面上的一个向量 $\vec{p}$

清单 4-6 Vector 类的代码

```
class Vector:
    def __init__(self, u, v):
        self.u = u
        self.v = v
```

Vector 类的代码与 Point 类相似。只不过坐标被命名为 u 和 v，而不是 x 和 y。这是一种约定，避免在无意中混淆点和向量。

在继续学习之前，让我们重构 Point 类中的 __sub__ 方法，使它返回一个向量。回想一下，两点相减 $P–Q$ 会得到一个从 Q 到 P 的向量。将 point.py 文件修改成清单 4-7 中的代码。

清单 4-7 重构 Point 类的 __sub__ 方法

```
import math

from geom2d.vector import Vector


class Point:
    --snip--

    def __sub__(self, other):
        return Vector(
            self.x - other.x,
            self.y - other.y
        )
```

我们将在 4.4.3 节仔细研究这个操作方法，在那里我们会使用这个操作来创建向量。

现在让我们为 Vector 类创建一些有用的方法。

4.3.1 向量的加减

与点一样，向量加减是常见操作。例如，对代表两个力的向量求和可以得到两个力的和（也是向量）。

在 __init__ 方法之后，输入清单 4-8 的代码。

清单 4-8 向量的加法和减法

```
class Vector:
    --snip--

    def __add__(self, other):
        return Vector(
            self.u + other.u,
            self.v + other.v
        )

    def __sub__(self, other):
        return Vector(
            self.u - other.u,
            self.v - other.v
        )
```

在 __add__ 和 __sub__ 方法中，我们都创建了新的向量实例，来保存投影的加或减的结果。

图 4-4 描绘了两个向量 $\vec{p}$ 和 $\vec{q}$ 的加减法运算。注意，$\vec{p} - \vec{q}$ 为何可以理解成 $\vec{p}$ 和 $-\vec{q}$ 的和。

你可能会好奇，我们是否会为其他操作符构建类似的代码。点和向量的加减非常直观，但像

__mul__（用于重载乘法操作）这样的操作符要复杂一些。向量的乘法分为点乘、叉乘和标量乘法（对应向量的缩放）。因此，我们不使用操作符，而是直接将这些操作创建为带有描述性名称的方法：scaled_by、dot 和 cross。

我们将从向量缩放开始。

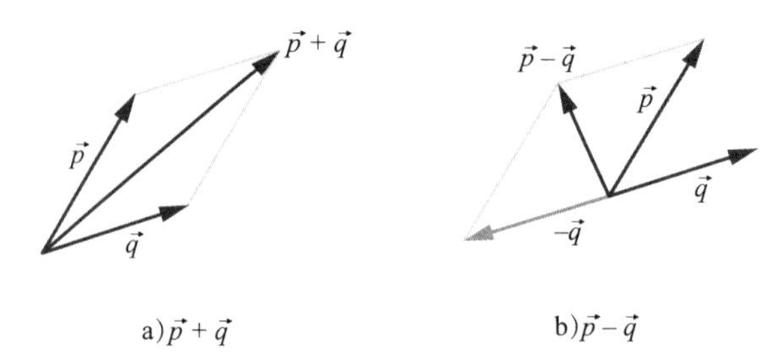

图 4-4　两个向量相加和两个向量相减

4.3.2　向量的缩放

要缩放（scale）一个向量 $\vec{u}$，你可以将它与标量 k 相乘，从而放大或缩小这个向量。数学上，标量乘法用公式（4.2）表示：

$$k\cdot\vec{u}=k\cdot\begin{pmatrix}u_x\\u_y\end{pmatrix}=\begin{pmatrix}k\cdot u_x\\k\cdot u_y\end{pmatrix}\tag{4.2}$$

让我们在 Vector 类中创建一个缩放方法。在 __sub__ 方法下面输入清单 4-9 中的代码。

清单 4-9　向量的缩放

```
class Vector:
    --snip--

    def scaled_by(self, factor):
        return Vector(factor * self.u, factor * self.v)
```

在上述代码中，只返回一个新 Vector，其 u 和 v 等于原向量的 u 和 v 与参数 factor——缩放因子——相乘的结果。

4.3.3　用向量移动点

使用缩放方法，我们可以实现另一个操作，即用给定向量 $\vec{u}$ 对 P 点进行 k 次移动，见公式（4.3）：

$$\begin{pmatrix}P_x\\P_y\end{pmatrix}+k\cdot\begin{pmatrix}u_x\\u_y\end{pmatrix}=\begin{pmatrix}P_x+k\cdot u_x\\P_y+k\cdot u_y\end{pmatrix}\tag{4.3}$$

示意图见图 4-5。

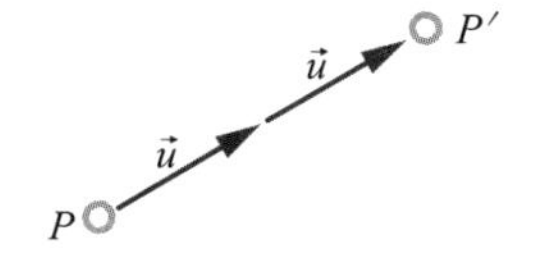

图 4-5　用向量 $\vec{u}$ 移动 P 点 k 次（图中 k=2）

因为移动的对象是点，因此让我们在 Point 类中编写对应的代码（见清单 4-10）。

清单 4-10 用向量 $\vec{u}$ 移动 P 点 k 次

```
class Point:
    --snip--

    def displaced(self, vector: Vector, times=1):
        scaled_vec = vector.scaled_by(times)
        return Point(
            self.x + scaled_vec.u,
            self.y + scaled_vec.v
        )
```

该方法接收两个实参：向量 vector 和标量 times。向量缩放的次数等于 times，最终得到总位移。例如，向量（3,5）按 times=2 缩放将得到（6,10）。注意，参数 times 的默认值为 1，因为通常输入的 vector 长度就是实际长度，不需要进行缩放。函数返回的点坐标等于原来的点坐标加总位移向量的坐标。

让我们尝试在 Python 的 shell 中移动点。重新启动控制台，以清除之前导入的 Point 类和 Vector 类，并输入以下内容：

```
>>> from geom2d.point import Point
>>> from geom2d.vector import Vector

>>> p = Point(2, 3)
>>> v = Vector(10, 20)
>>> p_prime = p.displaced(v, 2)
>>> p_prime.__dict__
{'x': 22, 'y': 43}
```

你可以用计算器确认该运算结果是否正确。

4.3.4 向量的范数

向量的范数（norm）是指它的长度。单位范数的长度为一个单位。拥有单位范数的向量在确认向量方向时非常有用，因此，我们经常会想知道一个向量的范数是否为单位范数（它是否是单位向量）。我们也经常需要归一化（normalize）一个向量：方向不变，长度变为 1。二维向量的范数由公式（4.4）给出：

$$\|\vec{u}\|=\sqrt{u_x^2+u_y^2} \tag{4.4}$$

让我们创建一个返回向量范数的特性，然后创建另一个特性来检验某向量是否为单位向量。两者的代码都包含在清单 4-11 中。

清单 4-11 计算向量的范数

```
import math

from geom2d import nums


class Vector:
```

```
    --snip--

    @property
    def norm(self):
        return math.sqrt(self.u ** 2 + self.v ** 2)

    @property
    def is_normal(self):
        return nums.is_close_to_one(self.norm)
```

norm 特性的返回值完全符合公式（4.4）的定义。为了确认向量的范数是否为 1，我们使用数值比较函数 is_close_to_one 并将向量的范数传递给它。

我们将创建另外两个重要的方法：第一个将向量 $\vec{u}$ 归一化，生成一个方向与 $\vec{u}$ 相同但长度为 1 的向量 $\hat{u}$；第二个将向量缩放到给定长度。对向量进行归一化后得到的向量，我们称之为单位向量（unit vector）或单位方向向量（versor），可以使用公式（4.5）得到：

$$\hat{u} = \frac{\vec{u}}{\|\vec{u}\|} = \frac{1}{\sqrt{u_x^2 + u_y^2}} \cdot \begin{pmatrix} u_x \\ u_y \end{pmatrix} = \begin{pmatrix} \frac{u_x}{\sqrt{u_x^2 + u_y^2}} \\ \frac{u_y}{\sqrt{u_x^2 + u_y^2}} \end{pmatrix} \tag{4.5}$$

计算结果是长度为 1 的向量。将该向量乘以标量 k，得到向量 $\vec{u}_k$，它的方向和原向量相同，长度等于标量的值，如公式（4.6）所示：

$$\vec{u}_k = k\frac{\vec{u}}{\|\vec{u}\|} = \frac{k}{\sqrt{u_x^2 + u_y^2}} \cdot \begin{pmatrix} u_x \\ u_y \end{pmatrix} = \begin{pmatrix} \frac{k \cdot u_x}{\sqrt{u_x^2 + u_y^2}} \\ \frac{k \cdot u_y}{\sqrt{u_x^2 + u_y^2}} \end{pmatrix} \tag{4.6}$$

清单 4-12 是上述公式对应的代码。

清单 4-12 计算单位长度或指定长度的向量

```
class Vector:
    --snip--

    def normalized(self):
        return self.scaled_by(1.0 / self.norm)

    def with_length(self, length):
        return self.normalized().scaled_by(length)
```

为了归一化向量，我们将它乘以它范数的倒数（相当于用向量的长度除以范数）。当需要将向量缩放到指定长度时，我们先将其归一化，然后乘以指定的标量。

4.3.5 不可变的代码设计

你可能已经意识到，我们从不改变任何对象的属性，而是创建并返回一个新的 Point 或 Vector

实例。例如，为了归一化向量，我们也可以使用清单 4-13 中的代码。

清单 4-13 原地归一化向量

```
def normalize(self):
    norm = self.norm
    self.x = self.x / norm
    self.y = self.y / norm
```

调用该方法将导致原地归一化（normalization in place)，即直接更改当前对象的属性。原地归一化更快，需要的内存更少，但也更容易出错。你的程序更改的对象很可能被其他程序调用，而后者不希望对象变更。这类错误非常难以发现，需要进行大量调试。此外，使用不可变数据的程序更易于理解和解释，因为你不需要考虑对象的状态随时间的变化。

看看下面的代码。它以与前面类似的方式创建了 normalize 方法，但它包含一个小错误。在这种情况下，归一化将会产生错误的结果。你能找出原因吗?

```
def normalize(self):
    self.x = self.x / self.norm
    self.y = self.y / self.norm
```

这个问题很棘手。第一行修改的 self.x 属性，会在第二次调用 self.norm 属性时用到。两次调用 self.norm 会产生不同的结果。这就是必须将 self.norm 的值存储在变量中的原因。

当对象的数据量很小时，最好避免可变对象。这样，程序在并发执行时也能够正确运行，并且代码也更易于理解。将可变性降到最低将使你的代码更加稳健，在本书中，我们会尽可能地坚持这个原则。

4.3.6 方法的命名约定

请留意方法的命名约定。在调用时改变对象状态的方法命名如下：

normalize　　将向量原地归一化

scale_by　　在原地缩放向量

创建新对象作为结果的方法命名如下：

normalized　　返回一个新的归一化向量

scaled_by　　返回一个新的缩放后的向量

接下来，我们将在 Vector 类中实现点乘和叉乘。这些简单的乘法将为一些有用的操作（如计算两个向量的夹角或检验是否垂直等）打下基础。

4.3.7 向量的点乘

两个向量 $\vec{u}$ 和 $\vec{v}$ 的点乘（dot product）会得到一个标量，它可以反映两个向量方向的差异。在二维空间中，点乘如公式（4.7）所示，其中 θ 为向量的夹角：

$$\vec{u}\cdot\vec{v}=\|\vec{u}\|\cdot\|\vec{v}\|\cdot\cos\theta=u_x\cdot v_x+u_y\cdot v_y \tag{4.7}$$

根据两个向量的方向不同，点乘的值也不同，见图 4-6。图上有一个参考向量 $\vec{v}$ 和另外三个向量：$\vec{a}$、$\vec{b}$ 和 $\vec{c}$。一条垂直于 $\vec{v}$ 的直线将空间分成两个半平面。向量 $\vec{b}$ 在直线上，因此 $\vec{v}$ 和 $\vec{b}$ 的夹

角 θ 等于 90°。而 cos（90°）=0，因此 $\vec{v}\cdot\vec{b}=0$。垂直向量的点乘为零。向量 $\vec{a}$ 所在的半平面和 $\vec{v}$ 相同，因此，$\vec{v}\cdot\vec{a}>0$。最后，$\vec{c}$ 在与 $\vec{v}$ 相对的半平面上，因此，$\vec{v}\cdot\vec{c}<0$。

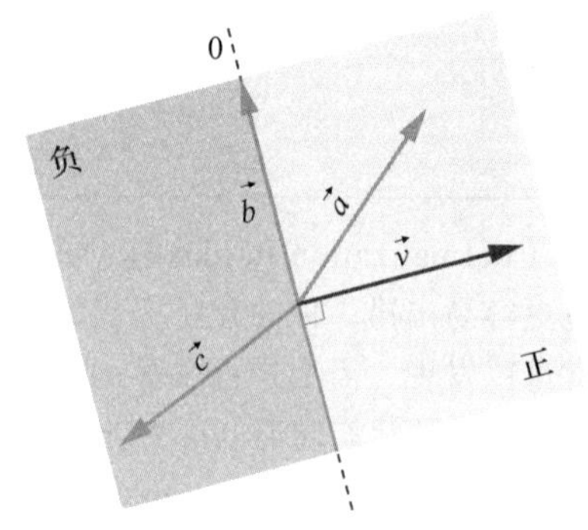

图 4-6　$\vec{v}$ 与不同方向的向量的点乘结果

公式（4.7）可以直接转化为点乘的代码。在 Vector 类中，输入清单 4-14 的代码。

清单 4-14　向量的点乘

```
class Vector:
    --snip--

    def dot(self, other):
        return (self.u * other.u) + (self.v * other.v)
```

在继续讨论叉乘之前，让我们停一停，分析点乘的一个应用：求向量在指定方向上的投影。

4.3.8　向量的投影

当点乘的其中一个向量是单位向量时，结果是一个向量在另一个向量上投影的长度。为了明白原因，需要参考公式（4.7）。给定向量 $\vec{u}$ 和单位向量 $\hat{v}$，它们的点乘如下：

$$\vec{u}\cdot\hat{v}=\|\vec{u}\|\cdot\|\hat{v}\|\cdot\cos\theta=\|\vec{u}\|\cdot 1\cdot\cos\theta=\|\vec{u}\|\cdot\cos\theta$$

其中，$\|\vec{u}\|.\cos\theta$ 正好是 $\vec{u}$ 在 $\hat{v}$ 方向上的投影。这对于计算指定方向的投影非常方便，我们可以用它来获得桁架构件上的力的轴向分量，如图 4-7 所示。在这种情况下，我们只需要计算 $\vec{F}_a=\vec{F}\cdot\hat{u}$ 来得到轴向分量 $\vec{F}_a$。

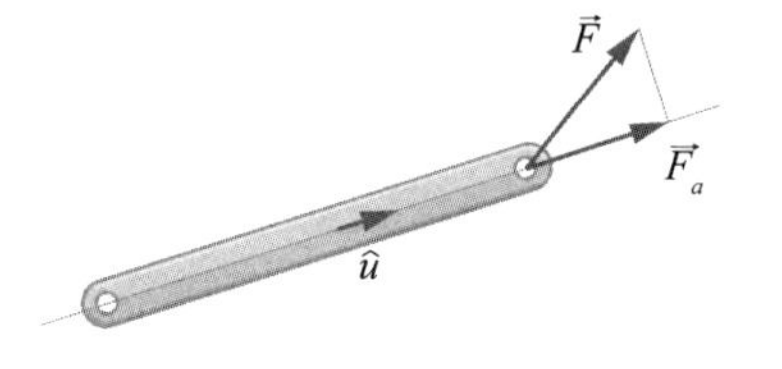

图 4-7　力 $\vec{F}$ 在桁架构件轴向方向 $\hat{u}$ 上的投影

让我们将这个操作创建为一个新的方法。将清单 4-15 中的代码输入 Vector 类中。

清单 4-15　一个向量在另一个向量上的投影

```
class Vector:
    --snip--

    def projection_over(self, direction):
        return self.dot(direction.normalized())
```

请注意，实参 direction 可能不是单位向量。为了确保算法有效，需要先将其归一化。

4.3.9　向量的叉乘

两个三维向量的叉乘（cross product）会得到一个垂直于这两个向量所在平面的新向量。向量的顺序很重要，它决定了结果向量的方向。可以使用右手法则得到叉乘的方向。注意，叉乘不满足交换律：$\vec{u} \times \vec{v} = -\vec{v} \times \vec{u}$，见图4-8。

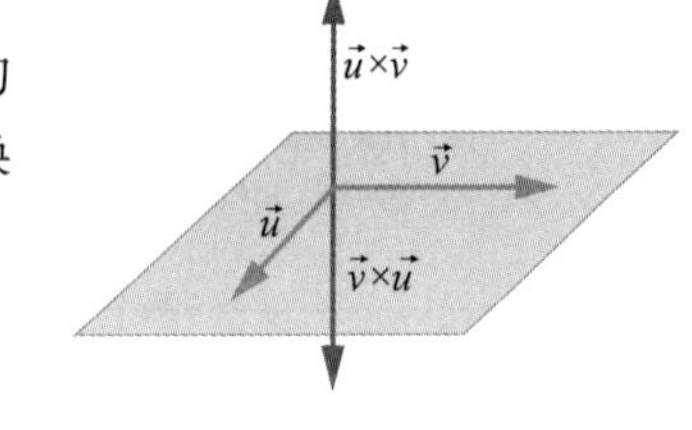

图4-8　叉乘不满足交换律

在三维空间中，叉乘可以用公式（4.8）来计算：

$$\vec{u}\times\vec{v}=\begin{pmatrix} u_y\cdot v_z-u_z\cdot v_y \\ u_z\cdot v_x-u_x\cdot v_z \\ u_x\cdot v_y-u_y\cdot v_x \end{pmatrix} \tag{4.8}$$

在二维平面上，由于所有向量都位于同一平面，因此，叉乘会得到一个垂直于该平面的向量。将 $u_z=v_z=0$ 代入公式（4.8）中，即可得到这个结论：

$$\vec{u}\times\vec{v}=\begin{pmatrix} u_y\cdot 0-0\cdot v_y \\ 0\cdot v_x-u_x\cdot 0 \\ u_x\cdot v_y-u_y\cdot v_x \end{pmatrix}=\begin{pmatrix} 0 \\ 0 \\ u_x\cdot v_y-u_y\cdot v_x \end{pmatrix}$$

因此，在二维应用中，叉乘的结果可以输出一个标量，也就是结果向量的 z 坐标。这个坐标也可看作结果向量的长度。由于 x 和 y 坐标为零，因此只需要计算 z 坐标。设向量 $\vec{u}$ 与 $\vec{v}$ 的夹角为 θ，应用公式（4.9）可以得到二维向量的叉乘结果：

$$\vec{u}\times\vec{v}=\|\vec{u}\|\cdot\|\vec{v}\|\cdot\sin\theta=u_x\cdot v_y-u_y\cdot v_x \tag{4.9}$$

让我们来创建叉乘算法。输入清单4-16中的代码。

清单4-16　向量的叉乘

```
class Vector:
    --snip--

    def cross(self, other):
        return (self.u * other.v) - (self.v * other.u)
```

二维向量叉乘的一个重要应用是确定角度的旋转方向。从图4-8中可以看到，$\vec{u} \times \vec{v} > 0$，因为从 $\vec{u}$ 到 $\vec{v}$ 的角度为正（逆时针）。相反，从 $\vec{v}$ 到 $\vec{u}$ 的角度为负，因此叉乘 $\vec{v} \times \vec{u} < 0$。最后，平行向量的叉乘为0，这很显然，因为 $\sin 0=0$。让我们仔细研究一下，并在Vector类中创建检验两个向量是否平行或垂直的方法。

4.3.10　平行和垂直向量

使用点乘和叉乘，很容易检验两个向量是平行还是垂直。清单4-17包含了具体的代码。

清单4-17　检查向量是否平行或垂直

```
class Vector:
    --snip--

    def is_parallel_to(self, other):
```

```
        return nums.is_close_to_zero(
            self.cross(other)
        )
    def is_perpendicular_to(self, other):
        return nums.is_close_to_zero(
            self.dot(other)
        )
```

检验两个向量是否相互平行，只需要确认它们的叉乘是否为零。同样，检验两个向量是否垂直，只需要检验点乘是否为零。注意，我们使用了函数 is_close_to_zero 来说明计算中浮点数比较的困难。

4.3.11 向量的夹角

计算两个向量之间的夹角可以借助点乘公式：

$$\vec{u}\cdot\vec{v}=\|\vec{u}\|\cdot\|\vec{v}\|\cdot\cos\theta$$

将左边的点乘除以另一边的范数积，再取反余弦，即得到公式（4.10）：

$$\theta=\arccos\left(\frac{\vec{u}\cdot\vec{v}}{\|\vec{u}\|\cdot\|\vec{v}\|}\right) \tag{4.10}$$

该公式只能计算出角度的大小。如果想知道方向，则需要使用叉乘。角度的符号可以用如下函数：

$$\operatorname{sgn}(\vec{u}\times\vec{v})$$

其中，符号函数 sgn 定义如下：

$$\operatorname{sgn}(x)=\begin{cases}-1, & 若x<0\\ +1, & 若x\geqslant 0\end{cases}$$

要理解为什么公式（4.10）只能得到角度的大小，我们需要记住余弦函数的一个重要性质。回忆一下基本的几何理论，单位向量夹角的余弦正是其水平投影的值。通过图 4-9 中的单位圆可以看到，两个角度相反的向量（角度的和等于零），其对应的余弦值相同。换句话说，cos α=cos（$-\alpha$），这意味着余弦函数会消除掉角度的符号。因此根据点乘的值确定角度的符号也就不可能了。

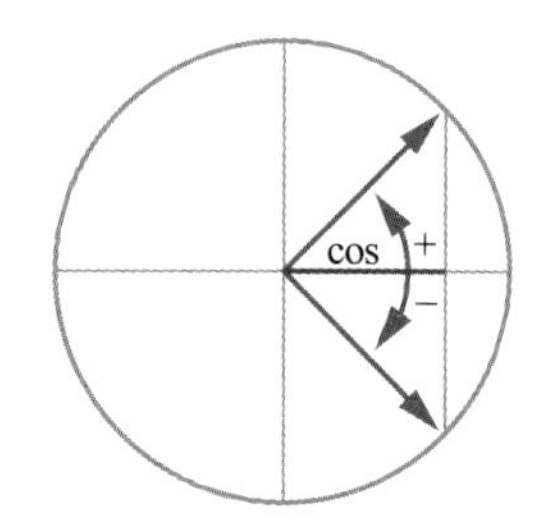

图 4-9 相反角度的余弦值相等

我们创建的许多应用程序，都同时需要角度的大小和符号，在叉乘的帮助下，我们可以恢复这些信息。让我们创建两个新方法，一个方法计算角度的绝对值（针对那些只需要角度大小的情况），另一个方法包含符号。在 Vector 类中输入清单 4-18 中的代码。

清单 4-18 计算两个向量的夹角

```
class Vector:
    --snip--

    def angle_value_to(self, other):
        dot_product = self.dot(other)
```

```
        norm_product = self.norm * other.norm
        return math.acos(dot_product / norm_product)

    def angle_to(self, other):
        value = self.angle_value_to(other)
        cross_product = self.cross(other)
        return math.copysign(value, cross_product)
```

第一个方法（angle_value_to），使用公式（4.10）计算 self 与 other 的夹角。我们首先得到点乘值，然后除以范数的乘积。取结果的反余弦，即得到角度值。第二个方法（angle_to），返回带叉乘符号的角度值。Python 中的 math.copysign(x,y) 函数返回 x 的大小和 y 的符号。

让我们在控制台中尝试这两个方法。重新加载控制台，然后输入以下内容：

```
>>> from geom2d.vector import Vector
>>> u = Vector(1, 0)
>>> v = Vector(1, 1)

>>> v.angle_value_to(u)
0.7853981633974484 # result in radians

>>> v.angle_to(u)
-0.7853981633974484 # result in radians
```

仅供参考，角度值 0.78539…对应 π/4 rad（45°）。

假设我们有一个向量，想要通过对其旋转一定角度来创建一个新的向量。

4.3.12 向量的旋转

如图 4-7 所示，假设一根杆受到外力作用，我们希望知道力在垂直于杆的方向上的投影，也就是力的剪切分量。为了计算这个投影值，我们首先需要找到与杆 $\hat{u}$ 的方向垂直的向量，这可以通过旋转该向量 π/2 弧度得到，如图 4-10 所示。

旋转变换不影响长度，因此该操作会保留原向量的长度。假设向量旋转的角度为 α，使用公式（4.11）可以计算旋转后的向量：

$$\vec{u}|_\alpha \begin{pmatrix} \cos\alpha & -\sin\alpha \\ \sin\alpha & \cos\alpha \end{pmatrix} \cdot \begin{pmatrix} u_x \\ u_y \end{pmatrix} = \begin{pmatrix} u_x \cdot \cos\alpha - u_y \cdot \sin\alpha \\ u_x \cdot \sin\alpha + u_y \cdot \cos\alpha \end{pmatrix} \quad (4.11)$$

图 4-10 将杆的方向向量旋转 π/2 弧度

对应的 Python 代码如清单 4-19 所示。

清单 4-19 旋转一个向量

```
class Vector:
    --snip--

    def rotated_radians(self, radians):
        cos = math.cos(radians)
        sin = math.sin(radians)
        return Vector(
```

```
            self.u * cos - self.v * sin,
            self.u * sin + self.v * cos
        )
```

rotated_radians 函数返回一个新向量，这是将原向量旋转给定弧度后的结果。根据我们的不可变编程原则，我们不会改变原向量，而是返回一个应用旋转后的新向量。

角度 π/2 rad（90°）对于旋转向量非常有用。使用 π/2 rad，我们可以得到垂直于原向量的新向量。

为了避免重复编写 v.rotated_radians(math.pi/2)，我们可以在 Vector 类中定义一个新方法。因为 cos(π/2)=0，sin(π/2)=1，公式（4.11）可以简化成如下形式：

$$\vec{u}\mid_{(\pi/2)}=\begin{pmatrix} u_x\cdot 0-u_y\cdot 1 \\ u_x\cdot 1+u_y\cdot 0 \end{pmatrix}=\begin{pmatrix} -u_y \\ u_x \end{pmatrix}$$

我们将这个方法命名为 perpendicular。Python 代码见清单 4-20。

清单 4-20 计算垂直向量

```
class Vector:
    --snip--

    def perpendicular(self):
        return Vector(-self.v, self.u)
```

另一个我们经常用于旋转的角度是 π（180°）。向量旋转 π 可以得到一个与之共线但反向的向量。因为 cos(π)= –1，sin(π)=0。公式（4.11）可以简化成如下形式：

$$\vec{u}\mid_{(\pi)}=\begin{pmatrix} u_x\cdot(-1)-u_y\cdot 0 \\ u_x\cdot 0+u_y\cdot(-1) \end{pmatrix}=\begin{pmatrix} -u_x \\ -u_y \end{pmatrix}$$

将对应的方法命名为 opposite。Python 代码见清单 4-21。

清单 4-21 计算相反向量

```
class Vector:
    --snip--

    def opposite(self):
        return Vector(-self.u, -self.v)
```

perpendicular 和 opposite 这两个方法涉及的知识我们都学过，我们当然也可以继续使用 rotated_radians。不过，这两个方法很方便，我们会经常使用它们。

4.3.13 向量的正弦和余弦

为了在 x 轴和 y 轴上投影一个向量，我们需要使用向量角度的正弦或余弦，如图 4-11 所示。

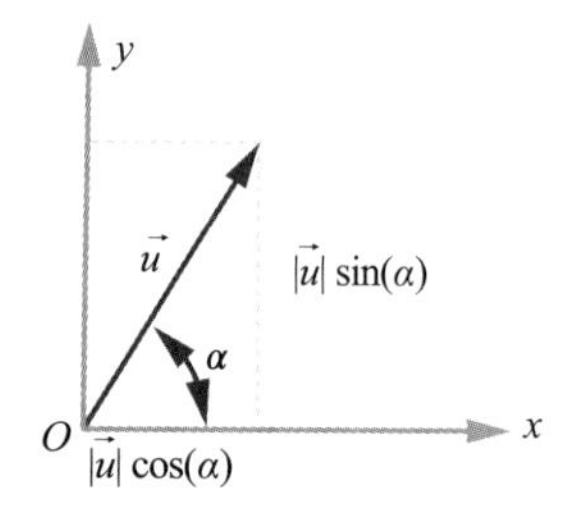

图 4-11 向量在坐标轴上的投影

这些可以用来计算本书第五部分介绍的桁架结构在全局坐标

中的刚度矩阵。杆的刚度矩阵计算是在相对坐标系中进行，其 x 轴是杆的轴向，但我们需要将这个矩阵的方向投影到全局坐标的 x 和 y 轴上，从而构建结构在全局坐标系下的方程组。

如果 Vector 类没有这两个属性，类的实例可以获取杆的角度，然后计算正弦或余弦。即使这是完全可以接受的，它也需要一些操作：首先计算角度，然后计算正弦或余弦。但你也知道，利用它们的数学定义，我们可以更有效地计算正弦值和余弦值。

假设向量 $\vec{a}$ 的范数为 $\|\vec{a}\|$，投影分别为 u 和 v。正弦和余弦的计算方法如下：

$$\sin\theta = \frac{v}{\|\vec{a}\|}, \cos\theta = \frac{u}{\|\vec{a}\|}$$

让我们将其创建为 Vector 类的属性。输入清单 4-22 中的代码。

清单 4-22　向量方向的正弦和余弦

```
class Vector:
    --snip--

    @property
    def sine(self):
        return self.v / self.norm

    @property
    def cosine(self):
        return self.u / self.norm
```

有了前面的表达式，这个代码非常简单。让我们添加最后几步，来完成我们的 Point 类和 Vector 类。

4.4　完善 Vector 类

Point 类和 Vector 类看起来不错，但是还缺少一些细节。如果我们比较其中一个类的两个实例，Python 可能无法确定它们是否相等，我们很快就会解决这个问题。此外，如果你记得的话，Python 会将对象实例输出到控制台，给出它们所属的类名，并附带一个内存地址，这些信息对我们用处不大，我们也会对此进行完善。

4.4.1　检验相等性

请在 shell 中输入以下内容（不要忘记重新加载 shell）：

```
  >>> from geom2d.point import Point
  >>> p = Point(1, 0)
  >>> p == p
❶ True

  >>> q = Point(1, 0)
  >>> p == q
❷ False
```

我敢打赌，你并没有对❶的结果感到惊讶：点当然与它自身相等。那❷呢？你感到吃惊吗？两个点的坐标完全相同，但是 Python 认为不同。难道（1, 0）不等于（1, 0）吗？它应该相等，但首先我们必须教 Python 如何比较同一个类的两个实例。如果同一个类的两个实例完全相同，即内存区域也相同，那么默认情况下 Python 就会认为它们相等。为了更明白一点，请在控制台中输入如下代码：

```
>>> p
<geom2d.point.Point object at 0x10baa3f60>

>>> q
<geom2d.point.Point object at 0x10c63b438>
```

在 Python 看来，实例 p 是内存地址 0x10baa3f60 的实例，实例 q 是 0x10c63b438 的实例。别忘了你的实例的内存地址会与以上地址不同。我们必须告诉 Python，通过检查投影是否足够接近来比较 Point 实例是否相同。回忆一下表 4-1，通过构建名为 __eq__(self, other) 的方法，就可以重载 == 操作符。让我们在 Point 类和 Vector 类中都这样做。

在 Point 类中加入清单 4-23 中的代码（不要忘记导入 nums）。

清单 4-23 比较点是否相等的代码

```
import math

from geom2d import nums


class Point:
    --snip--

    def __eq__(self, other):
        if self is other:
            return True

        if not isinstance(other, Point):
            return False
        return nums.are_close_enough(self.x, other.x) and \
            nums.are_close_enough(self.y, other.y)
```

在 Vector 类中加入清单 4-24 中的代码。

清单 4-24 比较向量是否相等的代码

```
import math

from geom2d import nums


class Vector:
    --snip--

    def __eq__(self, other):
```

```
    if self is other:
        return True

    if not isinstance(other, Vector):
        return False

    return nums.are_close_enough(self.u, other.u) and \
        nums.are_close_enough(self.v, other.v)
```

如你所见，两个代码的逻辑是相同的：将坐标与另一个给定实例进行比较。在这之前，我们做了两项重要的检查。一是检查我们是否在比较相同的实例，这种情况不需要任何其他操作，所以我们直接返回 True。二是针对 other 不是 Vector 类的实例的情况。因为 Python 允许比较任意两个对象，所以可能会出现将 Vector 的实例和字符串进行比较的情况。如果检测到这种情况，即试图比较不同类的实例，则返回 False，这样就结束了。这个比较模式会在后面反复出现，因为所有构建 __eq__ 方法的类都会使用这种方法。

为了确保无误，让我们重复实验一下。不要忘记重新加载控制台以导入上一版本的代码，并输入以下代码：

```
>>> from geom2d.point import Point
>>> p = Point(1, 0)
>>> p == p
True

>>> q = Point(1, 0)
>>> p == q
True
```

搞定！现在 Point 类和 Vector 类的比较方法可以正常工作了。

4.4.2 字符串表示

如你所见，控制台对类的实例的介绍并不是特别有用：

```
>>> from geom2d.vector import Vector
>>> v = Vector(2, 3)
>>> v
<geom2d.vector.Vector object at 0x10c63b438>
```

如果使用 str 函数将实例转换为它的字符串表示，我们会得到相同的结果：

```
>>> str(p)
'<geom2d.vector.Vector object at 0x10c63b438>'
```

当将 Vector 实例的字符串表示输出到控制台时，我们会得到更有用的信息，如下所示：

```
>>> str(p)
'(2, 5) with norm 5.385164807134504'
```

该信息包含向量的坐标和范数。Python 中的 str() 函数将类的实例转换为它的字符串表示。这个函数首先检查传递的参数是否拥有 __str__ 方法。如果是，函数会调用它并返回结果；如果否，函数只返回默认的字符串表示，在上述例子中，是无用的内存地址。

让我们在类中构建 __str__。在 Point 类中输入清单 4-25 中的代码。

清单 4-25 Point 类中覆盖原先的字符串表示

```
class Point:
    --snip--

    def __str__(self):
        return f'({self.x}, {self.y})'
```

在 Vector 类中输入清单 4-26 中的代码。

清单 4-26 Vector 类中覆盖原先的字符串表示

```
class Vector:
    --snip--

    def __str__(self):
        return f'({self.u}, {self.v}) with norm {self.norm}'
```

我们将实例的属性包含在 f 字符串 (f'') 中。属性被放到大括号之间，Python 调用它们的 __str__ 方法来获得字符串表示对结果进行拼接。例如，你可以认为 f 字符串：

```
f'({self.x}, {self.y})'
```

在 Python 中的含义如下：

```
"(" + str(self.x) + ", " + str(self.y) + ")"
```

现在，当对类的实例使用 str() 时，将输出更好的信息。让我们重新加载 Python shell，并进行第二次尝试：

```
>>> from geom2d.vector import Vector
>>> v = Vector(2, 3)
>>> str(v)
'(2, 3) with norm 3.605551275463989'
```

结构好多了，不是吗？

4.4.3 向量的工厂函数

工厂函数（factory function）是可以创建对象的函数。对于初始化需要一些计算的对象而言，工厂函数是一个好的选择。理想情况下，初始化器应该只需给出其类的属性，不做任何计算，为此，我们将使用工厂函数。

工厂函数还有助于提高代码的可读性。例如，如果你想创建从点 P 到点 Q 的向量，代码如下：

```
make_vector_between(p, q)
```

看起来比下面这个代码好得多：

```
    Vector(q.x - p.x, q.y - p.y)
```

不仅如此，第二个很可能会重复写很多次。这种情况表明，我们应该根据理论定义来抽象出对应的算法。在上面的例子中，对应的算法是通过两个有序点创建向量的方法，见公式（4.12）。

注意：缺少抽象的问题很常见。代表某个具体概念的算法没有被正确地封装到拥有适当名称的函数或类中，这个现象经常发生。其主要缺点是，当抽象算法没有被很好地封装时，我们的大脑需要很长时间才能理解代码，而且相同的算法在许多地方被复制和粘贴，这使得它难以维护。

在 geom2d 中创建一个新文件，命名为 vectors，并输入清单 4-27 中的代码。

清单 4-27　向量工厂函数

```
from geom2d.point import Point
from geom2d.vector import Vector


def make_vector_between(p: Point, q: Point):
    return q - p


def make_versor(u: float, v: float):
    return Vector(u, v).normalized()


def make_versor_between(p: Point, q: Point):
    return make_vector_between(p, q).normalized()
```

这个文件定义了几个函数，都可以用来创建向量。第一个函数（make_vector_between）创建一个从点 p 到点 q 的向量。我们已经利用 Point 类的 __sub__ 方法创建了点之间的向量。这是创建向量的一种便捷方法，如公式（4.12）所示：

$$\vec{u}_{P\to Q}=\begin{pmatrix}Q_x-P_x\\Q_y-P_y\end{pmatrix}\tag{4.12}$$

接下来，名为 make_versor 的函数可以创建单位方向向量。单位方向向量经常被用来表达方向或朝向，所以我们需要一种便捷方式来创建它们。注意，单位方向向量的符号有一个小帽，如 $\hat{u}$，表示它们的长度是单位长度。

最后，我们有 make_versor_between 函数来在两点之间创建一个单位方向向量，它调用 make_vector_between 函数，然后返回归一化的结果。结果的单位方向向量也可以用公式（4.13）来计算：

$$\hat{u}_{P\to Q}=\frac{1}{\sqrt{(Q_x-P_x)^2+(Q_y-P_y)^2}}\cdot\begin{pmatrix}Q_x-P_x\\Q_y-P_y\end{pmatrix}\tag{4.13}$$

4.5　单元测试

目前为止，我们已经在 Point 类和 Vector 类上实现了一些方法，且已经在控制台中手动测试了其中一些方法。但现在我们面临一些大问题：如何说服其他人相信我们的代码能够正常工作？我们怎么才能确定所写的东西一直有效呢？我们如何才能确保在我们修改现有的代码或添加新代码时不会破坏任何东西呢？

通常情况下，你需要找到很久以前编写的一些代码来修复错误。当你想修改代码时，问题就来了，你不知道这些变更是否会破坏其他正常运行的代码。事实上，你可能不知道所有代码的功能，所以你最终改变了一些你不应该更改的东西，从而破坏了其他代码。这种现象经常发生，因而有自己的名称：倒退（regression）。

在控制台中手工测试代码是非常累而无聊的，因而你可能不会测试所有需要测试的代码。此外，这个过程不可重复：你会忘记为每个方法执行了哪些测试，或者如果其他人需要运行代码，他们必须自己确定要测试什么以及如何测试。但是，我们确实需要确保我们的更改不会破坏其他代码。如果代码无法完成相应的工作，那么它是完全无用的。

如果有一个自动化的测试——只需要运行几毫秒，输出结果能够清楚地说明问题是否出现、何处出现以及原因，那我们的生活会轻松很多。这是单元测试（unit testing）的基本思想，这对任何专业的开发者来说都至关重要。你的代码如果没有附带良好的单元测试，就不能认为已经完成。这部分内容非常重要，因此我想尽早对其进行讲解，并广泛地使用。给代码编写自动的单元测试很简单，我想不出理由不去做它。

为代码创建单元测试很简单：创建一个新文件，在其中添加一个新类，然后创建一些对测试对象进行小范围测试的方法。每个测试方法都有一个 assertion 函数，以确保在给定一组输入后，获得特定的结果。若断言成功，则测试通过；反之，则通不过。当测试类被执行时（我们接下来会看到），对应的方法也被执行，断言被检验。

如果你还没理解，也不用担心，我们将在后面大量使用单元测试，你会慢慢理解的。

4.5.1 测试距离计算方法

我们为 Point 类编写的第一个方法是 distance_to，让我们从它开始尝试单元测试。在 geom2d 包中，创建一个名为 point_test.py 的新文件。整个项目的结构应如下所示：

```
Mechanics
  |- geom2d
  |     |- __init__.py
  |     |- nums.py
  |     |- point.py
  |     |- point_test.py
  |     |- vector.py
  |     |- vectors.py
```

在 point_test.py 中，输入清单 4-28 中的代码。

清单 4-28 测试点距离计算的方法

```
import unittest

from geom2d.point import Point


❶ class TestPoint(unittest.TestCase):
```

```
❷ def test_distance_to(self):
       p = Point(1, 2)
       q = Point(4, 6)
       expected = 5
       actual = p.distance_to(q)

     ❸ self.assertAlmostEqual(expected, actual)
```

我们首先导入 Python 附带的 unittest 模块。这个模块为我们提供了编写和执行单元测试所需的大多数基础代码。导入 Point 类之后，我们定义 TestPoint 类，它继承自 unittest.TestCase ❶。TestCase 类定义的断言方法的集合非常好，当我们继承它时，我们可以在类中访问这些方法。

接下来定义 test_distance_to 方法 ❷。方法名以单词 test_ 开头是很重要的，因为这是类识别测试方法的方式。你也可以在类中定义其他方法，但只要它们的名称不以 test 开头，它们就不会作为测试被执行。在方法内部，我们创建了相距 5 个单位的两个点，并断言它们的距离 p.distance_to(q) 接近这个值。

注意：unittest 模块的命名可能会令人困惑。类名是 UnitTest，但实际上类中的方法才是测试。我们的类对 UnitTest 进行了扩展，是为了对相关测试进行分组。

断言方法 assertAlmostEqual❸（定义在我们引用的类 unittest.TestCase 中）用指定的公差来检查浮点数是否相等，公差用小数点后的位数表示，默认是 7。在上面的测试中，我们使用了默认值（因为我们没有提供其他值）。请记住，在比较浮点数时，必须有公差，或者像上述例子，给定小数点后的位数（参见 4.1 节）。

有几种运行测试的方法。让我们学习下如何从 PyCharm 和控制台中做到这一点。

1. 从 PyCharm 运行测试

如果在 PyCharm 中查看测试文件，你会看到在类和方法定义的左边有一个小的绿色的运行按钮。类旁边的按钮会执行类中所有的测试（目前只有一个），而方法旁边的按钮只会运行一个测试。单击一个类旁边的按钮，从弹出的菜单中选择 Run ‘Unittest for point’。运行窗格会出现在 IDE 的下方，并显示测试结果。如果操作完全正确，你应该会看到以下内容：

```
--snip--

Ran 1 test in 0.001s

OK

Process finished with exit code 0
```

现在让我们学习如何从控制台运行同样的测试。

2. 从控制台运行测试

PyCharm 之外的其他 IDE 可能有自己运行测试的方式。但是，不管用什么 IDE，你总是可以从控制台运行测试。打开控制台或 shell，确认在 Mechanics 项目的目录中。然后执行以下命令：

```
$ python3 -m unittest geom2d/point_test.py
```

你应该会看到以下结果：

```
Ran 1 tests in 0.000s

OK
```

我们将在 IDE 中运行书中的大部分测试，但如果你愿意，随时可以从控制台运行它们。

3. 断言错误

让我们看看，如果断言检测到一个错误的结果会发生什么。在 point_test.py 文件中，修改距离的期望值：

```
expected = 567
```

断言预计点（1,2）和点（4,6）相距 567 个单位，这显然完全错误。单击类旁边的绿色运行按钮，再次执行该测试。你应该看到如下结果：

```
Ran 1 test in 0.006s

FAILED (failures=1)


Failure
Traceback (most recent call last):
  --snip--
  File ".../geom2d/tests/point_test.py", line 14, in test_distance_to
    self.assertAlmostEqual(expected, actual)
  --snip--

AssertionError: 567 != 5.0 within 7 places (562.0 difference)
```

最有价值的信息是最后一行。它告诉我们有一个断言错误，也就是说，当它期望得到 567，结果却得到 5.0 时，该断言失败了。它计算到小数点后 7 位，仍然发现两个值相差 562。

断言错误出现之前的信息是回溯（traceback），也就是 Python 执行时的路径，直到出现错误。如信息所言，最接近失败的调用出现在清单后面。可以看到，测试执行失败出现在 point_test.py 文件中（毫不奇怪）的第 14 行（你的可能有所不同），在一个名为 test_distance_to 的测试中。当你修改代码并运行测试以发现测试是否失败时，这些信息将被证明超级有用，因为它会告诉你具体而准确的失败信息。

不要忘记把单元测试的代码改回到最初的形式，并确保它仍然能成功运行。

4.5.2 测试向量的加减方法

为了确保 + 和 – 操作对向量正常工作（对 Point 类的相同操作的代码留给你作为练习），让我们使用以下测试用例：

$$\begin{pmatrix}1\\2\end{pmatrix}+\begin{pmatrix}4\\6\end{pmatrix}=\begin{pmatrix}5\\8\end{pmatrix}$$

和

$$\begin{pmatrix}1\\2\end{pmatrix}-\begin{pmatrix}4\\6\end{pmatrix}=\begin{pmatrix}-3\\-4\end{pmatrix}$$

在软件包 geom2d 中创建一个新文件，用于测试 Vector 类。将其命名为 vector_test，并输入清单 4-29 中的代码。

清单 4-29 对加减运算的测试

```
import unittest

from geom2d.vector import Vector


class TestVector(unittest.TestCase):
    u = Vector(1, 2)
    v = Vector(4, 6)

    def test_plus(self):
    expected = Vector(5, 8)
    actual = self.u + self.v
    self.assertEqual(expected, actual)

def test_minus(self):
    expected = Vector(-3, -4)
    actual = self.u - self.v
    self.assertEqual(expected, actual)
```

使用类定义左侧的绿色运行按钮运行所有测试。如果你的操作没有问题，那这两个新测试应该会成功。我们的操作符代码完全正确。如果代码中存在错误，这些测试会指出具体位置和原因。

值得注意的是，这次我们使用的是断言方法 assertEqual，它会使用 == 操作符来比较这两个参数。如果我们在 Vector 类中没有重载这个操作符，即使结果是正确的，测试也会失败。尝试一下：在 Vector 类中注释掉 __eq__(self, other) 方法（在该行的开头添加 # 字符），然后重新运行测试。

你会得到两个测试的失败信息，如下：

```
<geom2d.vector.Vector object at 0x10fd8d198> !=
<geom2d.vector.Vector object at 0x10fd8d240>

Expected :<geom2d.vector.Vector object at 0x10fd8d240>
Actual   :<geom2d.vector.Vector object at 0x10fd8d198>
```

感到熟悉吗？类中的两个对象只有在位于相同的内存地址时，Python 才会认为它们相等。__eq__ 操作符则向 Python 解释了确定两个对象相同的规则。别忘了取消这个方法的注释。

4.5.3 测试向量的乘法方法

让我们使用在测试类中定义的两个向量，为点乘和叉乘添加两个新的测试用例：

$$\begin{pmatrix}1\\2\end{pmatrix}\cdot\begin{pmatrix}4\\6\end{pmatrix}=4+12=16$$

和

$$\begin{pmatrix}1\\2\end{pmatrix}\times\begin{pmatrix}4\\6\end{pmatrix}=6-8=-2$$

代码如清单 4-30 所示。

清单 4-30 测试向量的点乘和叉乘

```
import unittest

from geom2d.vector import Vector


class TestVector(unittest.TestCase):

    --snip--

    def test_dot_product(self):
        expected = 16
        actual = self.u.dot(self.v)
        self.assertAlmostEqual(expected, actual)

    def test_cross_product(self):
        expected = -2
        actual = self.u.cross(self.v)
        self.assertAlmostEqual(expected, actual)
```

运行所有测试以确保新测试也成功。注意，这次比较数字时，使用的是断言方法 assertAlmostEqual。

4.5.4 测试向量的平行和垂直方法

接下来，我们将测试 is_parallel_to 和 is_perpendicular_to 方法。因为我们检查的是布尔表达式，所以我们希望有两个测试，一个检验两个向量是平行的（正向测试），另一个检验它们不平行（反向测试）。对于正向测试的情况，我们将基于这样一个事实，即向量总是平行于它自身。在 TestVector 中输入清单 4-31 中的代码。

清单 4-31 测试向量的平行性

```
import unittest

from geom2d.vector import Vector

class TestVector(unittest.TestCase):

    --snip--

    def test_are_parallel(self):
        self.assertTrue(self.u.is_parallel_to(self.u))

    def test_are_not_parallel(self):
        self.assertFalse(self.u.is_parallel_to(self.v))
```

这个清单中有两个新的断言方法很有趣：assertTrue，它检验给定表达式的计算结果是否为True；assertFalse，它检验给定表达式的计算结果是否为False。

我们按照同样的模式来检查垂直性。在上面两个测试之后，输入清单4-32中的两个测试代码。

清单 4-32 测试向量的垂直性

```
import unittest

from geom2d.vector import Vector


class TestVector(unittest.TestCase):

    --snip--

    def test_are_perpendicular(self):
        perp = Vector(-2, 1)
        self.assertTrue(self.u.is_perpendicular_to(perp))

    def test_are_not_perpendicular(self):
        self.assertFalse(self.u.is_perpendicular_to(self.v))
```

运行TestVector类中的所有测试，以确保它们成功。恭喜！你已经完成了第一部分的单元测试。这些测试将确保几何类中的方法按预期工作。此外，如果你为以上测试过的方法找到了更好的代码，为确保其能按预期工作，请同样执行测试。测试还可以记录代码的预期结果。有时候你可能需要一个提醒，关于某段代码的功能，这时单元测试也会有所帮助。

写出优秀的测试并不简单。熟能生巧，但有一些原则，我们可以遵循。让我们来看看三个简单的规则，它们将使我们的测试更有弹性。

4.5.5 单元测试的三个重要规则

我们已经涵盖了Point类和Vector类的部分方法的测试。现在你已经有了所需的知识，请尝试测试Point类和Vector类中的所有方法。我将把这个留给你作为练习。如果需要帮助，你可以看看本书提供的代码：它包括很多单元测试。找出所有我们没有测试的方法，并编写你认为需要的测试，以确保它们正常工作。我鼓励你去尝试，但是如果你仍然觉得单元测试对你来说很陌生，不要担心，我们将在其他章节中继续编写单元测试。

如前所述，我认为编写单元测试是编程的一个组成部分，运行未进行过单元测试的软件是很糟糕的。此外，为开放的源代码社区编写代码也需要进行良好的单元测试。你必须给社区一个理由去相信你所做的确实有效。通过所有人都可以轻松运行和发现的自动测试来证明，这总是一个好方法，因为他们不太可能花时间去考虑如何测试你的代码，然后在控制台手动尝试。

练习越多，就越能更好地编写可靠的单元测试。现在，我想给你一些基本规则。不要期望现在能完全理解它们的意思，记得在后面的学习当中要不时地回顾这些规则。

1. 失败原因须唯一

单元测试应该有且仅有一个失败的原因。这听起来很简单，但在多数情况下，测试对象（test

subject)(你要测试的内容）是复杂的，并且由几个组件一起工作组成。

如果测试失败只有一个原因，那么很容易找到代码中的错误。想象一下相反的情况：如果一个测试失败可能有五个不同的原因。当测试失败时，你会发现自己花费太多时间去阅读错误消息和调试代码，试图理解每次失败的原因。

一些开发人员和测试专业人员（测试本身就是一个职业，我花了几年时间从事这份工作）声明一个测试应该只有一个断言。说实话，有时不止一个的断言并没有那么有害，但如果只有一个，那肯定好得多。

让我们来分析一个特殊的例子。用我们之前写的检查两个向量是否垂直的测试。如果代码不是如下这样：

```
def test_are_perpendicular(self):
    perp = Vector(-2, 1)
    self.assertTrue(self.u.is_perpendicular_to(perp))
```

而是这样：

```
def test_are_perpendicular(self):
    perp = u.perpendicular()
    self.assertTrue(self.u.is_perpendicular_to(perp))
```

那么测试可能会因为 is_perpendicular_to 方法中的错误或 perpendicular 代码（我们用它来计算垂直于 $\vec{u}$ 的向量）中的错误而失败。发现区别了吗?

2. 受控环境

我们使用背景这个词来指代运行测试的环境。环境包括围绕测试相关的所有数据和测试对象本身的状态，这些都可能影响测试结果。此规则规定，你应该完全控制测试运行的环境。

测试的输入和输出应该是已知的。发生在测试中的一切都应该是确定的（deterministic），也就是说，不应该出现随机性或依赖任何你无法控制的东西：日期或时间、操作系统、未在测试中设置的机器环境变量，等等。

如果测试似乎随机失败，那么它们是无用的，你应该摆脱它们。人们可以快速习惯随机失败的测试，并开始忽略它们。当他们也忽略了由于代码错误而失败的测试时，问题就出现了。

3. 测试独立性

测试不应依赖于其他测试。每个测试都应该独立运行，绝不能依赖于其他测试所设置的背景。

这至少有三个原因。首先，你需要独立地运行或调试测试。其次，许多测试框架并不能保证测试的执行顺序。最后，不依赖于其他测试的测试要易读得多。

让我们用清单 4-33 中的 TestSwitch 类来说明这一点。

清单 4-33 取决于其他测试的测试

```
class TestSwitch(unittest.TestCase):

    switch = Switch()

    def test_switch_on(self):
     self.switch.on()
```

```
        self.assertTrue(self.switch.is_on())

    def test_switch_off(self):
        # Last test should have switched on
        self.switch.toggle()
        self.assertTrue(self.switch.is_off())
```

看到 test_switch_off 是如何依赖于 test_switch_on 了吗？通过使用一种名为 toggle 的方法，如果测试以不同顺序运行，并且 switch 在测试运行时处于 off 状态，那么我们可能会得到错误的结果。

永远不要依赖于测试的执行顺序，这会带来麻烦。测试应该始终独立运行：无论执行的顺序如何，它们都应该以相同的方式工作。

4.6 小结

在本章中，我们创建了两个重要的类：Point 类和 Vector 类。geom2d 库的其余部分将建立在这些简单但强大的概念之上。我们通过创建特殊方法 __eq__，教 Python 如何判断两个给定的点或向量实例在逻辑上是否相等，并使用 __str__ 提供了更好的文本表示。我们用单元测试测试了这些类中的部分方法，我鼓励你自己扩展测试范围。学习写好的单元测试的最好方法是进行练习。在下一章中，我们将在 geom2d 中添加两个新的几何概念：直线和线段。它们提供了一个新的维度，可以用来构造更复杂的形状。

Chapter 5 第 5 章

直线和线段

本章将重点介绍两个基元：直线和线段。一个点和一个方向可以定义一条直线，长度无限，没有起点和终点。两个点组成线段，长度有限，包含无限多的点。我们将借助上一章中的点和向量来创建它们的代码。

我们还会花一些时间来理解和实现两个算法：一个计算离线段最近的点，另一个计算线段的交点。这些算法涉及一些重要的几何概念，可以作为更复杂的问题的基础。我们将慢慢实现这些操作，以确保真正理解它们。所以，准备好 IDE，拿上笔和纸——用传统的方式绘制一些图表会很有帮助。

5.1 创建类：Segment

平面上任意两点之间存在唯一一条线段（Segment）——一条长度有限的线，包含无限多的点。图 5-1 描绘了两点 S 和 E 之间的线段。

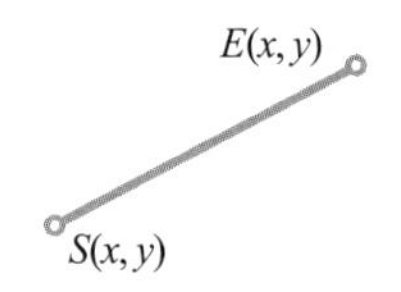

图 5-1　定义在 S 点和 E 点之间的线段

让我们首先创建一个名为 Segment 的类，它具有两个属性：起点 S 和终点 E。目前为止，我们的项目文件夹结构如下：

```
Mechanics
  |- geom2d
  |     |- __init__.py
  |     |- nums.py
  |     |- point.py
  |     |- point_test.py
  |     |- vector.py
  |     |- vector_test.py
  |     |- vectors.py
```

右击 geom2d 软件包，选择 New（新建）→ Python File（Python 文件），输入名称 segment，然后单击 OK（确定）按钮。PyCharm 会自动添加 .py 扩展名，如果你使用的是其他 IDE，则可能需要自己添加。在该文件中，输入清单 5-1 中的类代码。

清单 5-1 Segment 类的初始化

```
from geom2d.point import Point


class Segment:
    def __init__(self, start: Point, end: Point):
        self.start = start
        self.end = end
```

我们首先从 geom2d.point 模块中导入 Point 类。然后使用一个初始化器来定义 Segment 类，它接受两个点：start 和 end。这些形参被存储在相应的属性中。

注意，我们输入了形参的类型；更具体地说，我们要求它们必须是 Point 类型。这就是我们在第 2 章中学习的类型提示（type hint），主要是为了让 IDE 给我们提供一些背景帮助。如果 IDE 知道 start 和 end 都是来自 Point 类的对象，那么它将检测我们是否试图使用该类没有创建的任何属性。关键是要意识到，这不会阻止我们在运行时传递错误的参数类型。实际上，你可以在控制台中尝试以下操作：

```
>>> from geom2d.segment import Segment
>>> s = Segment("foo", "bar")
>>> s.start
'foo'
```

可以看到，Python 允许我们传递字符串类型而非仅限 Point 类型，Python 不会出现错误提示，因为 Python 解释器在运行时会忽略类型提示。

5.1.1 线段的方向

方向（direction）是线段的一个重要性质，定义为从起点 S 到终点 E 的向量。用 $\vec{d}$ 来表示该向量，则可以用公式（5.1）进行计算。

$$\vec{d} = E - S = \begin{pmatrix} E_x - S_x \\ E_y - S_y \end{pmatrix} \tag{5.1}$$

归一化方向向量，可以得到单位方向向量，这经常用于许多线段操作中。方向向量（direction vector）是一个与线段平行且长度相同的向量，其方向是从起点到终点。单位方向（direction versor）是方向向量的归一化版本，即与方向向量的方向相同，但长度为一个单位。

长度为 l 的线段，其单位方向向量 $\hat{d}$ 可以用公式（5.2）计算，如下所示。

$$\hat{d} = \frac{\vec{d}}{\|\vec{d}\|} = \begin{pmatrix} \dfrac{E_x - S_x}{l} \\ \dfrac{E_y - S_y}{l} \end{pmatrix} \tag{5.2}$$

注意：大多数时候，当我们谈到线段方向时，我们指的是单位方向向量 $\hat{d}$，但有时我们也会用这个短语来指代方向向量 $\vec{d}$。如果是这种情况，我们会明确说明。所以，如果没有任何说明，那线段方向指的就是单位方向向量。

让我们将两者都创建成类的属性。在 segment.py 文件中输入清单 5-2 的代码。

清单 5-2 计算线段的方向向量和单位方向向量

```
from geom2d.point import Point
from geom2d.vectors import make_vector_between, make_versor_between


class Segment:
    --snip--

    @property
    def direction_vector(self):
        return make_vector_between(self.start, self.end)

    @property
    def direction_versor(self):
return make_versor_between(self.start, self.end)
```

由于我们使用了在 vector.py 中定义的工厂函数 make_vector_between 和 make_versor_between，这两个属性很容易创建。只需要用起点和终点生成一个向量或单位向量。

现在，和线段的方向一样，垂直于线段的方向也同样重要。例如，我们可以利用垂直方向来计算粒子与直线碰撞后的速度方向，直线可能表示一堵墙或地面，如图 5-2 所示。

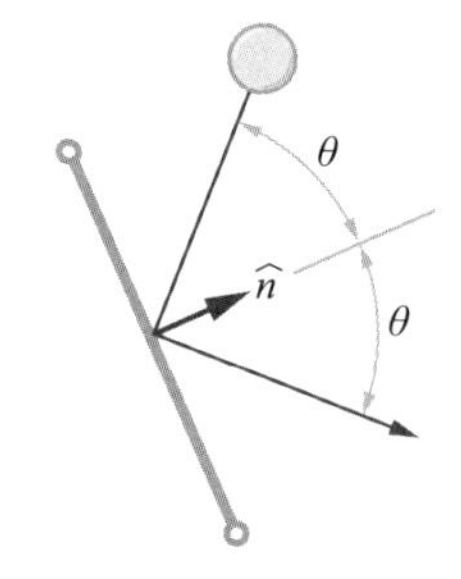

图 5-2 使用法向计算碰撞角度

将单位方向向量 $\hat{d}$ 旋转方向 $\pi/4$ rad (90°)，就可以得到线段的单位法向量（normal versor）。使用向量类的 perpendicular 属性来计算单位法向量非常简单。在 Segment 类中输入清单 5-3 的新属性代码。

清单 5-3 计算垂直于线段方向的向量

```
class Segment:
    --snip--

    @property
    def normal_versor(self):
        return self.direction_versor.perpendicular()
```

这个新属性串联了两个属性：direction_versor 和 perpendicular。我们首先调用 self 的 direction_versor 来得到线段的方向向量，同时也是 Vector 类的实例，在其上我们调用 perpendicular 方法，从而返回一个垂直于线段方向的向量。

我们也可以把方向向量存储在一个新变量中，然后在该变量上调用 perpendicular 方法：

```
    def normal_versor(self):
        d = self.direction_versor
        return d.perpendicular()
```

在这个案例中，增加变量 d 不会增加代码的可读性，而且由于我们只使用一次，因此不如直接将两个方法串联并返回结果。在后面的代码中，你会经常看到这个代码模式。

在图 5-3 中，你可以看到我们刚刚实现的概念的可视化表示。图 5-3a 的线段描绘了方向向量 $\vec{d}$，开始于 S(起点)，终止于 E(终点)。图 5-3b 描绘了方向向量的归一化向量 $\hat{d}$ 和垂直于该向量的单位法向量 $\hat{n}$。

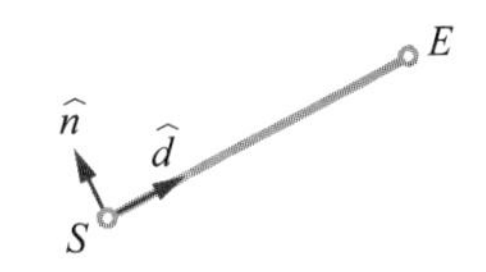

a）线段的方向向量　　b）单位方向向量和单位法向量

图 5-3　概念的可视化表示

我们将跳过本节的单元测试，但这并不意味着你也可以这样做。从现在开始，我不会为我们所创建的每一种方法编写对应的测试，而是挑选一部分，这样我们就可以专注于内容的学习与讲解。但是，为这些没有测试的方法编写单元测试是一个很好的练习。你可以参考本书附带的 Mechanics 项目中的测试代码。

5.1.2 线段的长度

线段的另一个重要属性是长度（length），或者说端点间的距离。

1. 计算长度

我们至少有两种方法可以计算线段的长度：可以计算点 S 和点 E 之间的距离，也可以计算方向向量 $\vec{d}$ 的长度。

我选择第一个，代码如清单 5-4 所示；如果你愿意，也可以实现第二个。结果应该是相同的。

清单 5-4　计算线段的长度

```
class Segment:
    --snip--

    @property
    def length(self):
        return self.start.distance_to(self.end)
```

使用之前创建的方法让这个操作轻而易举。你的 segment.py 文件应该类似于清单 5-5。

清单 5-5　Segment 类的代码

```
from geom2d.point import Point
from geom2d.vectors import make_vector_between, make_versor_between


class Segment:
    def __init__(self, start: Point, end: Point):
        self.start = start
        self.end = end
```

```
    @property
    def direction_vector(self):
        return make_vector_between(self.start, self.end)

    @property
    def direction_versor(self):
        return make_versor_between(self.start, self.end)

    @property
    def normal_versor(self):
        return self.direction_versor.perpendicular()

    @property
    def length(self):
        return self.start.distance_to(self.end)
```

让我们测试一下刚刚写的方法。

2. 单元测试：长度函数

为了确保在实现 length 属性时没有犯错，让我们编写一个单元测试。首先创建一个新的测试文件。右击 geom2d 包，选择 New（新建）→ Python File（Python 文件），将其命名为 segment_test.py，然后单击 OK（确定）按钮。输入清单 5-6 的代码。

清单 5-6 测试 Segment 类的 length 属性

```
import math
import unittest

from geom2d.point import Point
from geom2d.segment import Segment


class TestSegment(unittest.TestCase):

    start = Point(400, 0)
    end = Point(0, 400)
    segment = Segment(start, end)

def test_length(self):
    expected = 400 * math.sqrt(2)
    actual = self.segment.length
    self.assertAlmostEqual(expected, actual)
```

我们导入了 unittest 和 math 模块，以及 Segment 类和 Point 类。然后，我们定义了两个点：起点（400, 0）、终点（0, 400）。使用这两个点创建我们的测试对象——segment。按照单元测试的第一条原则，一个测试失败的原因应该只有一个，我们将预期结果直接写成 $400\sqrt{2}$，因为 $\sqrt{(400-0)^2+(0-400)^2}=\sqrt{2\times400^2}$。你可能会写出以下内容：

```
expected = self.start.distance_to(self.end)
```

然而，这将违反原则 1，因为测试可能失败的原因不止一个。此外，在上述代码中，期望值和实际值的计算方法相同，都是 distance_to。这打破了测试代码和测试对象的独立性原则。

单击 TestSegment 类定义左侧的绿色运行按钮，并选择 Run ‘ Unittests for segment ’来运行测试。你也可以在控制台上运行它，代码如下：

```
$ python3 -m unittest geom2d/segment_test.py
```

测试 distance 属性可能看起来很愚蠢，因为它的唯一操作就是调用 distance_to 方法，而后者已经被测试过了。即使是这样简单的实现，我们也可能犯错，例如，重复调用相同的点来计算距离，如下：

```
self.start.distance_to(self.start)
```

你可能从自己的经验中也有所了解，我们的开发者经常犯这样的错误。

5.1.3　参数 t 和线段中点

之前说过，在线段的端点 E 和 S 之间有无数个点。我们该如何去获取它们呢？通常使用一个范围为从 0 到 1（包括 1）的参数来获取线段上的每个点。我们将这个参数命名为 t，其定义如公式（5.3）所示。

$$\{t \in \mathbb{R} \mid 0.0 \leqslant t \leqslant 1.0\} \tag{5.3}$$

线段的起点和终点之间的所有点都可以通过改变 t 的值来得到。t=0，则得到线段的起点 S；t=1，则得到终点 E。给定 t 值，可以计算线段上的任意点 P 的坐标，如公式（5.4）所示。

$$P = \begin{pmatrix} S_x \\ S_y \end{pmatrix} + t \begin{pmatrix} E_x - S_x \\ E_y - S_y \end{pmatrix} \tag{5.4}$$

可以看出，公式（5.4）中的向量正是公式（5.1）中定义的方向向量，因此可以简化为公式（5.5）的形式。

$$P = S + t \cdot \vec{d} \tag{5.5}$$

使用 Point 类的 displaced 方法，可以很容易地实现公式（5.5）。将清单 5-7 中的 point_at 方法输入到 Segment 类文件中（segment.py）。

清单 5-7　使用参数 t 获取线段上的任意一点

```
class Segment:
    --snip--

    def point_at(self, t: float):
        return self.start.displaced(self.direction_vector, t)
```

将起点沿方向向量平移 t 次 ($0 \leqslant t \leqslant 1.0$)，也可以得到线段上的任意点。让我们创建一个特性，直接生成线段的中点，即 t=0.5 时的点（见图 5-4）。

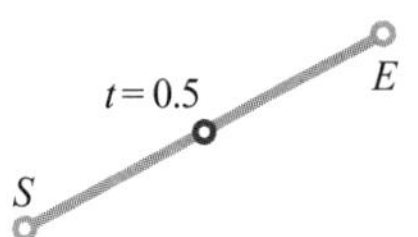

图 5-4　线段的中点

我们将经常使用这个特殊点，所以想要一个方便的方法来获得它。输入清单 5-8 中的代码。

清单 5-8 线段的中点

```
class Segment:
    --snip--

    @property
    def middle(self):
        return self.point_at(0.5)
```

1. 验证 *t* 值

你可能已经意识到，在 point_at 中，我们没有检查传递的 *t* 值是否在公式（5.3）给出的范围内。我们可以传递一个错误的 *t* 值，程序不会报错，而是直接生成线段以外的点。例如，如果传递 t=1.5，将得到图 5-5 中描述的点。

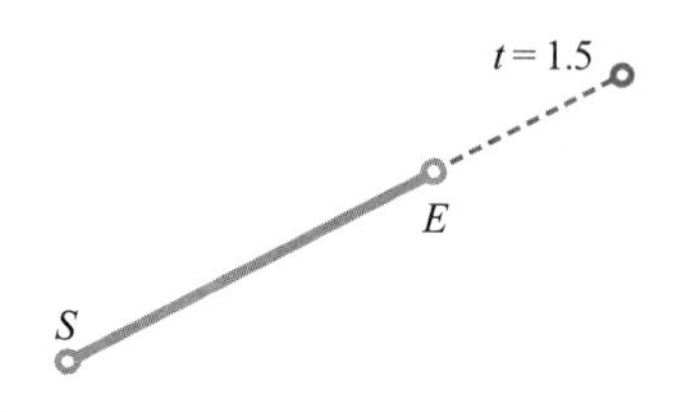

图 5-5 t=1.5 时生成的线段外的一点

如果不验证 *t* 值，程序会静默失败，因为用户可能默认该方法返回的点位于线段的端点之间，而实际不是。静默失败（silently fail），是指程序的结果在概念上有问题，但程序正常运行，没有任何警告或报错，来提醒可能的错误。

稳健的软件会快速失败（fails fast），这意味着一旦检测到错误，程序就会“恐慌”并退出，如果可能，还会提供与错误有关的所有信息。

这听起来可能很可怕，但很有帮助。假设我们允许用户将错误的 *t* 值传递给 point_at(t) 方法。假设，用户没有注意，输入的 *t* 值是 739928393839…。可想而知，这个值对应的点离原本应该包含它的线段很远。程序不会因为这样的值而崩溃，还会继续执行。而我们可能发现不了，直到几分钟后，一切都失败了。我们发现错误之前，调查发生的所有事情可能需要几个小时（或者几天，取决于代码的复杂度和错误传导的程度）。如果我们能立即检测到错误的值，那就会简单得多。也许我们可以提醒用户：

```
Oops! We were expecting the value of 't' to be in the  range [0, 1],
but you gave us a value of '739928393839'.
```

这条信息非常清楚。它是在告诉用户，这个程序因为一个错误而不得不退出。如果程序继续执行，这个错误可能会变得更糟。好处是，用户有机会分析错误的值来自哪里，并采取行动，防止错误再次出现。

注意：这里我们使用用户（user）一词来指代任何使用我们的代码的人，而不是我们编写的应用程序的最终用户。用户包括你自己，因为你需要经常运行自己编写的代码。

因为我们会为参数 *t* 创建一系列功能，所以最好为它创建一个模块。目前为止，你的项目文件夹的结构应该如下：

```
Mechanics
  |- geom2d
  |     |- __init__.py
  |     |- nums.py
  |     |- point.py
  |     |- point_test.py
```

```
|     |- segment.py
|     |- segment_test.py
|     |- vector.py
|     |- vector_test.py
|     |- vectors.py
```

在 geom2d 软件包中创建一个名为 tparam.py 的新文件。在其中，输入清单 5-9 中的代码。

清单 5-9 验证参数 *t* 的值

```
MIN = 0.0
MIDDLE = 0.5
MAX = 1.0


def make(value: float):
    if value < MIN:
        return MIN

    if value > MAX:
        return MAX

    return value


def ensure_valid(t):
    if not is_valid(t):
        raise TParamError(t)


def is_valid(t):
    return False if t < MIN or t > MAX else True


class TParamError(Exception):
    def __init__(self, t):
        self.t = t

    def __str__(self):
        return f'Expected t to be in [0, 1] but was {self.t}'
```

我们首先定义三个有用的常数，包括：最小值 MIN，这是 t 可以取的最小值；中间值 MIDDLE，其值等于 (MIN+MAX)/2；以及最大值 MAX，这是 t 可以取的最大值。

这些值会被大量使用，所以我们给它们起的名称是与其含义对应的，而不是所谓的神奇数字（magic numbers）（直接给出的数字，没有任何注释以帮助理解其含义）。

值定义好后，我们接着定义函数 make，来创建一个具有有效值的参数。然后是函数 ensure_valid，它使用方法 is_valid 检查 t 是否超出范围限制。如果 t 的值超出范围，则会触发异常。TParamError 继承自 Python 的 Exception 类。这是一个我们自定义的异常，可以提供很好的格式化信息。在 TParamError 的初始化器中，我们传入错误的 t 值，在特殊方法 __str__ 中，我们返回真实的提示信息。回想一下，类可以定义 __str__ 方法，以便在调用实例时提供该实例的文本（字符串）表示。

要查看它是如何输出信息的，请在控制台中尝试以下操作：

```
>>> from geom2d import tparam
>>> tparam.ensure_valid(10.5)
Traceback (most recent call last):
  --snip--
geom2d.tparam.TParamError: Expected t to be in [0, 1] but was 10.5
```

这个错误提示简单明了：

```
Expected t to be in [0, 1] but was 10.5
```

让我们在 Segment 类的 point_at 方法中使用这个验证。首先，在 segment.py 文件中导入模块：

```
from geom2d import tparam
```

在 segment.py 文件中重构 point_at(t) 以包括验证，如清单 5-10 所示。

清单 5-10　验证 segment 类的 point_at 方法中的 t 值

```
def point_at(self, t: float):
    tparam.ensure_valid(t)
    return self.start.displaced(self.direction_vector, t)
```

然后重构 middle 特性，删除神奇数字 0.5，如清单 5-11 所示。

清单 5-11　从中点的计算代码中删除魔法数字

```
@property
def middle(self):
    return self.point_at(tparam.MIDDLE)
```

如果你跟随本书一步一步操作，那你的 segment.py 文件应该类似清单 5-12。

清单 5-12　Segment 类的代码

```
from geom2d import tparam
from geom2d.point import Point
from geom2d.vectors import make_vector_between, make_versor_between


class Segment:
    def __init__(self, start: Point, end: Point):
        self.start = start
        self.end = end

    @property
    def direction_vector(self):
        return make_vector_between(self.start, self.end)

    @property
    def direction_versor(self):
        return make_versor_between(self.start, self.end)
```

```
    @property
    def normal_versor(self):
        return self.direction_versor.perpendicular()

    @property
    def length(self):
        return self.start.distance_to(self.end)

    def point_at(self, t: float):
        tparam.ensure_valid(t)
        return self.start.displaced(self.direction_vector, t)

    @property
    def middle(self):
        return self.point_at(tparam.MIDDLE)
```

现在 Segment 类已经完成，让我们写一些单元测试。

2. 单元测试：线段的点操作

因为我们将使用 point_at 作为更复杂的计算的一部分，所以我们真心希望确保它能够正常工作，所以让我们从它的测试开始，断言如果传递一个错误的 t 值，则会触发异常。这使我们有机会学习一种新的断言方法：assertRaises。

在 segment_test.py 文件中，首先导入 tparam 模块：

```
from geom2d import tparam
```

然后输入清单 5-13 的测试代码。

清单 5-13 测试错误的 *t* 值

```
class TestSegment(unittest.TestCase):

    start = Point(400, 0)
    end = Point(0, 400)
segment = Segment(start, end)

--snip--

def test_point_at_wrong_t(self):
    self.assertRaises(
     ❶ tparam.TParamError,
     ❷ self.segment.point_at,
     ❸ 56.7
    )
```

这个断言比目前为止我们看到的都要复杂。我们向其传入三个参数。首先是预期要触发的异常(TParamError)❶。其次，我们传入了期望触发异常的方法 ❷。最后，我们传入需要传递给前面的方法（在本例中为 point_at）的实参 ❸。

断言代码可以解读如下：

```
assert that method 'point_at' from instance 'self.segment
raises an exception of type 'tparam.TParamError'
when called with arguments '56.7'
```

如果 point_at 接受了多个参数，你可以将它们作为 assertRaises 的参数。现在，让我们创建清单 5-14 中的两个测试用例。

清单 5-14 测试 point_at 方法

```
class TestSegment(unittest.TestCase):

    start = Point(400, 0)
    end = Point(0, 400)
    segment = Segment(start, end)

    --snip--

    def test_point_at(self):
        t = tparam.make(0.25)
        expected = Point(300, 100)
        actual = self.segment.point_at(t)
        self.assertEqual(expected, actual)

    def test_middle_point(self):
        expected = Point(200, 200)
        actual = self.segment.middle
        self.assertEqual(expected, actual)
```

在第一个测试用例中，我们确保有效的 t 值，能够产生期望的点，在本例中为 0.25。利用公式（5.4），这个点可以计算如下：

$$P=\underbrace{\begin{pmatrix}400\\0\end{pmatrix}}_{S}+\underbrace{(0.25)}_{t}\times\underbrace{\begin{pmatrix}0-400\\400-0\end{pmatrix}}_{E-S}=\begin{pmatrix}400\\0\end{pmatrix}+\begin{pmatrix}-100\\100\end{pmatrix}=\begin{pmatrix}300\\100\end{pmatrix}$$

第二个测试是 middle 特性，它计算 t=0.5 对应的点。拿出笔和纸，确保测试中的点（200, 200）是正确的。然后运行 segment_test.py 文件中的所有测试，以确保所有测试都通过。你可以通过控制台执行以下操作：

```
$ python3 -m unittest geom2d/segment_test.py
```

5.1.4 计算线段上的最近点

假设我们想找到线段上最接近外部点的点。如果外部点没有与线段对齐，也就是说，穿过该点且垂直于线段的直线不与线段相交，那么最近的点必然是两个端点 S 或 E 中的一个。另外，如果该点与该段对齐，则垂直线与线段的交点就是最近的点。图 5-6 说明了这一点。

图中，点 $S \equiv A'$ 是离 A 最近的点，点 $E \equiv B'$ 是最接近 B 的点，C' 是最接近 C 的点。让我们看看如何构建这个算法。

1. 算法

借助第 4 章中的 projection_over 方法，我们可以很容易地找到最近点。假设点 P 是外部点，l 是线段的长度，线段上的各种点、线段和向量见图 5-7。

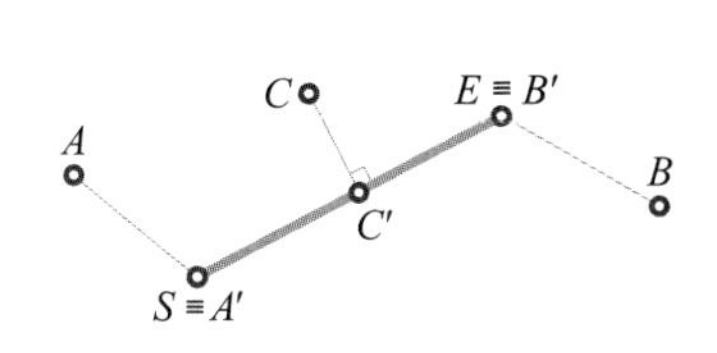

图 5-6　线段上最近的点

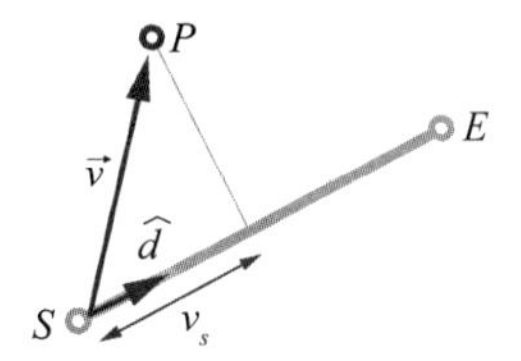

图 5-7　计算线段最近点的算法需要使用的辅助向量

算法如下：

1. 计算从线段的端点 S 到外部点 P 的向量 $\vec{v}$；
2. 计算 $\vec{v}$ 在线段方向上投影的单位向量 $\hat{d}$；
3. 将投影的长度设为 v_s，则最近点 P' 可以用公式（5.6）来计算。

$$P' = \begin{cases} S, & 若 v_s < 0 \\ E, & 若 v_s > l \\ S + v_s \cdot \hat{d}, & 若 0 \leqslant v_s \leqslant l \end{cases} \tag{5.6}$$

如果投影的长度 v_s 符号为负，意味着投影在线段之外，靠近点 S，因此，最近点就是点 S；对于 v_s 大于 l，说明投影长度比线段更长，因此，最近点是端点 E；对于任何在闭区间 $[0, l]$ 的 v_s 值，我们可以通过将点 S 沿 $\hat{d}$ 移动 v_s 次，得到最近点。图 5-7 描述了这种情况（外部点 P 在线段区域内）。

此算法的代码见清单 5-15。

清单 5-15　线段上的最近点

```
class Segment:
  --snip--

  def closest_point_to(self, p: Point):
      v = make_vector_between(self.start, p)
      d = self.direction_versor
      vs = v.projection_over(d)

      if vs < 0:
          return self.start

      if vs > self.length:
          return self.end

      return self.start.displaced(d, vs)
```

我们首先计算向量 $\vec{v}$，然后计算 v_s（$\vec{v}$ 在线段的单位方向向量 $\hat{d}$ 上的投影）。如果 v_s 小于 0，则返回起点；如果 v_s 大于线段的长度，则返回终点；如果都不是，则计算起点的位移量，返回最终的结果点。

2. 单元测试：最近点的算法

让我们测试上面定义的三种不同情况，即 $v_s < 0$, $v_s > l$ 和 $0 \leqslant v_s \leqslant l$。清单 5-16 是对应测试的代码。

清单 5-16 测试线段上最近点的算法

```
class TestSegment(unittest.TestCase):

    start = Point(400, 0)
    end = Point(0, 400)
    segment = Segment(start, end)

    --snip--

    def test_closest_point_is_start(self):
        p = Point(500, 20)
        expected = self.start
        actual = self.segment.closest_point_to(p)
        self.assertEqual(expected, actual)

    def test_closest_point_is_end(self):
        p = Point(20, 500)
        expected = self.end
        actual = self.segment.closest_point_to(p)
        self.assertEqual(expected, actual)

    def test_closest_point_is_middle(self):
        p = Point(250, 250)
        expected = Point(200, 200)
        actual = self.segment.closest_point_to(p)
        self.assertEqual(expected, actual)
```

为了更好地理解这些测试，手动绘制出线段和外部点是很好的练习，看看你是否能手动算出预期的结果。你绘制的图应该与图 5-8 相似。此外，尝试手动计算这三种情况，会让你对算法有更深入的了解。

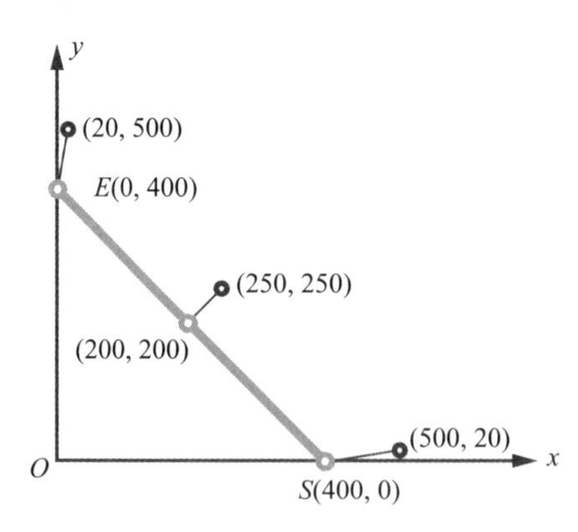

图 5-8 线段上的最近点以及对应的测试用例

不要忘记运行所有测试，并确保它们成功。你可以通过控制台执行以下操作：

```
$ python3 -m unittest geom2d/segment_test.py
```

5.1.5 计算线段与点的最短距离

我们已经知道线段上离外部点最近的点，可以很容易地计算出外部点到线段的距离。输入清单 5-17 中的代码。

清单 5-17 计算点到线段的距离

```
class Segment:
    --snip--

    def distance_to(self, p: Point):
        return p.distance_to(
            self.closest_point_to(p)
        )
```

正如代码所示，线段与任何给定外部点之间的距离是线段上的最近点与该外部点的距离。很简单，不是吗？

5.1.6 计算线段的交点

现在让我们学习一些有趣的东西。我们如何检验两个线段是否相交？如果它们相交，我们如何计算交点？考虑一下图 5-9 中的情况。

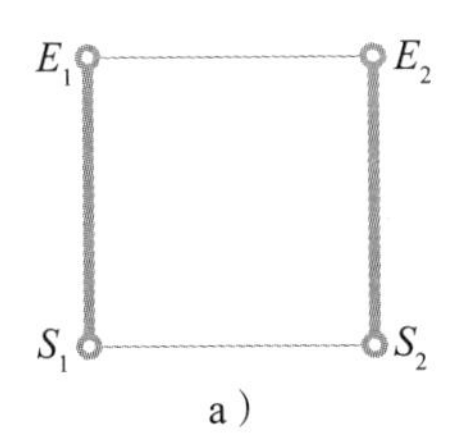

a）

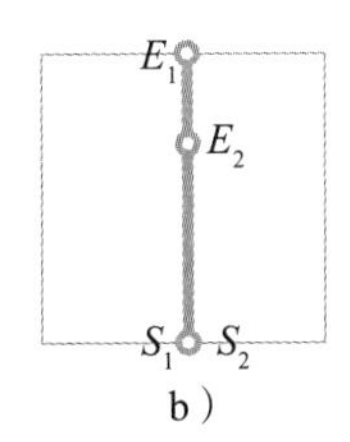

b）

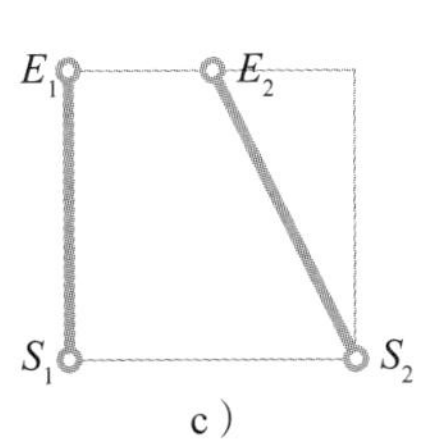

c）

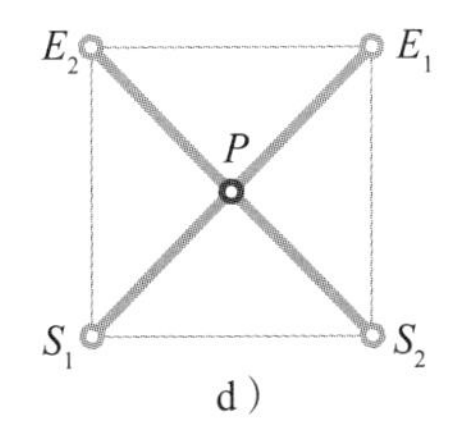

d）

图 5-9 线段的相对关系

图 5-9a、c 的两种情况都没有相交，但有所区别。图 5-9a 中，两线段的方向向量平行（$\vec{d_1} \times \vec{d_2} = 0$），因此，很容易知道它们不相交。图 5-9c 中，如果它们不是线段，而是无限的直线，则将出现相交。虽然交点可能离线段非常远，但总会存在。我们将在下面的公式中看到，计算交点时，我们会先将其作为直线来计算，然后确认交点是否同时位于两条线段内。

图 5-9b 中，两条线段重合；因此，交点不止一个——准确地说，交点有无限个。为了便于分析，我们将定义两种情况：或者有一个交点，或者不相交（不考虑图 5-9b 的情况）。我们会忽略重合的情况，因为我们的应用程序不需要它，而且我们需要简化代码。

1. 重合的线段

如果我们要包括两个线段重合的情况，那么交点函数的返回对象可以是一个点或一个线段。返回不同对象类型的函数很难使用。一旦得到结果，我们就必须检查结果对应的类型并相应地采取行动。

```
result = seg_a.intersection_with(seg_b)

if type(result) is Point:
    # intersection is a point
elif type(result) is Segment:
    # intersection is a segment
else:
    # no intersection
```

这段代码显得很混乱。有更好的方法来处理这个逻辑，但我们不会讨论它，因为对我们的程序而言，或者有一个交点，或者没有交点。这会使我们的代码更简单，更容易使用。

让我们来看看这个算法。

2. 算法

让我们找出类似于图 5-9d 的交点。假设有两条线段：

- 线段 1，起点 S_1 和终点 E_1；
- 线段 2，起点 S_2 和终点 E_2。

线段 1 上的任意点 P_1，可以使用下面的公式计算，

$$P_1(t_1) = S_1 + t_1 \cdot \vec{d}_1$$

其中，t_1 是从 0 到 1 的参数，$\vec{d}_1$ 是线段的方向向量（不是单位方向向量）。同样，下面是线段 2 的公式：

$$P_2(t_2) = S_2 + t_2 \cdot \vec{d}_2$$

为了找到交点，我们必须找到一对值 t_1 和 t_2，使得 $P_1(t_1) = P_2(t_2)$：

$$S_1 + t_1 \cdot \vec{d}_1 = S_2 + t_2 \cdot \vec{d}_2$$

如果两条线段相交，将对应的参数值代入它们的线段表达式中，应该得到同一点，即交点 P。让我们用向量的形式重写表达式：

$$\begin{pmatrix} S_{1x} \\ S_{1y} \end{pmatrix} + t_1 \cdot \begin{pmatrix} d_{1x} \\ d_{1y} \end{pmatrix} = \begin{pmatrix} S_{2x} \\ S_{2y} \end{pmatrix} + t_2 \cdot \begin{pmatrix} d_{2x} \\ d_{2y} \end{pmatrix}$$

以上形式可以转化为一个标量方程组，包括两个未知数 t_1 和 t_2:

$$\begin{cases} S_{1x} + t_1 \cdot d_{1x} = S_{2x} + t_2 \cdot d_{2x} \\ S_{1y} + t_1 \cdot d_{1y} = S_{2y} + t_2 \cdot d_{2y} \end{cases}$$

手动计算方程组的解可能是非常好的练习，不过我省略了中间过程，直接给出结果。参数 t 的最终表达式如公式（5.7）和公式（5.8）所示。

$$t_1 = \frac{\Delta S_x \cdot d_{2y} - \Delta S_y \cdot d_{2x}}{\vec{d}_1 \times \vec{d}_2} \tag{5.7}$$

$$t_2 = \frac{\Delta S_x \cdot d_{1y} - \Delta S_y \cdot d_{1x}}{\vec{d}_1 \times \vec{d}_2} \tag{5.8}$$

其中，$\Delta S_x = S_{2x} - S_{1x}, \Delta S_y = S_{2y} - S_{1y}$，，$\vec{d}_1 \times \vec{d}_2 \neq 0$。注意，如果线段平行（$\vec{d}_1 \times \vec{d}_2 = 0$），该公式的

结果会是∞。因为 0 不能作为除数；这将在 Python 代码中触发异常，所以在我计算 t_1 和 t_2 的值之前，我们需要先检测这种情况。

对于线段不平行的情况，计算这两个值，有两个可能的结果：

- t_1 和 t_2 都在 [0, 1] 范围内。说明交点都在两条线段上；
- t_1 和 t_2 中的一个或两个都在 [0,1] 范围之外。说明交点至少在一条线段之外。

现在我们已经做好准备，可以创建该逻辑对应的代码了。在 segment.py 文件中，创建 intersection_with 方法，代码如清单 5-18 所示。

清单 5-18　两个线段之间的交点

```
class Segment:
    --snip--

    def intersection_with(self, other):
        d1, d2 = self.direction_vector, other.direction_vector
        if d1.is_parallel_to(d2):
            return None

        cross_prod = d1.cross(d2)
        delta = other.start - self.start
        t1 = (delta.u * d2.v - delta.v * d2.u) / cross_prod
        t2 = (delta.u * d1.v - delta.v * d1.u) / cross_prod

        if tparam.is_valid(t1) and tparam.is_valid(t2):
            return self.point_at(t1)
        else:
            return None
```

我们首先使用 Python 的多重赋值功能，将两条线段的方向向量分别存储在变量 d_1 和 d_2 中。多重赋值可以同时为多个变量分配值。然后我们检验这些方向向量是否平行，如果平行，则返回 None。如果线段不平行，则计算 $\vec{d}_1 \times \vec{d}_2$ 和 ΔS，并将结果分别存储在变量 cross_prod 和 delta 中。有了这些值以后，我们再计算 t_1 和 t_2。如果它们在有效范围内，那么我们会调用 Segment 对象（self）上的 point_at 来返回交点。你也可以用 t_2，在 other 上调用 point_at 来计算点 P。结果是一样的。

注意：与其他语言如 Java 或 C# 中的 null 类似，我们应该谨慎使用 None。将其使用在结果可以为空值的情况。例如，在 intersection_with 方法中，None 表示不存在交点的情况。

3. 单元测试：线段相交算法

随着学习的进行，我们的代码变得越来越复杂，代码测试的需求也变多。我们刚才编写的计算线段交点的方法，其执行过程会出现几条分支或路径。单元测试的目标是尽可能详尽，因此，让我们先列出需要涵盖的所有情形（见表 5-1）。

表 5-1　线段交点算法的输出结果

线段方向	t_1	t_2	交点
$\vec{d}_1 // \vec{d}_2$	—	—	无
$\vec{d}_1, \vec{d}_2$ 不平行	范围外	范围外	无
$\vec{d}_1, \vec{d}_2$ 不平行	范围内	范围外	无
$\vec{d}_1, \vec{d}_2$ 不平行	范围外	范围内	无
$\vec{d}_1, \vec{d}_2$ 不平行	范围内	范围内	$P = S_1 + t_1 \cdot \vec{d}_1$

我们将为表 5-1 中的第一个和最后一个情形编写单元测试代码，其他三个情形留给你作为练习。在 segment_test.py 文件中，在 TestSegment 类

中输入清单 5-19 中的测试代码。

清单 5-19 测试线段交点算法

```
class TestSegment(unittest.TestCase):

    start = Point(400, 0)
    end = Point(0, 400)
    segment = Segment(start, end)

    --snip--

    def test_parallel_segments_no_intersection(self):
        other = Segment(Point(200, 0), Point(0, 200))
        actual = self.segment.intersection_with(other)
        self.assertIsNone(actual)

    def test_segments_intersection(self):
        other = Segment(Point(0, 0), Point(400, 400))
        expected = Point(200, 200)
        actual = self.segment.intersection_with(other)
        self.assertEqual(expected, actual)
```

在第一个测试中，我们构造一组平行的线段，并断言两者的交点是 None，使用断言 assertIsNone，它会检查传入的值是否是 None（无）。在第二个测试中，我们构造了一条垂直于第一条线段的线段，它们相交于点（200, 200），然后将这个点作为断言的结果。你可以通过单击 IDE 中的绿色运行按钮或在控制台中运行所有测试，如下所示：

```
$ python3 -m unittest geom2d/segment_test.py
```

你能想出其他三种情形所需要的测试线段吗？

5.1.7 相等和字符串表示

就像我们在 Point 类和 Vector 类上的操作一样，我们要重载 == 操作符，使 Python 理解如果两条线段的起点和终点相同，则线段相等，我们还要创建 __str__ 方法，这样就可以得到一个很好的字符串表示。在 segment.py 文件中输入清单 5-20 的代码。

清单 5-20 线段的相等性和字符串表示

```
class Segment:
    --snip--

    def __eq__(self, other):
        if self is other:
            return True
        if not isinstance(other, Segment):
            return False

        return self.start == other.start \
               and self.end == other.end
```

```
    def __str__(self):
        return f'segment from {self.start} to {self.end}'
```

在创建 Line 类后，我们会添加最后一个特性。如果你跟随本书一步一步操作，那么你的 Segment 类代码应该与清单 5-21 类似。

清单 5-21 Segment 类的代码

```
from geom2d import tparam
from geom2d.point import Point
from geom2d.vectors import make_vector_between, make_versor_between


class Segment:
    def __init__(self, start: Point, end: Point):
        self.start = start
        self.end = end

    @property
    def direction_vector(self):
        return make_vector_between(self.start, self.end)

    @property
    def direction_versor(self):
        return make_versor_between(self.start, self.end)

    @property
    def normal_versor(self):
        return self.direction_versor.perpendicular()

    @property
    def length(self):
        return self.start.distance_to(self.end)

    def point_at(self, t: float):
        tparam.ensure_valid(t)
        return self.start.displaced(self.direction_vector, t)

    @property
    def middle(self):
        return self.point_at(tparam.MIDDLE)
    def closest_point_to(self, p: Point):
        v = make_vector_between(self.start, p)
        d = self.direction_versor
        vs = v.projection_over(d)

        if vs < 0:
            return self.start

        if vs > self.length:
```

```
            return self.end

        return self.start.displaced(d, vs)

    def distance_to(self, p: Point):
        return p.distance_to(
            self.closest_point_to(p)
        )

    def intersection_with(self, other):
        d1, d2 = self.direction_vector, other.direction_vector

        if d1.is_parallel_to(d2):
            return None

        cross_prod = d1.cross(d2)
        delta = other.start - self.start
        t1 = (delta.u * d2.v - delta.v * d2.u) / cross_prod
        t2 = (delta.u * d1.v - delta.v * d1.u) / cross_prod

        if tparam.is_valid(t1) and tparam.is_valid(t2):
            return self.point_at(t1)
        else:
            return None

    def __eq__(self, other):
        if self is other:
            return True

        if not isinstance(other, Segment):
            return False

        return self.start == other.start \
               and self.end == other.end

    def __str__(self):
        return f'segment from {self.start} to {self.end}'
```

5.2 创建类：Line

一条无限长的直线可以用基点 B 和方向向量 $\vec{d}$ 来定义，如图 5-10 所示。

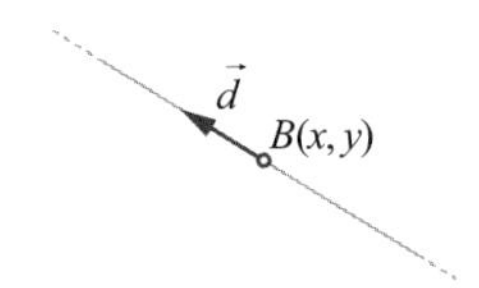

图 5-10 基点 B 和方向向量 $\vec{d}$ 定义的直线

直线是有用的基元，有了它，我们可以实现更多复杂的几何图形和操作。例如，直线的一个常见用法是找到两个不平行方向的相交点。在下一章中，你会看到，使用直线交点是如何使类似三点构造一个圆的操作变得毫不费力的。

让我们创建一个新的 Line 类，拥有两个属性：基点和方向。在 geom2d 包中，添加一个名为 line.py 的新文件，并输入清单 5-22 中的代码。

清单 5-22 Line 的初始化

```
from geom2d.point import Point
from geom2d.vector import Vector


class Line:
    def __init__(self, base: Point, direction: Vector):
        self.base = base
        self.direction = direction
```

初始化器根据传入的对应参数给 base 和 direction 赋值。与之前一样，我们输入了 base 和 direction 的类型，这样 IDE 就可以提示我们任何潜在的错误。

现在让我们创建两个方法，分别检查两条直线是相互平行还是相互垂直（见清单 5-23）。

清单 5-23 检查直线是相互平行还是相互垂直

```
class Line:
    --snip--

    def is_parallel_to(self, other):
        return self.direction.is_parallel_to(other.direction)

    def is_perpendicular_to(self, other):
        return self.direction.is_perpendicular_to(other.direction)
```

我们没有在 Segment 类上实现这些方法，因为我们关注的是线段上的点以及它们在平面上的位置，而在这里，我们关注的是方向。方向对应直线的相对位置，它们是平行的吗？是垂直的吗？

对于直线，问题通常是它们相对于其他直线的相对位置；对于线段，问题通常是它们自己如何定位。

为了检查两直线是否平行，我们可以直接获取它们的方向属性，类似如下操作：

```
d1 = line_one.direction
d2 = line_two.direction
d1.is_parallel_to(d2)
```

这是可行的，但并不好。有一个最少知识原则（principle of least knowledge）或得墨忒尔定律（law of Demeter），它规定“你应该只和你最亲近的朋友交谈。”在本例中，当我们处理直线时，直线就是我们最亲近的朋友，Line 的特性——基点和方向向量——不是；因此，我们不应该向它们寻求帮助。如果我们需要帮助，我们应该请求我们的直接朋友——拥有对应特性的直线——帮我们。

所以，如下才是我们检查两条直线平行或垂直的方法：

```
line_one.is_parallel_to(line_two)
```

让我们创建另外两个方法，它们可以创建一条直线，平行或垂直于已知直线，且通过指定点。在你的文件中，输入清单 5-24 中的代码。

清单 5-24 创建垂直线和平行线

```
from geom2d.point import Point
from geom2d.vector import Vector


class Line:
    --snip--

    def perpendicular_through(self, point: Point):
        return Line(point, self.direction.perpendicular())

    def parallel_through(self, point: Point):
        return Line(point, self.direction)
```

方法 perpendicular_through 接收 point 作为参数，然后用该点和垂直于原直线的方向向量，返回一条新的直线。类似地，parallel_through 用给定的基点构造了一条新的直线，但使用的是与原直线的方向向量。

计算直线相交点

本章前面详细介绍了计算两线段交点的一般算法。该算法基于线段的起点和方向向量，将线段的起点替换为直线的基点，即可将其扩展到直线上。好的是，在直线中，参数 t_1 和 t_2 的范围不再是 [0,1]，而是 $-\infty$ 到 $+\infty$。

如果将公式（5.7）和公式（5.8）改写为直线形式，我们可以得到公式（5.9）和公式（5.10）。

$$t_1 = \frac{\Delta B_x \cdot d_{2y} - \Delta B_y \cdot d_{2x}}{\vec{d}_1 \times \vec{d}_2} \tag{5.9}$$

$$t_2 = \frac{\Delta B_x \cdot d_{1y} - \Delta B_y \cdot d_{1x}}{\vec{d}_1 \times \vec{d}_2} \tag{5.10}$$

其中，$\Delta B_x = B_{2x} - B_{1x}$，$\Delta B_y = B_{2y} - B_{1y}$。公式要得到正确的值，必须有 $\vec{d}_1 \times \vec{d}_2 \neq 0$。由于 t 值不再有范围限制，所以不需要同时计算 t_1 和 t_2 并检查它们是否在 [0,1] 范围内。计算其中一个就足以得到交点。让我们选择公式（5.9）来计算 t_1。使用 t_1，我们可以确定实际的交点如下：

$$P = B_1 + t_1 \cdot \vec{d}_1$$

在 Line 类中创建方法 intersection_with，代码如清单 5-25 所示。

清单 5-25 计算两直线之间的交点

```
from geom2d.point import Point
from geom2d.vector import Vector
from geom2d.vectors import make_vector_between


class Line:
    --snip--

    def intersection_with(self, other):
        if self.is_parallel_to(other):
```

```
            return None

        d1, d2 = self.direction, other.direction
        cross_prod = d1.cross(d2)
        delta = make_vector_between(self.base, other.base)
        t1 = (delta.u * d2.v - delta.v * d2.u) / cross_prod

        return self.base.displaced(d1, t1)
```

代码看起来类似于 Segment 中的算法，但它更简单一些。为了检验平行性，我们使用 self 方法，而不是使用方向向量。既然我们在 Line 类上创建了 is_parallel_to，当然应该使用它（而且它可以让代码更易读！）。

单元测试：直线交点的算法

让我们确保调整后的算法能正常工作。创建一个新的文件 line_test.py，并输入 Line 类的测试代码，见清单 5-26。

清单 5-26 测试直线交点算法

```
import unittest

from geom2d.line import Line
from geom2d.point import Point
from geom2d.vector import Vector


class TestLine(unittest.TestCase):

    def test_parallel_lines_no_intersection(self):
        l1 = Line(Point(0, 0), Vector(1, 1))
        l2 = Line(Point(10, 10), Vector(1, 1))
        self.assertIsNone(l1.intersection_with(l2))

    def test_lines_intersection(self):
        l1 = Line(Point(50, 0), Vector(0, 1))
        l2 = Line(Point(0, 30), Vector(1, 0))
        actual = l1.intersection_with(l2)
        expected = Point(50, 30)
        self.assertEqual(expected, actual)
```

在第一个测试 test_parallel_lines_no_intersection 中，我们创建了两条基点不同但方向向量相同的直线。然后我们断言 intersection_with 返回 None。第二个测试 test_lines_intersection，创建了两条直线，第一条垂直线为 x=50，第二条水平线为 y=30，因此，交点是（50, 30）。

单击类定义旁边的绿色运行按钮来运行测试。你应该在控制台中看到如下信息：

```
Ran 2 tests in 0.001s

OK

Process finished with exit code 0
```

你还可以在控制台中运行测试：

```
$ python3 -m unittest geom2d/line_test.py
```

清单 5-27 包含了我们为 Line 类编写的所有代码。

清单 5-27 Line 类的全部代码

```
from geom2d.point import Point
from geom2d.vector import Vector
from geom2d.vectors import make_vector_between


class Line:
    def __init__(self, base: Point, direction: Vector):
        self.base = base
        self.direction = direction

    def is_parallel_to(self, other):
        return self.direction.is_parallel_to(other.direction)

    def is_perpendicular_to(self, other):
        return self.direction.is_perpendicular_to(other.direction)

    def perpendicular_through(self, point: Point):
        return Line(point, self.direction.perpendicular())

    def parallel_through(self, point: Point):
        return Line(point, self.direction)

    def intersection_with(self, other):
        if self.is_parallel_to(other):
            return None

        d1, d2 = self.direction, other.direction
        cross_prod = d1.cross(d2)
        delta = make_vector_between(self.base, other.base)
        t1 = (delta.u * d2.v - delta.v * d2.u) / cross_prod

        return self.base.displaced(d1, t1)
```

5.3 线段的垂直平分线

现在我们有了线段和直线，我们可以在 Segment 类中实现一个新的特性：垂直平分线（bisector）。这个特性是指穿过线段的中点 M 且垂直于它的直线。图 5-11 描绘了这个概念。

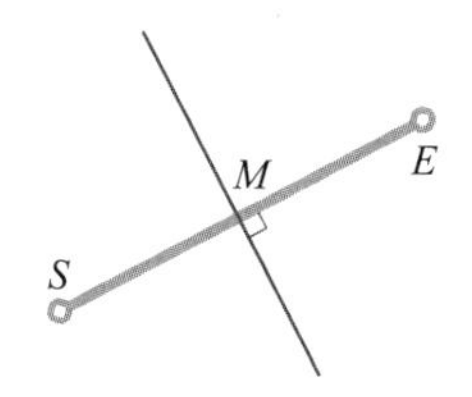

图 5-11 线段的垂直平分线

计算线段的垂直平分线很简单，因为我们可以直接获取线段的中点和单位法向量（不要忘记导入 Line 类），如清单 5-28 所示。

清单 5-28　线段的垂直平分线

```
from geom2d import tparam
from geom2d.line import Line
from geom2d.point import Point
from geom2d.vectors import make_vector_between, make_versor_between


class Segment:
    --snip--

    @property
    def bisector(self):
        return Line(self.middle, self.normal_versor)
```

在下一章中，我们将使用线段的垂直平分线来创建一个通过三个点的圆——这是 CAD 软件中获取圆的常见方法。在本书的第三部分，我们将创建一个程序，计算通过三个点的圆，并绘制出带有圆心和半径注释的图像。

5.4　小结

在本章中，我们使用 Point 类和 Vector 类创建了两个新的基元：Segment 和 Line。两者都有一个确定的方向，都拥有无限的点，但线段以两个端点为界，而直线没有端点。

我们还利用定义在 [0, 1] 范围的参数 t，创建了一种获取线段中任意点的方法。没有必要对直线做同样的事情，因为我们的关注点不在这里。

然后我们创建了两个算法：在 Segment 类中创建了一个方法，计算线段上与外部点最近的点。虽然我们也可以在 Line 类中创建同样的方法，但实际上没有做。我们使用这个方法计算点到线段的距离。我们还创建了一个方法，来计算两条线段或两条直线的交点。这些方法可以返回一个点或者 None。最后，我们使用 Line 类来获取线段的垂直平分线。

这些线性基元对于构建更复杂的多边形而言至关重要，这也是我们下一章的主题。

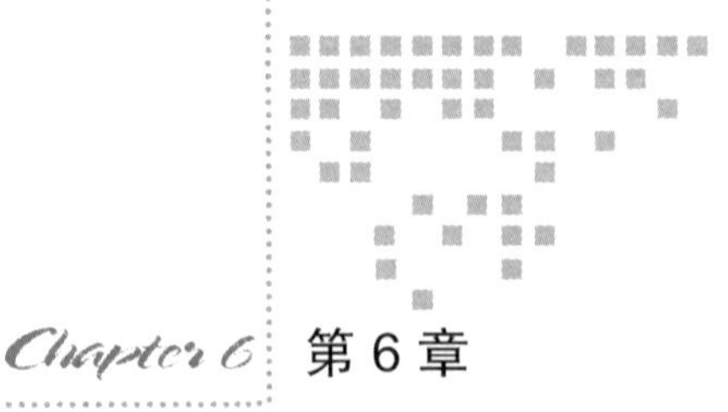

Chapter 6 第6章

多 边 形

我们学习的下一个基元——多边形——建立在点和线段之上。多边形可以用来描述碰撞的几何图形、需要重新绘制的屏幕部分、实体边界，等等。事实证明，这个基元在处理图像时非常有用，你可以用它来确定图像的不同部分是否重合。在动力学仿真中，它可以帮助确定两个物体何时碰撞。在使用大量图形的应用程序的用户界面中，你可以使用多边形来轻松地确定用户的鼠标是否在可被选择的实体之上。

在本章中，我们将实现三个基元：一般多边形——用它们的顶点来定义；圆——用圆心和半径定义；以及矩形——由原点、宽度和高度定义。因为在某些应用程序中，使用一般多边形会更方便，所以圆和矩形都将创建一种转换成一般多边形的方法。我们还会编写一些其他算法，包括计算属于同一个类的多边形是否相互重叠，以及检验多边形是否包含给定点。

6.1 创建类：Polygon

多边形（polygon）是一个二维图形，由不少于三个的有序且不相同的点连接，形成一个封闭的多边形链（polygonal chain）。每段连接都是从一个顶点到下一个顶点的线段，最后一个顶点连接回第一个顶点。给定顶点 $[V_1, V_2, \cdots, V_n]$，$[(V_1 \rightarrow V_2), (V_2 \rightarrow V_3), \cdots, (V_n \rightarrow V_1)]$ 定义的线段被称为边（见图 6-1）。

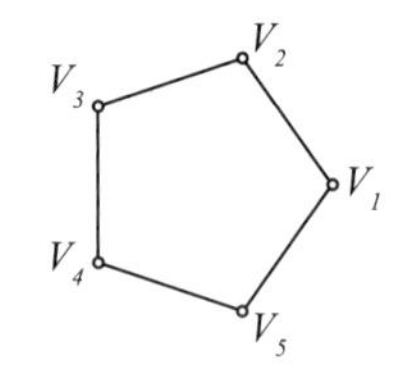

图 6-1　由顶点定义的多边形

目前为止，你的 geom2d 包结构应该如下所示：

```
Mechanics
  |- geom2d
  |     |- __init__.py
  |     |- line.py
  |     |- line_test.py
```

```
|    |- nums.py
|    |- point.py
|    |- point_test.py
|    |- segment.py
|    |- segment_test.py
|    |- vector.py
|    |- vector_test.py
|    |- vectors.py
```

让我们创建一个多边形类，代表由一系列顶点定义的多边形（点属于 Point 类的实例）。在 geom2d 包中创建一个新文件，命名为 polygon.py，并输入清单 6-1 的代码。

清单 6-1 Polygon 类的初始化

```
from geom2d.point import Point


class Polygon:
    def __init__(self, vertices: [Point]):
        if len(vertices) < 3:
            raise ValueError('Need 3 or more vertices')
            self.vertices = vertices
```

首先，我们从 geom2d.point 中导入 Point 类。然后用一个初始化器定义 Polygon 类，它的参数是根据多边形链排列的点的序列，序列中需要连接的顶点应该相邻。如果列表的元素少于三个，将触发 ValueError 异常。还记得快速失败的策略吗？我们希望一旦检测到一些不合理或可能导致麻烦的东西，程序会立即失败，比如少于三个顶点的多边形。

注意：根据 Python 的官方文档，当“一个操作或函数收到一个类型正确但值不合适的参数，并且没有其他更精确的异常描述”时，应该触发 ValueError。

6.1.1 多边形的边

边（side）是多边形顶点序列中从一个顶点到下一个顶点构成的线段。多边形的所有边构成周长（perimeter）。要封闭多边形链，最后一个顶点需要与第一个顶点相连。因此，构建多边形的边需要对一组顶点序列进行配对。这个操作看起来像是一个通用操作，可以将其应用于任何对象序列，而不只是顶点，因此我们想在单独的模块中创建它。

接下来的部分，需要对 Python 的列表推导式有很好的理解。你可以复习 2.1.7 节。

1. 顶点配对

给定一个元素列表（任意类型）：

$$[A,B,C]$$

配对算法应该创建一个新的列表，其中每个元素都是原列表的同样位置的元素和下一个元素组成的元组，且最后一个元素和第一个元素配对，如下所示：

$$[(A,B),(B,C),(C,A)]$$

在我们的 Python 项目中创建一个新包，并编写这段代码。在 geom2d 的同级别上创建一个新包，将其命名为 utils。这个包将存放可以供其他模块重复使用的一般逻辑算法。项目的文件夹结构如下所示：

```
Mechanics
  |- geom2d
  |    |- __init__.py
  |    |- line.py
  |    | ...
  |- utils
  |    |- __init__.py
```

许多软件项目都有 utils 包或模块，里面是各种不相关的算法。尽管方便，但这种做法注定会失败，而且妨碍项目的维护。utils 包用于放置那些需要被项目中的其他部分重复调用，但代码量又没有大到需要单独创建一个包的代码。当 utils 内部的具有相关性的代码开始增加时，最好将其移动到单独的包中。例如，如果我们的配对算法开始专业化，能够涵盖许多不同的情形和类型的集合，我们可以将它移动到名为 pairs 的新包中。这里暂时不需要，所以可以简单一点。

在包中创建一个名为 pairs.py 的新文件，并输入清单 6-2 中的函数代码。

清单 6-2 将列表元素配对

```
def make_round_pairs(sequence):
    length = len(sequence)
    return [
     ❶ (sequence[i], sequence[(i + 1) % length])
     ❷ for i in range(length)
    ]
```

该函数使用列表推导式，用一个范围遍历原列表的元素，从而创建一个新列表，范围从 0 开始，一直到 length。❷ 对于每个范围值，它创建一个包含两个元素的元组 ❶ 分别是原列表中索引 i 处的元素和 i+1 处的元素。当索引 i=length 时，i+1 将会超出序列范围，所以我们需要环绕一圈，回到索引 0，这样最后一个元素和第一个元素也会配对。我们使用模运算符（%）来执行此操作，它会返回一个数除以另一个数后的余数。最棒的是，当 $n<m$ 时，$n\%m$ 会返回 n；当 $n=m$ 时，$n\%m$ 会返回 0。

为了更好地理解模运算，可以在 shell 中尝试如下操作：

```
>>> [n % 4 for n in range(5)]
[0, 1, 2, 3, 0]
```

可见，n=4 时结果为 0，但对于其他值，结果为 n 本身。尝试加大 range 的参数：

```
>>> [n % 4 for n in range(7)]
[0, 1, 2, 3, 0, 1, 2]
```

4 的模运算结果永远不会超过 3。一旦达到 3，下一个数字将再次回到 0。

注意：如果你想知道更多由模运算符造成的“绕圈”现象，可以搜索模运算。它在现代密码学中被广泛应用，具有一些非常有趣的特性。

我们已经准备好，可以在 Polygon 类中创建生成边的方法了。

2. 生成边

一旦顶点被正确地配对，编写生成边的代码就很简单了：我们只需要为每对顶点创建一个Segment实例。要做到这一点，首先在polygon.py文件导入以下模块：

```
from geom2d.segment import Segment
from utils.pairs import make_round_pairs
```

然后，输入清单6-3的代码。

清单6-3 计算多边形的边

```
from geom2d.point import Point
from geom2d.segment import Segment
from utils.pairs import make_round_pairs


class Polygon:
    --snip--

    def sides(self):
        vertex_pairs = make_round_pairs(self.vertices)
        return [
            Segment(pair[0], pair[1])
            for pair in vertex_pairs
        ]
```

使用make_round_pairs函数，我们将顶点配对，这样vertex_pairs中的每个元组都包含一对起点和终点。然后使用列表推导式，将每个元组映射成一条线段。

3. 单元测试：sides函数

让我们为side特性创建一个单元测试。在geom2d包中创建一个名为polygon_test的新文件，并输入TestPolygon类的代码（见清单6-4）。

清单6-4 测试多边形的sides函数

```
import unittest

from geom2d.point import Point
from geom2d.polygon import Polygon
from geom2d.segment import Segment
class TestPolygon(unittest.TestCase):
    vertices = [
        Point(0, 0),
        Point(30, 0),
        Point(0, 30),
    ]
    polygon = Polygon(vertices)

    def test_sides(self):
        expected = [
            Segment(self.vertices[0], self.vertices[1]),
```

```
            Segment(self.vertices[1], self.vertices[2]),
            Segment(self.vertices[2], self.vertices[0])
        ]
        actual = self.polygon.sides()
        self.assertEqual(expected, actual)
```

在 TestPolygon 类中，我们创建了一个顶点列表——（0, 0）、（30, 0）和（0, 30）——它们构成一个三角形。我们使用这些点创建测试对象：polygon。图 6-2 描绘了这个多边形。为了确保边被正确地计算出来，我们使用正确配对的顶点来构造期望边的列表。

由于我们在 Segment 类中重载了 == 操作符（通过创建特殊方法 __eq__），因此相等性比较将正常运行。如果我们没有这样做，相等断言将认为这些线段不同，即使它们有相同的终点，从而导致测试失败。

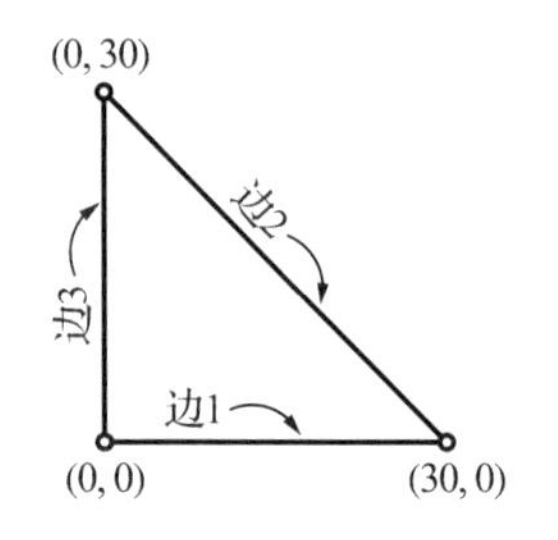

图 6-2 用于测试的多边形

使用以下命令运行测试，确保测试成功。

```
$ python3 -m unittest geom2d/polygon_test.py
```

如果一切顺利，你应该得到如下输出：

```
Ran 1 tests in 0.000s

OK
```

6.1.2 多边形的质心

多边形中一个重要性质是质心（centroid），即所有顶点坐标的算术平均值。假设 n 为顶点数，质心可以用公式（6.1）表示。

$$G=\frac{1}{n}\begin{pmatrix}\sum_{i=1}^{n} x_i \\ \sum_{i=1}^{n} y_i\end{pmatrix} \tag{6.1}$$

其中，x_i 和 y_i 是顶点 i 的坐标。

1. 创建质心算法

让我们来创建质心特性。为此，我们首先需要在 Polygon 类的前面导入下面的模块：

```
import operator
from functools import reduce
```

然后，在 sides 方法后输入清单 6-5 的代码。

清单 6-5 一个多边形的质心

```
import operator
from functools import reduce


from geom2d.point import Point
```

```
from geom2d.segment import Segment
from utils.pairs import make_round_pairs


class Polygon:
    --snip--

    @property
    def centroid(self):
     ❶ vtx_count = len(self.vertices)
     ❷ vtx_sum = reduce(operator.add, self.vertices)
     ❸ return Point(
            vtx_sum.x / vtx_count,
            vtx_sum.y / vtx_count
        )
```

我们首先在变量 vtx_count 中存储顶点列表的长度 ❶。然后，通过缩减顶点列表，将其累加成一个名为 vtx_sum 的点 ❷。你可能需要阅读 2.1.6 节，复习一下 reduce 函数和操作符的使用方法。请注意，操作符 operate.add 在 reduce 函数内运行，是因为 Point 类重载了 + 运算符。

我们做的最后一件事是用 vtx_sum 的两个坐标值分别除以 vtx_count，最终得到结果点 ❸。

2. 单元测试：Centroid 函数

让我们写一个单元测试来确保质心被正确计算。在 polygon_test.py 文件中，输入清单 6-6 中的代码。

清单 6-6　测试多边形的 Centroid 函数

```
class TestPolygon(unittest.TestCase):
    --snip--

    def test_centroid(self):
        expected = Point(10, 10)
        actual = self.polygon.centroid
        self.assertEqual(expected, actual)
```

利用公式（6.1），我们可以手动计算质心，看看（10, 10）是怎么来的。因为测试对象的顶点是（0,0），（30,0）和（0,30），所以：

$$G=\frac{1}{3}\times\begin{pmatrix}0+30+0\\0+0+30\end{pmatrix}=\begin{pmatrix}10\\10\end{pmatrix}$$

你可以在图 6-3 中直观地确认这一点。

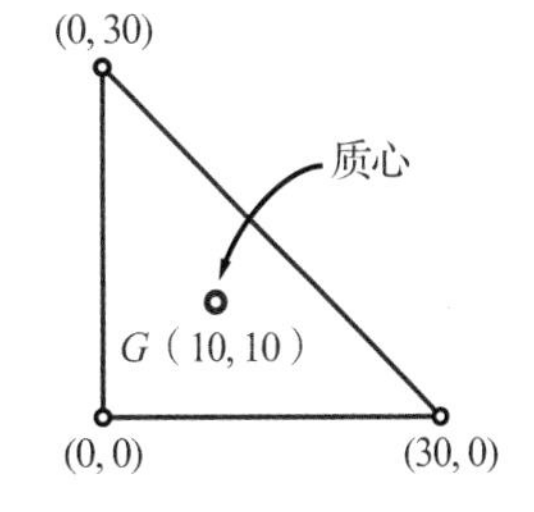

图 6-3　测试用的多边形质心

在 polygon_test 文件中运行所有测试，确保一切都正常。要在 shell 中运行它们，你可以使用以下代码：

```
$ python3 -m unittest geom2d/polygon_test.py
```

如果两个测试都通过，则应该得到以下输出：

```
Ran 2 tests in 0.000s

OK
```

在继续学习之前，让我们先尝试一件事。你应该记得，为了计算质心，我们缩减了顶点列表，代码如下：

```
vtx_sum = reduce(operator.add, self.vertices)
```

我们说过，这个缩减操作使用的 operator.add 之所以正常工作，是因为我们在 Point 类已经重载了 + 操作符。让我们看看，如果没有重载这个操作符，会发生什么。打开 point.py 文件，注释掉 _add__ 方法，如下所示：

```
class Point:
    --snip--

    # def __add__(self, other):
    #     return Point(
    #         self.x + other.x,
    #         self.y + other.y
    #     )
```

再次运行测试。这次你将在 shell 中看到一个错误信息：

```
======================================================
ERROR: test_centroid (geom2d.polygon_test.TestPolygon)
------------------------------------------------------
Traceback (most recent call last):
  --snip--
    vtx_sum = reduce(operator.add, self.vertices)
TypeError: unsupported operand type(s) for +: 'Point' and 'Point'

-------------------------------------------------------
Ran 2 tests in 0.020s
```

信息中的 TypeError(unsupported operand type(s)...) 很好地描述了错误的内容。如果 Point 的两个实例没有创建 __add__ 方法，则不能将它们相加。删除 _add__ 的注释，重新运行测试，以确保一切如初。

6.1.3 检验多边形是否包含点

现在我们面临一个有趣的问题：如何确定某一点是否在一个多边形内？一个广泛使用的方法是射线法（ray casting algorithm），它统计穿过该点的任意方向的射线与多边形的多少条边相交。如果相交数是偶数（包括零），说明点在多边形之外；如果相交数是奇数，则说明点在多边形内部。让我们看看图 6-4。

图 6-4a 描绘了一个复杂多边形和多边形外一点 P。从该点向任何方向投射的每条光线都与零条或偶数条边相交。图 6-4b 描述了多边形内的点 P。这一次，光线总是与奇数条边相交。

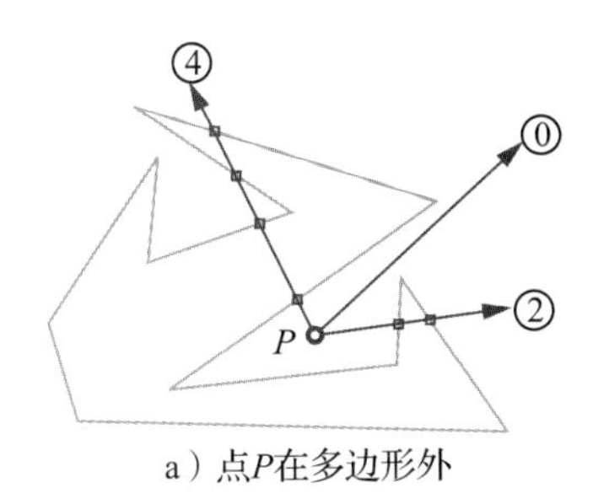

a）点P在多边形外

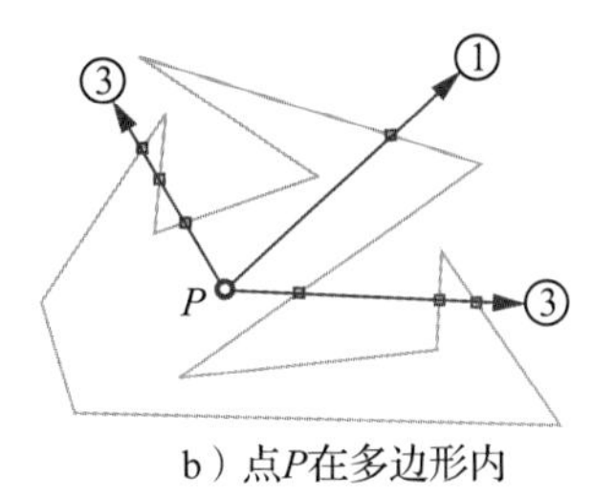

b）点P在多边形内

图 6-4 射线法

另一个常用的算法，也是我们将要使用的算法，是转角法（winding number algorithm）。该算法会对测试点到多边形的所有顶点的向量之间的角度求和。要知道点 P 是否在顶点 $V_1, V_2, \cdots, V_n$ 组成的多边形内，算法过程类似如下：

1. 创建从点 P 到各个顶点的向量。

$\vec{r}_1 = \overline{PV_1}$：点 P 到顶点 V_1 的向量

$\vec{r}_2 = \overline{PV_2}$：点 P 到顶点 V_2 的向量

…

$\vec{r}_n = \overline{PV_n}$：点 P 到顶点 V_n 的向量

2. 计算向量 $\vec{r}_i$ 与向量 $\vec{r}_{i+1}$ 的夹角，直到最后一个向量和第一个向量的夹角。

$\alpha|r_1 \to r_2$：向量 $\vec{r}_1$ 与 $\vec{r}_2$ 的夹角

$\alpha|r_2 \to r_3$：向量 $\vec{r}_2$ 与 $\vec{r}_3$ 的夹角

…

$\alpha|r_n \to r_1$：向量 $\vec{r}_n$ 与 $\vec{r}_1$ 的夹角

3. 对第 2 步计算出的所有角度进行求和。

4. 如果和为 2π，则点 P 在多边形内部；如果和为 0，则点 P 在外部。

参考图 6-5，以更好地理解这个算法的工作原理。点在多边形内的情形，很容易看出所有角度的和是 2π。

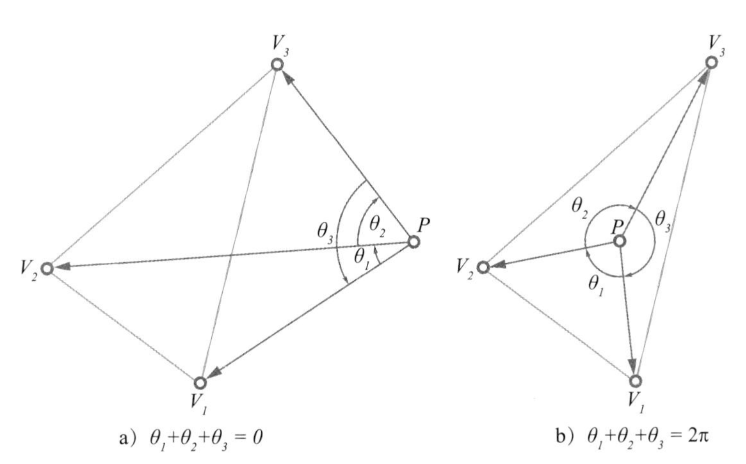

a) $\theta_1+\theta_2+\theta_3 = 0$　　b) $\theta_1+\theta_2+\theta_3 = 2\pi$

图 6-5 测试多边形是否包含某个点

虽然我们也可以使用射线法，但我选择转角法，因为它很好地利用了我们在本书中创建的三个关键函数：make_vector_between 工厂函数、make_round_pairs 和 Vector 类中的 angle_to 方法。让我们创建这个算法吧。

1. 转角法算法的实现

我们需要导入一些模块。polygon.py 文件的头部应该是如下这样的：

```
import math
import operator
from functools import reduce

from geom2d.nums import are_close_enough
from geom2d.point import Point
from geom2d.vectors import make_vector_between
from geom2d.segment import Segment
from utils.pairs import make_round_pairs
```

导入所有模块后，请输入清单 6-7 中的代码，创建 Polygon 类的新方法。

清单 6-7 多边形的 contains_point 算法

```
import math
import operator
from functools import reduce

from geom2d.nums import are_close_enough
from geom2d.point import Point
from geom2d.vectors import make_vector_between
from geom2d.segment import Segment
from utils.pairs import make_round_pairs

class Polygon:
    --snip--

    def contains_point(self, point: Point):
     ❶ vecs = [make_vector_between(point, vertex)
                 for vertex in self.vertices]
     ❷ paired_vecs = make_round_pairs(vecs)
     ❸ angle_sum = reduce(
            operator.add,
          ❹ [v1.angle_to(v2) for v1, v2 in paired_vecs]
        )

     ❺ return are_close_enough(angle_sum, 2 * math.pi)
```

我们首先使用列表推导来计算向量 $\vec{r}$ 组成的列表 ❶，它将多边形的每个顶点映射到一个 point 到顶点的向量中。然后，使用 make_round_pairs，我们将向量配对，并将结果存储在 paired_vecs 中 ❷。

我们使用另一个列表推导式，将向量对映射到它们的夹角上 ❹。我们通过缩减上一步得到的角度列表，得到所有角度之和❸。最后，我们检查计算出的角度和 angle_sum 是否足够接近 2π❺。如果是，则点在多边形内。对于 2π 以外的其他任何值，我们都将其理解为点在多边形之外。

2. 单元测试：contains_point 函数

让我们在 polygon_test.py 文件中添加两个单元测试来确保该算法正常工作（见清单 6-8）。

清单 6-8 测试多边形是否包含点的算法

```
class TestPolygon(unittest.TestCase):
    --snip--

    def test_doesnt_contain_point(self):
        point = Point(15, 20)
        self.assertFalse(self.polygon.contains_point(point))

    def test_contains_point(self):
        point = Point(15, 10)
        self.assertTrue(self.polygon.contains_point(point))
```

你可以使用 IDE 中的绿色运行按钮或在 shell 中运行测试：

```
$ python3 -m unittest geom2d/polygon_test.py
```

在第一个测试中，我们取一个已知的三角形外面的点，并断言它在外面。第二个测试，断言点（15, 10）在三角形内。

3. 单元测试：边界情况

让我们再做一个测试，看看会发生什么。如果测试点是多边形的顶点呢？它们会被认为是在多边形内部还是外部？我们将这种情况称为边缘场景（edge case），这种情况需要在代码特殊处理。

输入清单 6-9 中看似无害的测试代码，并运行 rect_test.py 文件中的所有测试。

清单 6-9 对多边形是否包含其顶点的测试

```
class TestPolygon(unittest.TestCase):
    --snip--

    def test_contains_vertex(self):
        self.assertTrue(
            self.polygon.contains_point(self.vertices[0])
        )
```

测试运行的输出如下：

```
Error
Traceback (most recent call last):
  --snip--
  File ".../geom2d/polygon.py", line 36, in <listcomp>
    [v1.angle_to(v2) for v1, v2 in paired_vecs]
  File ".../geom2d/vector.py", line 69, in angle_to
    value = self.angle_value_to(other)
  File ".../geom2d/vector.py", line 66, in angle_value_to
```

```
    return math.acos(dot_product / norm_product)
ZeroDivisionError: float division by zero
```

我们一定是犯了什么错误。你能通过阅读回溯信息来猜出错误是什么吗？最后一行给出了异常名：ZeroDivisionError。显然，我们试图用方法 angle_value_to 除以零。具体来说，我们是在这一行中做出的：

```
return math.acos(dot_product / norm_product)
```

这意味着 norm_product 为零，因此，至少一个用于计算角度的向量的范数为 0。继续往上，我们可以找到在错误发生之前调用的角度计算方法：

```
[v1.angle_to(v2) for v1, v2 in paired_vecs]
```

所以，错误原因似乎是当我们试图计算两个向量的夹角时，其中一个向量的长度为 0。从多边形顶点 P 到自身的向量，显然是一个零向量。

为了处理这种特殊的边缘场景，我们约定顶点也属于多边形的内部点。在 contains_point 方法的前面，让我们先检查作为参数传递的点是否是多边形的顶点，如果是，则直接返回 True。修改代码以容纳这种边缘场景（见清单 6-10）。

清单 6-10 检查点是否在多边形内部的修正算法

```
class Polygon:
    --snip--

    def contains_point(self, point: Point):
        if point in self.vertices:
            return True

        vecs = [make_vector_between(point, vertex)
                for vertex in self.vertices]
        paired_vecs = make_round_pairs(vecs)
        angle_sum = reduce(
            operator.add,
            [v1.angle_to(v2) for v1, v2 in paired_vecs]
        )

        return are_close_enough(angle_sum, 2 * math.pi)
```

如你所见，处理边缘场景需要专门的代码。运行所有的测试，以确保它们现在都是成功的：

```
$ python3 -m unittest geom2d/polygon_test.py
```

输出结果如下：

```
Ran 5 tests in 0.001s

OK
```

6.1.4 多边形的工厂函数

在实践中，我们通常需要用表示顶点坐标的数字列表来构造多边形。例如，我们将在第 12 章中看到的，从文本文件中读取多边形的应用场景。要做到这一点，我们首先需要将这些数字配对，并将它们映射到 Point 的实例中。

例如，列表

```
[0, 0, 50, 0, 0, 50]
```

可以用来定义三角形的三个顶点：

```
[(0, 0), (50, 0), (0, 50)]
```

让我们创建一个工厂函数，实现用浮点数序列来构造多边形。创建一个名为 polygons.py 的新文件。目前为止，我们的项目结构是如下这样的：

```
Mechanics
  |- geom2d
  |     |- __init__.py
  |     |- line.py
  |     |- line_test.py
  |     |- nums.py
  |     |- point.py
  |     |- point_test.py
  |     |- polygon.py
  |     |- polygon_test.py
  |     |- polygons.py
  |     |- segment.py
  |     |- segment_test.py
  |     |- vector.py
  |     |- vector_test.py
  |     |- vectors.py
  |- utils
  |     |- __init__.py
  |     |- pairs.py
```

在新文件中，输入清单 6-11 中的代码。

清单 6-11 多边形的工厂函数

```
from geom2d import Point, Polygon


def make_polygon_from_coords(coords: [float]):
    if len(coords) % 2 != 0:
        raise ValueError('Need an even number of coordinates')

    indices = range(0, len(coords), 2)
    return Polygon(
        [Point(coords[i], coords[i + 1]) for i in indices]
    )
```

函数 make_polygon_from_coords 接收一个坐标列表，并且先检查元素是否是偶数个（否则无法配对）。如果坐标列表的长度可以被 2 整除（余数为 0），就说明坐标数量是偶数。

如果发现坐标的数量为奇数，就触发一个 ValueError。如果不是，就构造一个索引列表，将坐标列表 coords 中的对应顶点的 x 坐标放入其中。我们使用从 0 到 len(coords)（不包含），步长为 2 的区间来实现这一点。

为了更好地理解我们是如何做到这一点的，请在 Python 的 shell 中尝试以下方法：

```
>>> list(range(0, 10, 2))
[0, 2, 4, 6, 8]
```

使用索引列表，我们可以轻松地使用列表推导式来获得顶点列表。回忆一下，Python 的 range 函数返回不包括上限的半开区间，这就是结果列表中没有数字 10 的原因。列表推导式将每个索引映射到 Point 类的实例上。我们将此列表传递给构造函数，从而创建多边形。从代码中可以看到，x 坐标是索引 i 对应的输入列表中的数，而 y 坐标是其右侧，即 i + 1 对应的数。

这个完成以后，让我们来看看如何比较多边形的相等性。

6.1.5 检验多边形的相等性

为了确保我们可以检验多边形是否相等，让我们在 Polygon 类中创建 __eq__ 方法（见清单 6-12）。

清单 6-12 多边形的相等性

```
class Polygon:
    --snip--

    def __eq__(self, other):
        if self is other:
            return True

        if not isinstance(other, Polygon):
            return False

        return self.vertices == other.vertices
```

我们首先检查传入的 other 与 self 是否是相同类的实例，如果是，则返回 True；如果不是，则无法比较。我们已经知道，这种情况是不可能相等的。

由于 Point 类已经实现了 __eq__ 方法，如果前两个检查未返回任何值，我们只需要比较两个多边形的顶点列表。Python 将检查两个列表是否包含相同的顶点，顺序是否相同。列表是有序元素的集合；因此，在检查相等性时顺序很重要。在 shell 中尝试以下操作：

```
>>> l1 = [1, 2, 3]
>>> l2 = [3, 2, 1]
>>> l3 = [3, 2, 1]

>>> l1 == l2
False
```

```
>>> l2 == l3
true
```

即使 l1 和 l2 包含相同的数字，由于顺序不同，Python 也会认为不相等（记住，顺序对列表和元组都很重要）。相比之下，l2 和 l3 包含相同的数字，且顺序相同，因此被认为是相等的。多边形是由有序的顶点集合而成的：同一组顶点的不同顺序会生成不同的多边形。这就是我们使用列表的原因，列表的有序是关键。

如果你跟随本书一步一步操作，那么你的 polygon.py 文件应该看起来像清单 6-13。

清单 6-13 Polygon 类的代码

```
import math
import operator
from functools import reduce

from geom2d.nums import are_close_enough
from geom2d.point import Point
from geom2d.vectors import make_vector_between
from geom2d.segment import Segment
from utils.pairs import make_round_pairs


class Polygon:
    def __init__(self, vertices: [Point]):
        if len(vertices) < 3:
            raise ValueError('Need 3 or more vertices')
        self.vertices = vertices

    def sides(self):
        vertex_pairs = make_round_pairs(self.vertices)
        return [Segment(pair[0], pair[1]) for pair in vertex_pairs]

    @property
    def centroid(self):
        vtx_count = len(self.vertices)
        vtx_sum = reduce(operator.add, self.vertices)
        return Point(
            vtx_sum.x / vtx_count,
            vtx_sum.y / vtx_count
        )

    def contains_point(self, point: Point):
        if point in self.vertices:
            return True
        vecs = [make_vector_between(point, vertex)
                for vertex in self.vertices]
        paired_vecs = make_round_pairs(vecs)
        angle_sum = reduce(
            operator.add,
            [v1.angle_to(v2) for v1, v2 in paired_vecs]
```

```
        )

        return are_close_enough(angle_sum, 2 * math.pi)

    def __eq__(self, other):
        if self is other:
            return True

        if not isinstance(other, Polygon):
            return False

        return self.vertices == other.vertices
```

现在让我们看一下圆。

6.2 创建类：Circle

圆是平面内与指定点（圆心）的距离（半径）相同的所有点的集合。因此，圆由圆心 C 的位置和半径 R 的值定义（见图 6-6）。

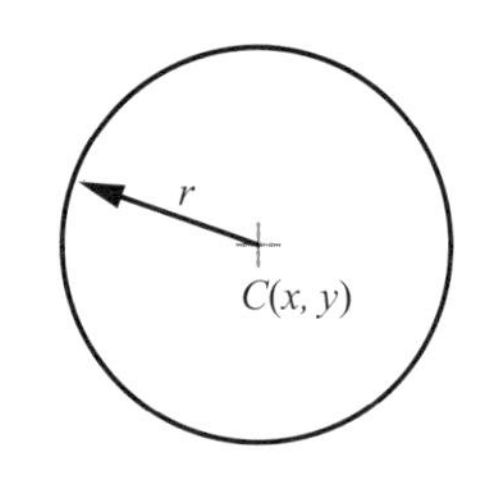

图 6-6 由圆心 C 和半径 R 定义的圆

你可能还记得高中学的圆面积公式，如下：

$$A = \pi \cdot r^2$$

圆的周长公式如下：

$$l_c = 2\pi \cdot r$$

在 geom2d 包中创建一个名为 circle.py 的新文件。在文件中，输入列表 6-14 中的代码。

清单 6-14 Circle 类的初始化

```
import math

from geom2d.point import Point


class Circle:
    def __init__(self, center: Point, radius: float):
        self.center = center
        self.radius = radius

    @property
    def area(self):
        return math.pi * self.radius ** 2

    @property
    def circumference(self):
        return 2 * math.pi * self.radius
```

非常好！现在，我们有一个代表圆的类，拥有属性 center 和 radius。我们还定义了特性 area 和 circumference。

注意：为了使本章的长度合理，我们将不再包括单元测试。随附的代码包括单元测试代码，我鼓励你自己编写测试。

6.2.1 检验圆是否包含点

测试点 P 是否在多边形内部需要好几步，但是对于圆而言，逻辑非常简单。我们计算圆心 C 到点 P 的距离：$d(C,P)$。如果此距离小于半径：$d(C,P) < r$，则点在圆内。如果 $d(C,P) > r$，说明该点离圆心的距离超过半径，因此在圆外。在 Circle 内，输入清单 6-15 中的代码。

清单 6-15 检查圆是否包含某点

```
class Circle:
    --snip--

    def contains_point(self, point: Point):
        return point.distance_to(self.center) < self.radius
```

你可以提出测试用例以确保方法 contains_point 没有错误吗？

6.2.2 圆的近似多边形

在第 7 章中，我们将通过旋转、缩放和偏斜来改变多边形的几何形状。经过这类转换，圆可能不再是圆，结果的数学表示可能会变得复杂。

用专门的类来代表所有可能的几何形状，这个任务非常艰巨。一般多边形无论形状如何，都可以应用同样的算法，那么为什么不尝试使用足够多边的多边形来近似圆呢？

要将一个圆转换为多边形，必须给出多边形的边数 n。圆周角 2π 被分为 n 份，$\theta=2\pi/n$。从 0 度开始，每次递增 θ，我们可以在圆的周长上计算出 n 个点，然后将其作为圆的内接多边形的顶点。我们可以使用公式（6.2），以给定角度 α 计算顶点 V 的坐标。

$$V(\alpha)\begin{pmatrix} C_x \\ C_y \end{pmatrix}+r\cdot\begin{pmatrix} \cos\alpha \\ \sin\alpha \end{pmatrix} \tag{6.2}$$

其中，C 是圆心，r 是半径。图 6-7 显示了 n =8 的情形，即将圆转换为顶点为 $V_1, V_2,\cdots, V_8$ 的八边形。

请注意，较小的 n 得到的多边形对圆的近似非常糟糕。例如，图 6-8 中，n 分别是 3，4 和 5。如你所见，内接多边形一点也不像它们近似的圆。我们通常会从 30～200 选择 n，以生成可接受的结果。

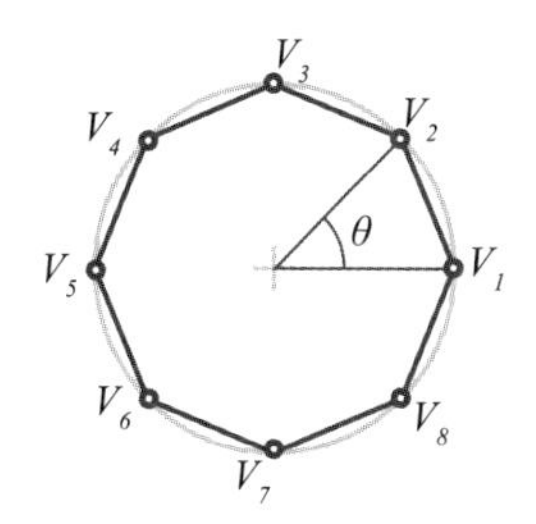

图 6-7 将圆转换为多边形

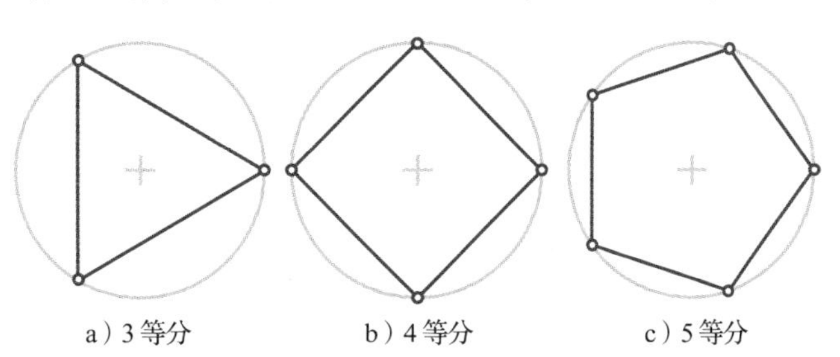
a）3 等分 b）4 等分 c）5 等分

图 6-8 将圆转换为多边形时的划分数

在 Circle 内，输入清单 6-16 中的 to_polygon 代码。

清单 6-16 从圆创建多边形

```
import math

from geom2d.point import Point
from geom2d.polygon import Polygon


class Circle:
    --snip--

    def to_polygon(self, divisions: int):
      ❶ angle_delta = 2 * math.pi / divisions
        return Polygon(
          ❷ [self.__point_at_angle(angle_delta * i)
             for i in range(divisions)]
        )

    def __point_at_angle(self, angle: float):
      ❸ return Point(
            self.center.x + self.radius * math.cos(angle),
            self.center.y + self.radius * math.sin(angle)
        )
```

这次，我们将算法分为两部分：to_polygon 处理的主逻辑和一个私有方法 __point_at_angle，该方法在给定角度的情况下返回圆周上该角度对应的点 ❸。点是根据公式（6.2）计算的。

to_polygon 方法首先计算给定分割数的角度变量（或角度增量）❶。然后，使用列表推导式，将区间 [0，n）中的整数逐一映射到角度增量对应的圆周点上 ❷。这些点组成的列表作为多边形初始化的顶点传递。请注意，我们如何通过将区间 [0，n）转换成角度的——将当前值乘以角度增量。

6.2.3 圆的相等性和字符串表示

让我们在 Circle 类中实现相等比较和字符串表示方法。输入清单 6-17 的代码。

清单 6-17 圆的相等性和字符串表示

```
import math

from geom2d.nums import are_close_enough
from geom2d.point import Point
from geom2d.polygon import Polygon


class Circle:
    --snip--

    def __eq__(self, other):
        if self is other:
            return True
```

```
        if not isinstance(other, Circle):
            return False

        return self.center == other.center \
              and are_close_enough(self.radius, other.radius)

    def __str__(self):
        return f'circle c = {self.center}, r = {self.radius}'
```

如果你跟随本书一步一步操作，你的 circle.py 文件应该看起来像清单 6-18。

清单 6-18 Circle 类的代码

```
import math

from geom2d.nums import are_close_enough
from geom2d.point import Point
from geom2d.polygon import Polygon


class Circle:
    def __init__(self, center: Point, radius: float):
        self.center = center
        self.radius = radius

    @property
    def area(self):
        return math.pi * self.radius ** 2

    @property
    def circumference(self):
        return 2 * math.pi * self.radius

    def contains_point(self, point: Point):
        return point.distance_to(self.center) < self.radius

    def to_polygon(self, divisions: int):
        angle_delta = 2 * math.pi / divisions
        return Polygon(
            [self.__point_at_angle(angle_delta * i)
             for i in range(divisions)]
        )

    def __point_at_angle(self, angle: float):
        return Point(
            self.center.x + self.radius * math.cos(angle),
            self.center.y + self.radius * math.sin(angle)
        )

    def __eq__(self, other):
        if self is other:
```

```
            return True

        if not isinstance(other, Circle):
            return False

        return self.center == other.center \
               and are_close_enough(self.radius, other.radius)

    def __str__(self):
        return f'circle c = {self.center}, r = {self.radius}'
```

6.2.4 圆的工厂函数

我们通常会用圆心和半径构建圆，但是还有更多的方法可以构建它们。在本节中，我们将研究其中一种：用三点创建一个圆。这样做主要是为了好玩，但这也使你对我们构建的几何基元的强大程度有所了解。

假设我们有三个不共线的点：*A*、*B* 和 *C*。如图 6-9 所示，你可以找到一个圆，使其通过这三个点。

要解决这个问题，我们需要找到圆心和半径，后者很简单，因为如果我们知道圆心的位置，那么圆心与三个点中任何一个的距离就是半径。因此，问题归结为找到穿过给定点的圆的圆心。以下是找到圆心的一种方法：

1. 计算从 *A* 到 *B* 的线段，称之为 seg1；
2. 计算从 *B* 到 *C* 的线段，称之为 seg2；
3. 找到 seg1 和 seg2 的垂直平分线的交点。

相交点 *O* 就是圆心（见图 6-10）。如前所述，只需计算 *O* 和 *A*、*B* 或 *C* 之间的距离，就能得到圆的半径。

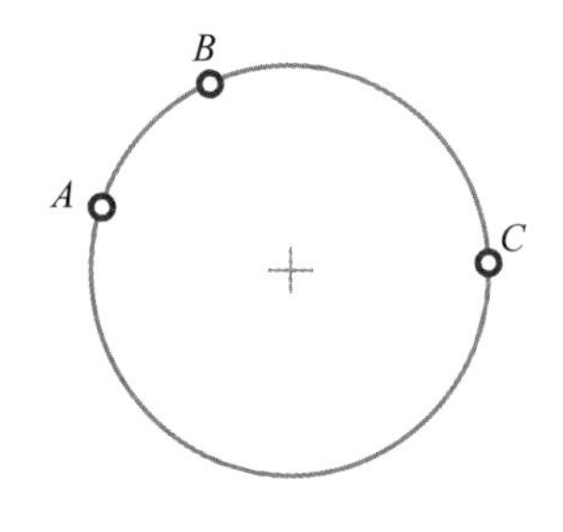

图 6-9 三个点定义的圆

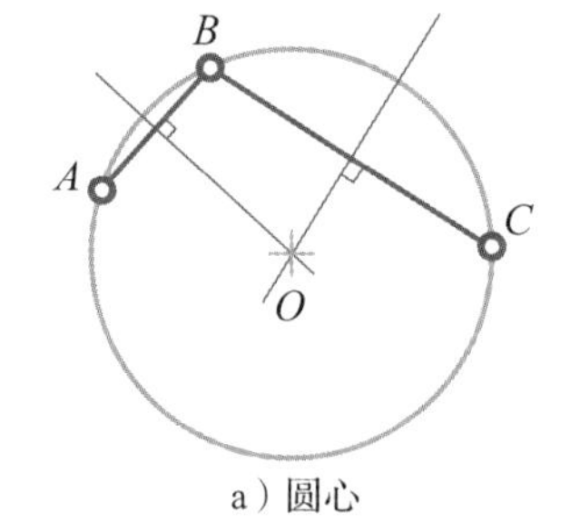

a）圆心

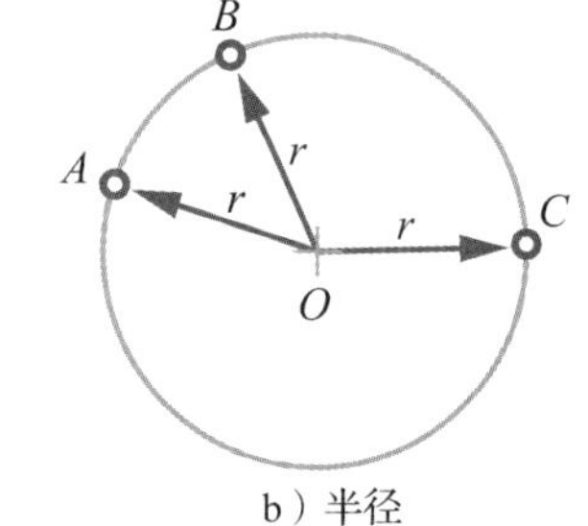

b）半径

图 6-10 三点定义的圆心和半径

我们可以实现这个逻辑。在 geom.2d 中创建一个新文件并命名为 circles.py。在该文件中，输入清单 6-19 中的代码。

清单 6-19 从三点创建圆

```
from geom2d import Point
from geom2d.circle import Circle
from geom2d.segment import Segment
```

```
def make_circle_from_points(a: Point, b: Point, c: Point):
    chord_one_bisec = Segment(a, b).bisector
    chord_two_bisec = Segment(b, c).bisector
    center = chord_one_bisec.intersection_with(chord_two_bisec)
    radius = center.distance_to(a)
    return Circle(center, radius)
```

注意：圆的弦是一条端点位于圆周上并横切圆的线段。

如果要求你简化该函数，你能做到吗？它的每一行都告诉你它在做什么，你可以一行一行读，将其与算法的描述对应。能够表明自身意图的自我解释代码通常被称为“干净代码”（clean code），这个概念在软件行业中太著名，以至于有几本专门针对它的书籍。我最喜欢的两本是 [6] 和 [1]，如果你想编写真正可读的代码，我建议你阅读它们。

6.3 创建类：Rect

本章最后实现的几何基元是矩形，但不是任意矩形，而是横平竖直的矩形。倾斜的矩形可以由本章前面的 Polygon 基元代表。这个看似严格的规定，其背后原因与这个基元的作用有关。

这种矩形在二维图形应用程序中经常被用于以下场景：

- 表示需要重新绘制的部分屏幕；
- 确定屏幕上需要绘制某物的位置；
- 确定需要绘制的几何图形的尺寸；
- 测试两个物体是否可能碰撞；
- 测试鼠标指针是否在屏幕的区域上。

矩形 (rectangle) 可以通过一个点（称为原点）和尺寸来定义，尺寸又包含两个属性：宽度和高度（见图 6-11）。在 y 轴朝上的坐标系中，可以通过转换，使原点位于矩形的左下角。

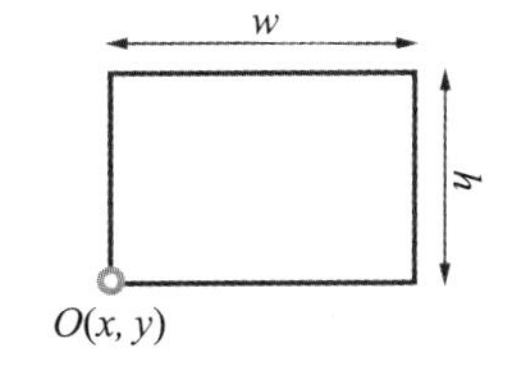

图 6-11 由原点 O、宽度 w 和高度 h 定义的矩形

让我们从表示尺寸的类开始。在 geom2d 包内创建一个名为 size.py 的新文件，输入清单 6-20 中的代码。

清单 6-20 Size 类的代码

```
from geom2d.nums import are_close_enough


class Size:
    def __init__(self, width: float, height: float):
        self.width = width
        self.height = height

    def __eq__(self, other):
        if self is other:
            return True

        if not isinstance(other, Size):
            return False
```

```
        return are_close_enough(self.width, other.width) \
               and are_close_enough(self.height, other.height)
```

使用这个表示尺寸的类，让我们创建 Rect 类的初始化定义。创建一个名为 rect.py 的新文件，并输入列表 6-21 中的代码。

清单 6-21 Rect 类的代码

```
from geom2d.point import Point
from geom2d.size import Size


class Rect:
    def __init__(self, origin: Point, size: Size):
        self.origin = origin
        self.size = size

    @property
    def left(self):
        return self.origin.x

    @property
    def right(self):
        return self.origin.x + self.size.width

    @property
    def bottom(self):
        return self.origin.y

    @property
    def top(self):
    return self.origin.y + self.size.height

@property
def area(self):
    return self.size.width * self.size.height

@property
def perimeter(self):
    return 2 * self.size.width + 2 * self.size.height
```

该类包含一个 Point 类的实例（作为原点）和一个 Size 实例（包括宽度和长度）。我们在类中定义了一些有趣的属性，即 left 是矩形最左边的 x 坐标；right 是矩形最右边的 x 坐标；bottom 是矩形最底边的 y 坐标；top 是矩形最上边的 y 坐标；area 是矩形的面积；perimeter 是矩形的周长。

让我们在 shell 中创建一个矩形：

```
>>> from geom2d.point import Point
>>> from geom2d.size import Size
>>> from geom2d.rect import Rect
```

```
>>> origin = Point(10, 20)
>>> size = Size(100, 150)
>>> rect = Rect(origin, size)
```

让我们检查它的一些属性：

```
>>> rect.right
110

>>> rect.area
15000

>>> rect.perimeter
500
```

6.3.1 检验矩形是否包含点

下一步是创建一种方法，检验点是否在矩形内部。为了检验点 P 是否位于矩形内，我们要使用以下两个条件：

$$\begin{cases} \text{lsft} < P_x < \text{right} \\ \text{bottom} < P_y < \text{top} \end{cases}$$

多亏了我们在类中添加的属性，这些是小菜一碟（见清单 6-22）。

清单 6-22 测试矩形是否包含点

```
class Rect:
    --snip--

    def contains_point(self, point: Point):
        return self.left < point.x < self.right \
            and self.bottom < point.y < self.top
```

请注意，Python 中关于复合不等式的简洁语法，

```
left < point.x < right
```

在大多数其他语言中，必须将其表示为两个不同的条件：

```
left < point.x && point.x < right
```

6.3.2 检查矩形是否重叠

假设有两个矩形，我们想知道它们是否重叠。由于 Rect 类代表的矩形，其边始终是水平或垂直的，因此问题简化很多。测试两个矩形是否重叠等价于测试其在 x 轴和 y 轴上的投影是否重叠。投影是指它们在轴线上的阴影。每个阴影都是从矩形原点位置开始的区间，其长度为矩形的宽度或高度（见图 6-12）。

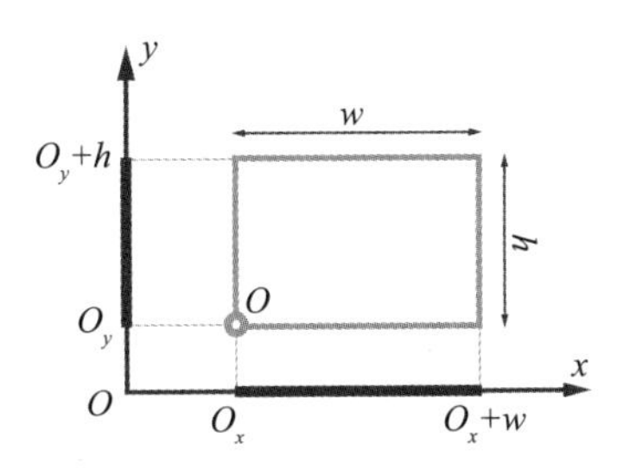

图 6-12 矩形的投影

例如，图 6-12 的水平轴上的阴影可以表示为以下区间：

$$(O_x, O_x + w)$$

其中 O 是原点，w 是矩形的宽度。同样，垂直阴影或投影是：

$$(O_y, O_y + h)$$

其中 h 是高度。请注意，O_x+w 的值正是我们在 Rect 类中定义的属性 right，而 O_y+h 则是 top。

图 6-13 描绘了两个矩形，其垂直投影有重叠但水平投影没有重叠。因此，两个矩形无重叠。

另一方面，图 6-14 描绘了垂直和水平投影均有重叠的两个矩形。如你所见，这种情形确实会产生一个重叠的区域，以灰色阴影表示。可以看到，矩形重叠的区域也是矩形。

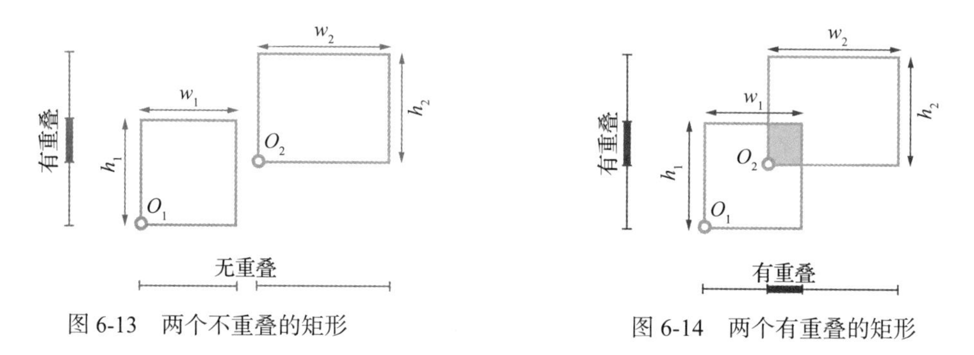

图 6-13 两个不重叠的矩形

图 6-14 两个有重叠的矩形

使用图 6-14 中的命名法，我们可以使用开区间来定义这种情形，这里的开区间是不包括终点的区间。两个矩形有重叠，仅当

$$\begin{cases}(\underbrace{O_{1x}}_{\text{left}}, \underbrace{O_{1x} + w_1}_{\text{right}}) \cap (\underbrace{O_{2x}}_{\text{left}}, \underbrace{O_{2x} + w_2}_{\text{right}}) \\ (\underbrace{O_{1y}}_{\text{bottom}}, \underbrace{O_{1y} + h_1}_{\text{top}}) \cap (\underbrace{O_{2y}}_{\text{bottom}}, \underbrace{O_{2y} + h_2}_{\text{top}})\end{cases}$$

其中，∩是代表交集的操作符。

1. 开区间

现在，我们将问题简化为计算区间的交集，让我们创建一个新的 OpenInterval 类来实现此逻辑。请注意，在 Rect 类中编写算法，以实现计算两个区间的交集，这是错误的。类必须只包含与其知识领域相关的逻辑，而显然区间相交并不是专门针对矩形。矩形对如何计算两个区间的交集应该一无所知——这不是其知识领域的一部分。如果它需要这类计算，例如在本节的情形，它应该将其委派给对应的专家：OpenRange。

如果你遵守这个简单的原则，你的代码将更容易理解和扩展。你的代码中的每一块知识都应该在其应该在的地方，并且只能在那里。重复知识（knowledge duplication）是软件开发最糟糕的敌人之一，它是指一种知识（如果你喜欢，也可以称其为算法）在多个地方重复。当需要更改逻辑核心时，你必须记住需要更改的所有地方。当我说这个问题远比听起来更糟糕时，请相信我。

注意：大多数作者使用短语“重复代码”，但我更喜欢将其称为“重复知识”。我是有意选择这个单词的，因为我注意到一些开发者容易误解这个概念，或许是因为“代码”一词太普通了。真正不应重复的是代码所表达的知识。

在 geom2d 中创建一个名为 open_interval.py 的新文件，输入列表 6-23 中定义 OpenInterval 类代码。

清单 6-23 OpenInterval 类的代码

```
class OpenInterval:
    def __init__(self, start: float, end: float):
        if start > end:
            raise ValueError('start should be smaller than end')
        self.start = start
        self.end = end

    @property
    def length(self):
      ❶ return self.end - self.start

    def contains(self, value):
      ❷ return self.start < value < self.end
```

创建一个包含 start 和 end 属性的 OpenInterval 类。确保 start 小于 end；否则，我们触发一个 ValueError。回忆下快速失败原则，我们不希望收到错误的区间。接下来，我们定义区间的长度为特性 ❶，和一个检验给定值是否在区间范围内的方法 ❷。

现在让我们创建另外两个方法：一个用于检查区间是否重叠，另一个用于计算重叠（见清单 6-24）。

清单 6-24 开区间的重叠计算

```
from geom2d.nums import are_close_enough


class OpenInterval:
    --snip--

    def overlaps_interval(self, other):
      ❶ if are_close_enough(self.start, other.start) and \
                are_close_enough(self.end, other.end):
            return True

      ❷ return self.contains(other.start) \
               or self.contains(other.end) \
               or other.contains(self.start) \
               or other.contains(self.end)

    def compute_overlap_with(self, other):
      ❸ if not self.overlaps_interval(other):
            return None

      ❹ return OpenInterval(
    max(self.start, other.start),
    min(self.end, other.end)
)
```

如果区间与作为参数输入的 other 重叠，第一个方法 overlaps_interval 会返回布尔值 True。为实现这一点，我们首先检查两个区间是否具有相同的起点和终点 ❶，如果是，则返回 True。然后，我们分别检查四个端点是否包含在相对的区间中❷。如果你对这个逻辑感到困惑，请拿起纸和笔，绘制出两个重叠区间的所有可能组合（我在图 6-15 中为你完成了此操作，但不包括两个区间具有相同起点和终点的情况）。

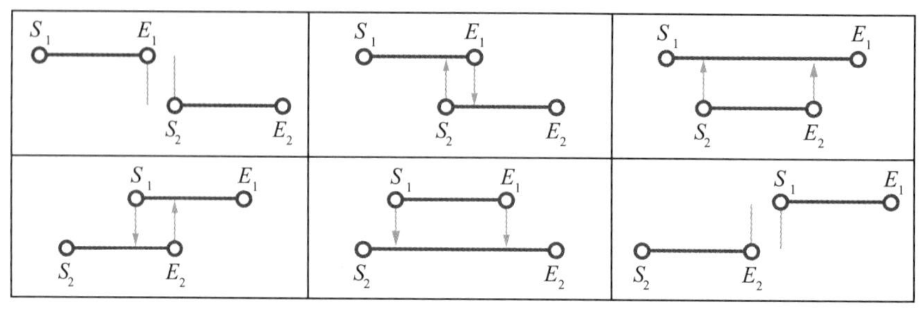

图 6-15 区间相对位置的可能情况

第二个方法 Compute_overlap_with，首先检验是否存在重叠，如果否，则返回 None❸。如果是，则重叠区域是一个新区间，其起点是两个起点中的最大值，而终点是两个终点中的最小值❹。

我建议你为这个重叠算法编写单元测试。这是锻炼测试技能的好机会。区间重叠的情形有很多，请试着全部测试一遍。

2. 计算矩形的重叠

借助 OpenInterval，矩形的重叠变得易于求解。返回到 rect.py 文件并导入 OpenInterval 类：

```
from geom2d.open_interval import OpenInterval
```

现在，在 contains_point 方法下，输入清单 6-25 中的代码。

清单 6-25 计算两个矩形的相交

```
from geom2d.open_interval import OpenInterval
from geom2d.point import Point
from geom2d.size import Size


class Rect:
--snip--

def intersection_with(self, other):
 ❶ h_overlap = self.__horizontal_overlap_with(other)
    if h_overlap is None:
        return None

 ❷ v_overlap = self.__vertical_overlap_with(other)
    if v_overlap is None:
        return None

 ❸ return Rect(
        Point(h_overlap.start, v_overlap.start),
        Size(h_overlap.length, v_overlap.length)
    )
```

有两种私有方法来计算矩形的水平和垂直重叠，我们稍后会具体讲解。第一种方法首先计算self和other之间的水平重叠❶。如果它发现为None，则说明没有重叠；因此，矩形不相交。函数返回None。计算垂直重叠的过程与之相同❷。只有两者都不是None，也就是水平和垂直投影都重叠，我们才能到达最后一个返回，计算重叠的矩形区域❸。我们如何找到重叠矩形的原点和尺寸？简单：原点坐标是水平和垂直重叠区间的开始值，宽度是水平重叠区间的长度，高度是垂直重叠区间的长度。

那么，唯一缺少的部分是发现水平和垂直区间重叠的私有方法的实现（如果存在重叠的话）。该方法的代码在列表6-26中。

清单 6-26 计算重叠的私有方法

```
class Rect:
    --snip--

    def __horizontal_overlap_with(self, other):
        self_interval = OpenInterval(self.left, self.right)
        other_interval = OpenInterval(other.left, other.right)

        return self_interval.compute_overlap_with(other_interval)

    def __vertical_overlap_with(self, other):
        self_interval = OpenInterval(self.bottom, self.top)
        other_interval = OpenInterval(other.bottom, other.top)

        return self_interval.compute_overlap_with(other_interval)
```

现在让我们看一下如何根据矩形创建一个一般多边形。

6.3.3 矩形转多边形

与圆一样，将仿射变换应用于矩形可能会生成某些非矩形的形状。实际上，在经过一般的仿射变换之后，矩形会被转换为平行四边形，如图6-16所示，并且这些形状无法由Rect类描述。

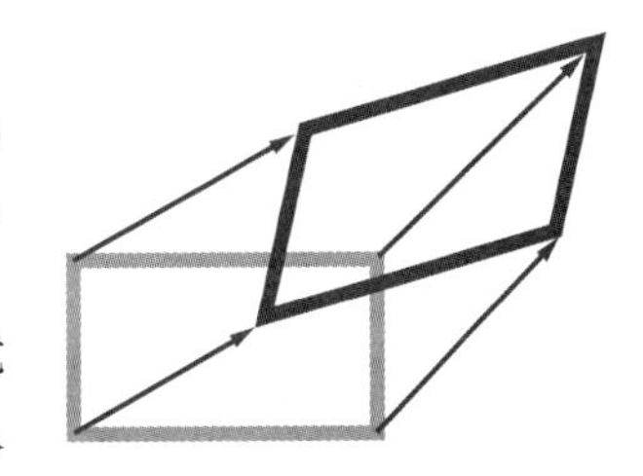

图 6-16 仿射变换后的矩形

实现一种从矩形创建多边形的方法很简单，因为多边形的顶点就是矩形的四个角。在Rect类中，添加清单6-27的代码。不要忘记导入Polygon类。

清单 6-27 从矩形创建多边形

```
from geom2d.open_interval import OpenInterval
from geom2d.point import Point
from geom2d.polygon import Polygon
from geom2d.size import Size


class Rect:
    --snip--
```

```
    def to_polygon(self):
        return Polygon([
            self.origin,
            Point(self.right, self.bottom),
            Point(self.right, self.top),
            Point(self.left, self.top)
        ])
```

不用说，顶点应该按顺序给出，顺时针或逆时针都可以。很容易弄错顶点的顺序，最终得到交叉边。为了确保这种情况永远不会发生，我们应该编写一个测试，这留给你作为练习。

6.3.4 矩形的相等性检查

你已经是创建 __eq__ 方法的专家，不是吗？代码如清单 6-28 所示。

清单 6-28 矩形的相等

```
class Rect:
    --snip--

    def __eq__(self, other):
        if self is other:
            return True

        if not isinstance(other, Rect):
            return False

        return self.origin == other.origin \
               and self.size == other.size
```

唯一要注意的是我们能够直接用 == 比较大小，因为我们在 Size 类中创建了 __eq__ 方法。

请注意，在 Rect 类中用类似 are_close_enough（self.size.width, other.size.width）……的代码创建 __eq__ 方法并不理想。还记得 Demeter 定律吗？该知识属于 Size 类，应在且只在那里被应用。

作为参考，清单 6-29 显示了你的 rect.py 文件的所有代码。

清单 6-29 Rect 类的代码

```
from geom2d.open_interval import OpenInterval
from geom2d.point import Point
from geom2d.polygon import Polygon
from geom2d.size import Size


class Rect:

    def __init__(self, origin: Point, size: Size):
        self.origin = origin
        self.size = size

    @property
    def left(self):
```

```
            return self.origin.x

        @property
        def right(self):
        return self.origin.x + self.size.width

    @property
    def bottom(self):
        return self.origin.y

    @property
    def top(self):
        return self.origin.y + self.size.height

    @property
    def area(self):
        return self.size.width * self.size.height

    @property
    def perimeter(self):
        return 2 * self.size.width + 2 * self.size.height

    def contains_point(self, point: Point):
        return self.left < point.x < self.right \
               and self.bottom < point.y < self.top

    def intersection_with(self, other):
        h_overlap = self.__horizontal_overlap_with(other)
        if h_overlap is None:
            return None

        v_overlap = self.__vertical_overlap_with(other)
        if v_overlap is None:
            return None

        return Rect(
            Point(h_overlap.start, v_overlap.start),
            Size(h_overlap.length, v_overlap.length)
        )

    def __horizontal_overlap_with(self, other):
        self_interval = OpenInterval(self.left, self.right)
        other_interval = OpenInterval(other.left, other.right)

        return self_interval.compute_overlap_with(other_interval)

    def __vertical_overlap_with(self, other):
        self_interval = OpenInterval(self.bottom, self.top)
        other_interval = OpenInterval(other.bottom, other.top)
```

```
        return self_interval.compute_overlap_with(other_interval)
    def to_polygon(self):
        return Polygon([
            self.origin,
            Point(self.right, self.bottom),
            Point(self.right, self.top),
            Point(self.left, self.top)
        ])

    def __eq__(self, other):
        if self is other:
            return True

        if not isinstance(other, Rect):
            return False

        return self.origin == other.origin \
            and self.size == other.size
```

6.3.5 矩形的工厂函数

我们通常会使用矩形来近似一组几何形状的外部边界。例如，在本书后面的章节中，我们将生成图表，作为力学问题解决方案的一部分。为了将图表放置在尺寸合适的图像中，我们将创建一个可以包含所有内容的矩形。为此，我们要创建一个工厂函数，它可以返回一个包含给定点列表的矩形。

例如，如果我们有一个点列表 [*A*, *B*, *C*, *D*, *E*]，则矩形如图 6-17a 所示。我们还需要另一个工厂函数，它的功能类似，但也为矩形增加一个边界。

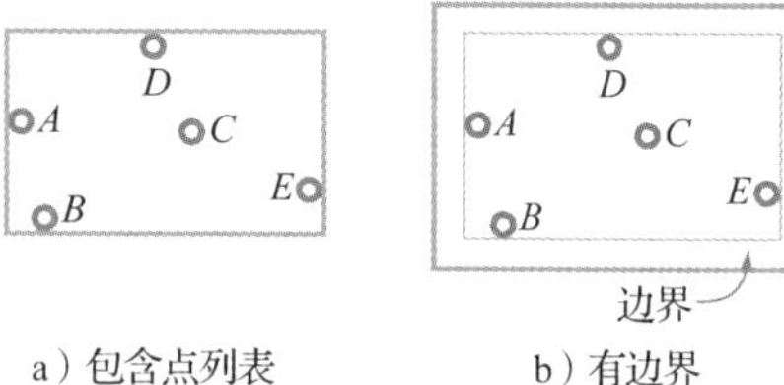

a）包含点列表　　b）有边界

图 6-17　包含点的矩形

在 geom2d 包中，创建一个新文件并将其命名为 rects.py。添加第一个工厂函数（见清单 6-30）。

清单 6-30　创建一个包含点列表的矩形

```
from geom2d.point import Point
from geom2d.rect import Rect
from geom2d.size import Size
def make_rect_containing(points: [Point]):
  ❶ if not points:
        raise ValueError('Expected at least one point')

    first_point = points[0]
  ❷ min_x, max_x = first_point.x, first_point.x
  ❸ min_y, max_y = first_point.y, first_point.y

    for point in points[1:]:
      ❹ min_x, max_x = min(min_x, point.x), max(max_x, point.x)
      ❺ min_y, max_y = min(min_y, point.y), max(max_y, point.y)
```

```
❻ return Rect(
        Point(min_x, min_y),
        Size(max_x - min_x, max_y - min_x)
    )
```

第一步是检查列表是否至少包含一个点❶。你可能对这里的语法感到惊讶，这里运用的技巧是，Python在布尔运算中会将空白列表判定为False。实际上，这是一个Python习惯用法，用于检查列表是否为空。

接下来，我们需要找到矩形的边界：x和y投影的最小值和最大值。我们用四个变量存储这些值❷❸，并用列表中的第一个点的坐标对其初始化。然后，我们遍历除了第一个点以外的所有点，因为它已经用于初始化前面提到的变量。为了避免通过第一个点，我们将点列表从索引1开始切片，一直到列表的末尾：points[1：]（你可以参考第11页的“列表”，复习下列表切片的知识）。对于每个点，将最小和最大的x❹和y❺投影与当前存储的值进行比较。

一旦确定这四个值，我们就可以构建结果矩形❻，使用最小的x和y投影作为原点，最大值和最小值之间的差作为尺寸。

现在让我们实现一个类似的函数，不过在点周围添加一个边界。在make_rect_containing后，添加清单6-31中的代码。

清单6-31 创建一个包含点列表和给定边界的矩形

```
--snip--

def make_rect_containing_with_margin(points: [Point], margin: float):
 ❶ rect = make_rect_containing(points)
    return Rect(
     ❷ Point(
            rect.origin.x - margin,
            rect.origin.y - margin
        ),
     ❸ Size(
          2 * margin + rect.size.width,
          2 * margin + rect.size.height
      )
)
```

此函数以上一个函数计算得到的矩形开始❶。将该矩形的原点分别往左和往下移动一个边界宽度❷，并将尺寸增加两倍的边界宽度，从而得到新的矩形❸。因为边界被添加到左右两侧，这就是我们将宽度增加两个边界宽度的原因——高度也是如此。

我们可能想要构建矩形的最后一种方法：使用其中心点和尺寸。如清单6-32所示，代码很简单。

清单6-32 给定中心点和尺寸，创建一个矩形

```
--snip--

def make_rect_centered(center: Point, width: float, height: float):
    origin = Point(
        center.x - width / 2,
```

```
        center.y - height / 2
    )
    return Rect(origin, Size(width, height))
```

有了这三种工厂方法，我们创建矩形就非常方便了。我们将在其他章节中使用它们，因此我们希望通过一些自动化的单元测试来确保它们产生预期的矩形。我将把它作为你的练习。你可以在本书随附的源代码中找到我在 rects_test.py 文件中编写的测试代码。

6.4 小结

章节开始部分，我们创建了一般多边形类，该多边形由至少三个顶点的序列描述。我们编写了一个算法来配对对象序列，使最后一个元素和第一个元素也配对，并且使用此逻辑生成多边形的边。我们还创建了转角法，以检查多边形是否包含点。

我们在本章中创建的第二个几何基元是圆。如你所见，检查一个点是否在圆内比一般多边形要简单得多。我们提出了一种构建近似圆的一般多边形的方法，该多边形使用给定数量的分割或边。我们将在下一章中使用此方法。

最后，我们实现了一个矩形。为了计算矩形的重叠，我们需要一种方法来计算两个区间的重叠。因此，我们创建了一个开区间的类来处理这个逻辑。

我们的几何库已经几乎完整。我们有这本书所需要的所有基元，唯一缺少的是图形的变换方法，这将是下一章的主题。

第 7 章 Chapter 7

仿射变换

如果要我在这本书中选择我最喜欢的主题，那就是仿射变换。仿射变换有一种奇怪的美感，当我们在第 12 章对它们进行动画化的时候，你会看到。

仿射变换对二维图形应用程序至关重要。它们决定如何平移、缩放和旋转你在屏幕上看到的内容。如果你用过 AutoCAD 软件，你应该经常会对图纸进行局部缩放，这是通过仿射变换完成的。每当你在 Instagram 中缩放和旋转图片时，仿射变换在发挥作用。掌握这个主题对于编写任何涉及图形的软件都至关重要，对于允许用户与图形进行交互的软件来说，更是如此。

仿射变换背后的数学原理非常简单，但是这个概念非常强大。到本章结尾，你将掌握一个用于表示这些变换并将其应用于几何基元中的类。我们还将学习如何连接简单变换以计算复合变换，并学习一些有用的变换方法，如绕固定点缩放图形。

7.1 初识仿射变换

由于仿射变换适用于仿射空间，因此让我们首先尝试理解什么是仿射空间。你可以将仿射空间（affine space）理解成原点可以移动的向量空间。向量空间中的线性变换不会改变空间原点的位置，而在仿射空间中，因为我们不关心原点是否固定，所以移动原点是允许的。

仿射变换是两个仿射空间之间的映射，不会改变点、直线和平面。仿射变换后的点仍然是点，直线仍然是直线，平面仍然是平面。这个变换的一个有趣属性是，直线之间的平行性仍然保留。当我们在第 12 章中将仿射变换动画化时，会看到这一点的动态展示。在那个练习中，我们将看到整个模拟期间最初平行的多边形边如何保持平行。

仿射变换类似于线性变换，唯一区别是后者不改变原点。也就是说，点（0, 0）不会移动，仿射变换可以改变原点的位置。图 7-1 分别描绘了线性变换和仿射变换。

图 7-1 中的每一对 x, y 轴表示变换前的空间，每一对 x', y' 轴表示变换后的空间。在线性变换

的情况下，原点 O 的坐标不变。仿射变换，除了缩放和旋转坐标轴外，还将原点 O 变换为 O'。

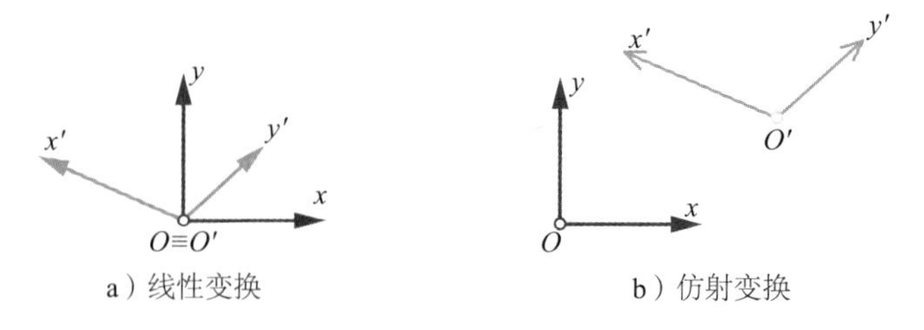

图 7-1 线性变换与仿射变换的对比

给定点 P，我们可以使用如下公式定义仿射变换：

$$P' = \boldsymbol{M}P + \vec{t}$$

其中，$\boldsymbol{M}$ 是线性变换，$\vec{t}$ 是平移向量，而 P' 是应用变换后的点。因此，仿射变换是线性变换 $\boldsymbol{M}$ 加上平移 $\vec{t}$。该表达式可以展开成公式（7.1）的形式。

$$\underbrace{\begin{pmatrix} x' \\ y' \end{pmatrix}}_{P'} = \underbrace{\begin{pmatrix} s_x & sh_x \\ sh_y & s_y \end{pmatrix}}_{M} \underbrace{\begin{pmatrix} x \\ y \end{pmatrix}}_{P} + \underbrace{\begin{pmatrix} t_x \\ t_y \end{pmatrix}}_{\vec{t}} \tag{7.1}$$

线性变换矩阵 $\boldsymbol{M}$ 的元素：s_x 代表沿 x 方向的缩放；s_y 代表沿 y 方向的缩放；sh_x 代表沿 x 方向的剪切；sh_y 代表沿 y 方向的剪切。

平移向量 $\vec{t}$ 的元素：t_x 代表沿 x 方向的平移；t_y 代表沿 y 方向的平移。

公式（7.2）是使用增广矩阵构建的另一种等效形式。

$$\begin{pmatrix} x' \\ y' \\ 1 \end{pmatrix} = \begin{pmatrix} s_x & sh_x & t_x \\ sh_y & s_y & t_y \\ 0 & 0 & 1 \end{pmatrix} \begin{pmatrix} x \\ y \\ 1 \end{pmatrix} \tag{7.2}$$

公式（7.2）通过扩展输入和输出向量的维度——维度加 1——将变换方程简化为一个矩阵乘法，增加的维度仅为辅助，一旦变换完成，就可以丢弃。由于第一个方程还涉及矩阵的加法，而这个方程只需要一步，因此通常是首选。可以看到，公式（7.1）和公式（7.2）计算得到的坐标都如公式（7.3）所示。

$$\begin{cases} x' = s_x \cdot x + sh_x \cdot y + t_x \\ y' = sh_y \cdot x + s_y \cdot y + t_y \end{cases} \tag{7.3}$$

公式（7.2）中矩阵的每个元素在变换过程都有不同作用。图 7-2 展示了每个元素对应的变换。因此，一般仿射变换是这些单一变换的组合。

有一个特殊的仿射变换，可以将每个点映射到本身，称为恒等变换（identity transformation）。

$$\begin{pmatrix} 1 & 0 & 0 \\ 0 & 1 & 0 \\ 0 & 0 & 1 \end{pmatrix}$$

可以看到，这是一个单位矩阵：任何点乘以这个矩阵都会保持不变。

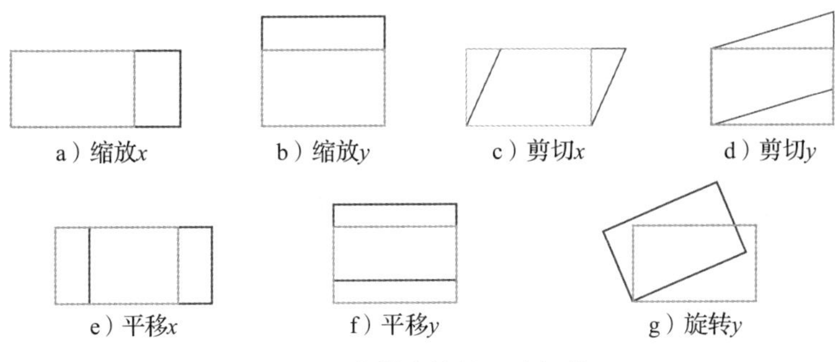

图 7-2 仿射变换的组成部分

仿射变换的示例

让我们看一些应用仿射变换的例子。学习此节时，将计算机放在一边，取出你的纸和笔。如果你可以通过手动计算仿射变换以转换空间，那么对它们进行编码将很简单。

1. 缩放

给定点（2, 3），将其水平放大 2 倍，垂直放大 5 倍之后，结果是什么？

在此案例中，仿射变换矩阵中的元素，除了 $s_x = 2$ 和 $s_y = 5$，其他均为零。将这些值代入公式（7.2），我们得到以下内容：

$$\begin{pmatrix} x' \\ y' \\ 1 \end{pmatrix} = \begin{pmatrix} 2 & 0 & 0 \\ 0 & 5 & 0 \\ 0 & 0 & 1 \end{pmatrix} \begin{pmatrix} 2 \\ 3 \\ 1 \end{pmatrix} = \begin{pmatrix} 4 \\ 15 \\ 1 \end{pmatrix}$$

因此，结果点为（4, 15）。图 7-3 描绘了这一变换对该点的影响。

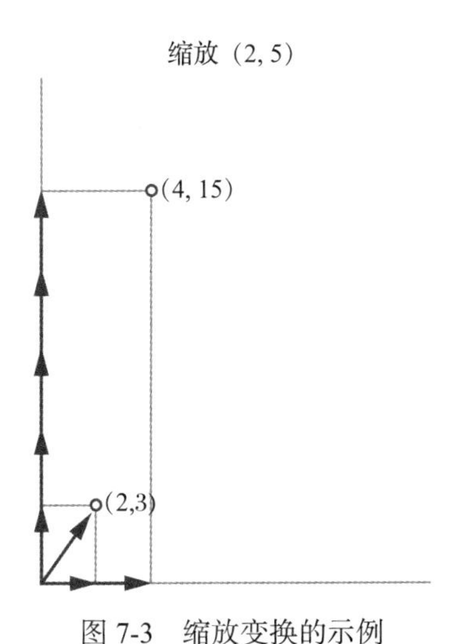

图 7-3 缩放变换的示例

2. 缩放和平移

给定一个点（2, 3），将其水平放大 2 倍，垂直放大 5 倍，平移（10, 15）后的结果是什么？

此案例的缩放与示例 1 相同，同时多了一个位移向量。让我们将这些值代入仿射变换公式：

$$\begin{pmatrix} x' \\ y' \\ 1 \end{pmatrix} = \begin{pmatrix} 2 & 0 & 10 \\ 0 & 5 & 15 \\ 0 & 0 & 1 \end{pmatrix} \begin{pmatrix} 2 \\ 3 \\ 1 \end{pmatrix} = \begin{pmatrix} 14 \\ 30 \\ 1 \end{pmatrix}$$

这次，结果点是（14, 30）。我们稍后会再仔细研究，不过有趣的是，我们可以通过两个次序的仿射变换来实现相同的效果，第一个是缩放点，第二个是平移：

$$\begin{pmatrix} x' \\ y' \\ 1 \end{pmatrix} = \underbrace{\begin{pmatrix} 1 & 0 & 10 \\ 0 & 1 & 15 \\ 0 & 0 & 1 \end{pmatrix}}_{\text{平移}} \left(\underbrace{\begin{pmatrix} 2 & 0 & 0 \\ 0 & 5 & 0 \\ 0 & 0 & 1 \end{pmatrix}}_{\text{缩放}} \begin{pmatrix} 2 \\ 3 \\ 1 \end{pmatrix} \right) = \begin{pmatrix} 14 \\ 30 \\ 1 \end{pmatrix}$$

请注意，变换是从右到左的。在此示例中，首先进行缩放，然后进行平移。如果改变变换顺序，结果将会不同，我们可以通过改变变换矩阵的相乘顺序，并比较结果。如下顺序得到的是与之前一样的矩阵：

$$\underbrace{\begin{pmatrix}1 & 0 & 10\\0 & 1 & 15\\0 & 0 & 1\end{pmatrix}}_{\text{平移}}\underbrace{\begin{pmatrix}2 & 0 & 0\\0 & 5 & 0\\0 & 0 & 1\end{pmatrix}}_{\text{缩放}}=\begin{pmatrix}2 & 0 & 10\\0 & 5 & 15\\0 & 0 & 1\end{pmatrix}$$

但是改变矩阵顺序以后，结果是：

$$\underbrace{\begin{pmatrix}2 & 0 & 0\\0 & 5 & 0\\0 & 0 & 1\end{pmatrix}}_{\text{缩放}}\underbrace{\begin{pmatrix}1 & 0 & 10\\0 & 1 & 15\\0 & 0 & 1\end{pmatrix}}_{\text{平移}}=\begin{pmatrix}2 & 0 & 20\\0 & 5 & 75\\0 & 0 & 1\end{pmatrix}$$

图 7-4 描述了首先应用缩放，然后应用平移的效果。

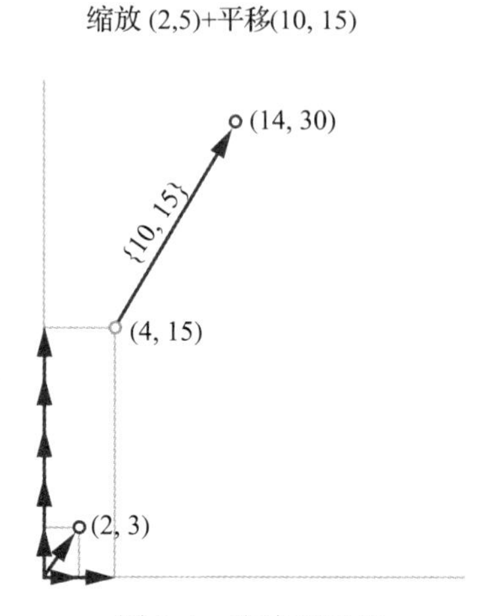

图 7-4 缩放和平移

3. 垂直反射

可以使用具有负标度值的仿射变换来实现反射。要在垂直方向上反射点（2, 3），可以让 $s_y = -1$：

$$\begin{pmatrix}x'\\y'\\1\end{pmatrix}=\begin{pmatrix}1 & 0 & 0\\0 & -1 & 0\\0 & 0 & 1\end{pmatrix}\begin{pmatrix}2\\3\\1\end{pmatrix}=\begin{pmatrix}2\\-3\\1\end{pmatrix}$$

这会生成原来点的垂直反射：（2，–3），如图 7-5 所示。

4. 水平剪切

将 sh_x=2 的水平剪切施加到位于原点，宽度为 10 个单位，高度为 5 个单位的矩形上，结果是什么？

这次，我们必须将相同的转换应用于四个矩形顶点：（0,0），（10,0），（10,5）和（0,5）。仿射变换矩阵如下：

$$\begin{pmatrix}1 & 2 & 0\\0 & 1 & 0\\0 & 0 & 1\end{pmatrix}$$

在此矩阵中使用公式（7.2）转换顶点的结果是：（0,0），（10,0），（20,5）和（10,5）。绘制生成的矩形如图 7-6 所示。

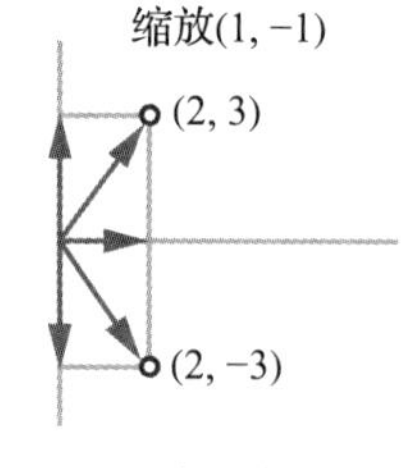

图 7-5 垂直反射的示例

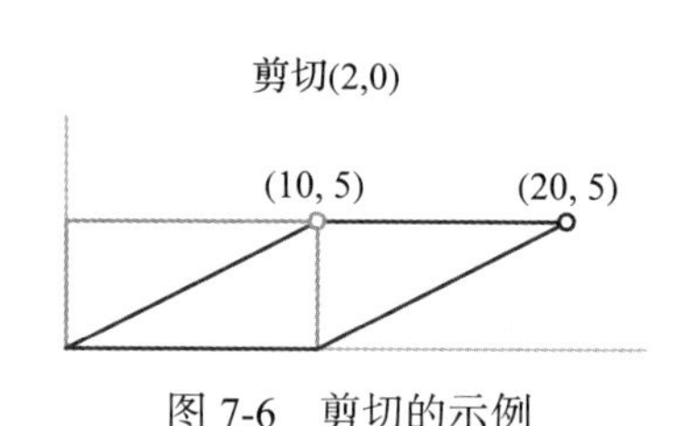

图 7-6 剪切的示例

7.2 创建类：Affine Transform

事不宜迟，让我们创建一个新的类来代表仿射变换。我们想创建一个类，其中缩放、平移和剪切对应的元素值都是其内部属性，不需要传递给我们使用的每一个变换方法。如果我们使用函数来转换几何基元，则需要将所有这些值传递给每个函数，这样的话参数会非常多。

在 geom2d 包中，创建一个名为 affine_transf.py 的新文件，输入清单 7-1 中的代码。

清单 7-1 AffineTransform 类的初始化

```
class AffineTransform:
    def __init__(self, sx=1, sy=1, tx=0, ty=0, shx=0, shy=0):
        self.sx = sx
        self.sy = sy
        self.tx = tx
        self.ty = ty
        self.shx = shx
        self.shy = shy
```

仿射变换存储缩放 s_x 和 s_y、平移 t_x 和 t_y，以及剪切 sh_x 和 sh_y 的值。除了缩放的默认值被设为 1，其他值都设为零，以避免在初始化器中被忽略。这是为了方便，因为我们将要创建的许多变换，其剪切或平移值都为零。

有了这些值，借助公式（7.3），我们可以创建一种方法来对点应用变换。输入清单 7-2 中的代码。

清单 7-2 将仿射变换应用到某个点

```
from geom2d.point import Point


class AffineTransform:
    --snip--
def apply_to_point(self, point: Point):
    return Point(
        (self.sx * point.x) + (self.shx * point.y) + self.tx,
        (self.shy * point.x) + (self.sy * point.y) + self.ty
    )
```

为了将仿射变换应用到某个点，我们创建了一个新点，使用公式（7.3）计算其坐标。让我们使用几种不同的转换来测试此方法。

7.2.1 单元测试：点的变换

在 geom2d 包中创建一个名为 affine_transf_test.py 的新文件，并输入清单 7-3 中的代码。

清单 7-3 测试仿射变换的应用

```
import unittest

from geom2d.point import Point
from geom2d.affine_transf import AffineTransform
```

```
class TestAffineTransform(unittest.TestCase):
    point = Point(2, 3)
    scale = AffineTransform(2, 5)
    trans = AffineTransform(1, 1, 10, 15)
    shear = AffineTransform(1, 1, 0, 0, 3, 4)

❶ def test_scale_point(self):
        expected = Point(4, 15)
        actual = self.scale.apply_to_point(self.point)
        self.assertEqual(expected, actual)

❷ def test_translate_point(self):
        expected = Point(12, 18)
        actual = self.trans.apply_to_point(self.point)
        self.assertEqual(expected, actual)

❸ def test_shear_point(self):
        expected = Point(11, 11)
        actual = self.shear.apply_to_point(self.point)
        self.assertEqual(expected, actual)
```

测试文件包含 TestAffineTransform 类，同样继承自 unittest.TestCase。在该类中，我们定义了一个用于所有测试的点以及三个仿射变换，即：scale 代表缩放变换；trans 代表平移变换；shear 代表剪切变换。

然后，我们进行了第一个测试，确保缩放变换正确应用于点 ❶。第二个测试将平移应用于点，并断言结果为预期 ❷。第三个测试对剪切变换采用了同样操作 ❸。运行所有测试。你可以在 shell 中进行如下操作：

```
$ python3 -m unittest geom2d/affine_transf_test.py
```

结果应该会输出以下信息：

```
Ran 3 tests in 0.001s

OK
```

非常好！现在我们有信心正确地应用了对点的仿射变换，让我们将逻辑扩展到其他更复杂的图元上吧。

7.2.2 变换线段和多边形

只要是使用点或向量定义的图形，我们就可以将对点的变换操作转移到它上面。下一步是实现线段的变换，因此在 apply_to_point 方法之后，输入清单 7-4 中的方法。

清单 7-4 将仿射变换应用于线段

```
from geom2d.segment import Segment
from geom2d.point import Point


class AffineTransform:
```

```
    --snip--

    def apply_to_segment(self, segment: Segment):
        return Segment(
            self.apply_to_point(segment.start),
            self.apply_to_point(segment.end)
        )
```

很容易，不是吗？要变换一条线段，我们直接创建一条新的线段，使用上面创建的方法对两个端点进行变换。我们可以将类似的逻辑应用于多边形（见清单 7-5）。

清单 7-5　将仿射变换应用于多边形

```
from geom2d.polygon import Polygon
from geom2d.segment import Segment
from geom2d.point import Point


class AffineTransform:
    --snip--


    def apply_to_polygon(self, polygon: Polygon):
        return Polygon(
            [self.apply_to_point(v) for v in polygon.vertices]
        )
```

在上述代码中，我们返回一个新的多边形，其中所有顶点均已被变换。矩形和圆呢？想法是相似的，不过有一个警告：缩放、剪切和旋转这些基元后，结果可能不再是矩形或圆。这就是为什么在上一章中，我们在 Rect 和 Circle 类创建了方法 to_polygon，将基元转变成一个一般多边形。因此，代码非常简单。输入清单 7-6 的代码。

清单 7-6　将仿射变换应用于矩形和圆

```
from geom2d.rect import Rect
from geom2d.circle import Circle
from geom2d.polygon import Polygon
from geom2d.segment import Segment
from geom2d.point import Point

class AffineTransform:
    --snip--


    def apply_to_rect(self, rect: Rect):
        return self.apply_to_polygon(
            rect.to_polygon()
        )

    def apply_to_circle(self, circle: Circle, divisions=30):
        return self.apply_to_polygon(
```

```
            circle.to_polygon(divisions)
        )
```

过程包括获得矩形或圆的多边形表示，然后将其余过程交给 apply_to_polygon。如果是圆，则必须指定分割数，默认为 30。两种方法都会返回 Polygon 实例，即使应用的仿射变换是恒等的，根本不会改变几何形状。一旦矩形或圆经过仿射变换，无论哪种变换，它都会变成一般多边形。

由于篇幅原因，我们不会在这里编写单元测试，但你可以为这三个新方法添加单元测试代码。

7.2.3 组合变换

仿射变换的一个有趣属性是，任何复杂的变换都可以表示为一系列简单的变换序列。实际上，当你使用 2D 图形应用程序如 Sketch 或 Photoshop 时，画布上的每个缩放或平铺都是与当前仿射变换的组合或累加，它定义了那个特定时刻你在屏幕上看到的投影图形。

给定两个仿射变换 $\boldsymbol{T}_1$ 和 $\boldsymbol{T}_2$ 和点 P，将 $\boldsymbol{T}_1$ 应用于该点的结果如下：

$$P' = \boldsymbol{T}_1 P$$

然后，将第二个变换 $\boldsymbol{T}_2$ 应用于上面的结果，从而得到：

$$P'' = \boldsymbol{T}_2 P'$$

如果我们将第一个表达式中的 P' 代入第二个表达式，则获得将两种转换应用于点 P 的结果，见公式（7.4）：

$$P'' = \boldsymbol{T}_2(\boldsymbol{T}_1 P) = \underbrace{\boldsymbol{T}_2 \boldsymbol{T}_1}_{T_r} P \tag{7.4}$$

其中 $\boldsymbol{T}_r$ 等同于首先应用 $\boldsymbol{T}_1$，然后应用 $\boldsymbol{T}_2$ 的仿射变换。请注意，如果你从左到右阅读，原始转换的顺序是反向的。

$$\boldsymbol{T}_r = \boldsymbol{T}_2 \boldsymbol{T}_1$$

在上一个公式中，从左到右，$\boldsymbol{T}_2$ 首先出现，但是应用 $\boldsymbol{T}_r$ 的效果等价于首先应用 $\boldsymbol{T}_1$，然后应用 $\boldsymbol{T}_2$。我们需要谨慎对待该顺序，因为矩阵乘法是不满足交换律的。如果我们交换了操作的顺序，将获得不同的转换，这已经在先前的练习中得到了证明。然后，所得转换在数学上表示为矩阵的乘积，见公式（7.5）。

$$\begin{gathered}\boldsymbol{T}_r = \boldsymbol{T}_2 \boldsymbol{T}_1 = \begin{pmatrix} s_{x2} & sh_{x2} & t_{x2} \\ sh_{y2} & s_{y2} & t_{y2} \\ 0 & 0 & 1 \end{pmatrix} \cdot \begin{pmatrix} s_{x1} & sh_{x1} & t_{x1} \\ sh_{y1} & s_{y1} & t_{y1} \\ 0 & 0 & 1 \end{pmatrix} = \\ \begin{pmatrix} s_{x2} \cdot s_{x1} + sh_{x2} \cdot sh_{y1} & s_{x2} \cdot sh_{x1} + sh_{x2} \cdot s_{y1} & s_{x2} \cdot t_{x1} + sh_{x2} \cdot t_{y1} + t_{x2} \\ sh_{y2} \cdot s_{x1} + s_{y2} \cdot sh_{y1} & sh_{y2} \cdot sh_{x1} + s_{y2} \cdot s_{y1} & sh_{y2} \cdot t_{x1} + s_{y2} \cdot t_{y1} + t_{y2} \\ 0 & 0 & 1 \end{pmatrix}\end{gathered} \tag{7.5}$$

让我们使用公式（7.5），为 AffineTransform 类提供连接仿射变换的方法。我们将该方法命名为 then()，它接收参数 self 和 other。第一个参数 self，是变换矩阵 $\boldsymbol{T}_1$；other 是变换矩阵 $\boldsymbol{T}_2$。在 affine_transf.py 内，在末尾输入清单 7-7 中的代码。

清单 7-7 连接转换的方法

```
class AffineTransform:
    --snip--


    def then(self, other):
        return AffineTransform(
            sx=other.sx * self.sx + other.shx * self.shy,
            sy=other.shy * self.shx + other.sy * self.sy,
            tx=other.sx * self.tx + other.shx * self.ty + other.tx,
            ty=other.shy * self.tx + other.sy * self.ty + other.ty,
            shx=other.sx * self.shx + other.shx * self.sy,
            shy=other.shy * self.sx + other.sy * self.shy
        )
```

选择名称 then 是为了清楚地说明，参数 self 在 other 之前引用。

由于这个方法如此重要，我们希望它通过单元测试，这意味着我们需要一种方法来知道两个给定的仿射变换是否相等。让我们在 AffineTransform 中创建特殊的 __eq__ 方法（见清单 7-8）。

清单 7-8 检查仿射变换是否相等

```
from geom2d.nums import are_close_enough
from geom2d.rect import Rect
from geom2d.circle import Circle
from geom2d.polygon import Polygon
from geom2d.segment import Segment
from geom2d.point import Point


class AffineTransform:
    --snip--

    def __eq__(self, other):
        if self is other:
            return True

        if not isinstance(other, AffineTransform):
            return False

        return are_close_enough(self.sx, other.sx) \
               and are_close_enough(self.sy, other.sy) \
               and are_close_enough(self.tx, other.tx) \
               and are_close_enough(self.ty, other.ty) \
               and are_close_enough(self.shx, other.shx) \
               and are_close_enough(self.shy, other.shy)
```

单元测试：组合转换

在 affine_transf_test.py 中输入两个新测试，两者都在清单 7-9 中。

清单 7-9 测试仿射变换的连接

```
class TestAffineTransform(unittest.TestCase):
    --snip--

    def test_concatenate_scale_then_translate(self):
        expected = AffineTransform(2, 5, 10, 15)
        actual = self.scale.then(self.trans)
        self.assertEqual(expected, actual)

    def test_concatenate_translate_then_scale(self):
        expected = AffineTransform(2, 5, 20, 75)
        actual = self.trans.then(self.scale)
        self.assertEqual(expected, actual)
```

正如你可能意识到的那样，这两个测试正在重复操作我们在本章开头所做的一项手动练习。运行测试以确保 then 的实现正确。

```
$ python3 -m unittest geom2d/affine_transf_test.py
```

在 self 和 other 之间有很多加法和乘法操作，所以很容易弄错代码。如果测试没有通过，那就意味着代码中的某些内容不正确。回到你的代码中，一行一行检查，确保所有代码都是正确的。

7.2.4 逆仿射变换

为了撤销变换或应用已知变换 $\boldsymbol{T}$ 的逆变换，我们希望能够计算变换矩阵 $\boldsymbol{T}_I$，使得

$$\boldsymbol{T}\boldsymbol{T}_I = \boldsymbol{T}_I\boldsymbol{T} = \boldsymbol{I}$$

其中 $\boldsymbol{I}$ 是维度为 3 的单位矩阵：

$$\boldsymbol{I} = \begin{pmatrix} 1 & 0 & 0 \\ 0 & 1 & 0 \\ 0 & 0 & 1 \end{pmatrix}$$

变换组合 $\boldsymbol{T}$ 和 $\boldsymbol{T}_I$ 的有趣属性是它们可以互相抵消。例如，以下是将转换一个接一个地应用于点 P 的结果（顺序随意）。

$$\boldsymbol{T}_I(\boldsymbol{T}P) = (\boldsymbol{T}_I\boldsymbol{T})P = \boldsymbol{I}P = P$$

逆仿射变换有趣的另一个原因是，它可以将屏幕上的点映射回我们的“模型空间”，即定义模型的仿射空间。直接变换用于计算如何将几何形状投射到屏幕上，即需要绘制模型的每个点的位置，但是相反的操作呢？计算屏幕上的给定点在模型中的位置需要逆仿射变换，将“屏幕空间”转换为模型空间。例如，当试图弄清屏幕上的鼠标指针是否在可能会选择的模型上时，这很有用。

看看图 7-7。我们的模型空间只定义了一个三角形。为了将模型绘制到用户的屏幕上，我们必须采用仿射变换，将模型空间的每个点投射到屏幕空间。现在，想象一下用户的鼠标指针在屏幕上的点 P' 上，我们想知道该点是否位于三角形内。由于三角形是在模型空间中定义的几何形状，因此我们希望在屏幕上应用该点进行逆变换：将屏幕空间转换为模型空间。回想一下，要将我们的模型几何形状投射到屏幕上，我们应用了直接的仿射变换，因此要将几何形状映射到其原始模型空间

中，需要应用该转换的逆形式。将点映射到我们的模型空间（P）后，我们可以进行计算以确定 P 是否在三角形内部。

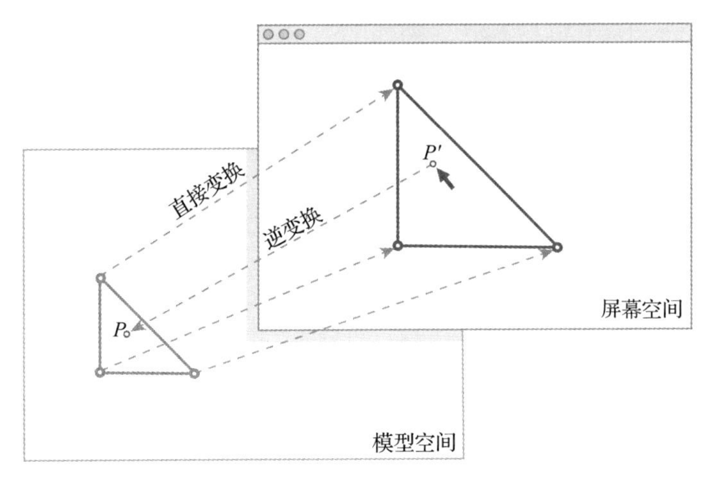

图 7-7　模型空间和屏幕空间

你可以尝试自己计算逆仿射变换矩阵，这是一个很棒的练习，但是手工计算仿射矩阵是一项烦琐的任务，因此公式（7.6）显示了结果。

$$\boldsymbol{T}_I = \frac{1}{s_x s_y - sh_x sh_y}\begin{pmatrix} s_y & -sh_x & t_y sh_x - s_y t_x \\ -sh_y & s_x & t_x sh_y - s_x t_y \\ 0 & 0 & s_x s_y - sh_x sh_y \end{pmatrix} \tag{7.6}$$

使用公式（7.6）的转换，计算逆矩阵只需要几行代码。在 AffineTransform 中，then 之后，输入清单 7-10 中的代码。

清单 7-10　逆仿射变换的代码

```
class AffineTransform:
    --snip--


    def inverse(self):
        denom = self.sx * self.sy - self.shx * self.shy
        return AffineTransform(
            sx=self.sy / denom,
            sy=self.sx / denom,
            tx=(self.ty * self.shx - self.sy * self.tx) / denom,
            ty=(self.tx * self.shy - self.sx * self.ty) / denom,
            shx=-self.shx / denom,
            shy=-self.shy / denom
        )
```

让我们添加一个测试以确保正确计算逆矩阵。在 affine_transf_test.py 中，在 TestAffineTransform 类中添加一种新方法，输入清单 7-11 中的测试代码。

清单 7-11 测试逆仿射变换

```
class TestAffineTransform(unittest.TestCase):
    --snip--

    def test_inverse(self):
        transf = AffineTransform(1, 2, 3, 4, 5, 6)
        expected = AffineTransform()
        actual = transf.then(transf.inverse())
        self.assertEqual(expected, actual)
```

在此测试中，我们创建了一个新的仿射变换 transf，所有值都设置为非零值。然后，我们将 transf 及其逆矩阵的和存储到 actual 中，如果正确构建了逆矩阵，则 actual 应是单位矩阵。最后，我们将获得的结果与实际的单位矩阵进行比较。运行文件中的所有测试以确保它们成功。

```
$ python3 -m unittest geom2d/affine_transf_test.py
```

让我们尝试一个例子。我们把平移应用于一个点，然后应用逆变换，结果应是原来的点。在 Python shell 中，输入以下内容：

```
>>> from geom2d.affine_transf import AffineTransform
>>> from geom2d.point import Point
>>> trans = AffineTransform(tx=10, ty=20)
>>> original = Point(5, 7)
```

我们知道，将平移向量（10，20）应用到点（5, 7），结果应该是（15, 27）。让我们测试一下。

```
>>> translated = trans.apply_to_point(original)
>>> str(translated)
'(15, 27)'
```

使用 str 函数，我们获得 translated（应用平移后的点）的字符串表示形式。现在，让我们将反向平移变换应用到这一点。

```
>>> inverse = trans.inverse().apply_to_point(translated)
>>> str(inverse)
'(5.0, 7.0)'
```

将逆变换应用于平移后的点，生成原来的点，与预期一致。

7.2.5 缩放变换

每当你在图形应用程序（例如 AutoCAD 或 Illustrator）中放大或缩小时，都是在对几何模型应用缩放变换，使它在屏幕上绘制的尺寸与真实的尺寸不同。建筑师为建筑物绘制的数百米高的建筑物蓝图，需要显示在几 in（1in=0.0254m）宽的笔记本计算机屏幕上。在计算机的内存中，存放着代表实际尺寸的几何模型，但要将其绘制到屏幕上，需要应用缩放：缩放仿射变换。

为了对这种仿射变换中发生的情况有一个直观感觉，请看图 7-8。给定一点 P，假设有一个向量 $\vec{v}$，从原点指向点 P。将缩放 S_x 和 S_y 施加到点 P，将其转换为另一点 P'，其对应的向量 $\vec{v}'$ 的水平投影等于 $S_x \cdot v_x$，垂直投影等于 $S_y \cdot v_y$。缩放是衡量点与原点的距离相对于它们的原本距离的量度。实际上，原点不会因缩放变换而移动。绝对值小于一个单位的缩放使点更接近原点，而大于一个单位的缩放则使点更远离原点。

这很有用，但是通常我们想对原点以外的某个点应用缩放。想象一下，例如，希望使用 AutoCAD 放大图纸。如果它不是围绕屏幕中心或鼠标位置放大，而是相对于原点（假设它位于应用程序窗口的左下角）进行放大，那么你会感觉图纸移走了，如图 7-9a 所示。

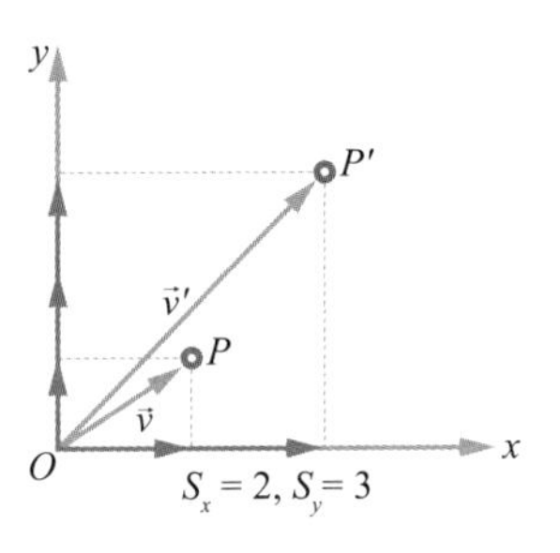

图 7-8 缩放仿射变换

你可能更习惯于围绕屏幕中间的某个地方，甚至是鼠标指针的位置缩放，这也是大多数情况下的实际需求。许多图形设计程序都是这样工作的，它使用户操作更加方便。但是我们定义的纯粹缩放变换，只能相对原点进行。那么，如何实现围绕任意点的缩放？好吧，实现这种变换实际上是小菜一碟，因为我们已经知道如何构造复合变换了。

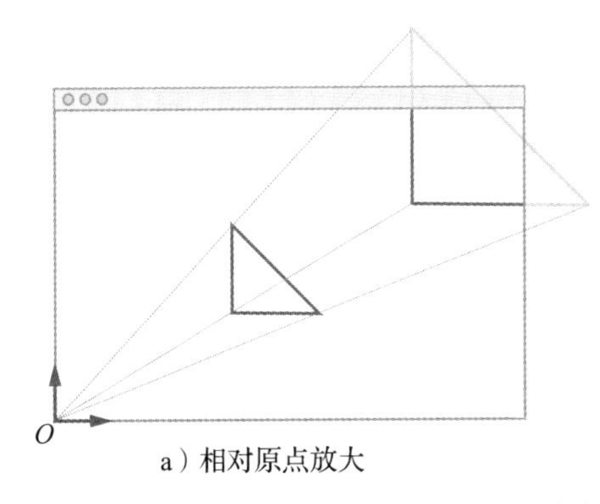

a）相对原点放大

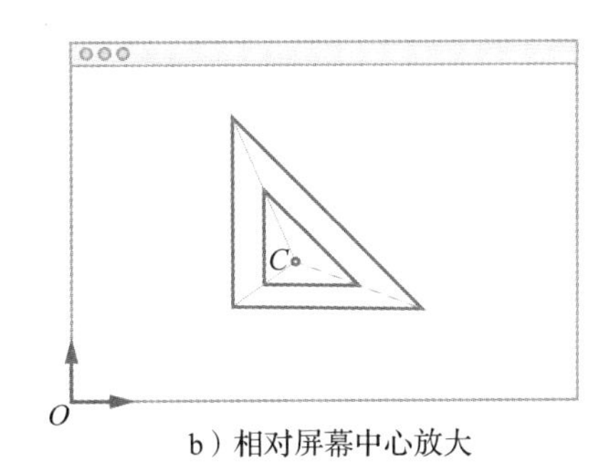

b）相对屏幕中心放大

图 7-9 相对原点放大和相对屏幕中心放大

注意：我花了很多时间才充分了解如何有效地使用仿射变换以及如何依靠简单变换构建复合变换。在我编写的软件 InkStructure 中实现适当的“缩放”功能一度非常困难，这就是为什么该软件的原始版本在尝试放大图纸时总是感觉有点阻碍，而不是轻松地在屏幕上移动。因此，当我说“小菜一碟”时，我可能需要澄清一下：只有在你真正理解仿射变换后，它才变得简单。

让我们简要描述一下需要解决的问题：我们想找到一个仿射变换，将缩放 S_x 和 S_y 应用于中心点 C。将 O 定义为坐标系的原点，我们可以通过组合下面的简单变换来构建所需的变换。

1. $\boldsymbol{T}_1$：平移坐标系，使 C 点与原点 O 重合 $(\vec{t}=\overrightarrow{CO}=(-C_x,-C_y))$。

2. $\boldsymbol{T}_2$：根据 S_x 和 S_y 因子进行缩放。

3. $\boldsymbol{T}_3$：将 C 平移回原来的位置 $(\vec{t}'=\overrightarrow{OC}=(C_x,C_y))$。

由于缩放只能相对原点应用，我们移动整个空间，使点 C 和原点重合，然后应用缩放并平移回最初的位置。逻辑很简洁美丽，不是吗？因此，可以按照公式（7.7）计算 $\boldsymbol{T}_r$。

$$\boldsymbol{T}_r=\underbrace{\begin{pmatrix}1&0&C_x\\0&1&C_y\\0&0&1\end{pmatrix}}_{[\boldsymbol{T}_3]}\underbrace{\begin{pmatrix}S_x&0&0\\0&S_y&0\\0&0&1\end{pmatrix}}_{[\boldsymbol{T}_2]}\underbrace{\begin{pmatrix}1&0&-C_x\\0&1&-C_y\\0&0&1\end{pmatrix}}_{[\boldsymbol{T}_1]}=\begin{pmatrix}S_x&0&C_x(1-S_x)\\0&S_y&C_y(1-S_y)\\0&0&1\end{pmatrix} \tag{7.7}$$

让我们创建一个工厂函数来生成这类变换。首先创建一个名为 affine_transforms.py 的新文件，在其中输入清单 7-12 中的函数。

清单 7-12 创建缩放转换

```
from geom2d.affine_transf import AffineTransform
from geom2d.point import Point


def make_scale(sx: float, sy: float , center=Point(0, 0)):
    return AffineTransform(
        sx=sx,
        sy=sy,
        tx=center.x * (1.0 - sx),
        ty=center.y * (1.0 - sy)
    )
```

最好添加一些测试案例来检查此函数的功能。为了简洁起见，我会把它作为你的练习。

7.2.6 旋转变换

与缩放类似，旋转总是相对原点进行。就像上面一样，通过使用巧妙的序列变换，我们可以在我们想要的任何点上旋转。你可能已经在 Sketch、Illustrator 或类似应用程序中旋转了一幅画，在操作的时候，你习惯选择旋转中心，然后使用方形手柄辅助旋转，如图 7-10 所示。

旋转中心可以移动，从而实现相对不同点的旋转。例如，在将其移动到边框的左下角附近，旋转如图 7-11 所示。

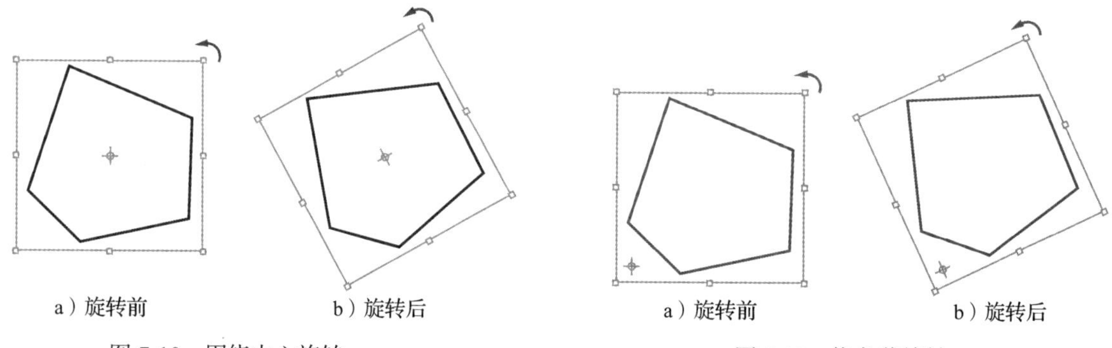

a）旋转前　b）旋转后

图 7-10 围绕中心旋转

a）旋转前　b）旋转后

图 7-11 绕角落旋转

让我们首先学习如何构建围绕原点的旋转仿射变换，这将是构建围绕任意点旋转的变换的基础。公式（7.8）显示了围绕原点旋转点 θ 弧度的矩阵。

$$\boldsymbol{T}_\theta = \begin{pmatrix} \cos\theta & -\sin\theta & 0 \\ \sin\theta & \cos\theta & 0 \\ 0 & 0 & 1 \end{pmatrix} \tag{7.8}$$

有了这个矩阵以后，我们就可以构建围绕中心点 C 旋转 θ 弧度的仿射变换。以 O 作为坐标系的原点，该变换是以下变换的组合。

1. $\boldsymbol{T}_1$：将 C 平移到原点 O 处，使旋转中心变为 C $(\vec{t} = \overline{CO} = (-C_x, -C_y))$。

2. $\boldsymbol{T}_2$：旋转 θ 弧度。

3. $\boldsymbol{T}_3$：将 C 平移回原位置 $(\vec{t}' = \overrightarrow{OC} = (C_x, C_y))$。

这个算法与上面相同，但是这次我们将构建旋转而非缩放变换。$\boldsymbol{T}_r$ 计算如下：

$$\boldsymbol{T}_r = \underbrace{\begin{pmatrix} 1 & 0 & C_x \\ 0 & 1 & C_y \\ 0 & 0 & 1 \end{pmatrix}}_{T_3} \underbrace{\begin{pmatrix} \cos\theta & -\sin\theta & 0 \\ \sin\theta & \cos\theta & 0 \\ 0 & 0 & 1 \end{pmatrix}}_{T_2} \underbrace{\begin{pmatrix} 1 & 0 & -C_x \\ 0 & 1 & -C_y \\ 0 & 0 & 1 \end{pmatrix}}_{T_1}$$

这产生了公式（7.9）中的仿射变换。

$$\boldsymbol{T}_r = \begin{bmatrix} \cos\theta & -\sin\theta & C_x(1-\cos\theta) + C_y \cdot \sin\theta \\ \sin\theta & \cos\theta & C_y(1-\cos\theta) + C_x \cdot \sin\theta \\ 0 & 0 & 1 \end{bmatrix} \tag{7.9}$$

让我们创建一个新的工厂函数，以构建围绕任意点旋转的函数。在 affine_transforms.py 中，借助公式（7.9），创建清单 7-13 中的新函数。

清单 7-13　创建旋转转换

```
import math

from geom2d.affine_transf import AffineTransform
from geom2d.point import Point


--snip--

def make_rotation(radians: float, center=Point(0, 0)):
    cos = math.cos(radians)
    sin = math.sin(radians)
    one_minus_cos = 1.0 - cos

    return AffineTransform(
        sx=cos,
        sy=cos,
        tx=center.x * one_minus_cos + center.y * sin,
        ty=center.y * one_minus_cos - center.x * sin,
        shx=-sin,
        shy=sin
    )
```

再一次，你希望至少进行一次单元测试，以确保我们的函数没有错误。

让我们在 shell 中尝试一下：创建两个 π/4 弧度的旋转，一个围绕原点进行，另一个围绕点（10，10）进行。然后，我们将两个旋转都应用到点（15，15）上，并查看对应的结果点。重新加载 Python shell 并输入以下代码：

```
>>> from geom2d.affine_transforms import make_rotation
>>> from geom2d.point import Point
```

```
>>> import math
>>> point = Point(15, 15)
```

现在让我们尝试围绕原点进行旋转：

```
>>> rot_origin = make_rotation(math.pi / 4)
>>> str(rot_origin.apply_to_point(point))
'(1.7763568394002505e-15, 21.213203435596427)'
```

结果点的 x 坐标几乎为零（注意指数 e-15），y 坐标为 21.2132⋯，这是从原点到原来的点的向量的长度 ($\sqrt{15^2+15^2}=21.2132\cdots$)。

让我们尝试第二个旋转操作：

```
>>> rot_other = make_rotation(math.pi / 4, Point(10, 10))
>>> str(rot_other.apply_to_point(point))
'(10.000000000000002, 17.071067811865476)'
```

这次的结果点是（10,17.071⋯）。图 7-12 描绘了两个旋转变换，以帮助你理解我们刚刚完成的练习。

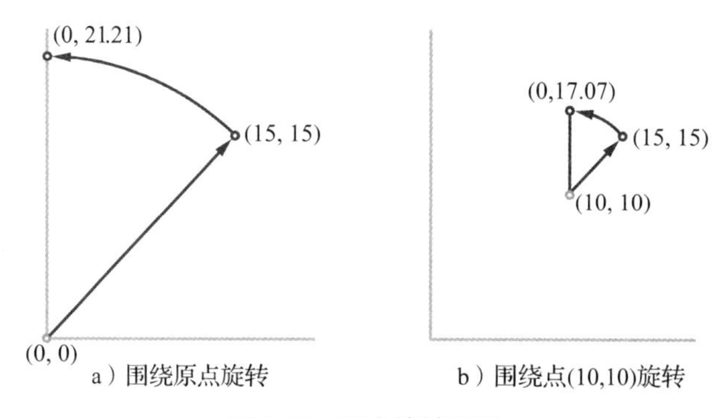

a）围绕原点旋转 b）围绕点(10,10)旋转

图 7-12 两个旋转变换

7.3 插值变换

当你放大或缩小图片时，大多数图形程序并不会一次完成操作，但通常会生成缩放过程的快速而流畅的动画。这可以帮助用户更好地了解变换进行的过程。为此，图形程序通常会使用变换插值。在本书的后面，我们会对仿射变换进行动画化，也就是说，我们将创建一类动画，描述几何图形是如何一步一步完成变换的。动画中的每一帧都是应用一部分仿射变换后的几何图形，我们会在那里首次应用插值变换。

7.3.1 插值的类型

在我们深入研究插值变换之前，先看图 7-13。

图中，窗口的左下角最初有一个三角形，在经过一系列浅灰色绘制的中间位置后，最终位于窗口的顶部中间。每个三角形都代表我们在某个时间点看到的结果，即动画中的一帧。

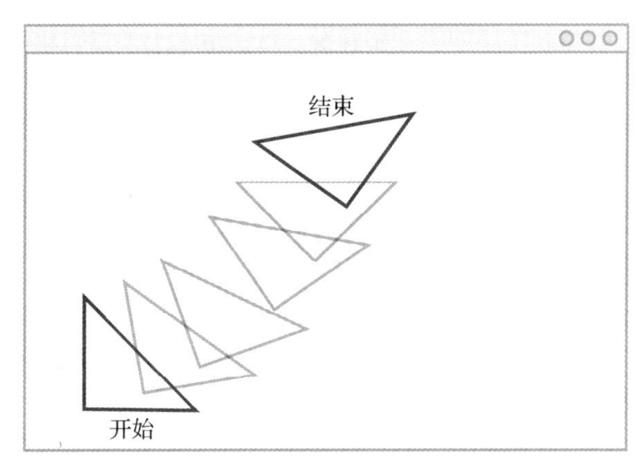

图 7-13　仿射变换的动画

如果我们希望动画具有 n 帧（$n>1$），则需要 n 个仿射变换 $\boldsymbol{T}_0$，$\boldsymbol{T}_1$，…，$\boldsymbol{T}_{n-1}$，使每一帧都是将相应变换应用于输入的几何图形的结果。很明显，最后一个变换 $\boldsymbol{T}_{n-1}$ 必须是最终的目标，因为最终帧应该是应用变换后的几何图形。那 $\boldsymbol{T}_0$ 应该是什么？让我们思考一下。在输入的几何图形上应用什么变换会生成几何图形本身？好吧，我们知道只有一个这样的变换——恒等变换。因此，我们的起点和终点变换矩阵如下：

$$\boldsymbol{T}_0=\begin{pmatrix}1 & 0 & 0\\ 0 & 1 & 0\\ 0 & 0 & 1\end{pmatrix}\text{和}\boldsymbol{T}_{n-1}=\begin{pmatrix}s_x & sh_x & t_x\\ sh_y & s_y & t_y\\ 0 & 0 & 1\end{pmatrix}$$

我们如何计算 $\boldsymbol{T}_1,\cdots,\boldsymbol{T}_{n-2}$？很容易：我们可以对每个起始值和结束值进行插值，以获得我们需要的尽可能多的中间值。例如，从 0 到 5 的五步线性插值将生成 [0, 1, 2, 3, 4, 5]。请注意，五步会生成六个值，因此要得到 n 帧图片，我们需要使用 $n-1$ 步。

要对起始值 v_s 到最终值 v_e 进行插值，我们可以使用任何经过它们的函数。直线（线性函数）是最简单的，并且结果值均匀分布，这就是线性插值。如果我们使用这种插值来生成动画的帧，则动画将以恒定的速度从开始移动到末尾（插值函数的斜率是恒定的），这看起来会显得不自然。原因何在？这是因为我们在现实生活中不习惯看到事物突然加速，以相同的速度移动，然后突然停止。对于炮弹或子弹来说，这可能看起来没有问题，但是对于现实生活中的大多数物体来说，这很奇怪。我们可以尝试一个更自然的插值函数，例如在图 7-14b 中绘制的渐入渐出函数。

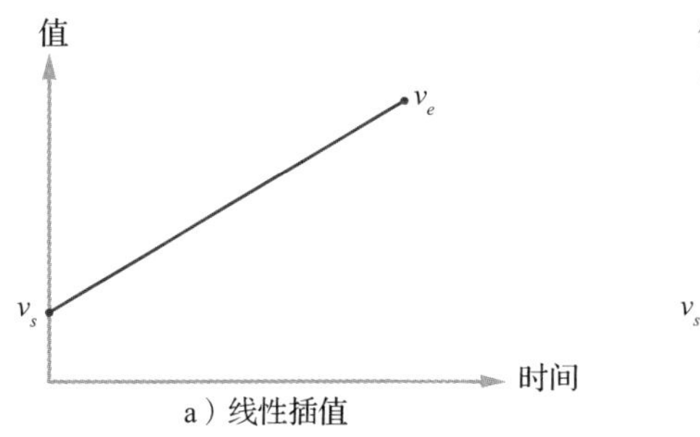

a）线性插值　　b）渐入渐出插值

图 7-14　两个插值函数

在渐入渐出函数中，开始和结尾的值变化较慢，这会给人一种物体开始运动时加速，运动即将结束时缓慢减速的感觉。该函数以更自然的方式定义运动，这种位置随时间变化的动画更适合人眼观看。

为了获得 v_s 和 v_e 之间的插值，我们可以使用参数 t，且 $0 \leqslant t \leqslant 1$，见公式（7.10）。

$$v = v_s + t(v_e - v_s) \tag{7.10}$$

显然，在公式（7.10）中，$t = 0$ 对应结果是 v_s，$t = 1$ 对应结果 v_e。对于 t 的任何中间值，对应结果在 v_s 和 v_e 之间。如果我们想获得从 v_s 开始一直到 v_e 且遵循线性分布的一系列值，我们只需要将 t 赋予均匀分布的值，如 [0, 0.25, 0.5, 0.5, 0.75, 1]。

为了生成渐入渐出分布的插值，我们需要一个从 0 到 1 分布不均匀的 t 值序列，在端点处插值较多，中间处插值较少。如果我们在一条水平线上以圆点代表 t 值，起点是 $t = 0$，终点是 $t = 1$，则 t 值均匀分布和渐入渐出分布的情形如图 7-15 所示。

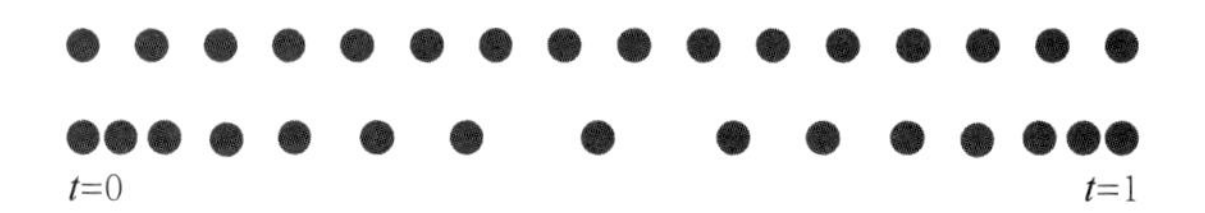

图 7-15 不同类型的插值分布

为构建类似图 7-14b 分布的 t 值，我们可以将一系列均匀分布的 t 值代入公式（7.11）。

$$f(t) = \frac{t^2}{t^2 + (1-t)^2} \tag{7.11}$$

这个函数可以改变原先的均匀分布，使更多的点位于 0 和 1 附近，更少的点位于中间。

我们已经拥有所需的所有知识，让我们动手吧！

7.3.2 插值的实现

在 geom2d 中创建一个名为 interpolation.py 的新文件，然后输入清单 7-14 中的代码。

清单 7-14 *t* 的插值算法

```
def uniform_t_sequence(steps: int):
    return [t / steps for t in range(steps + 1)]


def ease_in_out_t_sequence(steps: int):
    return [ease_in_out_t(t) for t in uniform_t_sequence(steps)]


def ease_in_out_t(t: float):
    return t ** 2 / (t ** 2 + (1 - t) ** 2)
```

从底部开始，我们构建了函数 ease_in_out_t，它对应公式（7.11）。第一个函数使用给定数量的帧数构建均匀分布的 t 值，从而生成数量等于帧数加 1 的值。我们可以在 shell 中测试。重新加载 shell 并输入以下代码：

```
>>> from geom2d.interpolation import uniform_t_sequence
>>> uniform_t_sequence(10)
[0.0, 0.1, 0.2, 0.3, 0.4, 0.5, 0.6, 0.7, 0.8, 0.9, 1.0]
```

另一方面，函数 ease_in_out_t_sequence 创建遵循渐入渐出分布的序列。为此，它将公式（7.11）应用于均匀分布的值。让我们在 shell 中也尝试一下：

```
>>> ease_in_out_t_sequence(10)
[0.0, 0.012195121951219514, 0.058823529411764705,
0.15517241379310345, 0.30769230769230776, 0.5,
0.6923076923076923, 0.8448275862068965,
0.9411764705882353, 0.9878048780487805, 1.0]
```

对比一下，接近 0 和 1 的值间距是否更小，而中间的值（接近 0.5）间距是否更大？太棒了，现在我们只缺少一个函数，使用 t 值序列，在给定的两个值之间插值，就像公式（7.10）定义的一样。在 interpolation.py 中添加清单 7-15 的代码。

清单 7-15 根据 t 值序列，在给定的两值之间进行插值

```
import geom2d.tparam as tparam


--snip--

def interpolate(vs: float, ve: float, t: float):
    tparam.ensure_valid(t)
    return vs + t * (ve - vs)
```

如果你记得第 5 章中的内容，那么当我们使用传入的参数 t 时，我们希望检查它是否在其规定范围内，为此使用了 ensure_valid 函数。现在，我们已经准备好迈出最后一步，希望你能跟得上，因为这是我们一直在追求的仿射变换的实际插值。我们在 affine_transforms.py 文件中定义了创建几种特殊类型的仿射变换的工厂函数，现在打开该文件，并输入清单 7-16 中的代码。

清单 7-16 仿射变换的插值序列

```
import math

from geom2d.affine_transf import AffineTransform
from geom2d.interpolation import ease_in_out_t_sequence, interpolate
from geom2d.point import Point


--snip--

def ease_in_out_interpolation(start, end, steps):
 ❶ t_seq = ease_in_out_t_sequence(steps)
 ❷ return [__interpolated(start, end, t) for t in t_seq]


def __interpolated(s: AffineTransform, e: AffineTransform, t):
 ❸ return AffineTransform(
```

```
        sx=interpolate(s.sx, e.sx, t),
        sy=interpolate(s.sy, e.sy, t),
        tx=interpolate(s.tx, e.tx, t),
        ty=interpolate(s.ty, e.ty, t),
        shx=interpolate(s.shx, e.shx, t),
        shy=interpolate(s.shy, e.shy, t)
    )
```

为了帮助生成一系列插值仿射变换，我们定义一个私有函数 __interpolated，给定两个变换矩阵和 *t* 值，它会返回 *t* 值对应的插值矩阵 ❸。新变换的每个值都是对两个变换矩阵插值的结果。然后，我们构建 *t* 值的渐入渐出分布序列 ❶，序列的每个值都使用列表推导式映射到插值变换中 ❷。

我们可以暂时结束这个主题的学习，一直到第 12 章，在那里我们会利用插值仿射变换来生成动画。如果你感觉这一部分探讨的概念有些抽象，不用担心，我们将在本书的后半部分中学习动画创作的基础，到那时，你可能才会理解这种插值的意义。

7.4 Geom2D 的最后一步

我们的 geom2d 包已经经过测试，可以在本书的后半部分中使用了。我们已经让它变得很稳健，但在结束这一章之前，我们还可以为其添加一些小改进。

7.4.1 测试文件整理

我们要做的第一件事是将主体代码和测试文件分开，这些文件目前都在同一文件夹中。分开以后，geom2d 包可以简洁一些，你可以更容易找到模块文件。在软件包中，创建一个名为“tests”的新文件夹，然后选择所有测试文件（非常简单，因为命名时都是以 _test.py 结尾），再将其拖到新文件夹中。你的文件夹结构和文件应该看起来如下所示：

```
Mechanics
  |- geom2d
  |     |- tests
  |     |     |- affine_transf_test.py
  |     |     |- affine_transforms_test.py
  |     |     |- circle_test.py
  |     |     |- ...
  |     |     |- vector_test.py
  |     |- __init__.py
  |     |- affine_transf.py
  |     |- affine_transforms.py
  |     |- circle.py
  |     |- ...
  |     |- vectors.py
```

7.4.2 同时运行所有测试文件

现在，我们所有的测试文件都在同一文件夹中，那么一次运行所有的测试用例怎么样？你可能会更改一部分代码，并希望确保你没有破坏其他任何内容，因此决定运行包中的所有测试。我们之前运行测试的方式将花费你很多时间，因为你必须逐个打开测试文件，然后单击每个类名旁边的绿色运行按钮。有更好的方法！

在 PyCharm 中打开终端视图。如果你看不到，从菜单选择 View（视图）→ Tool Windows（工具窗）→ Terminal(终端)。默认情况下,shell 会在项目的根目录中直接打开它，这正是我们想要的。在 shell 中，运行以下命令：

```
$ python3 -m unittest discover -s geom2d/tests/ -p '*_test.py'
```

该命令告诉 Python 在 geom2d/tests 中寻找并运行所有匹配模式为 *_test.py 文件（即所有以 _test.py 结尾的文件）中的单元测试。运行该命令应该得到以下信息：

```
Ran 58 tests in 0.004s

OK
```

你可以将此命令保存在项目根目录的 bash 文件中，这样就可以随时执行，而无须记住代码。

7.4.3 包的统一导入

我们要做的最后一件事是在包的导出中包含所有模块，以便像这样加载它们：

```
from geom2d import Point, Polygon
```

将它与以下代码进行比较：

```
from geom2d.point import Point
from geom2d.polygon import Polygon
```

后者要求用户输入每个模块在 geom2d 中的路径，但前者不需要：包中的所有内容都可以直接从包本身导入。包的这种导入风格非常方便，有两个原因：（1）它允许我们在不破坏用户导入的情况下更改模块内的目录结构；（2）用户不需要知道每个模块在软件包中的位置，可以直接从软件包中导入所需内容。可想而知，这能够大大降低使用软件包的门槛。

当 PyCharm 创建软件包 geom2d 时，它会自动创建一个名为 __init__.py 的空文件。你能找到它吗？导入软件包时，带有此名称的文件也会被加载。因此，我们可以使用它来导入软件包内定义的内容。

注意：如果出于某种原因，你的 geom2d 包中不存在文件 __init__.py，只需创建它即可。也许你将包创建为普通目录，因此 IDE 没有为你自动添加。

因此，打开该文件（它应该是空的），并导入我们定义的所有基元（见清单 7-17）。

清单 7-17　geom2d 包中的 init 文件

```
from .point import Point
from .vector import Vector
from .vectors import *
from .circle import Circle
from .circles import *
from .interpolation import *
from .line import Line
```

```
from .nums import *
from .open_interval import OpenInterval
from .polygon import Polygon
from .rect import Rect
from .rects import *
from .segment import Segment
from .size import Size
from .tparam import *
from .affine_transf import *
from .affine_transforms import *
```

这样就可以了！要了解我们这样做带来的便利，你可以在 shell 中输入以下代码（使用 python 的 shell，而不是我们刚才运行命令的 shell）：

```
>>> from geom2d import Point, Size, Rect
>>> origin = Point(2, 3)
>>> size = Size(10, 15)
>>> rect = Rect(origin, size)
```

在之后的章节中，这种模式也会很方便，因为我们可以从 geom2d 包中直接导入任何模块。

7.5 小结

在本章中，我们探讨了计算机图形的一个核心概念：仿射变换。它使我们能够通过缩放、旋转、平移和剪切来改变几何形状。

我们首先了解了它们的数学定义以及与线性变换的不同之处。要点是，仿射变换可以移动原点，而线性变换不能。仿射变换可以表示为线性变换与平移的组合，但我们学习了更方便的表示方法：增广矩阵。接下来，我们在 AffineTransform 类中创建了变换几何基元——点、线段和多边形的方法。

然后，我们了解了如何组合简单变换以实现复杂的变换。得益于这个强大的想法，我们能够构建两个在我们知道的几乎所有图形应用程序中都会用到的仿射变换：围绕原点以外的点进行缩放和旋转。

最后，我们实现了一个在两个仿射矩阵之间进行插值的函数，从而生成几个中间变换矩阵，我们将很快使用这些变换来制作动画。

第三部分 *Part 3*

图形和模拟

Chapter 8 第8章

绘制矢量图

我们即将学习绘制数学方程描述的图像，这个主题迷人又有趣。我们将包含几何基元的图像称为矢量图（vector image），与位图（bitmap image）相对，位图也称为光栅图像。矢量图可以完美应用于绘制工程问题的结果，因为它通常以示意图形式和几何问题的简化模型出现。

在本章中，我们将创建自己的 Python 软件包，能够在本书的第二部分中创建的几何基元——点、线段、圆、多边形等——基础上绘制 SVG 图像。在后面的章节中，当我们使用代码解决实际的机械问题时，该软件包将帮助我们生成图形结果。

网络上有很好的 SVG 软件包（如 svgwrite），我们可以选择直接导入它们，但是这本书的理念是通过动手来学习，因此除了 Python 的标准库和我们自己所写的代码，我们不会使用任何东西。

简洁起见，我们不会在本章中编写单元测试，但如果你下载了代码，会看到其中有测试代码，以确保所有东西都正常运行。我鼓励你尝试为本章中的函数编写自己的单元测试代码，然后将它们与我提供的代码进行比较。

本章将介绍一个强大的概念：模板字符串（templating）。当使用模板字符串时，我们有一个文本——模板——可以通过填充不同的占位符来自定义。该技术在 Web 开发中被广泛使用，以生成在浏览器中渲染的 HTML 文档。重申一遍，有许多良好的模板库（例如 jinja2 或 mako），但是我们希望学习它们如何在幕后工作，因此，我们不会使用任何外部库，而是编写自己的模板程序。

8.1 位图和矢量图

有两种图像类型：位图和矢量图。你可能以前看过位图：.jpeg、.gif 和 .png 都是位图格式。位图是使用像素网格定义的图像，每个像素被分配特定的颜色。这些图像的原始大小看起来不错，但是如果放大，你可能会开始看到一些方块，也就是像素。

另一方面，矢量图通过数学方程生成图像内容。其优势是可以随意缩放，而不会降低图像质量。让我们学习 .svg，它是最广泛使用的矢量图格式，也是我们将在本书中使用的格式。

8.2 SVG 格式

可缩放矢量图形（Scalable Vector Graphic，SVG）是由万维网联盟（W3C）开发的开放标准。我建议你打开 https://developer.mozilla.org/en-US/docs/web/svg，并将其作为参考，它提供了更完整的描述和示例，可以作为本书内容的补充。如果你需要在 SVG 软件包中添加新内容，这个页面可以提供帮助。

让我们快速参考一下上面提到的 Mozilla 网站上的这类图像的定义，因为它很好地描述了该过程：

SVG 图像及其相关行为被定义于 XML 文本文件之中，这意味着可以对它们进行搜索、索引、编写脚本以及压缩。此外，这也意味着可以使用任何文本编辑器和绘图软件来创建和编辑它们。

请注意，SVG 图像以纯文本形式定义，而其他大多数图像格式是二进制编码的。这意味着我们可以很容易地对 SVG 图像的创建进行自动化，甚至可以检查现有图像的内容。

注意：本章不假定你对 XML 格式有基本的了解，如果你确实不了解，请不要担心；学习它非常简单。你可以从以下资源开始，https://www.w3schools.com/xml 和 https://www.xmlfiles.com/xml。

让我们尝试创建我们的第一个 SVG 图像。打开你最喜欢的纯文本编辑器，如 Sublime Text、Visual Studio Code、Atom，甚至 PyCharm 也行，输入清单 8-1 中的代码。

清单 8-1　几个圆的 SVG 描述

```
<svg xmlns="http://www.w3.org/2000/svg" width="500" height="500">
    <circle cx="200" cy="200" r="100" fill="#ff000077" />
    <circle cx="300" cy="200" r="100" fill="#00ff0077" />
    <circle cx="250" cy="300" r="100" fill="#0000ff77" />
</svg>
```

请注意，不能使用 Word 之类的富文本编辑器来创建 SVG 文件。这些富文本编辑器会将自己的标记添加到原始文件中，从而破坏 SVG 格式。

复制好清单 8-1 中的内容后，将文件保存为 circles.svg，然后使用 Chrome 或 Firefox 打开它。信不信由你，浏览器是最好的 SVG 图像查看器之一。使用它们的开发者工具，我们可以检查构成图像的不同部分，当我们构建更复杂的图像时，这将很有用。你应该看到类似图 8-1 的内容（屏幕上会有颜色，但本书的纸质版本只能显示灰度）。放大图像，你会看到图像的亮度始终不变。

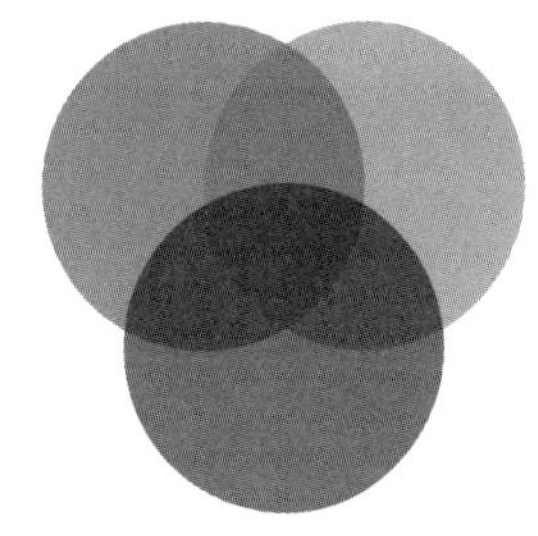

图 8-1　SVG 圆的示例

让我们分析清单 8-1 的代码。第一行也是最神秘的一行，包含 XML 的命名空间属性。

```
xmlns="http://www.w3.org/2000/svg" width="500" height="500"
```

我们必须在每个 SVG 开始标签中包含命名空间的定义。width 和 height 属性决定图像的像素尺寸。SVG 的属性是影响特定元素渲染效果的修饰符。例如，width 和 height 属性决定了图像的大小。

然后，在 SVG 开始和结束标签之间绘制对象的具体定义，在本例中，对象是三个圆：

```
<circle cx="200" cy="200" r="100" fill="#ff000077" />
<circle cx="300" cy="200" r="100" fill="#00ff0077" />
<circle cx="250" cy="300" r="100" fill="#0000ff77" />
```

你可能已经猜到了，cx 和 cy 对应圆心的坐标；r 是圆的半径；属性 fill 决定圆的填充颜色。fill 的值为十六进制格式：#rrggbbaa，其中 rr 表示红色值，gg 表示绿色值，bb 表示蓝色值，而 aa 表示 alpha 或不透明度值（见图 8-2）。

例如，颜色 # ff000077 由以下构成：

红色——ff，最大值（等于十进制的 255）；

绿色——00，最小值（等于十进制的 0）；

蓝色——00，最小值（等于十进制的 0）；

透明度——77，119/255，用不透明度表示，约为 47%。

这个颜色是完美的红色，并添加了一些透明度。

你可能没有意识到，SVG 图像的坐标系位于左上角，y 轴朝下。你可能不习惯这种垂直轴的方向，但请放心：通过使用我们定义的一种仿射变换，我们可以轻松地变换空间，从而使 y 轴朝上，你在本章后面会看到。图 8-3 描绘了我们创建的图像的几何形状和坐标系。

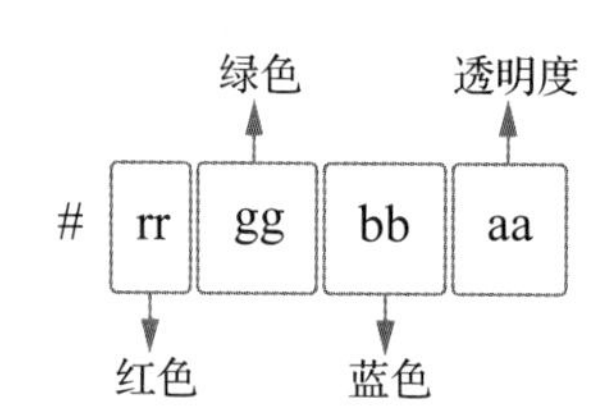

图 8-2 十六进制的颜色构成

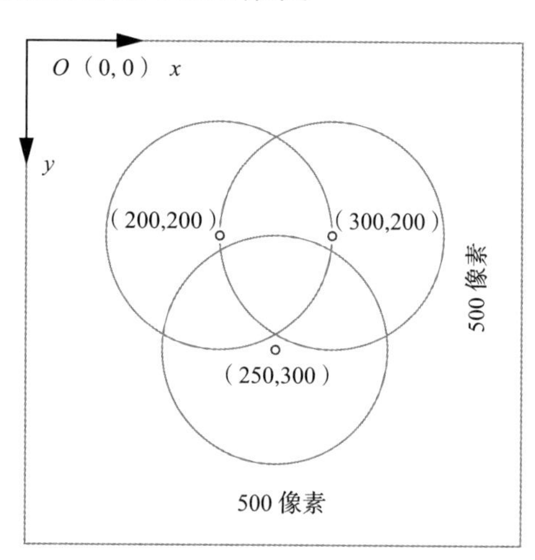

图 8-3 我们的第一个 SVG 图像的几何形状

8.2.1 视框

我们可以为 SVG 标签定义一个有用属性——视框（viewBox）。视框是用户看到的矩形图框，它使用四个数字定义，

```
viewBox="x y w h"
```

其中，x 和 y 是矩形原点的坐标，w 和 h 分别是矩形的宽度和高度。

让我们在之前的圆形图像中添加一个视框，以查看其效果（见清单 8-2）。

清单 8-2 SVG 的视窗定义

```
<svg xmlns="http://www.w3.org/2000/svg"
    width="500"
    height="500"
    viewBox="100 100 300 300">
```

```
    <circle cx="200" cy="200" r="100" fill="#ff000077" />
    <circle cx="300" cy="200" r="100" fill="#00ff0077" />
    <circle cx="250" cy="300" r="100" fill="#0000ff77" />
</svg>
```

保存我们在清单 8-2 中所做的更改，然后在浏览器查看更改。要了解发生了什么事，请看图 8-4。

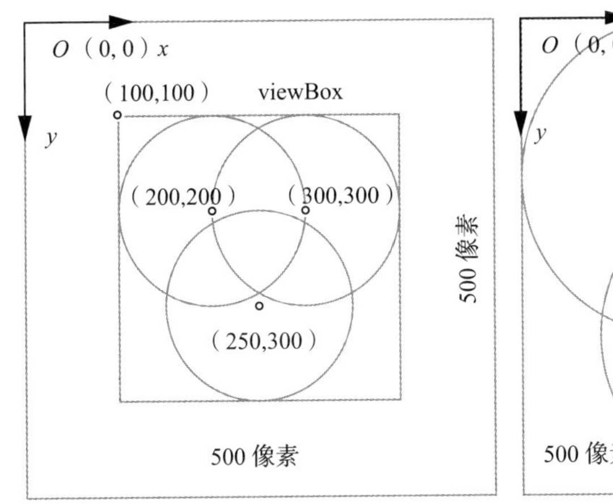

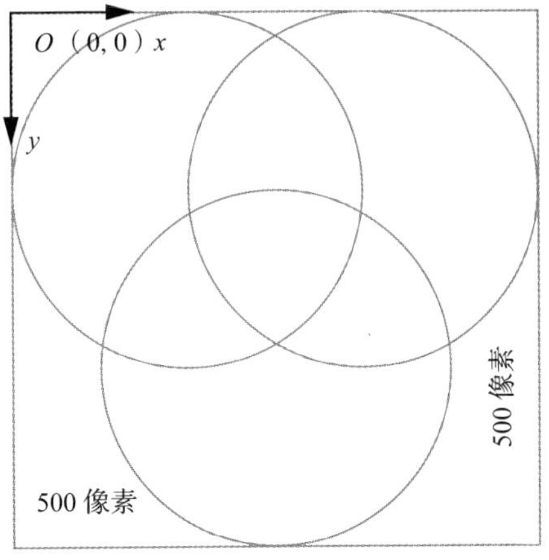

图 8-4　SVG 图像的视框

我们定义了一个矩形，其原点为（100,100），宽度为 300，高度为 300，矩形包含三个圆圈，没有任何边距。注意图像的像素大小仍是 500 × 500，这是 width 和 height 属性所定义的。如果视窗的大小与 SVG 本身的大小不同，则内容会被缩放。

因此，视框是向用户显示的无限画布的矩形部分。它是可选的，默认为矩形，大小由 width 和 height 定义，原点为（0,0）。

8.2.2　空间变换

还记得第 7 章介绍的仿射变换的概念吗？ SVG 图像使用它们来改变其内容。属性 transform 可用于定义仿射变换矩阵，如下所示：

```
transform="matrix(sx shy shx sy tx ty)"
```

矩阵元素的无序刚开始似乎令人惊讶，但这实际上是有道理的，至少制定 SVG 标准的人这样认为。假设 SVG 文档定义的仿射变换矩阵如下所示：

$$\boldsymbol{T}=\begin{pmatrix} a & c & e \\ b & d & f \\ 0 & 0 & 1 \end{pmatrix}$$

对应的各 transform 属性的元素如下：

```
transform="matrix(a b c d e f)"
```

更直白一点，元素的对应关系为 $a=s_x$，$b=sh_y$，$c=sh_x$，$d=s_y$，$e=t_x$，$f=t_y$

$$\boldsymbol{T}=\begin{pmatrix} s_x & sh_x & t_x \\ sh_y & s_y & t_y \\ 0 & 0 & 1 \end{pmatrix}$$

让我们看看它的效果。我们将 sh_x 设为 1，以在 x 方向上施加剪切变换。请记住，s_x 和 s_y 必须是 1；如果将它们设置为 0，则图像将变成一条线或一个点，我们会看不到任何东西。清单 8-3 添加了 transform 属性。

清单 8-3 圆的剪切变换

```
<svg xmlns="http://www.w3.org/2000/svg"
    width="500"
    height="500"
    transform="matrix(1 0 1 1 0 0)"
    <circle cx="200" cy="200" r="100" fill="#ff000077" />
    <circle cx="300" cy="200" r="100" fill="#00ff0077" />
    <circle cx="250" cy="300" r="100" fill="#0000ff77" />
</svg>
```

注意删除 viewBox 属性，以便生成的几何图形不会被裁剪。你应该看到类似图 8-5 的结果。

怎么将 y 轴翻转，使其像我们习惯的那样方向朝上呢？非常简单！将变换矩阵改为以下：

```
transform="matrix(1 0 0 -1 0 0)"
```

图 8-6 描绘了你应该看到的最终几何图形的轮廓。将其与图 8-1 对比，观察发生了什么。图像被垂直翻转了。

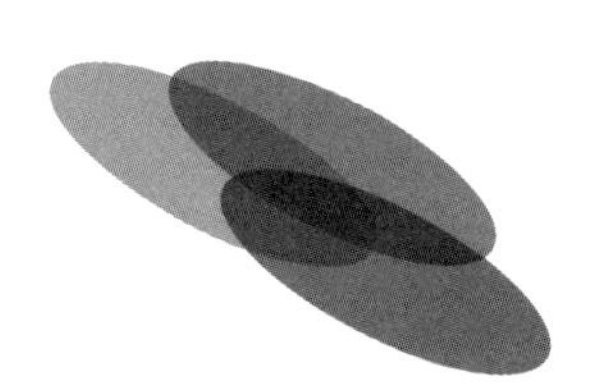

图 8-5 变换后的圆

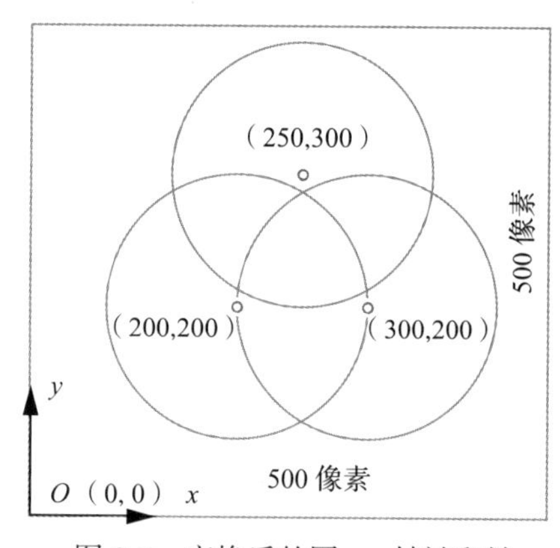

图 8-6 变换后的圆，y 轴被翻转

现在你对如何创建 SVG 图像有了基本的了解，让我们做一些 Python 编程。我们将在我们的项目中创建一个软件包来绘制 SVG 图像。

8.3 创建包：svg

让我们在项目中创建一个新的图形包，其中包含一个子包来生成 SVG 图像。在本书的后面，我们会创建其他子包，来执行其他类型的图形操作。右击项目工具窗口中的项目名称（Mechanics），然后选择 New（新建）→ Python Package（Python 包），命名为 graphic。你也可以创建 Python 文件，只要别忘记添加 __init__.py 文件，以指示 Python 这是一个软件包。

这个包应该和 geom2d 级别相同，且应该只包含一个 __init__.py 文件。你项目的目录结构应该看起来如下：

```
Mechanics
  |- geom2d
  |    |- tests
  |- graphic
  |- utils
```

现在，让我们创建 svg 子包：右击刚才创建的包，再次选择 New（新建）→ Python Package（Python 包），这次的名称是 svg。然后我们可以开始编写代码了。

8.3.1　模板字符串

模板字符串是包含占位符的文档。通过给占位符赋值，我们可以生成最终版本的文档。例如，想想那些以你的名称向你致意的广告邮件。该公司发送时可能使用了类似如下的模板

```
Hello, {{name}}!
Here are some book recommendations we think you may like.
...
```

（你好，{{ 名称 }}！

这是我们认为你可能喜欢的一些书籍建议。

……）

和一个将 {{name}} 占位符自动替换为客户名称的过程，然后发送最终的组合邮件。

模板中的占位符也可以称为变量（variable）。变量在渲染模板的过程中被赋值，然后用该赋值生成最终文档。图 8-7 描绘了使用两个不同值集合对同一模板进行渲染的过程。该模板具有变量 place-from、place-to、distance 和 units，我们对其分配不同的值以生成同一模板的不同版本。

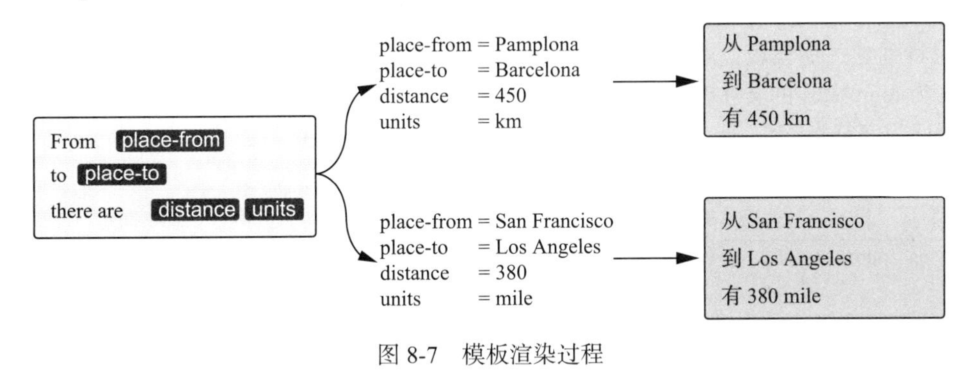

图 8-7　模板渲染过程

注：1mile=1609.344m

模板是一种强大的技术，可以用于解决涉及各种需要生成任何形状和格式的文本的问题。例如，大多数网络框架都使用某种模板来生成渲染后的 HTML 文档。我们将采用模板来生成 SVG 图像。

示例：使用 Python 的字符串替换

让我们写一个模板示例的代码。打开 Python 的 shell，输入以下模板字符串：

```
>>> template = 'Hello, my name is {{name}}'
```

现在，让我们通过用真实名称替换 {{name}} 变量来创建一个问候：

```
>>> template.replace('{{name}}', 'Angel')
'Hello, my name is Angel'
```

如你所见，我们可以使用 Python 的字符串方法 replace 来创建一个新字符串，将 {{name}} 替换为 'Angel'。由于 replace 返回新的实例，我们可以这样连续调用：

```
>>> template.replace('{{name}}', 'Angel').replace('Hello', 'Hi there')
'Hi there, my name is Angel'
```

在此示例中，我们首先用字符串 'Angel' 替换 {{name}} 变量。然后，我们对生成的字符串再次调用 replace 方法，将“Hello”一词用“Hi there”代替。

请注意，我们可以使用 replace 方法替换任何字符串序列，替换对象不需要像上例中的 {{name}} 那样，用大括号包括。使用双括号是一个约定，便于我们快速识别模板内的变量。该约定还旨在防止不必要的替换：除了我们的变量以外，我们的模板不太可能在两个大括号内包含任何东西。

现在我们知道如何使用 Python 中的模板字符串，让我们看看我们如何在单独的文件中定义模板并将它们加载到代码的字符串中。

8.3.2 导入模板

为了避免混淆 XML 和 Python 代码，我们希望将 SVG 标签的定义分到单独的文件内。包含 XML 的文件需要具有占位符，实际数据将插入其中。例如，我们的定义 circle 的文件看起来像这样：

```
<circle cx="{{cx}}" cy="{{cy}}" r="{{r}}" />
```

这里，我们使用双括号标识占位符。我们将使用代码，将这段代码加载到字符串中，并用实际圆的半径和圆心坐标替换占位符。

我们将创建一些模板，右击包名 svg，选择 New（新建）→ Directory（目录），在 svg 软件包内创建名为 templates 的文件夹。我们需要一个函数，通过文件名称来读取该文件夹中的模板并将其内容返回为字符串。在 svg 软件包中，但不在 templates 文件夹中，创建一个名为 read.py 的新文件，并输入清单 8-4 中的代码。

清单 8-4 读取模板文件的内容

```
from os import path

import pkg_resources as res


def read_template(file_name: str):
    file_path = path.join('templates', file_name)
    bytes_str = res.resource_string(__name__, file_path)
    return bytes_str.decode('UTF-8')
```

分析一下清单 8-4 的代码。我们在函数中要做的第一件事是获取位于 templates 内的文件路径，使用 os.path 模块的 join 函数来实现此操作。它计算路径的方式是将作为参数传入的部分进行组合，并且使用和操作系统一致的分隔符。例如，基于 UNIX 的操作系统使用分隔符 /。

然后，使用 pkg_resources 模块的 resource_string，我们读取文件作为字节字符串。文件作为字节序列存储到磁盘上，因此，当我们使用 resource_string 函数读取它时，我们会得到这个字节字符串。要将其转换为 Unicode 字符串，我们需要对其进行解码（decode）。对此，字节字符串具有方法 decode，该方法的参数是编码。

我们使用 UTF-8 编码的形式返回解码字符串，这将为我们提供一个可以轻松使用的模板的字符串版本。

8.3.3 图像模板

我们要定义的最重要的模板是 SVG 图像的模板。在 templates 文件夹中创建一个名为 img 的文本文件（不要添加扩展名，我们不需要），并输入清单 8-5 中的代码。

清单 8-5 SVG 图像模板

```
<svg xmlns="http://www.w3.org/2000/svg" version="1.1"
     width="{{width}}"
     height="{{height}}"
     viewBox="{{viewBox}}"
     transform="matrix({{transf}})">
    {{content}}
</svg>
```

该模板包含五个占位符，需要用结果图像的实际值进行替换。我们可以尝试使用之前定义的 read_template 函数将模板加载到 Python 的 shell 中：

```
>>> from graphic.svg.read import read_template
>>> read_template('img')
'<svg xmlns="http://www.w3.org/2000/svg" version="1.1"\n  width="{{width}}"...'
```

在 svg 目录中创建一个新的文件 image.py（但是在 templates 文件夹之外！），然后定义一个读取文件并进行字符串替换的函数。在 image.py 文件中，输入清单 8-6 中的代码。

清单 8-6 SVG 图像

```
from geom2d import AffineTransform, Rect, Point, Size
from graphic.svg.read import read_template


def svg_content(
        size: Size,
        primitives: [str],
        viewbox_rect=None,
        transform=None
):
 ❶ viewbox_rect = viewbox_rect or __default_viewbox_rect(size)
 ❷ transform = transform or AffineTransform()
```

```
❸ template = read_template('img')

  return template \
      .replace('{{width}}', str(size.width)) \
      .replace('{{height}}', str(size.height)) \
  ❹ .replace('{{content}}', '\n\t'.join(primitives)) \
  ❺ .replace('{{viewBox}}', __viewbox_from_rect(viewbox_rect)) \
  ❻ .replace('{{transf}}', __transf_matrix_vals(transform))
```

svg_content 函数接收四个参数，后两个参数 viewbox_rect 和 transform，默认值是 None。我们可以使用关键字 or，这样当 viewbox_rect 的值不是 None 时，则使用该值；否则使用 __default_viewbox_rect 创建的默认值（我们马上会编写这个函数的代码）❶。我们对 transform 参数使用同样的操作❷，使用默认值构建的仿射变换。

然后，使用上一小节中创建好的函数，我们加载存储在 templates/img 中的模板❸。

最后也是最重要的一步，用输入的参数替换加载的模板中所有的占位符。

注意：与大多数编程语言一样，Python 中的字符串的一个非常好的属性是它们的不可变性。你不能直接更改字符串的字符，而是要创建一个带有所需更改的新字符串。这就是字符串方法 replace 的工作方式：它对给定的字符序列进行替换，然后返回一个新的字符串。多亏了这个属性，我们可以对调用 read_template 生成的结果连续调用几个 replace 方法。

{{width}} 和 {{height}} 占位符的替代非常简单。请记住，输入参数 size.width 和 size.height 的属性是数字，因此我们需要使用 str 将其转换为对应的字符串形式。

primitives 参数包含一系列代表图像内容的字符串。我们需要将这些字符串变成单字符串形式。字符串方法 join 会将列表中的所有元素组合成单字符串，分隔符是调用该方法的字符串。为了获得代表所有图像参数的单字符串，我们将在列表上使用 join 方法❹，用新行和缩进字符（\n\t）作为分隔符。

对于 viewBox，我们需要将 Rect 实例转换为代表矩形的四个数字❺。这是通过 __viewbox_from_rect 实现的，我们马上会对其进行定义。对 transf 也执行同样的操作❻。

让我们在 svg_content 之后写下缺失的辅助函数。代码见清单 8-7。

清单 8-7　SVG 图像的辅助函数

```
--snip--

def __default_viewbox_rect(size: Size):
    return Rect(Point(0, 0), size)

def __viewbox_from_rect(rect: Rect):
    x = rect.origin.x
    y = rect.origin.y
    width = rect.size.width
    height = rect.size.height

    return f'{x} {y} {width} {height}'


def __transf_matrix_vals(t: AffineTransform):
    return f'{t.sx} {t.shy} {t.shx} {t.sy} {t.tx} {t.ty}'
```

第一个函数（__default_viewbox_rect）使用原点（0，0）和提供的尺寸参数，为 viewBox 创建一个矩形。顾名思义，这个函数用于为 viewbox_rect 的参数提供默认值，以防用户没有给出。

函数 __viewbox_from_rect 返回一个格式化字符串，作为 SVG 定义中的 viewBox。最后一个函数 __transf_matrix_vals 做了类似的操作：它将仿射变换转换为 SVG 所需的字符串格式。

太棒了！现在，我们有一个将 SVG 模板渲染成字符串的函数。让我们看一下我们将添加到几乎所有图像中的一些属性。

8.3.4 属性

SVG 元素的外观可以使用属性修改。SVG 属性使用 XML 属性语法进行定义（别忘了 SVG 图像是以 XML 格式定义的）：

```
name="value"
```

例如，我们可以使用属性 stroke 来设置图像的外轮廓颜色：

```
<circle cx="10" cy="15" r="40" stroke="green" />
```

请注意，在这个示例中，圆的圆心坐标（cx 和 cy）和半径（r）也定义为 SVG 元素的属性。

正如我们将要看到的那样，许多 SVG 的几何基元都能够使用相同的属性，来定义诸如外轮廓颜色、外轮廓宽度、填充颜色等。为了重复使用此逻辑，我们将其放入所有基元生成函数都可以调用的文件中。由于这些属性定义很短，因此我们不会将它们包括在需要加载的模板中；相反，我们将在替换占位符的函数中定义它们。

在 svg 目录中创建一个名为 attributes.py 的新文件。你的 graphic/svg 文件夹的结构应类似如下：

```
svg
  |- templates
  |    |- img
  |- __init__.py
  |- attributes.py
  |- image.py
  |- read.py
```

输入清单 8-8 中的函数代码。

清单 8-8　SVG 属性

```
from geom2d.affine_transf import AffineTransform


def stroke_color(color: str):
    return f'stroke="{color}"'


def stroke_width(width: float):
    return f'stroke-width="{str(width)}"'


def fill_color(color: str):
```

```
    return f'fill="{color}"'


def fill_opacity(opacity: float):
    return f'fill-opacity="{str(opacity)}"'


def affine_transform(t: AffineTransform):
    values = f'{t.sx} {t.shy} {t.shx} {t.sy} {t.tx} {t.ty}'
    return f'transform="matrix({values})"'


def font_size(size: float):
    return f'font-size="{size}px"'


def font_family(font: str):
    return f'font-family="{font}"'


def attrs_to_str(attrs_list: [str]):
    return ' '.join(attrs_list)
```

所有函数都非常简单，它们接收输入并返回一个带有 SVG 属性定义的字符串。我们在返回的字符串两侧使用单引号，这样就可以在内部使用双引号，而无须省略它们。SVG 属性是使用双引号定义的，例如，stroke="blue"。

最后一个函数接收一些属性，并将它们组合成一个字符串，中间用空格分开。我们使用一个空格（' '）作为 join 函数的分隔符来实现这一操作。要充分了解它的工作原理，请在 shell 中尝试一下：

```
>>> words = ['svg', 'is', 'a', 'nice', 'format']
>>> ' '.join(words)
'svg is a nice format'
```

8.4 SVG 的基元

我们已经完成了 SVG 包的基础工作。现在，我们可以制作空白图像，该过程涉及读取 img 模板并替换其变量。如果我们在 Python 的 shell 中调用 svg_content 函数，

```
>>> from graphic.svg.image import svg_content
>>> from geom2d import Size
>>> svg_content(Size(200, 150), [])
```

会得到以下 SVG 内容：

```
<svg xmlns="http://www.w3.org/2000/svg" version="1.1"
     width="200"
     height="150"
```

```
    viewBox="0 0 200 150"
    transform="matrix(1 0 0 1 0 0)">
</svg>
```

这是一个很好的开始，但是谁想要空白的图像？

下面，我们将创建几个基本的 SVG 基元，在 <svg></svg> 标签之间添加：直线、矩形、圆、多边形和文本标签，等等。后面会看到，我们不需要很多的基元，就能绘制工程图，我们只需要直线、圆和矩形也能完成很多工作。

制作这些 SVG 基元的策略将与生成 SVG 内容的策略一致：我们将使用模板来定义 SVG 代码，其中包含可以用函数进行替换的变量。

8.4.1　直线

我们在 SVG 软件包中实现的第一个基元是直线和线段，对应 SVG 语法中的 line。有一点不幸在于，直线和线段是两个不同的概念。（回想一下，直线是无限的；但线段不是，它们具有有限的长度。）无论如何，这里要使用 SVG 的术语，因此，让我们在 templates 文件夹中创建一个名为 line 的新模板文件，并添加清单 8-9 中的代码：

清单 8-9　直线的模板

```
<line x1="{{x1}}" y1="{{y1}}" x2="{{x2}}" y2="{{y2}}" {{attrs}}/>
```

直线的模板很简单。占位符定义了以下内容：

- x1 和 y1，起点的坐标；
- x2 和 y2，终点的坐标；
- attrs，定义线段属性的位置。

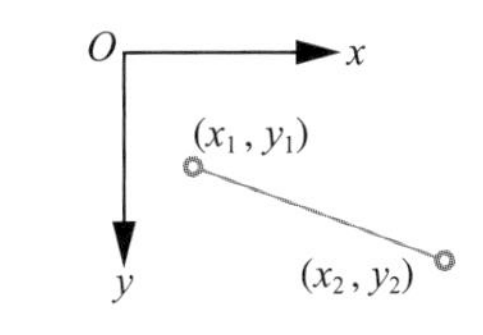

图 8-8　SVG 线段的示例

图 8-8 使用 SVG 图像的默认坐标系描绘了线段及其属性。

现在，让我们创建一个函数来读取模板并插入线段的属性值。我们需要一个新文件，让我们在 SVG 中创建并命名为 primitives.py。输入清单 8-10 中的函数代码。

清单 8-10　SVG 的线段代码

```
from geom2d import Segment
from graphic.svg.attributes import attrs_to_str
from graphic.svg.read import read_template


__segment_template = read_template('line')


def segment(seg: Segment, attributes=()):
    return __segment_template \
        .replace('{{x1}}', str(seg.start.x)) \
        .replace('{{y1}}', str(seg.start.y)) \
        .replace('{{x2}}', str(seg.end.x)) \
        .replace('{{y2}}', str(seg.end.y)) \
        .replace('{{attrs}}', attrs_to_str(attributes))
```

有一点需要注意，参数 attributes 有默认值 ( )，即一个空元组。我们也可以使用一个空列表 [] 作为该参数的默认值，但是这两个选项有一个重要的差别：元组是不可变的，列表是可变的。函数的默认参数只会在文件被加载到解释器时调用一次，因此，如果一个可变的默认参数被更改，则所有后续对同一函数的调用都会将更改后的值作为默认值，这是我们想要避免的。

在 shell 中，尝试下面的代码来创建 SVG 线段，以查看结果并确保所有占位符都被正确替换。

```
>>> from geom2d import Segment, make_point
>>> from graphic import svg
>>> seg = Segment(make_point(1, 4), make_point(2, 5))
>>> attrs = [svg.attributes.stroke_color('#cacaca')]
>>> svg.primitives.segment(seg, attrs)
'<line x1="1" y1="4" x2="2" y2="5" stroke="#cacaca"/>'
```

这个 SVG 文件对应的线段如图 8-9 所示。

请记住，该图中添加的箭头和坐标只是为了示意，实际不会出现在图像中。

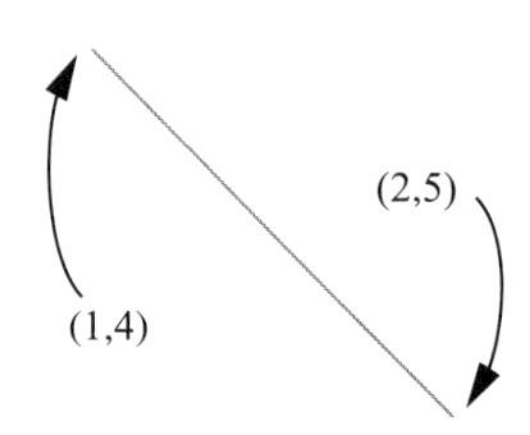

图 8-9 SVG 的线段

8.4.2 矩形

我们的下一个基元是矩形，因此在 templates 内创建一个名为 rect 的新文件（请记住，模板文件不要使用任何文件扩展名），输入清单 8-11 中的代码。

清单 8-11 矩形模板

```
<rect x="{{x}}" y="{{y}}"
      width="{{width}}" height="{{height}}"
      {{attrs}}/>
```

你可以将模板写成一行，这里我们写成几行，是因为在纸质版本中，代码无法写成一行。正如预期的那样，定义矩形的属性是原点的坐标 x 和 y，以及由 width 和 height 给出的尺寸。在 primitives.py 中，添加清单 8-12 中的函数代码。

清单 8-12 SVG 的矩形代码

```
from geom2d import Rect, Segment
from graphic.svg.attributes import attrs_to_str
from graphic.svg.read import read_template

__segment_template = read_template('line')
__rect_template = read_template('rect')

--snip--

def rectangle(rect: Rect, attributes=()):
    return __rect_template \
        .replace('{{x}}', str(rect.origin.x)) \
        .replace('{{y}}', str(rect.origin.y)) \
        .replace('{{width}}', str(rect.size.width)) \
        .replace('{{height}}', str(rect.size.height)) \
        .replace('{{attrs}}', attrs_to_str(attributes))
```

为了更好地了解在 SVG 格式中定义矩形的属性，请看图 8-10。该图使用 SVG 的默认坐标系：y 轴朝下，这就是矩形的原点在左上角的原因。如果我们使用的是 y 轴朝上的坐标系，则原点将位于左下角。

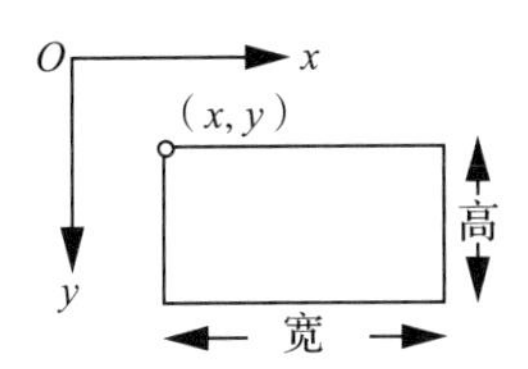

图 8-10　SVG 矩形的示例

像我们对线段一样，在 shell 中检验一下，以确认所有占位符都被正确替换：

```
>>> from geom2d import Rect, Point, Size
>>> from graphic.svg.primitives import rectangle
>>> r = Rect(Point(3, 4), Size(10, 20))
>>> rectangle(r)
'<rect x="3" y="4" width="10" height="20" />'
```

最好检查一切都按预期工作，因为以后我们将使用这些简单的基元创建许多图表。单元测试是最好的选择，比在 shell 中手动测试要好得多。如果你下载了本书的代码，则会看到所有这些基本渲染函数都有对应的测试。尝试自己编写它们，以便你习惯编写单元测试，然后将它们与我为你提供的测试代码进行比较。

8.4.3　圆

我们将采用与矩形类似的方法来创建圆。在名为 circle 的文件中创建模板（见清单 8-13）。

清单 8-13　圆模板

```
<circle cx="{{cx}}" cy="{{cy}}" r="{{r}}" {{attrs}}/>
```

然后在 primitives.py 中添加函数以渲染圆（见清单 8-14）。

清单 8-14　SVG 的圆

```
from geom2d import Circle, Rect, Segment
from graphic.svg.attributes import attrs_to_str
from graphic.svg.read import read_template


__segment_template = read_template('line')
__rect_template = read_template('rect')
__circle_template = read_template('circle')

--snip--

def circle(circ: Circle, attributes=()):
    return __circle_template \
        .replace('{{cx}}', str(circ.center.x)) \
```

```
        .replace('{{cy}}', str(circ.center.y)) \
        .replace('{{r}}', str(circ.radius)) \
        .replace('{{attrs}}', attrs_to_str(attributes))
```

一切都在意料之中！你可以通过图 8-11 来了解 SVG 格式定义的圆的属性。

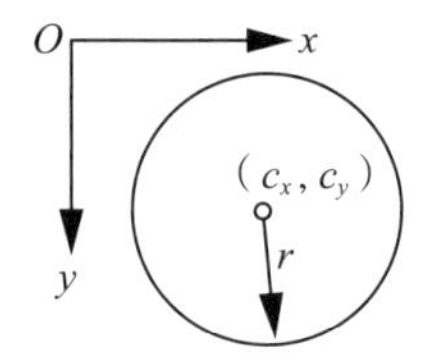

图 8-11 SVG 圆的示例

让我们在 shell 中尝试一下：

```
>>> from geom2d import Circle, Point
>>> from graphic.svg.primitives import circle
>>> c = Circle(Point(3, 4), 10)
>>> circle(c)
'<circle cx="3" cy="4" r="10" />'
```

8.4.4 多边形

多边形易于定义，我们只需要以特定方式提供格式化的顶点坐标列表。在 templates 中创建模板文件 polygon（见清单 8-15）。

清单 8-15 多边形模板

```
<polygon points="{{points}}" {{attrs}}/>
```

然后在 primitives 内增加清单 8-16 中的函数代码。

清单 8-16 SVG 的多边形

```
from geom2d import Circle, Rect, Segment, Polygon
from graphic.svg.attributes import attrs_to_str
from graphic.svg.read import read_template


__segment_template = read_template('line')
__rect_template = read_template('rect')
__circle_template = read_template('circle')
__polygon_template = read_template('polygon')

--snip--

def polygon(pol: Polygon, attributes=()):
    return __polygon_template \
        .replace('{{points}}', __format_points(pol.vertices)) \
        .replace('{{attrs}}', attrs_to_str(attributes))
```

占位符 {{point}} 被替换为应用函数 __format_points 到顶点列表的结果。让我们在 primitives.py 文件中写下该函数（见清单 8-17）。

清单 8-17 格式化点列表

```
--snip--

def __format_points(points: [Point]):
    return ' '.join([f'{p.x},{p.y}' for p in points])
```

如你所见，顶点列表被转换为一个组合字符串，顶点之间被一个空格隔开，

```
' '.join(...)
```

两个坐标 x 和 y 用逗号分开：

```
[f'\{p.x\},\{p.y\}' for p in points]
```

例如，具有顶点（1，2），（5，6）和（8，9）的多边形会生成如下语句：

```
<polygon points="1,2 5,6 8,9" />
```

8.4.5 多段线

多段线的定义方式与多边形相同——唯一的区别是最后一个顶点与第一个顶点没有相连。在 templates 中创建名为 polyline 的文件（见清单 8-18）。

清单 8-18 多段线模板

```
<polyline points="{{points}}" {{attrs}}/>
```

在 primitives.py 文件增加如下渲染函数（见清单 8-19）。

清单 8-19 SVG 的多段线

```
from geom2d import Circle, Rect, Segment, Polygon
from graphic.svg.attributes import attrs_to_str
from graphic.svg.read import read_template


__segment_template = read_template('line')
__rect_template = read_template('rect')
__circle_template = read_template('circle')
__polygon_template = read_template('polygon')
__polyline_template = read_template('polyline')

--snip--

def polyline(points: [Point], attributes=()):
    return __polyline_template \
        .replace('{{points}}', __format_points(points)) \
        .replace('{{attrs}}', attrs_to_str(attributes))
```

再一次，这里没有惊喜。图 8-12 说明了多边形和多段线的区别。两者的定义相同。唯一的不同是，将顶点 (x_4, y_4) 回连到 (x_1, y_1) 的最后一条线段仅出现在多边形中。

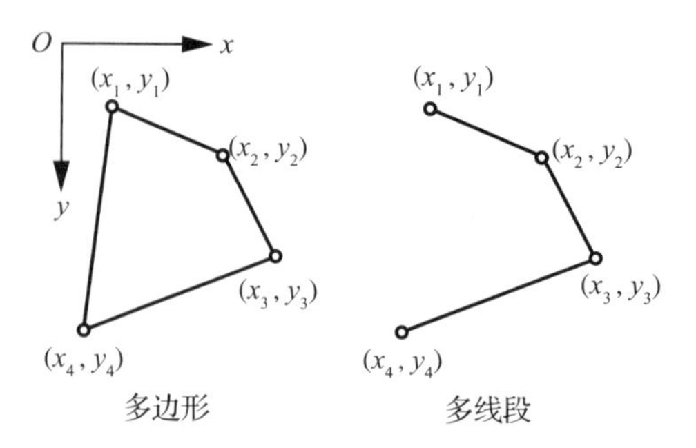

图 8-12 SVG 中的多边形和多段线

让我们在 shell 中尝试一个多边形和多段线以查看结果：

```
>>> from geom2d import Polygon, Point
>>> from graphic.svg.primitives import polygon, polyline
>>> points = [Point(1, 2), Point(3, 4), Point(5, 6)]

>>> polygon(Polygon(points))
'<polygon points="1,2 3,4 5,6" />'

>>> polyline(points)
'<polyline points="1,2 3,4 5,6" />'
```

多边形和多段线具有相同的顶点序列，但是在 SVG 图像中，多边形将拥有连接第一个和最后一个顶点的线段，而多段线将保持开放状态。

8.4.6 文本

我们的图将包含说明文字（例如第 18 章中的结构分析结果图），因此我们需要能够在图像中包含文本。在 templates 文件夹中创建一个名为 text 的新模板文件，并输入清单 8-20 中的代码。

清单 8-20 文本模板

```
<text x="{{x}}" y="{{y}}" dx="{{dx}}" dy="{{dy}}" {{attrs}}>
    {{text}}
</text>
```

占位符 {{text}} 必须在开标签 <text> 和关标签 </text> 之间，这是将插入实际文本的地方。属性 x 和 y 定义了文本所在的位置原点，然后 dx 和 dy 会显示该原点坐标。我们会发现这一点非常方便，例如，当我们想要添加旁边点的坐标时，我们可以选择原点的位置作为基点，然后我们将其平移一段距离，以使文本和点的绘制不重叠。

在 primitives.py 中添加清单 8-21 中的显示文本的函数代码。

清单 8-21 SVG 的文本

```
from geom2d import Circle, Rect, Segment, Polygon, Vector
from graphic.svg.attributes import attrs_to_str
```

```
from graphic.svg.read import read_template


__segment_template = read_template('line')
__rect_template = read_template('rect')
__circle_template = read_template('circle')
__polygon_template = read_template('polygon')
__polyline_template = read_template('polyline')
__text_template = read_template('text')

--snip--

def text(txt: str, pos: Point, disp: Vector, attrs_list=()):
    return __text_template \
        .replace('{{x}}', str(pos.x)) \
        .replace('{{y}}', str(pos.y)) \
        .replace('{{dx}}', str(disp.u)) \
        .replace('{{dy}}', str(disp.v)) \
        .replace('{{text}}', txt) \
        .replace('{{attrs}}', attrs_to_str(attrs_list))
```

让我们在 shell 中尝试一下：

```
>>> from geom2d import Point, Vector
>>> from graphic.svg.primitives import text
>>> text('Hello, SVG', Point(10, 15), Vector(5, 6))
'<text x="10" y="15" dx="5" dy="6" >\n    Hello, SVG\n</text>'
```

如果我们格式化结果字符串，则结果如下：

```
<text x="10" y="15" dx="5" dy="6" >
    Hello, SVG
</text>
```

8.4.7 分组

通常，我们想对一堆元素进行分组，以便为所有这些元素添加一个共同的属性，例如仿射变换或填充颜色。这就是分组的目的。它们本身不需要渲染，但是它们以整洁的方式对一堆基元进行了分组。在 templates 文件夹中创建 group 文件（见清单 8-22）。

清单 8-22　分组模板

```
<g {{attrs}}>
    {{content}}
</g>
```

要渲染分组，我们将添加清单 8-23 中显示的函数代码到文件 primitives.py 中。

清单 8-23　SVG 的分组

```
from geom2d import Circle, Rect, Segment, Polygon, Vector
from graphic.svg.attributes import attrs_to_str
```

```
from graphic.svg.read import read_template


__segment_template = read_template('line')
__rect_template = read_template('rect')
__circle_template = read_template('circle')
__polygon_template = read_template('polygon')
__polyline_template = read_template('polyline')
__text_template = read_template('text')
__group_template = read_template('group')

--snip--

def group(primitives: [str], attributes=()):
    return __group_template \
        .replace('{{content}}', '\n'.join(primitives)) \
        .replace('{{attrs}}', attrs_to_str(attributes))
```

这次，所有作为序列传入的基元都被组合成一个由换行符（\n）分隔的字符串。这样，每个基元都被插入新行中，这将使文件更易于阅读。

8.4.8 箭头

在本节中，我们将添加一个不同的基元，它不是通过加载和渲染模板，而是通过使用其他基元来构建：箭头。在第 18 章中，当我们绘制结构图时，我们将使用箭头来代表力，因此此时是创建它们的好时机。

箭头包含一条线段和线段末端的小三角形，即箭头的头（见图 8-13）。

绘制箭头的线段很简单：我们只需要一条线段即可。绘制头部需要花一点工夫，因为它需要始终与线段保持一致。使用一些基本几何形状，我们可以找出定义箭头的点，如图 8-14 所示。

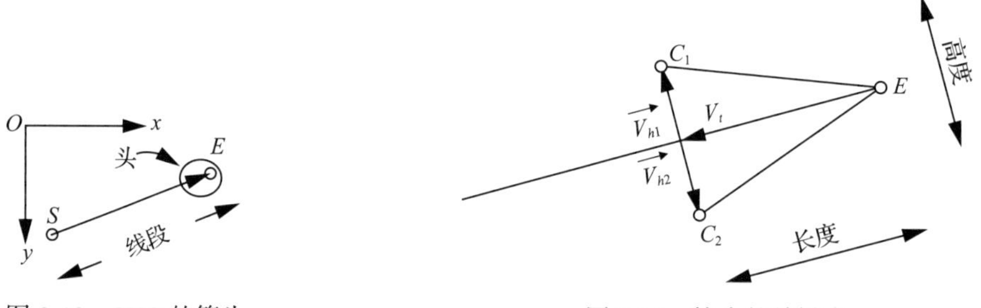

图 8-13 SVG 的箭头

图 8-14 箭头的关键点

箭头的头是由 C_1、E（线段的端点）和 C_2 定义的三角形。箭头的尺寸由长度和高度给出，我们将用它们来定位 C_1 和 C_2 点。

图 8-14 使用三个向量来定位这两个点。

$\vec{v}_l$：该向量与线段的方向向量方向相反，与箭头的长度相同。

$\vec{v}_{h1}$：该向量与线段垂直，长度是箭头高度的一半。

$\vec{v}_{h2}$：该向量与 $\vec{v}_{h1}$ 相似，但方向相反。

使用这些向量，我们现在可以按以下方式计算该点：

$$C_1 = E + (\vec{v}_l + \vec{v}_{h1})$$

和

$$C_2 = E + (\vec{v}_l + \vec{v}_{h2})$$

事不宜迟，让我们编写代码以绘制箭头。在 primitives.py 内，输入清单 8-24 中的代码。

清单 8-24 SVG 的箭头

```
--snip--

def arrow(
        _segment: Segment,
        length: float,
        height: float,
        attributes=()
):
    director = _segment.direction_vector
  ❶ v_l = director.opposite().with_length(length)
  ❷ v_h1 = director.perpendicular().with_length(height / 2.0)
  ❸ v_h2 = v_h1.opposite()

    return group(
        [

          ❹ segment(_segment),
          ❺ polyline([
                _segment.end.displaced(v_l + v_h1),
                _segment.end,
                _segment.end.displaced(v_l + v_h2)
            ])
        ],
        attributes
    )
```

我们定义的 arrow 函数，接收以下参数：一条线段，箭头的长度、高度以及 SVG 属性。请注意参数 _segment 的下划线。这是为了避免与该文件的 segment 函数发生冲突。

在这个函数中，我们首先将线段的方向向量存储在向量 director 中。然后，我们将 director 的反向量缩放到传递的长度，以得到 $\vec{v}_l$ ❶。$\vec{v}_{h1}$ 向量是通过将 director 的垂直向量缩放到箭头的一半高度得到❷。因此，$\vec{v}_{h2}$ 是 $\vec{v}_{h1}$ 的反向量❸。

该函数返回一个 SVG 组，包括箭头的线段❹和一个多段线❺。多段线使用我们上面介绍的三个点来绘制箭头的头部。

第一个点 C_1 是通过移动线段的端点得到，移动量是 $\vec{v}_l$ 和 $\vec{v}_{h1}$ 的和。第二个点是线段的端点。最后是点 C_2，也是移动线段的端点得到，移动量是 $\vec{v}_l$ 和 $\vec{v}_{h2}$ 的和。

8.5 基元总结

我们已经在 primitives.py 文件中添加了一些函数。如果你跟随本书一步一步操作，你的文件应该看起来类似于清单 8-25。

清单 8-25 SVG 的基元总结

```
from geom2d import Circle, Rect, Segment, Point, Polygon, Vector
from graphic.svg.attributes import attrs_to_str
from graphic.svg.read import read_template

__segment_template = read_template('line')
__rect_template = read_template('rect')
__circle_template = read_template('circle')
__polygon_template = read_template('polygon')
__polyline_template = read_template('polyline')
__text_template = read_template('text')
__group_template = read_template('group')


def segment(seg: Segment, attributes=()):
    return __segment_template \
        .replace('{{x1}}', str(seg.start.x)) \
        .replace('{{y1}}', str(seg.start.y)) \
        .replace('{{x2}}', str(seg.end.x)) \
        .replace('{{y2}}', str(seg.end.y)) \
        .replace('{{attrs}}', attrs_to_str(attributes))


def rectangle(rect: Rect, attributes=()):
    return __rect_template \
        .replace('{{x}}', str(rect.origin.x)) \
        .replace('{{y}}', str(rect.origin.y)) \
        .replace('{{width}}', str(rect.size.width)) \
        .replace('{{height}}', str(rect.size.height)) \
        .replace('{{attrs}}', attrs_to_str(attributes))


def circle(circ: Circle, attributes=()):
    return __circle_template \
        .replace('{{cx}}', str(circ.center.x)) \
        .replace('{{cy}}', str(circ.center.y)) \
        .replace('{{r}}', str(circ.radius)) \
        .replace('{{attrs}}', attrs_to_str(attributes))


def polygon(pol: Polygon, attributes=()):
    return __polygon_template \
        .replace('{{points}}', __format_points(pol.vertices)) \
        .replace('{{attrs}}', attrs_to_str(attributes))
```

```
def polyline(points: [Point], attributes=()):
    return __polyline_template \
        .replace('{{points}}', __format_points(points)) \
        .replace('{{attrs}}', attrs_to_str(attributes))


def text(txt: str, pos: Point, disp: Vector, attrs_list=()):
    return __text_template \
        .replace('{{x}}', str(pos.x)) \
        .replace('{{y}}', str(pos.y)) \
        .replace('{{dx}}', str(disp.u)) \
        .replace('{{dy}}', str(disp.v)) \
        .replace('{{text}}', txt) \
        .replace('{{attrs}}', attrs_to_str(attrs_list))


def group(primitives: [str], attributes=()):
    return __group_template \
        .replace('{{content}}', '\n\t'.join(primitives)) \
        .replace('{{attrs}}', attrs_to_str(attributes))


def arrow(
        _segment: Segment,
        length: float,
        height: float,
        attributes=()
):
    director = _segment.direction_vector
    v_l = director.opposite().with_length(length)
    v_h1 = director.perpendicular().with_length(height / 2.0)
    v_h2 = v_h1.opposite()

    return group(
        [
            segment(_segment),
            polyline([
                _segment.end.displaced(v_l + v_h1),
                _segment.end,
                _segment.end.displaced(v_l + v_h2)
            ])
        ],
        attributes
    )
def __format_points(points: [Point]):
    return ' '.join([f'{p.x},{p.y}' for p in points])
```

我们拥有开始绘制图像所需的一切。在下一章中，我们将使用 svg 软件包来绘制几何问题的结果。但是首先，让我们提供一种方便的方式来导入此软件包的内容。

8.6 导入包

与我们对 geom2d 软件包所做的相似，我们想提供选项，只用简单的一行代码就能导入 svg 的所有内容：

```
from graphic import svg
```

我们唯一要做的就是在 svg 包的 __init__.py 文件中导入所有相关模块：

```
from .attributes import *
from .image import svg_content
from .primitives import *
```

8.7 小结

图形是工程应用程序的关键。许多都涉及创建由简单的几何基元，如线段和矩形组合的图像。我们在本书的第二部分中创建了一个几何包，在本章中，我们学会了如何将这些基元变成矢量图。

我们首先快速介绍了 SVG 格式，并看到了如何只使用几行 XML 数据就能创建 SVG 图像。然后，我们了解了模板，它是无扩展名的文本文件，使用占位符来定义 SVG 结构。具有 {{name}} 形式的占位符被使用代码替换为具体数据。模板被广泛使用，并且有一些用于渲染模板的复杂软件包。我们的用例非常简单，因此我们使用 Python 字符串的 replace 方法进行了替换。

最后，我们创建了函数以获取我们几何基元的 SVG 表示：线段、圆、矩形和多边形。从现在开始，创建矢量图会非常简单，我们将在下一章中证明这一点。

第9章 Chapter 9 三点画圆

在本章中，我们将构建一个完整的命令行程序，来解决一个众所周知的问题：找到一个通过已知三点的圆。你可能在高中用直尺和圆规画图解决了这个问题，甚至可能已经从数学上解决了它。这一次，我们将利用计算机来解决它，并将结果绘制成SVG图像。我们在第6章中已经创建了相应算法，本章会将算法应用到程序中。

这是一个简单的问题，但很适合理解如何编写完整的程序。我们将使用正则表达式从文件中读取三个输入点，我们将在本章稍后学习该语法。我们还将从配置文件中读取程序输出的颜色和尺寸的值。

然后我们会创建模型（model）：一组实现应用程序领域逻辑（domain logic）的对象，即解决问题所需的知识。在本例中，该模型由三个点和一个工厂函数组成，工厂函数负责创建一个通过三点的圆。多亏了我们之前在第6章中的工作，这不应该很复杂。我们将以图形方式展示结果，用矢量图显示输入点和计算得到的圆。

这是我们第一个完整的命令行程序，它具有工程应用程序的全部要素：读取输入文件，求解问题并输出结果图。构建此程序后，你应该有能力建立自己的程序了。可能性是无限的！

9.1 应用程序的架构

我们将在本书中共同构建的大多数命令行应用程序，包括你可能会自行构建的命令行应用程序，都会使用类似的架构。软件架构（software architecture）是指组成应用程序软件的各组件的组织和设计。架构既涉及程序每个部分的设计，又涉及各部分之间的沟通和互动。

为了决定哪些组件应该构成应用程序的架构，我们该考虑我们的程序需要做什么。应用程序通常包括三个大阶段，每个阶段都由一组不同的组件或构件执行：

（1）**输入解析**。我们从传递给程序的文件中读取问题定义的数据。此阶段还可能包括读取外部配置文件以调整程序的行为或输出。

（2）**问题求解**。使用我们从输入的定义分析数据构建的模型，我们寻找问题的解决方案。

（3）**结果输出**。我们向用户提供解决方案。根据需要的报告类型，我们可以选择生成图表、带有数据的文本文件、仿真或以上的组合。与解决问题一样重要的是，生成易于理解并包含所有相关信息的结果文件对于我们的程序应用至关重要。

由于本章的问题非常简单，我们将三个阶段划分为三个文件：input.py、main.py 和 output.py。图 9-1 以图形方式显示了应用程序的主要架构。

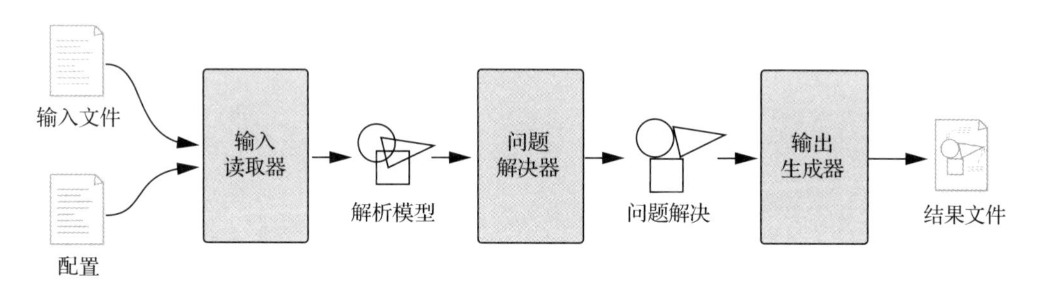

图 9-1 应用程序架构

输入文件将包含三个点，且应具有以下格式：

```
x y
x y
x y
```

其中 x 和 y 是点的坐标，由空格隔开，每个点都在不同的线上。输入文件可以看起来像这样：

```
300 300
700 400
300 500
```

该文件定义了三个点：$A(300,300)$,$B(700,400)$ 和 $C(300,500)$。我们会为坐标值提供规范，要求它们必须是正整数。这简化了解析逻辑，因为数字中不会有小数点或负数符号，这很适合我们刚开始学习正则表达式，但请不要担心：我们将在第 12 章中学会识别浮点数和负数符号。

使用纯文本文件作为程序的输入具有很大的优势：我们可以手写它们。另外，我们可以轻松地检查和编辑它们。不利的一面是，纯文本文件通常比二进制文件占用更多的空间，但这对我们来说并不是问题。我们将轻松地创建和操纵文件大小。只要记住，每当你使用纯文本文件时，请始终使用纯文本编辑器，而不要使用富文本编辑器。富文本编辑器（例如 Word）具有自己的存储格式，其中包含的信息比你实际输入的要更多，例如有关文本加粗、使用的字体或字体大小等信息。我们需要输入文件只包含我们编写的内容。

9.2 初始设置

由于我们在本书中还会创建其他应用程序，所以我们在 Python 项目的顶层（与 geom2d、graphic 和 utils 包相同的级别）创建一个新的包。右击“Mechanics”文件夹，从菜单中选择 New

（新建）→ Python Package（Python 包），命名为 apps，然后单击 OK（确定）按钮。

在 apps 中，创建一个新包，命名为 circle_from_points。

你的项目文件结构应该类似如下：

```
Mechanics
  |- apps
  |    |- circle_from_points
  |- geom2d
  |    |- tests
  |- graphic
  |    |- svg
```

让我们创建主文件，这是我们将从命令行执行的文件，以运行应用程序。在 circle_from_points 中创建一个名为 main.py 的文件，输入清单 9-1 中的代码。

清单 9-1 主文件

```python
if __name__ == '__main__':
    print('This is working')
```

如果你还记得 1.2 节中的内容，我们正在使用“ if name is main”模式来执行我们的主应用程序脚本。只有在检测到文件是独立运行，而不是在被其他文件导入的情况下运行该代码。目前，我们只在 shell 中输出一条信息，以确保我们的设置有效。

```
$ python3 apps/circle_from_points/main.py
```

shell 中会输出如下信息：

```
This is working
```

注意：这次，我们的主文件不会定义可以被其他文件引用和执行的任何函数。但是，由于“ if name is main”模式的存在，即使此文件被引用（可能是失误），它也不会输出任何内容，也不会执行任何代码。我们所有的“可运行”脚本都将使用此模式。

我们需要一个定义三个点的文件来测试程序。在 circle_from_points 中创建一个名为 test.txt 的新文件。在其中，输入以下坐标：

```
300 300
700 400
300 500
```

接下来，我们需要配置 IDE，以便我们可以在里面测试应用程序。

9.2.1 创建一个运行配置

要使用 test.txt 文件中的数据测试我们的应用程序代码，我们需要在 PyCharm 中创建所谓的运行配置（run configuration），具体参见前言。运行配置非常方便，可以节省开发时间。

注意：你可能需要参考在线文档以更好地了解运行配置，https://www.jetbrains.com/help/pycharm/run-debug-configuration.html。如果你使用的是其他 IDE，请参阅其对应的文档。大多数 IDE 都包含类似运行配置的概念，可以为程序配置运行测试。

要创建运行配置，请首先选择 View（**视图**）→ Navigation Bar（**导航**）以确保导航栏可见，然后，在最上面的菜单栏中，选择 Run（**运行**）Edit Configurations（**编辑配置**），会弹出如图 9-2 所示的对话框。

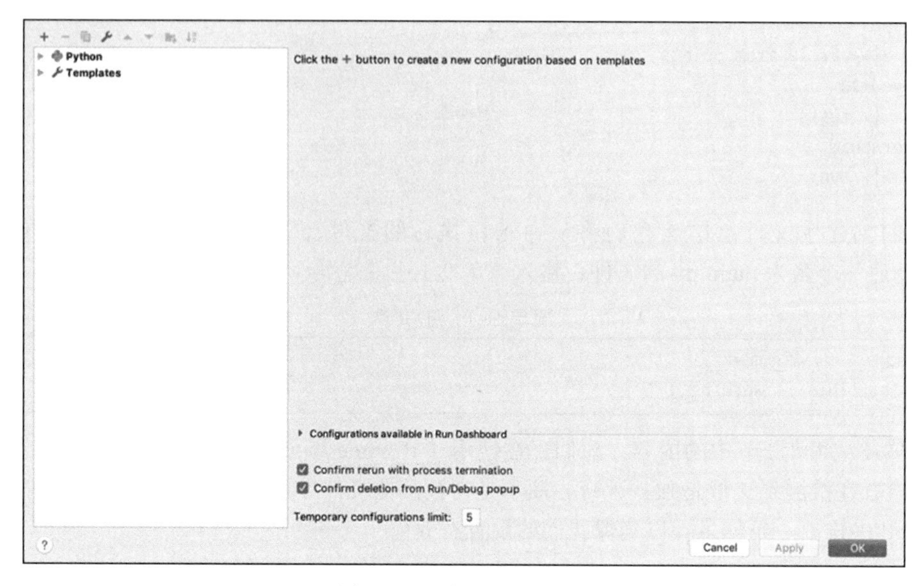

图 9-2 运行配置对话框

单击左上角的“+”号，会弹出添加新配置的下拉列表，然后选择 Python（见图 9-3）。

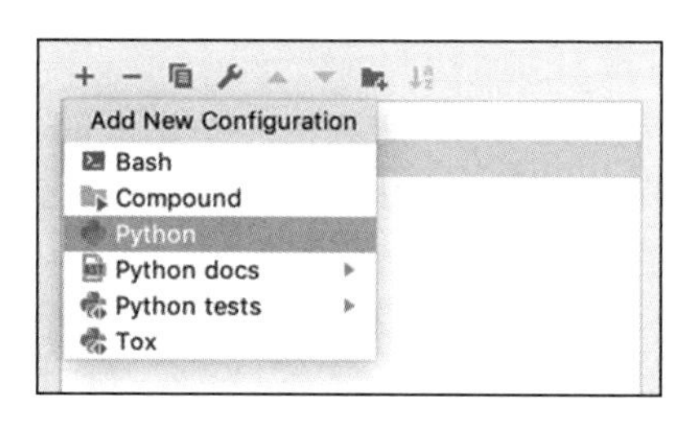

图 9-3 新的 Python 运行配置

运行配置表应显示在窗口右侧，在顶部的名称一栏中输入 circle-three-points。这就是运行配置的名称。在 Configuration 选项卡上，你可以看到 Script path 一栏。这是我们的程序的入口点——main.py 文件——的路径。单击栏内的文件夹图标，然后选择 main.py。在 Configuration 选项卡的下面，找到 Execution 部分。选中 Redirect input from 复选框，然后单击该栏的文件夹图标，选择包含点的定义的测试文件：test.txt。这样，运行配置会始终将 test.txt 作为标准输入传递给程序。运行配置的设置如图 9-4 所示。

我们需要做最后一件事。如果我们现在执行运行配置，程序的输出将出现在 shell（标准输出）中。这当然也可以，但是由于我们希望输出 SVG 代码，因此我们希望将标准输出重定向到带有 .svg 扩展名的文件中。

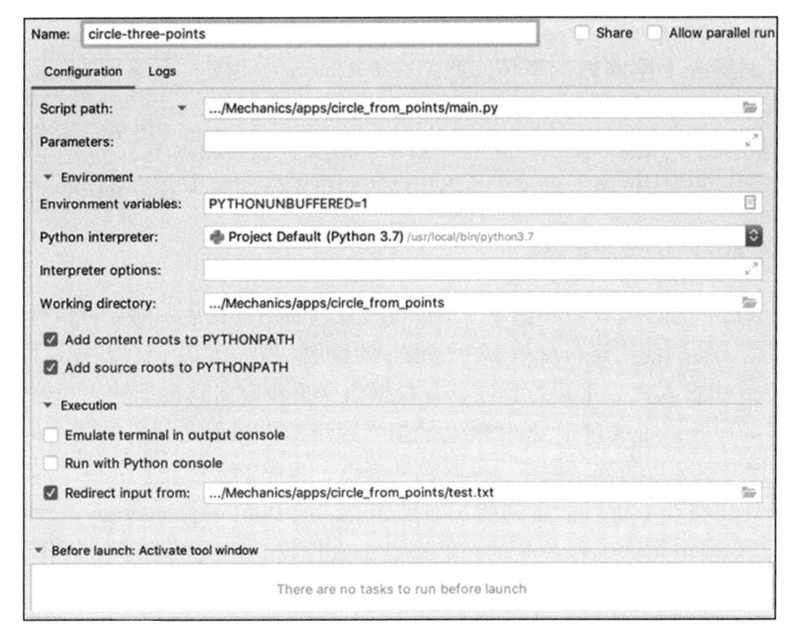

图 9-4　运行配置的设置

转到 Configuration 右侧的 Logs 选项卡。选中 Save console output to file；然后单击文件夹图标，选择 circle_from_points 中的任意文件。选择文件后，只需将其名称更改为 result.svg。或者，你也可以复制 circle_from_points 包的路径并粘贴到栏中，然后加上文件名称 result.svg。你还可以创建一个空的 result.svg 文件，然后选择它。无论你选择哪种方式，结果应该看起来像图 9-5。

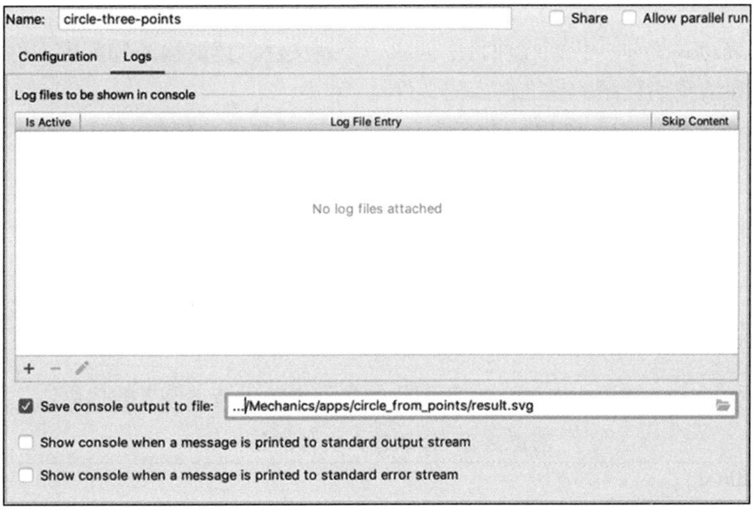

图 9-5　将输出重定向到文件

我们已经完成所有设置，单击 OK（确定）按钮。在导航栏中，你应该看到新创建的运行配置被显示（见图 9-6）。单击右侧的绿色运行按钮，将执行运行配置，结果应该是在 result.svg 文件中写入信息“This is working”。

让我们快速回顾一下刚刚做的事情。我们在 PyCharm 中创建了一个配置，指示它如何执行我们的项目。我们告诉配置，main.py 文件是项目开始执行的切入点。然后，我们希望 test.txt 文件包含测试数据，将其作为标准输入传递给程序，并将程序的输出重新调整为名为 result.svg 的文件。

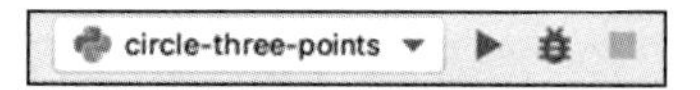

图 9-6 导航栏中的运行配置

9.2.2 为什么要使用运行配置

你可能会问自己，为什么我们要创建一个运行配置，而不是直接用命令行执行脚本？

这是个好问题。我们使用运行配置有两个很好的原因。第一，我们在开发过程中会更有效率。我们不需要在 shell 中输入命令来运行程序，并根据需要重新定向其标准输入和输出。此外，运行配置允许我们调试程序，而这对于 shell 来说是相当困难的。如果在代码的某个地方设置了断点，可以单击绿色运行按钮旁边的调试按钮，一旦到达断点，程序就会停止。

第二，正如我们将在本章后面看到的，如果你尝试从 shell 运行 main.py，一旦我们开始导入包（如 geom2d），它根本无法工作。是的，这有点令人惊讶，但我们将了解为什么会发生这种情况，更重要的是，如何修复它。

9.3 读取输入和配置文件

到目前为止，我们有一个 main.py 文件和一个运行配置，该配置使用 test.txt 作为标准输入。目前，我们对该文件的内容没有做任何处理，因此，下一步是读取文件的内容 ，并将每一行解析成 Point 类的实例。我们该如何去做？我们需要使用正则表达式，这是一种强大的技术，用于从文本中读取和提取信息。

在探索正则表达式之前，我们在项目中创建一个新文件，读取输入和配置文件。我们还花一些时间学习读取传递给我们程序的标准输入的文件。

在 circle_from_points 中，创建一个名为 input.py 的新文件，你的 circle_from_points 文件夹应该类似如下：

```
circle_from_points
  |- __init__.py
  |- input.py
  |- main.py
  |- test.txt
```

让我们从小开始，一次迈出一步。在新创建的文件中输入清单 9-2 的代码。

清单 9-2 读取输入文件的每一行

```
def parse_points():
    return (
        input(),
        input(),
        input(),
    )
```

parse_points 函数实际上并不是在解析点——暂时不是。到目前为止，它返回一个由三个字符串组成的元组，每个字符串对应于从标准输入中获得的线段。每行都使用 Python 的 input 函数读取，该函数一次读取一行输入。让我们在主程序中调用 parse_points，以了解它如何读取测试文件的内容。返回到 main.py 并修改代码，如清单 9-3 所示。

清单 9-3 将点输出到 shell

```
from apps.circle_from_points.input import parse_points

if __name__ == '__main__':
    (a, b, c) = parse_points()
    print(f'{a}\n{b}\n{c}')
```

你可能很想在这里使用 Python 的相对引用，如 from .input import parse_points，但是当对应的文件是在命令行中执行时，这将无法正常工作。为了了解原因，请查看 PEP 238 的摘录：

相对引用使用模块的 __name__ 属性来确定该模块在软件包中的层级位置。如果模块的名称不包含任何软件包信息（例如，将其设置为“ __ main __”），则相对引用会将该模块作为顶级模块，无论该模块实际上在文件系统上的位置。

我们在清单 9-3 中做的第一件事是从 input.py 模块中导入 parse_points。在“ if name is main”条件下，我们调用 parse_points 函数，并将其输出赋值给元组（a,b,c），后者又被解包到变量 a、b 和 c 中。

以下是实现同样结果的一种不太优雅的方法：

```
points = parse_points()
a = points[0]
b = points[1]
c = points[2]
```

我们会使用第一种方法，它更简洁。最后一行将 a、b 和 c 的内容输出到 shell 中，每个变量一行。通过单击我们之前创建的运行配置旁边的绿色运行按钮来运行该应用程序。你应该在 IDE 中的 shell 中看到如下内容：

```
Input is being redirected from --snip--/test.txt
Console output is saving to: --snip--/result.svg
300 300
700 400
300 500

Process finished with exit code 0
```

前两行很有趣。它们告诉我们，用于运行该文件的配置是从文件 test.txt 接收输入，并将输出写入 result.svg 文件中。如果打开 result.svg 文件，你应该看到这三点与 test.txt 中定义的方式相同，也与它们输出到 shell 中的方式相同。我们在这里取得了良好的进步！下一步是将这些空格分隔的坐标转换为 Point 类的实例。为此，我们需要使用正则表达式。

9.3.1 正则表达式

在解释文本时，正则表达式（regular expressions，regex）非常强大。由于我们将在本书中创建的大多数（如果不是全部）程序都会从纯文本文件中读取输入，我们希望了解正则表达式。

注意：如果你想了解有关正则表达式的更多信息，请查看这个很棒的互动教程，https://regexone.com。

让我们快速回顾一下我们试图解决的问题：给定一个包含两个空格分隔的整数的文本字符串，从字符串中提取它们，将它们转换为数字，并把它们作为 Point 实例的坐标。正则表达式对我们有什么帮助呢？

正则表达式是一种定义为字符串的模式。它用于在其他字符串中搜索匹配项，也可以选择提取部分内容。

让我们尝试一个例子。请注意，正则表达式是通过在两个斜杠字符之间写入它们来表示的。想象一下，我们正在寻找这种模式，

```
/repeat 5 times/
```

而且我们有兴趣知道该模式是否出现在以下任何句子中：

Repeat 5 times.

For each exercise, repeat 5 times.

For that particular exercise, repeat 7 times.

Let's repeat 3301 times.

正则表达式 /repeat 5 times / 将表达式内容与这些字符串进行对比，寻找与 repeat 5 times 完全吻合的文本，因此仅会输出如下加粗的字符串：

Repeat 5 times.

For each exercise, **repeat 5 times.**

For that particular exercise，repeat 7 times.

Let's repeat 3301 times.

这个结果非常好，但不是很灵活。第一行没有匹配上，是因为其第一个字母是大写的 R；匹配模式是小写的 r。我们可以调整模式以同时匹配这两种情况：

```
/[Rr]epeat 5 times/
```

这次输出的匹配结果如下：

Repeat 5 times.

For each exercise，**repeat 5 times.**

For that particular exercise，repeat 7 times.

Let's repeat 3301 times.

为了匹配两种形式的 r，我们使用了一个字符集（character set），即一系列可以接受的字符，位于文本的指定位置，其中任何一个匹配都是有效的。字符集用方括号定义。

正则表达式还可以做更多的事情。例句中表示重复的数字可以变动吗？我们可以做到匹配任意数量的重复吗？当然可以。只要将模式修改为

```
/[Rr]epeat \d times/
```

我们就可以得到如下的匹配结果：

Repeat 5 times.

For each exercise, repeat 5 times.

For that particular exercise, repeat 7 times.

Let's repeat 3301 times.

模式 \d 可以匹配 0 ～ 9 之间的任意单个数字。但是最后一行呢？如果我们想匹配多个数字，则需要在 \d 模式中添加一个限定符（quantifier）。在本例中，最合理的限定符是 +，用于对它前面的字符进行一次或多次匹配。模式

```
/[Rr]epeat \d+ times/
```

将匹配任何数量的重复，从而输出我们所想要的全匹配结果：

Repeat 5 times.

For each exercise, repeat 5 times.

For that particular exercise, repeat 7 times.

Let's repeat 3301 times.

现在你开始了解正则表达式是什么，让我们来探讨它们的一些基本概念。

1. 字符集

正如我们所看到的那样，我们可以在方括号之间包括几个不同的字符，以使我们的正则表达式匹配任何一个。例如，我们可以使用

```
/[mbg]ore/
```

来匹配 more、bore 和 gore。我们还可以使用区间，如从 a 到 z 的所有小写字母，代码如下：

```
/[a-z]ore/
```

这将产生非常多的匹配，例如 more、core 和 explore。我们还可以使用包括所有大写字母的区间

```
/[a-zA-Z]ore/
```

来匹配诸如 More 和 Core 等。要注意的一件事是，连续的区间不能用空格隔开。如果你使用空格将它们分开，则该集合将把空格视作有效字符。

2. 字符类

我们可以使用一些特殊字符来匹配常见的事物，例如数字、空格或单个字母。第一个特殊字符是点（.）。我们使用它来匹配除断行符以外的所有内容。它可以匹配字母（大写和小写）、数字、标点符号和空格。如你所见，它是非常强大的匹配符。例如，模式

```
/the end./
```

可以匹配 the end.、the end?、the end!，等等。要匹配一个点，我们需要使用反斜杠对点号进行转义，

```
/the end\./
```

这只会产生一个匹配：the end.。

我们已经学习了与数字匹配的模式 \d。如果我们想匹配数字以外的所有内容，我们可以使用 \D（大写）。同样，要匹配字母，我们可以使用模式 \w，我们可以将 \W 用于非字母。最后，对于空

格，可以使用 \s，\S 则匹配任何非空格的内容。

现在让我们将对字符类的知识组合在一个正则表达式之中：

```
/code\s\w-\d\d/
```

该正则表达式可以匹配 code f-44、code M-81 和 code p-29 等字符串。

3. 限定符

限定符可以修改模式的匹配次数。限定符有五个：? 匹配零次或一次前面的字符；* 匹配零次或多次前面的字符；+ 匹配一次或多次前面的字符；(n) 恰好匹配 n 次前面的字符；(n，m) 匹配 n 次到 m 次前面的字符。
例如，

```
/o{2}m/
```

可以匹配 boom、zoom 或者 kaboom，但如果我们使用

```
/o+m/
```

则匹配可以是以下任何一项：nomad、boooom 或 room。我们将在整个文本中使用大部分限定符，因此将有更多示例。

4. 捕获组

到目前为止，我们已经学习了如何使用正则表达式匹配文本。但是有时我们还想提取匹配的文本。这是组发挥作用之处。组由括号进行定义。让我们尝试以下正则表达式，

```
/it takes (\d+) hours to go from (\w+) to (\w+)/
```

将其应用于语句“ it takes 4 hours to go from Barcelona to Pamplona”，将会完全匹配，并捕获以下子组：

```
('4', 'Barcelona', 'Pamplona')
```

让我们在 Python 的 shell 中尝试一下。Python 的标准库包括一个强大的正则表达式包：re。打开 IDE 的 shell，然后尝试输入清单 9-4 中的代码。

清单 9-4 用正则表达式捕获子组

```
>>> import re
>>> pattern = r'it takes (\d+) hours to go from (\w+) to (\w+)'
>>> target = 'it takes 4 hours to go from Barcelona to Pamplona'
>>> matches = re.match(pattern, target)
>>> matches.groups()
('4', 'Barcelona', 'Pamplona')
```

我们使用原始字符串模式定义匹配模式，该字符串具有格式 r''。这些字符串将反斜杠（\）视为正常的字符，而不是将其解释为**转义符**。正则表达式需要反斜杠才能定义其结构。

在清单 9-4 中，结果存储在一个名为 matches 的变量中，我们可以对其调用 groups 方法，以输出三个捕获的子组：4、Barcelona 和 Pamplona。

关于组的一件好事情是，它们可以被分配一个变量名，用于后面提取匹配的值。例如，考虑以下模式：

/(?P<name>\w+), but they call me (?P<nick>\w+)/

将其应用于语句 “ my name is Nelson, but they call me Big Head,”，这将捕获两个子组，我们可以按名称提取：

```
name = matches.group('name')
nick = matches.group('nick')
```

你或许已经猜到，用于将名称分配给组的语法如下，

```
(?P<name><regex>)
```

其中，name 是分配给组的名称，regex 是匹配组的实际模式。

9.3.2　正则表达式备忘录

表 9-1、表 9-2、表 9-3 和表 9-4 总结了我们上面学到的概念，并可以作为本书后半部分的参考。

表 9-1　正则表达式字符集

[abc]	匹配 ‘a’ 或 ‘b’ 或 ‘c’
[^ab]	匹配除 ‘a’ 和 ‘b’ 之外的所有单个字母
[a-z]	匹配从 ‘a’ 到 ‘z’ 的所有单个字母

表 9-2　正则表达式字符类

\s	匹配空格
\S	匹配空格外的所有字符
\d	匹配数字
\D	匹配数字以外的所有字符
\w	匹配字母
\W	匹配字母以外的所有字符

表 9-3　正则表达式的重复限定符

?	零次或一次
*	零次或多次
+	一次或多次
{n}	*n* 次
{n,m}	*n* 次到 *m* 次（包含 *n* 和 *m*）

表 9-4　正则表达式的捕获组

(...)	括号内的捕获组
(?P<name>...)	命名的捕获组

9.3.3　匹配点

我们已经掌握了所有知识，可以匹配用空格分隔的点坐标并以名称来捕获它们。因为坐标仅由整数来定义，所以我们可以使用以下正则表达式：

/(?P<x>\d+)\s(?P<y>\d+)/

让我们来分解一下。该式分为三部分：(?P<x>\d+) 捕获由一个或多个数字组成的组 x ；\s 匹配一个空格；(?P<y>\d+) 捕获由一个或多个数字组成的组 y。

让我们在应用程序的 input.py 文件中实现此匹配模式。编辑我们的代码，使其看起来像清单 9-5。

清单 9-5 解析点

```
❶ import re

  from geom2d import Point


  def parse_points():
      return (
          __point_from_string(input()),
          __point_from_string(input()),
          __point_from_string(input()),
      )


  def __point_from_string(string: str):
   ❷ matches = re.match(r'(?P<x>\d+)\s(?P<y>\d+)', string)
      return Point(
        ❸ int(matches.group('x')),
        ❹ int(matches.group('y'))
      )
```

我们首先导入模块 re❶。然后，我们修改 parse_points 函数，将使用 input() 读取的行映射为点的实例。此转换由私有函数 __point_from_string 来完成，该函数使用 re.match，在传递的字符串中寻找模式的匹配❷。

从 matches 中可以知道，应该有两个组，分别为 x 和 y。因此，该函数创建并返回一个 Point 的实例，其 *x* 坐标是解析字符串后被名称为 x 的组捕获的整数❸。同样，*y* 坐标是解析后名为 y 的组捕获的结果❹。

通过单击绿色运行按钮运行应用程序（使用 circle-three-points 配置）。你应该在 shell 中看到类似如下内容：

```
Input is being redirected from --snip--/test.txt
Console output is saving to: --snip--/result.svg
(300, 300)
(700, 400)
(300, 500)

Process finished with exit code 0
```

恭喜！你已经从包含三行坐标的纯文本文件中解析出了三个点。从现在开始，我们将创建的所有命令行应用程序都可以使用来自文件的输入数据，你已经知道如何使用强大的正则表达式解析和解读。

9.3.4 配置文件

我们的应用程序将生成包含输入点和结果圆的美丽矢量图。为此，我们将使用不同的颜色和线宽，以帮助区分不同部分。我们可以在代码中直接将这些颜色和尺寸进行硬编码，但这不是一个好主意。如果我们将配置值与实际逻辑分开，我们的应用程序将更容易维护。因此，我们会将配置值保留在单独的JSON文件中。使用JSON格式是因为其非常容易转换为Python字典。

注意：我所说的对某对象进行硬编码（hard-coded），是指除非更改程序的源代码，否则无法对其进行更改。例如，配置值经常被硬编码到主应用程序的逻辑中，因此在不通读代码并可能重新编译应用程序的情况下，无法对其进行更改。千万不要这样做。你需要编辑和重新编译现有代码的次数越少越好，应始终将配置值从程序的主逻辑中移出到单独的文件中。

在circle_from_points内，右击包名，并选择New（新建）→File（新文件）来创建一个新文件。输入名称config.json，然后在其中写入清单9-6中的内容。

清单9-6 JSON文件中的应用程序配置

```
{
  "input": {
    "stroke-color": "#4A90E2",
    "stroke-width": 2,
    "fill-color": "#ffffffbb",
    "label-size": 16,
    "font-family": "Helvetica"
  },
  "output": {
    "stroke-color": "#50E3C2",
    "stroke-width": 4,
    "fill-color": "#ffffff",
    "label-size": 14,
    "font-family": "Helvetica"
  }
}
```

这是一个JSON格式的文件，一种广泛使用的格式。如果你对其不了解，可以在www.json.org/上阅读更多相关信息。它看起来与Python字典类似，因为它以键–值对的形式存储数据。幸运的是，Python有读取JSON文件的简单方法：标准库包括处理JSON数据的json包。

在input.py中，输入清单9-7中的函数代码（不要忘记导入）。

清单9-7 读取配置数据

```
import json
import re

import pkg_resources as res


def read_config():
    config = res.resource_string(__name__, 'config.json')
    return json.loads(config)

--snip--
```

使用pkg_resources模块，此过程变得轻而易举。使用res.resource_string()将配置文件config.

json 读取为二进制字符串，然后传递给 json.loads，从而使我们获得完全解析的 Python 字典，供后续使用。我们很快就会使用这些值。

9.4 问题模型和解决方法

我们已经解析了问题的模型：Point 类的三个实例。使用这些，我们的应用程序现在应计算通过这些点的圆。我们的早期工作即将获得回报：已经有代码来执行此操作（查看 6.2.4 节以复习相关内容）。

打开 main.py 并输入清单 9-8 中的代码。

清单 9-8 计算通过三个点的圆

```
from apps.circle_from_points.input import parse_points
from geom2d import make_circle_from_points

if __name__ == '__main__':
    (a, b, c) = parse_points()
    circle = make_circle_from_points(a, b, c)
    print(circle)
```

非常简单！我们从 geom2d 中导入 make_circle_from_points，然后直接传入三个点：a、b 和 c。为了确保正确计算圆，我们输出了结果圆。运行应用程序，你应该看到如下代表圆的字符串表示形式：

```
circle c = (487.5, 400.0), r = 212.5
```

如果你打开 result.svg，这就是其内容。这个文件是我们重定向程序输出的文件。我们的程序只缺少一件事：使用 SVG 格式绘制输出！

9.5 结果输出

现在问题已经解决，我们需要用结果圆和输入点来绘制 SVG。首先在 circle_from_point 中创建一个名为 output.py 的新文件。你的 circle_from_points 目录应该看起来如下 ：

```
circle_from_points
  |- __init__.py
  |- input.py
  |- main.py
  |- output.py
  |- test.txt
```

在其中，输入清单 9-9 中的代码。

清单 9-9 生成输出图像的第一步

```
from geom2d import Circle, Point


def draw_to_svg(points: [Point], circle: Circle, config):
    print("Almost there...")
```

我们定义了一个新的函数 draw_to_svg，它接收一系列的点（问题的输入点）、计算得到的圆和一个配置字典。注意点序列的类型提示 [Point]，它由方括号中的 Point 类声明，像这样定义的序列类型提示可以接收列表和元组。

现在，该函数只是将一条消息输出到标准输出，但我们将一步一步地更新它，直到它最终绘制出所有内容。有了这个，你就可以继续完善 main.py。修改代码，使其看起来像清单 9-10。

清单 9-10 主文件

```
from apps.circle_from_points.input import parse_points, read_config
from apps.circle_from_points.output import draw_to_svg
from geom2d import make_circle_from_points

if __name__ == '__main__':
    (a, b, c) = parse_points()
    circle = make_circle_from_points(a, b, c)
    draw_to_svg((a, b, c), circle, read_config())
```

此代码非常简洁。实际上有三行，分别用于读取输入、解决问题并绘制输出。主文件设置好以后，让我们完善 draw_to_svg 函数。

9.5.1 绘制结果圆

我们将从绘制圆开始。打开 output.py 并输入清单 9-11 中的代码。

清单 9-11 绘制结果圆

```
from geom2d import make_rect_centered, Circle, Point, Vector
from graphic import svg


def draw_to_svg(points: [Point], circle: Circle, config):
 ❶ svg_output = output_to_svg(circle, config['output'])

 ❷ viewbox = make_viewbox(circle)
 ❸ svg_img = svg.svg_content(
        viewbox.size, svg_output, viewbox
    )

    print(svg_img)


def output_to_svg(circle: Circle, config):
 ❹ style = style_from_config(config)
 ❺ label_style = label_style_from_config(config)

    return [
     ❻ svg.circle(circle, style),
     ❼ svg.text(
            f'O {circle.center}',
            circle.center,
```

```
            Vector(0, 0),
            label_style
        ),
    ❽ svg.text(
            f'r = {circle.radius}',
            circle.center,
            Vector(0, 20),
            label_style
        )
    ]
```

代码似乎很多，但是请放心，我们会将其一一分解。首先，我们更新 draw_to_svg 函数，使用 output_to_svg 函数（后面会进行定义），我们创建了圆的 SVG 形式❶。注意，我们给这个函数传递的 config[‘ouput’]，是配置字典的 output 部分。

然后，使用 make_viewbox——一个我们尚未定义的函数——我们计算图像的视框❷。使用这个视框、它的尺寸和 svg_output，我们生成图像❸并将其输出到标准输出中。

现在让我们来看看 output_to_svg。这个函数使用另一个函数 style_from_config（我们马上就会定义）来存储圆的 SVG 属性❹。我们将使用的文本的样式属性也是一样，由 label_style_from_config ❺生成。该函数返回一个由三个 SVG 基元组成的数组：圆和两个标签。

圆很简单，我们使用预先写好的 circle 函数❻。然后是指示圆心的标签❼，它的原点位于圆心。最后，是关于圆的半径信息的标签。这个标签位于圆圈的中心，但移动了（0,20），因此它出现在上一个标签的下面❽。

注意：你可能还记得我们说过，当用向量（0,20）移动标签时，它出现在另一个的下面。向量的 y 坐标中为正数，应该产生一个向上的位移，从而将标签移动到另一个标签的上面。但是记住，在 SVG 中 y 轴朝下。我们可以通过仿射变换来解决这个问题，但现在不会。

要计算 viewbox，请在 output_to_svg 下输入清单 9-12 中的代码。

清单 9-12 计算图像的视框

```
--snip--

def make_viewbox(circle: Circle):
    height = 2.5 * circle.radius
    width = 4 * circle.radius
    return make_rect_centered(circle.center, width, height)
```

此函数计算用来定义图像可见部分的矩形。如果需要复习，请返回 8.2.1 节。要构建矩形，我们使用 make_rect_centered 工厂函数，这很方便，因为我们需要一个包含一个圆圈的矩形。矩形的高度是圆半径的 2.5 倍，即直径加一些边距。矩形宽度，我们使用半径的 4 倍（或直径的 2 倍），因为我们需要一些绘制标签的空间。我通过反复试验得到这些值，但是你可以根据自己的经验来调整它们。它们基本上会在你的图纸上增加或多或少的边距。

作为参考，图 9-7 描绘了我们准备绘制的 SVG 图像的布局。

让我们来实现生成 SVG 样式化属性的函数。在 output.py 文件的末尾，输入清单 9-13 中的代码。

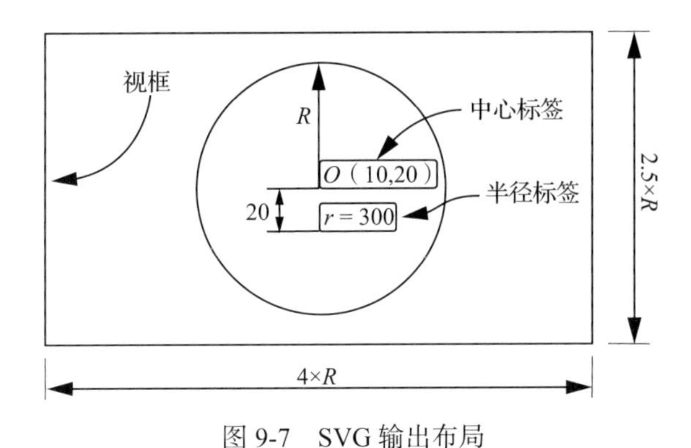

图 9-7 SVG 输出布局

清单 9-13 从配置文件中创建样式

```
--snip--

def style_from_config(config):
    return [
        svg.stroke_color(config['stroke-color']),
        svg.stroke_width(config['stroke-width']),
        svg.fill_color(config['fill-color'])
    ]
```

style_from_config 函数使用配置字典的值一个 SVG 属性的列表。让我们对标签的样式做同样的事情（见清单 9-14）。

清单 9-14 从配置中创建标签样式

```
--snip--

def label_style_from_config(config):
    return [
        svg.font_size(config['label-size']),
        svg.font_family(config['font-family']),
        svg.fill_color(config['stroke-color'])
    ]
```

就这样！我们拥有用青色绘制结果圆所需的所有代码。如果现在运行该应用程序，则会看到 shell 中的一些 SVG 代码，与文件 result. 中写入的 SVG 代码相同。使用你喜欢的浏览器打开此文件。结果应该与图 9-8 相似。

就这样！我们解决了第一个几何问题，并绘制了结果的矢量图。这不超级令人兴奋吗？继续尝试不同的配置。试着更改输出的颜色，然后重新运行应用程序。

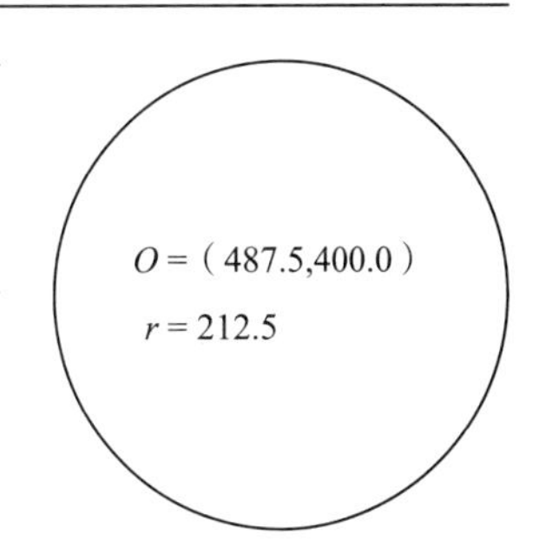

图 9-8 SVG 输出圆

9.5.2 绘制输入点

我们已经很好地绘制了结果圆，而且有表明圆心和半径的注释，但是该图像并未包含生成圆的输入点的信息。让我们加上这些内容，以便可以一眼就能从图像中获取所有信息。

让我们创建一个类似于 output_to_svg 但是生成代表输入点的 SVG 基元的函数。我们会将这些点显示为圆。在 output.py 中输入清单 9-15 中的代码。

清单 9-15 绘制输入点

```
--snip--

def input_to_svg(points: [Point], point_radius: float, config):
    style = style_from_config(config)
    label_style = label_style_from_config(config)
 ❶ [a, b, c] = points
 ❷ disp = Vector(1.25 * point_radius, 0)

 ❸ return [
        svg.circle(Circle(a, point_radius), style),
        svg.circle(Circle(b, point_radius), style),
        svg.circle(Circle(c, point_radius), style),
        svg.text(f'A {a}', a, disp, label_style),
        svg.text(f'B {b}', b, disp, label_style),

        svg.text(f'C {c}', c, disp, label_style)
    ]
```

input_to_svg 函数接收的参数是一个拥有三个输入点的列表、用于表示点的半径和输入配置字典。你后面会看到，我们将使用结果圆的半径的小比例作为输入点的半径。这样，无论结果圆的大小如何，最终显示的效果都会不错。使用固定数字的半径可能会导致某些时候输入点的圆过小，甚至几乎看不见；某些时候又会比结果圆还大。

输入点及其标签的样式是使用我们之前使用过的相同函数：style_from_config 和 label_style_from_config 计算得到。序列中的点被解包为变量 a、b 和 c，以便我们可以方便地使用它们❶。

因为我们需要将标签移到右边，以免它们与圆重叠，我们构建了一个位移向量，disp❷。该函数返回圆及其标签组成的数组。

现在更新函数 draw_to_svg，使它生成的结果图像包含三个点（见清单 9-16）。

清单 9-16 绘制 SVG 图像

```
def draw_to_svg(points: [Point], circle: Circle, config):
 ❶ pt_radius = circle.radius / 20
    svg_output = output_to_svg(circle, config['output'])
 ❷ svg_input = input_to_svg(points, pt_radius, config['input'])

    viewbox = make_viewbox(circle)
    svg_img = svg.svg_content(
     ❸ viewbox.size, svg_output + svg_input, viewbox
    )

    print(svg_img)

--snip--
```

如前所述，输入点的圆半径必须是结果圆的小比例，我将该比例设为1/20❶。如果你认为所产生的圆太大或太小，则可以更改该值并测试，直到对结果满意为止。此值可能完全可以作为应用程序配置的一部分，但是为了简单起见，我们将其作为函数的一部分。

计算 pt_radius 后，我们像以前一样计算输出对应的 SVG 图像。然后，我们使用 input_to_svg 函数计算输入对应的 SVG 图像，并将结果存储在 svg_input 中❷。

创建 viewbox 后，我们通过将 svg_input 附加到 svg_output 中，来更新 SVG 图像❸。将 svg_input 放到 svg_output 之后很重要，因为基元图像是按顺序绘制的。如果将顺序切换，如下：

```
svg_input + svg_output
```

你会看到输入点的圆在大圆的后面。

现在可以运行应用程序，然后在浏览器中重新加载 result.svg 文件。结果应该如图 9-9 所示。

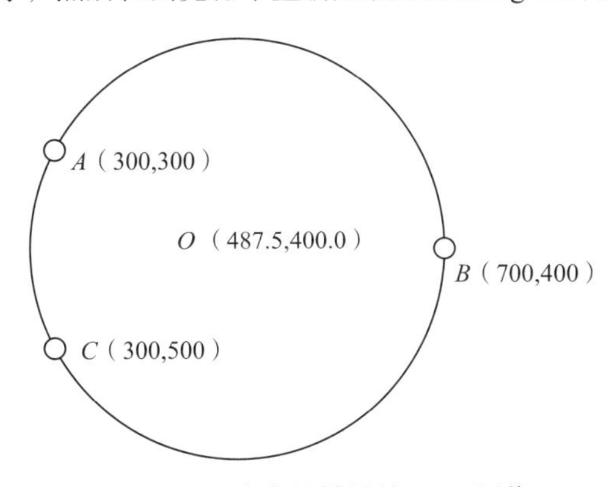

图 9-9 具有完整结果的 SVG 图像

9.5.3 最终代码

清单 9-17 包含 output.py 的最终版本，供参考。

清单 9-17 绘制 SVG 图像的所有代码

```
from geom2d import make_rect_centered, Circle, Point, Vector
from graphic import svg


def draw_to_svg(points: [Point], circle: Circle, config):
    pt_radius = circle.radius / 20
    svg_output = output_to_svg(circle, config['output'])
    svg_input = input_to_svg(points, pt_radius, config['input'])

    viewbox = make_viewbox(circle)
    svg_img = svg.svg_content(
        viewbox.size, svg_output + svg_input, viewbox
    )

    print(svg_img)
```

```
def output_to_svg(circle: Circle, config):
    style = style_from_config(config)
    label_style = label_style_from_config(config)

    return [
        svg.circle(circle, style),
        svg.text(
            f'O {circle.center}',
            circle.center,
            Vector(0, 0),
            label_style
        ),
        svg.text(
            f'r = {circle.radius}',
            circle.center,
            Vector(0, 20),
            label_style
        )
    ]


def input_to_svg(points: [Point], point_radius: float, config):
    style = style_from_config(config)
    label_style = label_style_from_config(config)
    [a, b, c] = points
    disp = Vector(1.25 * point_radius, 0)

    return [
        svg.circle(Circle(a, point_radius), style),
        svg.circle(Circle(b, point_radius), style),
        svg.circle(Circle(c, point_radius), style),
        svg.text(f'A {a}', a, disp, label_style),
        svg.text(f'B {b}', b, disp, label_style),
        svg.text(f'C {c}', c, disp, label_style)
    ]


def style_from_config(config):
    return [
        svg.stroke_color(config['stroke-color']),
        svg.stroke_width(config['stroke-width']),
        svg.fill_color(config['fill-color'])
    ]


def label_style_from_config(config):
    return [
        svg.font_size(config['label-size']),
        svg.font_family(config['font-family']),
        svg.fill_color(config['stroke-color'])
```

```
    ]


def make_viewbox(circle: Circle):
    height = 2.5 * circle.radius
    width = 4 * circle.radius
    return make_rect_centered(circle.center, width, height)
```

9.5.4 翻转 *y* 轴方向

你现在已经知道，SVG 图像的 *y* 轴是朝下的，例如，*y*=500 的点 *C*，在 *y*=300 的点 *A* 下面。这并不是什么大问题，只是可能和你习惯的刚好相反。

这里有一个挑战：修改 output.py 文件，对生成的 SVG 图像应用仿射变换，使其 *y* 轴翻转，从而朝上。如果你需要提示，请回到第 8 章中的“空间转换”部分。

注意，如果你选择添加一个仿射变换，使 SVG 图像的 *y* 轴翻转，如下所示，

```
<svg --snip-- transform="matrix(1 0 0 -1 0 0)">
    --snip--
</svg>
```

那么所有文本标签也将翻转，这使得它们无法阅读。尝试通过向所有标签添加仿射变换来解决此问题，也就是将它们翻转两次。

这是具有挑战性的，但对你来说是一个很好的练习。不用担心，我们会在第五部分中深入探索这一点。

9.6 分发应用程序

消息已经在你的朋友中传播开来，他们都听说了你的成就：你开发了一个应用程序，能够计算通过三个点的圆，并将结果绘制成美丽的矢量图。他们知道你独立完成了这一切，没有使用任何第三方库。他们很惊讶，“这太硬核了”，你甚至听到他们这样说。他们想尝试一下，并准备了一些输入文件来测试你的程序。你与他们共享代码，而他们也了解 Python，当他们打开 shell 并尝试执行你的 main.py 脚本，结果只是发现有一个奇怪的错误，让程序无法运行。

加载你的应用程序所使用的所有模块有点麻烦，PyCharm 有一个小技巧，我们需要用到它。但是不要担心，我们将探讨为什么发生这个错误并为此提供解决方案。你可以使用本节所学的知识来分发我们在本书中构建的任何应用程序，包括你自己写的那些应用程序。

9.6.1 理解问题所在

让我们尝试在 shell 中运行最近创建的程序，不做任何更改，以查看是否获得与 IDE 相同的结果。在 bash shell（你的 IDE 或系统中所带的 shell）中，切换到该应用程序的目录，

```
$ cd apps/circle_from_points
```

然后运行如下代码：

```
$ python3 main.py < test.txt
```

令人惊讶的是，它不起作用：

```
Traceback (most recent call last):
  File "main.py", line 6, in <module>
    from apps.circle_from_points.input import --snip--
ModuleNotFoundError: No module named 'apps'
```

这是我们得到的错误提示：

```
ModuleNotFoundError: No module named 'apps'
```

它告诉我们，Python 在试图导入 apps 模块时找不到它。但如果是这样的话，为什么使用运行配置从 IDE 中就能正确运行？好吧，PyCharm 的运行配置在后台用了一个技巧，这是我们现在需要做的一个技巧。

当脚本导入模块时，Python 在特定的目录中寻找它们。要知道这些目录到底是什么，你可以在运行时进行查询：Python 将它们存储在 sys.path 中，该列表包含 Python 在计算机中寻找库的所有路径。Python 还会自行将路径添加到该脚本中，这个路径就是所谓的工作目录（working directory）。

我们遇到的问题是，sys.path 中并没有添加我们项目的父路径。这是不幸的，因为这是它寻找我们的 geom2d、graphic 和 apps 软件包的地方。PyCharm 的运行配置能正常工作，是因为它将此路径添加到 sys.path 中。让我们在主脚本内将 sys.path 的内容输出到 shell，然后使用运行配置再次运行它，以此来核查这一事实。打开 main.py 文件，并在文件的顶部添加以下内容：

```
import sys
print(sys.path)

--snip--
```

请注意，print 语句在导入 sys 之后，导入其余模块之前。你可能会得到一个 PyCharm 的警告：根据 PEP-8 标准，这样做从概念上是错误的——忽略该警告。我们希望在 Python 尝试加载其他任何东西之前就直接输出；否则，我们会遇到与以前从 shell 运行脚本时相同的错误，而永远无法输出 sys.path 的内容。如果你现在使用运行配置重新运行该项目，则你将获得的输出应与以下内容相似：

```
/usr/local/bin/python3.7 --snip--/main.py
Input is being redirected from --snip--/test.txt
Console output is saving to: --snip--/result.svg

['--snip--/Mechanics/apps/circle_from_points',
'--snip--/Mechanics',
'--snip--/Python.framework/Versions/3.7/lib/python37.zip',
'--snip--/Python.framework/Versions/3.7/lib/python3.7',
'--snip--/Python.framework/Versions/3.7/lib/python3.7/lib-dynload',
'--snip--/Python/3.7/lib/python/site-packages',
'/usr/local/lib/python3.7/site-packages']
```

发现 sys.path 列表的第二行（加粗）了吗？这一行是解决我们程序中未找到所附模块的问题的关键。让我们现在从 shell 中运行脚本，看看该路径列表包含的内容。在 IDE 的 shell 中，切换到应用程序的目录并运行以下代码：

```
$ python3 main.py < test.txt
```

这次输出如下：

```
['--snip--/Mechanics/apps/circle_from_points',
'--snip--/Python.framework/Versions/3.7/lib/python37.zip',
'--snip--/Python.framework/Versions/3.7/lib/python3.7',
'--snip--/Python.framework/Versions/3.7/lib/python3.7/lib-dynload',
'---snip--/Python/3.7/lib/python/site-packages',
'/usr/local/lib/python3.7/site-packages']
```

可以看到，Mechanics 目录并没有在此处列出。如果不包括该目录，则在运行我们的应用程序时，Python 将无法从该路径中找到任何模块。

删除你添加到 main.py 的两行代码，将其恢复到之前的状态。让我们探索一些可能的解决方案。

9.6.2 寻找解决方案

问题很清楚：Python 无法加载我们的库，因为它没有将其父目录列为搜索路径。让我们看看如何解决这个问题。我们将提出两个选项，我们将尝试了解它们的优缺点，然后再决定哪种最适合我们。

1. 附加到 sys.path

一种可能的解决方案是做 PyCharm 的运行配置所做的：在 Python 尝试导入任何东西之前，将项目的父目录添加到 sys.path 中。我们可以修改 main.py，结果如清单 9-18 所示。

清单 9-18 附加到 sys.path

```
import os
import sys

❶ parent_path = os.path.normpath(os.path.join(os.getcwd(), '..', '..'))
❷ sys.path.append(parent_path)

from apps.circle_from_points.input import parse_points, read_config
from apps.circle_from_points.output import draw_to_svg
from geom2d import make_circle_from_points


if __name__ == '__main__':
    (a, b, c) = parse_points()
    circle = make_circle_from_points(a, b, c)
    draw_to_svg((a, b, c), circle, read_config())
```

我们首先导入 os 和 sys 模块。然后，我们通过获取当前工作目录（os.getcwd()）并倒退两步（'..', '..'）来计算项目的父路径❶。

我们使用 os.path.normpath 函数来规范路径，这样它就不会包含表示目录树中向后移动的点。这个函数会将类似如下的路径

/Documents/MechBook/code/Mechanics/../..

转换成下面这样：

/Documents/MechBook

在任何其他导入尝试从我们的项目加载任何内容之前，该路径被添加到 sys.path 中❷。如果你从 shell 运行该应用程序，它应该成功运行。

```
$ python3 main.py < test.txt
```

该解决方案有效，但我们必须让用户导航到 apps/circle_from_points 目录来运行我们的脚本，这显得有一些尴尬：如果我们可以从项目的父目录运行程序，就会更方便。此外，我们添加到 main.py 的几行代码看起来有些丑陋，与解决通过三个点的圆的问题完全无关。我们不想将这些代码添加到我们实现的每个应用程序中，这是我们要避免的不必要的复杂性。

让我们尝试一种不涉及更改主脚本中代码的不同方法：创建一个 bash 脚本，将正确的工作目录路径附加到 Python 脚本执行中。首先取消我们在清单 9-18 中所做的操作，使你的 main.py 文件看起来与清单 9-10 相同。

2. 将应用程序用脚本包装

正如我们在上一节中所讲到的，main.py 脚本需要运行的每个软件包都应从工作目录或 sys.path 中列出的任何其他路径访问。

注意：工作目录是执行文件（在本例中为 main.py）所在的位置。

除了在 Python 代码中向 sys.path 添加路径外，我们还可以在环境变量 PYTHONPATH 中包括路径。当运行 Python 脚本时，它会在其 sys.path 中包含 PYTHONPATH 中定义的所有路径。

因此，我们可以在项目的顶层创建一个 bash 脚本，用它来在 PYTHONPATH 中设置正确的路径，然后执行我们应用程序的 main.py。记住，我们使用 bash 脚本对一组命令行语句进行分组，并通过执行单个文件将它们一起运行（复习第 3 章）。

在项目的顶层（与 geom2d 或 apps 相同的级别），创建一个新文件，命名为 cifpts.sh（“circle from points”的缩写）。在其中，输入清单 9-19 中的一行代码。

清单 9-19 Wrapper script

```
PYTHONPATH=$PWD python3 apps/circle_from_points/main.py
```

在这一行中，我们要做的第一件事是定义环境变量 PYTHONPATH，并将该值设置为当前目录。当前目录存储在另一个 UNIX 环境变量 PWD 中。

然后，在同一行中，我们运行 apps/circle__points 中的 main.py 文件。将 PYTHONPATH 定义和脚本运行放在同一行中，是为了将环境变量仅用于执行脚本。这意味着一旦脚本执行完毕，该变量就不再存在。

让我们尝试在 shell 中运行脚本，传入文件 test.txt：

```
$ bash cifpts.sh < apps/circle_from_points/test.txt
```

它应该将 SVG 输出结果输出到 shell 中。我们甚至可以通过更改用户权限来使 bash 脚本变为可执行文件：

```
$ chmod +x cifpts.sh
```

这使我们可以进一步简化执行代码：

```
$ ./cifpts.sh < apps/circle_from_points/test.txt
```

请记住，如果我们希望将结果写入文件而不是被输出到 shell 上，需要将输出重定向到文件：

```
$ ./cifpts.sh < apps/circle_from_points/test.txt > result.svg
```

这看起来更像我们想与朋友分享的东西，他们希望拥有一个脚本来计算通过任何三个点的圆。

9.6.3 不用文件作为输入启动应用程序

值得注意的是，尽管我们一直在给脚本传递包含用坐标来定义的三个点的文件，但我们的代码只需要标准输入中的三行。这意味着我们不必创建文件以传递给脚本。我们可以直接执行脚本并给出预期的输入。如果你在 shell 中做如下尝试：

```
$ ./cifpts.sh > result.svg
$ 300 300
$ 700 400
$ 300 500
```

你将获得一个名为 result.svg 的映像，和结果一起储存在当前目录中。如你所见，你可以直接从 shell 向程序提供输入数据。

9.7 小结

在本章中，我们开发了第一个应用程序：一个命令行工具，该工具可以读取文件，使用正则表达式解析它并生成美丽的 SVG 矢量图像。该应用程序综合了很多我们之前章节所学的知识，并教会了我们正则表达式。

我们还分析了当应用程序从 shell 运行时，Python 无法找到模块的问题。我们了解到这是因为我们项目的根文件夹 Mechanics 并没有在 Python 导入所使用的目录列表之中。现在，你可以轻松地将你的 Mechanics 项目程序分发给你的朋友，这样他们就可以运行本书将创建的所有应用程序，这些应用程序可以方便地包装到最高级的 bash 脚本中。

Chapter 10 第 10 章

图形用户界面和画布

在我们深入探索仿真之前，我们需要了解图形用户界面（graphical user interfaces，GUI）的基本知识。这是一个巨大的主题，我们可能只会触及皮毛，但我们将学习足够多的东西来向用户展示我们的模拟。

GUI 通常包含一个（或多个）父窗口，其中包含用户可以与之交互的小部件，如按钮或文本框。对于我们绘制仿真的目标而言，我们最感兴趣的小部件是画布（canvas）。我们可以在画布上绘制几何基元，并且以每秒几次的频率进行重绘，我们用之来创建运动的感觉。

在本章中，我们将介绍如何使用 Tkinter 来布置 GUI，Tkinter 是 Python 的标准库附带的一个包。完成后，我们将实现一个类，使我们的几何基元能方便地绘制到画布上。该类还将包括一个仿射变换作为其状态的一部分。我们将使用它来修改所有基元在画布上的绘制样式，这将使我们能够进行某些操作，如垂直翻转绘图，从而使 y 轴朝上。

10.1 Tkinter 包介绍

Tkinter 是 Python 标准库自带的包，它用于构建图形用户界面。它提供了视觉组件，或者说小部件，例如按钮、文本框和窗口。它还提供了画布，我们将用其来绘制仿真的框架。

Tkinter 是一个多功能库，市面上有专门讲解它的书（如参考文献 [7]）。我们只介绍我们需要的内容，但如果你喜欢创建 GUI，我建议你花些时间浏览 Tkinter 的在线文档；你可以学到很多东西，来帮助你为程序构建漂亮的 GUI。

10.1.1 我们的第一个 GUI 程序

让我们在 graphic 文件夹中创建一个新的软件包，用来放置仿真代码。右击 graphic，选择 New → Python Package，输入名称 simulation，然后单击 OK。你的项目的文件夹结构应该看起来像这样：

```
Mechanics
  |- apps
  |     |- circle_from_points
  |- geom2d
  |     |- tests
  |- graphic
  |     |- simulation
  |     |- svg
  |- utils
```

现在让我们创建第一个 GUI 程序来熟悉 Tkinter。在新创建的 simulation 文件夹中，添加一个名为 hello_tkinter.py 的新 Python 文件。输入清单 10-1 中的代码。

清单 10-1　Hello Tkinter

```
from tkinter import Tk

tk = Tk()
tk.title("Hello Tkinter")

tk.mainloop()
```

要执行文件中的代码，请在项目树面板中右击它，然后在出现的菜单中选择 RUN‘hello_tkinter’。执行代码后，会弹出一个带有“Hello Tkinter”标题的空窗口，如图 10-1 所示。

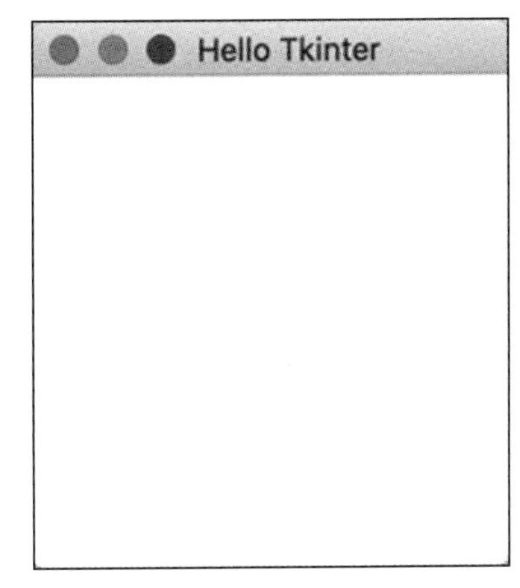

图 10-1　空的 Tkinter 窗口

让我们回顾一下刚才编写的代码。我们首先从 tkinter 中导入 Tk 类。变量 tk 是 Tk 的一个实例，代表 Tkinter 程序中的主窗口。该窗口在在线文档和示例中也被称为根（root）。

然后，我们将窗口的标题设置为 Hello Tkinter，并运行 mainloop。请注意，在 mainloop 开始之前，主窗口都不会出现在屏幕上。在 GUI 程序中，mainloop 是一个无限循环：它在程序运行的全过程中执行；当它运行时，它会在其窗口中收集用户事件并对它们做出反应。

图形用户界面与我们目前为止所编写的其他程序的不同之处在于，它是事件驱动的。这意味着图形组件可以被设置成在收到所需类型的事件时，就运行一些代码。例如，我们可以告诉一个按钮在收到单击事件时，即它被单击时，输出一条信息。对事件作出反应的代码通常被称为事件处理程序（event handler）。

让我们添加一个文本框，用户可以在其中输入自己的名字，然后再添加一个按钮，按名字来打招呼。修改 hello_tkinter.py 文件的代码，见清单 10-2。请注意文件顶端的新导入内容。

清单 10-2　Hello Tkinter 小部件

```
from tkinter import Tk, Label, Entry, Button, StringVar

tk = Tk()
```

```
   tk.title("Hello Tkinter")

❶ Label(tk, text='Enter your name:').grid(row=0, column=0)
❷ name = StringVar()
❸ Entry(tk, width=20, textvariable=name).grid(row=1, column=0)
❹ Button(tk, text='Greet me').grid(row=1, column=1)

   tk.mainloop()
```

为了添加标签“Enter your name:”，我们已经从 tkinter 实例化了 Label 类 ❶。我们向构造函数传递对程序主窗口（tk）的引用和一个命名参数，后者被赋值为需要展示的文本：text='Enter your name:'。在标签出现在窗口中之前，我们需要定义其在窗口中的位置。

在 Label 的实例上，我们调用 grid，参数是 row 和 column。该方法使用给定的行和列索引，将小部件放在窗口中的无形网格上。网格中的单元格会根据内容来改变大小。如你在代码中看到的那样，我们在每个小部件上都调用此方法，为它们在窗口中分配一个位置。图 10-2 显示了我们的 UI 网格。在窗口中放置组件还有其他方法，但是我们现在将使用此组件，因为它足够灵活，可以使我们轻松安排组件。

Tkinter 中的输入字段被称为入口（Entry）❸。为了访问字段的内容（输入的文本），我们首先必须创建一个 StringVar，我们将其命名为 name ❷。该变量通过 textvariable 参数传递给 Entry 组件。我们可以在实例上调用 get，来获取文本框中的字符串，稍后我们会这样做。最后，我们创建了一个带有“Greet me”文本的按钮❹；单击这个按钮，不会执行任何操作（我们很快会添加相应的功能）。

运行该文件。现在应该看到一个标签、一个文本框和一个按钮，如图 10-3 所示。

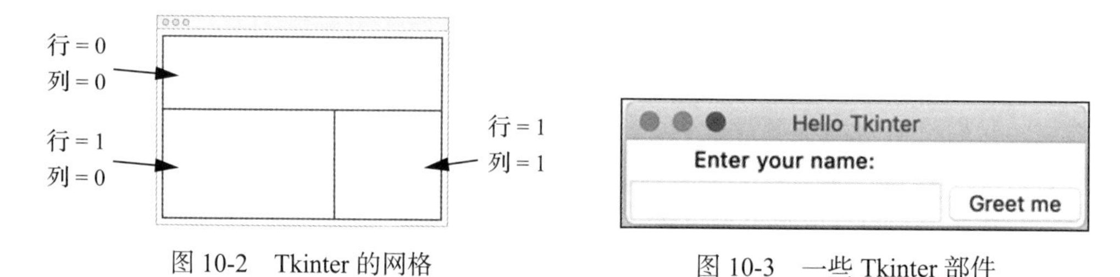

图 10-2 Tkinter 的网格　　图 10-3 一些 Tkinter 部件

让我们单击按钮添加一个事件处理程序，来完成我们的程序，这将打开一个带有问候消息的新对话框。修改你的代码，使其看起来像清单 10-3。

清单 10-3 Hello Tkinter，问候用户

```
   from tkinter import Tk, Label, Entry, Button, StringVar, messagebox

   tk = Tk()
   tk.title("Hello Tkinter")

❶ def greet_user():
       messagebox.showinfo(
           'Greetings',
           f'Hello, {name.get()}'
```

```
    )

Label(tk, text='Enter your name:').grid(row=0, column=0)
name = StringVar()
Entry(tk, width=20, textvariable=name).grid(row=1, column=0)
Button(
    tk,
    text='Greet me',
 ❷ command=greet_user
).grid(row=1, column=1)

tk.mainloop()
```

我们添加了一个名为 greet_user 的函数❶。该函数会打开一个标题为“Greetings”的对话框，向用户在文本框中输入的姓名问好。请注意，我们从 tkinter 中导入 messagebox 以调用 showinfo 函数，这个函数负责弹出对话框。要将按钮单击事件连接到我们的 greet_user 函数，我们需要在一个名为 command 的参数中将其传递到 Button 的构造函数❷。

立即运行文件。每次执行新代码时，不要忘记先关闭应用程序的窗口，再重新运行程序。在文本框中输入你的名称，然后单击按钮。该程序应打开带有个性化问候的新对话框，如图 10-4 所示。

图 10-4　我们的 Tkinter 问候程序

Tkinter 可以做更多的事情，但是本书并不需要太多。我们最有兴趣使用其画布组件，我们将在下一节中探讨。如果你想了解更多有关 Tkinter 的信息，网上有很多很棒的资源。正如之前提过的，你也可以参考文献 [7]。

10.1.2　画布

画布是一块用于绘图的表面。在 Tkinter 的数字世界里，同样如此。画布组件由 tkinter 中的 Canvas 类来表示。

让我们创建一个新的 Tkinter 应用程序，在那里我们可以尝试在画布上画画。在 simulation 文件夹中，创建一个名为 hello_canvas.py 的新文件，并输入清单 10-4 中的代码。

清单 10-4　Hello Canvas

```
from tkinter import Tk, Canvas

tk = Tk()
```

```
tk.title("Hello Canvas")

canvas = Canvas(tk, width=600, height=600)
canvas.grid(row=0, column=0)

tk.mainloop()
```

该代码创建了一个 Tkinter 程序，拥有一个主窗口和 600×600 像素的画布。如果运行该文件，则应看到一个带有标题“Hello Canvas”的空窗口。画布已经在那里，只是什么都还没有画。

1. 绘制线

让我们从简单的开始，在画布上画一条线。在创建画布和开始主循环之间，添加以下代码：

```
--snip--

canvas.create_line(0, 0, 300, 300)

tk.mainloop()
```

传递给 create_line 的参数分别是起点的 x 和 y 坐标以及终点的 x 和 y 坐标。

再次运行文件。屏幕上应该出现一条线段，从左上角（0,0）到屏幕的中心（300,300）。你可以猜到，坐标系的原点位于屏幕的左上角，y 轴朝下。后面当我们进行动画仿真时，我们将使用仿射变换来解决此问题。

默认情况下，线的宽度是 1 像素，颜色为黑色，但是我们可以更改。尝试以下操作：

```
canvas.create_line(
    0, 0, 300, 300,
    width=3,
    fill='#aa3355'
)
```

现在的线更宽，颜色为红色。你的结果应该看起来像图 10-5。

2. 绘制椭圆形

让我们使用与线段相同的颜色，在应用程序窗口中间绘制一个圆：

```
--snip--

canvas.create_oval(
    200, 200, 400, 400,
    width=3,
    outline='#aa3355'
)

tk.mainloop()
```

传递给 create_oval 的参数是包含椭圆形的矩形的左上顶点的 x 和 y 坐标，以及右下顶点的 x 和 y 坐标。这些参数是后面用于确定线的宽度和颜色的命名参数：width 和 outline。

如果运行文件，则会在窗口的中心看到一个圆。将其宽度增加100像素，高度保持400像素不变，从而使其变成合适的椭圆形：

```
canvas.create_oval(
    200, 200, 500, 400,
    width=3,
    outline='#aa3355'
)
```

将右下角的 x 坐标从400更改为500，圆就变成了椭圆。应用程序的画布上有一条线段和一个椭圆，如图10-6所示。

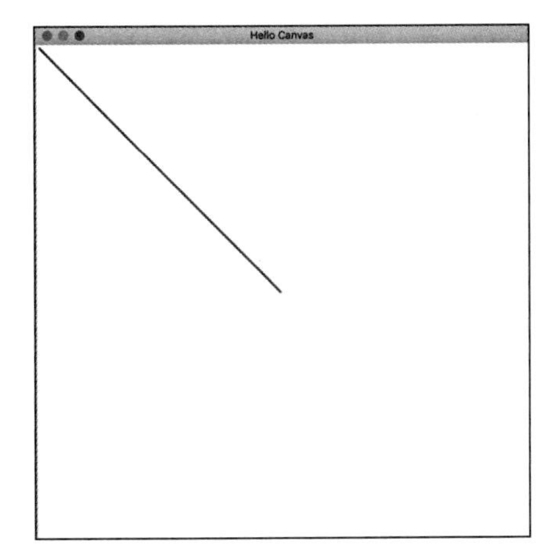

图 10-5　Tkinter 画布上的一条线段

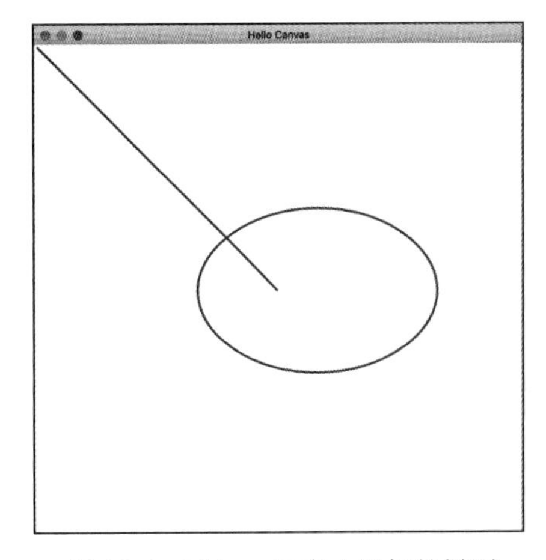

图 10-6　Tkinter 画布上添加的椭圆

如果我们想为椭圆形填充颜色，我们可以使用命名参数 fill='...'，如下所示：

```
canvas.create_oval(
    200, 200, 500, 400,
    width=3,
    outline='#aa3355',
    fill='#cc3355',
)
```

但是，有一个限制：Tkinter 不支持透明度，这意味着我们所有的填充和笔触将完全不透明。Tkinter 不支持颜色格式 #rrggbbaa，其中 aa 是 alpha（透明度）的值。

3. 绘制矩形

绘图矩形也很简单。在文件中输入如下代码：

```
--snip--

canvas.create_rectangle(
    40, 400, 500, 500,
    width=3,
    outline='#aa3355'
```

```
)

tk.mainloop()
```

create_rectangle 的强制参数是矩形左上角的 x 和 y 坐标，以及右下角 x 和 y 坐标。

运行文件，结果应该看起来像图 10-7。

好的！结果图像变得有点怪异了，但是在画布上绘图不是很简单有趣吗？

4. 绘制多边形

我们需要知道如何绘制的最后一个几何基元是一般多边形。在添加了绘制矩形的代码之后，输入以下内容：

```
--snip--

canvas.create_polygon(
    [40, 200, 300, 450, 600, 0],
    width=3,
    outline='#aa3355',
    fill=''
)

tk.mainloop()
```

create_polygon 的第一个参数是顶点坐标的列表，其余的是影响其样式的命名参数。请注意，我们将一个空字符串传递给 fill 参数；默认情况下，多边形会被填充，但我们希望多边形只是一个轮廓。运行文件以查看结果，它应该类似于图 10-8。

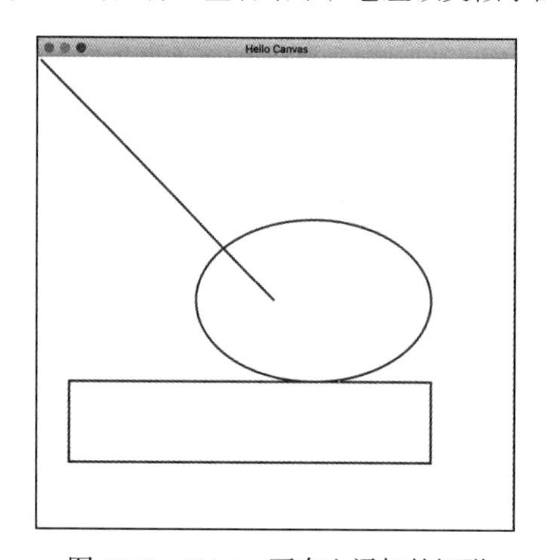

图 10-7 Tkinter 画布上添加的矩形

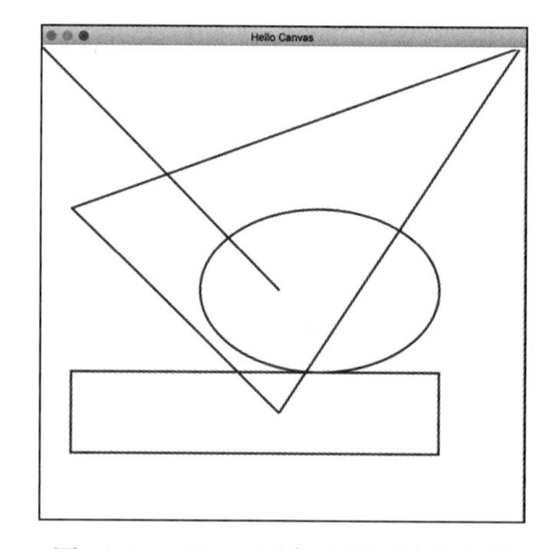

图 10-8 Tkinter 画布上添加的多边形

我们创建了一个顶点为（40,200），（300,450）和（600,0）的三角形。尝试填充颜色并查看结果。

5. 绘制文本

文本不是几何基元，但我们也可能需要在画布上绘制一些文本。使用 create_text 方法很容易做到这一点。将以下内容添加到 hello_canvas.py 文件：

```
--snip--

canvas.create_text(
    300, 520,
    text='This is a weird drawing',
    fill='#aa3355',
    font='Helvetica 20 bold'
)

tk.mainloop()
```

前两个参数是文本中心的 x 和 y 坐标。命名参数 text 用于设置我们要绘制的实际文本，我们可以使用 font 更改其字体。最后一次运行文件以查看完成的图像，如图 10-9 所示。

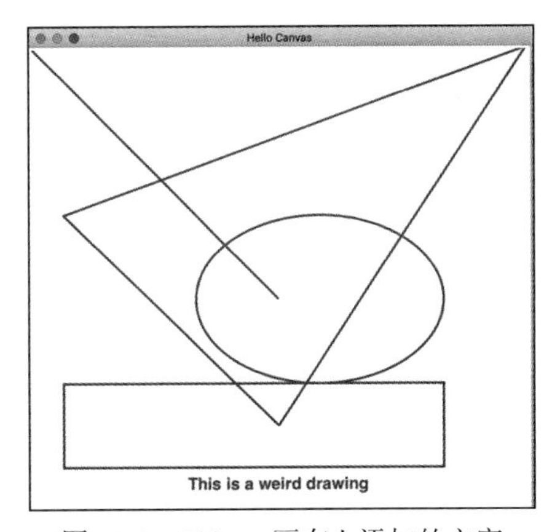

图 10-9　Tkinter 画布上添加的文字

如果我们可以画线、圆、矩形、一般多边形和文本，我们几乎可以画任何东西。我们还可以使用弧线和样条曲线，但是我们将仅使用这些简单的基元进行仿真。

你的最终代码应该看起来像清单 10-5。

清单 10-5　最终的绘图代码

```
from tkinter import Tk, Canvas

tk = Tk()
tk.title("Hello Canvas")

canvas = Canvas(tk, width=600, height=600)
canvas.grid(row=0, column=0)

canvas.create_line(
    0, 0, 300, 300,
    width=3,
    fill='#aa3355'
)
canvas.create_oval(
    200, 200, 500, 400,
```

```
    width=3,
    outline='#aa3355'
)
canvas.create_rectangle(
    40, 400, 500, 500,
    width=3,
    outline='#aa3355'
)
canvas.create_polygon(
    [40, 200, 300, 450, 600, 0],
    width=3,
    outline='#aa3355',
    fill=''
)
canvas.create_text(
    300, 520,
    text='This is a weird drawing',
    fill='#aa3355',
    font='Helvetica 20 bold'
)

tk.mainloop()
```

现在，我们知道了如何将简单的基元绘制到画布上，让我们创建一种方法，将 geom2d 库的几何基元直接绘制到画布上。

10.2 绘制几何基元

使用 create_oval 方法将圆绘制到画布上很容易。但是，这种方法并不方便。要定义圆，需要传递两个顶点的坐标，这些顶点定义了一个外接圆或椭圆内切的矩形。另一方面，我们的 Circle 类由圆心和半径定义，它具有一些有用的方法，可以使用 AffineTransform 实例进行几何变换。如果我们能像如下这样绘制圆，那就太好了：

```
circle = Circle(Point(2, 5), 10)
canvas.draw_circle(circle)
```

我们绝对想使用我们的几何基元。类似于我们在第 8 章中创建它们的 SVG 图形，我们将需要一种将它们绘制到画布上的方法。

计划如下：我们将为 Tkinter 的 Canvas 小部件创建一个装饰器。我们将创建一个包含我们想要绘制的画布实例的类，其方法允许我们传递自己的几何基元。为了利用强大的仿射变换功能，我们将把绘图与一个变换相关联，以便首先转换我们传递的所有基元。

10.2.1 画布的装饰器类

装饰器类是包含另一个类的实例（装饰的内容）的类，用于提供与被装饰的类相似的功能，但具有不同的界面和一些添加功能。这是一个简单而强大的概念。

在本例中，我们要装饰一个 Tkinter 画布。装饰画布的目的是让我们以简单干净的界面绘制几何基元：我们想要直接接受基元实例的方法。该装饰器将使我们免于将几何类的表示形式改写为 Tkinter 画布的绘画功能所期望的输入这一重复操作。不仅如此，我们还将对我们绘制的所有内容进行仿射变换。图 10-10 描绘了此过程。

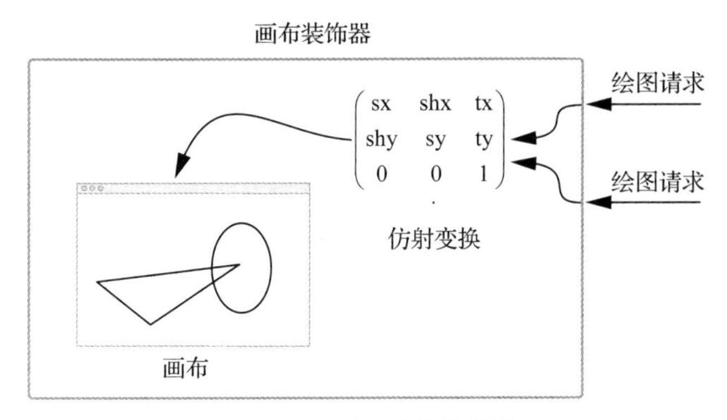

图 10-10 画布的装饰器类

在 simulation 包中，创建一个名为 draw.py 的新文件。输入清单 10-6 中的代码。

清单 10-6 画布的装饰器类

```
from tkinter import Canvas

from geom2d import AffineTransform


class CanvasDrawing:

    def __init__(self, canvas: Canvas, transform: AffineTransform):
        self.__canvas = canvas
        self.outline_color = '#aa3355'
        self.outline_width = 3
        self.fill_color = ''
        self.transform = transform

    def clear_drawing(self):
        self.__canvas.delete('all')
```

CanvasDrawing 类被定义为 Tkinter 画布的装饰器。画布的实例被传递给初始化器，并存储在私有变量 __canvas 中。将 __canvas 设为私有意味着我们不希望任何使用 CanvasDrawing 的用户直接访问它。它现在属于装饰器类的实例，应仅与其方法一起使用。

仿射变换的一个实例也传递给了初始化器。我们会在所有几何基元绘制到画布之前，对它们应用仿射变换，该变换被存储在公共变量 transform 中。这意味着我们允许 CanvasDrawing 实例的用户直接操作和编辑该属性，该属性是实例状态的一部分。我们这样做是为了使图像应用的仿射变换容易更改，只需要将不同的变换赋予 transform 即可。

实例的状态定义了其行为：如果状态改变，则实例的行为也会发生变化。在本例中，很明显，如果将属性 transform 重新赋予不同的仿射变换，则所有后续的绘制命令将根据它产生结果。

图 10-10 代表了画布装饰器类的行为。它将接收不同几何基元的绘图请求，将仿射变换应用于它们，然后调用 Tkinter 的画布方法将其绘制出来。

初始化器中还定义了其他的状态变量：outline_color——几何图形轮廓的颜色，outline_width——轮廓的宽度，fill_color——几何图形的填充颜色。这些都在初始化器中给出了默认值（我们在上一节中的示例中使用过的值），它们也是公共的，实例的用户可以更改它们。与前面一样，这些属性显然是实例状态的一部分：例如，如果我们编辑 outline_color，所有后续图形的轮廓都将使用该颜色。

我们在类中只定义了一种方法：clear_drawing。这个方法将在绘制每个框架之前为我们清空画布。现在让我们重点关注绘图命令。

10.2.2 绘制线段

让我们从绘制最简单的基元开始：线段。在 CanvasDrawing 类中，输入清单 10-7 的代码。对于这段代码，你首先需要更新 geom2d 的导入以包含 Segment 类。

清单 10-7 绘制线段

```
from tkinter import Canvas

from geom2d import Segment, AffineTransform


class CanvasDrawing:
    --snip--

    def draw_segment(self, segment: Segment):
        segment_t = self.transform.apply_to_segment(segment)
        self.__canvas.create_line(
            segment_t.start.x,
            segment_t.start.y,
            segment_t.end.x,
            segment_t.end.y,
            fill=self.outline_color,
            width=self.outline_width
        )
```

注意：我们将 self.outline_color 值传递给 fill 参数。这看起来像是一个错误，但不幸的是，Tkinter 选择了一个坏名称。参数名 fill 被用于 create_line 命令中的外轮廓颜色。更好的名称应该是 outline，当然 stroke-color 更好。

draw_segment 方法做两件事：首先，它对传入的线段使用当前的仿射变换进行转换，并将结果存储在 segment_t 中。然后，它从 Canvas 实例中调用 create_line 方法。对于轮廓颜色和线宽，我们使用实例的状态变量。

让我们继续学习绘制多边形、圆形和矩形。

10.2.3 绘制多边形

如果你回忆起 7.2.2 节的内容，对圆或矩形应用仿射变换，结果会是一个一般多边形。这意味着使用画布中的 create_polyon 方法将会绘制三个多边形。

让我们创建一个私有方法，将一个多边形直接绘制到画布上，不经过仿射变换。这部分将由每个公共绘图方法处理。

在 CanvasDrawing 类中，输入清单 10-8 中的私有方法的代码。

清单 10-8 在画布上画一个多边形

```
from functools import reduce
from tkinter import Canvas

from geom2d import Polygon, Segment, AffineTransform


class CanvasDrawing:
    --snip--

    def __draw_polygon(self, polygon: Polygon):
        vertices = reduce(
            list.__add__,
            [[v.x, v.y] for v in polygon.vertices]
        )

        self.__canvas.create_polygon(
            vertices,
            fill=self.fill_color,
            outline=self.outline_color,
            width=self.outline_width
        )
```

对于此代码，你需要添加以下导入，

```
from functools import reduce
```

更新 geom2d 的导入：

```
from geom2d import Polygon, Segment, AffineTransform
```

__draw_polygon 方法首先准备了多边形的顶点坐标，以满足画布组件的 create_polygon 方法的需要。这是通过用 Python 列表的 __add__ 方法对顶点坐标列表进行缩减来实现的，如果你回想起，__add__ 方法可以重载 + 运算符。

让我们分解一下。首先，使用列表推导式映射多边形的顶点：

```
[[v.x, v.y] for v in polygon.vertices]
```

这将创建一个包含来自每个顶点的 x 和 y 坐标的列表。如果多边形的顶点是（0,10）、（10,0）和（10,10），则这个列表推导式将生成以下列表：

```
[[0, 10], [10, 0], [10, 10]]
```

然后需要扁平化此列表：内部列表中的所有值（数字坐标）必须提取到一个列表中。上面列表扁平化的结果如下：

```
[0, 10, 10, 0, 10, 10]
```

这是 create_polygon 方法期望接收的顶点坐标的列表。最后一步的扁平化是通过 reduce 函数实现的。我们将 list.__add__ 运算符传递给它，并生成一个新列表，该列表是由串联两个列表操作所产生的。要看到这一点，你可以在 Python 的 shell 中测试以下内容：

```
>>> [1, 2] + [3, 4]
[1, 2, 3, 4]
```

一旦顶点坐标列表准备就绪，将其绘制到画布就简单了：我们只需将列表传递给画布的 create_polygon 方法即可。现在最难的部分已经完成，绘制我们的多边形应该很容易。输入清单 10-9 中的代码。

清单 10-9 绘图圆、矩形和一般多边形

```
from functools import reduce
from tkinter import Canvas

from geom2d import Circle, Polygon, Segment, Rect, AffineTransform


class CanvasDrawing:
    --snip--

    def draw_circle(self, circle: Circle, divisions=30):
        self.__draw_polygon(
            self.transform.apply_to_circle(circle, divisions)
        )

    def draw_rectangle(self, rect: Rect):
        self.__draw_polygon(
            self.transform.apply_to_rect(rect)
        )

    def draw_polygon(self, polygon: Polygon):
        self.__draw_polygon(
            self.transform.apply_to_polygon(polygon)
        )
```

不要忘记从 geom2d 添加缺失的导入：

```
from geom2d import Circle, Polygon, Segment, Rect, AffineTransform
```

在这三种方法中，过程都是相同的：调用私有方法 __draw_polygon，并将应用当前仿射变换后的几何图形传递给它。不要忘记，在圆的情况下，我们需要将其转换为近似多边形所需的分割数传递给 transform 方法。

10.2.4 绘制箭头

现在，让我们按照第 8 章中用于 SVG 图像的相同方法绘制箭头。

箭头的头部将绘制在线段的终点 E 上，由两条相交于该点的线段组成。为了获得一定的灵活性，我们将使用两个尺寸来定义箭头的几何形状：长度和高度（见图 10-11）。

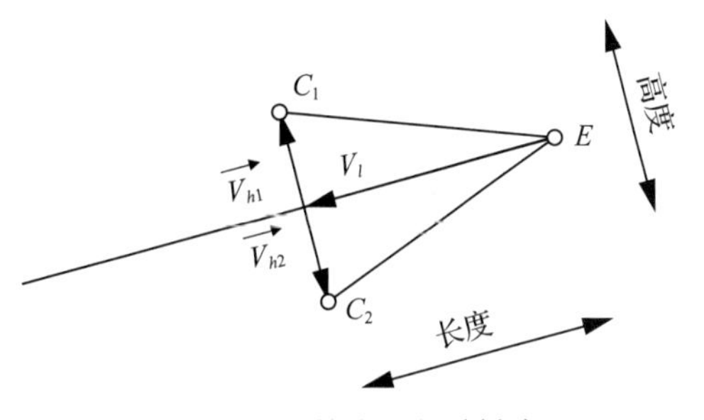

图 10-11 箭头上的关键点

如图 10-11 所示（与第 8 章的图相同），为了绘制箭头的头部，我们需要找出点 C_1 和 C_2。有了这两个点，我们可以轻松地绘制 C_1 和 E 之间以及 C_2 和 E 之间的线段。

要找出这些点在平面上的位置，我们将计算三个向量：$\vec{v}_l$——长度与箭头长度相同，方向与线段的方向向量相反；$\vec{v}_{h1}$ 和 $\vec{v}_{h2}$——与线段垂直，长度是箭头高度的一半。图 10-11 描绘了这几个向量。点 C_1 可以通过将点 E（线段的端点）平移得到，

$$C_1 = E + (\tilde{v}_l + \tilde{v}_{h1})$$

同样，C_2 的计算公式如下：

$$C_2 = E + (\tilde{v}_l + \tilde{v}_{h2})$$

让我们写这个方法。在 CanvasDrawing 类中，输入清单 10-10 中的代码。

清单 10-10 绘制箭头

```
class CanvasDrawing:
    --snip--

    def draw_arrow(
            self,
            segment: Segment,
            length: float,
            height: float
    ):
        director = segment.direction_vector
        v_l = director.opposite().with_length(length)
        v_h1 = director.perpendicular().with_length(height / 2.0)
        v_h2 = v_h1.opposite()

        self.draw_segment(segment)
        self.draw_segment(
            Segment(
                segment.end,
              ❶ segment.end.displaced(v_l + v_h1)
            )
        )
        self.draw_segment(
            Segment(
```

```
            segment.end,
        ❷  segment.end.displaced(v_l + v_h2)
        )
    )
```

我们从上面计算点 C_1 和 C_2 的方程中的三个向量开始。正如你所看到的，多亏了我们在 Vector 类中实现的方法，这非常简单。例如，为了获得 $\vec{v}_l$，我们使用线段的方向向量的反向量，并将其缩放以获得所需的长度。我们使用类似的运算来计算方程中的其余元素。

然后我们计算三条线段：基线，即作为参数传递的线段；从 E 到 C_1 的线段❶；从 E 到 C_2 的线段❷。

作为参考，你的 drawing.py 文件应该看起来像清单 10-11。

清单 10-11　CanvasDrawing 类的所有代码

```
from functools import reduce
from tkinter import Canvas

from geom2d import Circle, Polygon, Segment, Rect, AffineTransform


class CanvasDrawing:

    def __init__(self, canvas: Canvas, transform: AffineTransform):
        self.__canvas = canvas
        self.outline_color = '#aa3355'
        self.outline_width = 3
        self.fill_color = ''
        self.transform = transform

    def clear_drawing(self):
        self.__canvas.delete('all')

    def draw_segment(self, segment: Segment):
        segment_t = self.transform.apply_to_segment(segment)
        self.__canvas.create_line(
            segment_t.start.x,
            segment_t.start.y,
            segment_t.end.x,
            segment_t.end.y,
            outline=self.outline_color,
            width=self.outline_width
        )

    def draw_circle(self, circle: Circle, divisions=30):
        self.__draw_polygon(
        self.transform.apply_to_circle(circle, divisions)
    )

def draw_rectangle(self, rect: Rect):
```

```
        self.__draw_polygon(
            self.transform.apply_to_rect(rect)
        )

    def draw_polygon(self, polygon: Polygon):
        self.__draw_polygon(
            self.transform.apply_to_polygon(polygon)
        )

    def __draw_polygon(self, polygon: Polygon):
        vertices = reduce(
            list.__add__,
            [[v.x, v.y] for v in polygon.vertices]
        )

        self.__canvas.create_polygon(
            vertices,
            fill=self.fill_color,
            outline=self.outline_color,
            width=self.outline_width
        )

    def draw_arrow(
            self,
            segment: Segment,
            length: float,
            height: float
    ):
        director = segment.direction_vector
        v_l = director.opposite().with_length(length)
        v_h1 = director.perpendicular().with_length(height / 2.0)
        v_h2 = v_h1.opposite()

        self.draw_segment(segment)
        self.draw_segment(
            Segment(
                segment.end,
                segment.end.displaced(v_l + v_h1)
            )
        )
        self.draw_segment(
            Segment(
                segment.end,
            segment.end.displaced(v_l + v_h2)
        )
    )
```

现在，我们有一种方便的方法来绘制几何基元，但是它们不会运动，我们需要运动来进行仿真模拟。让这些几何形状栩栩如生的秘诀是什么？这就是下一章的主题。事情变得越来越令人兴奋了！

10.3 小结

在本章中，我们介绍了使用 Python 的 Tkinter 软件包创建图形用户界面的基础知识。我们学习了如何使用 grid 系统将小部件放在主窗口的方法。我们还学会了如何使按钮响应单击以及如何读取文本框的内容。最重要的是，我们了解了 canvas 类及其方法，可以用来为其绘制简单的基元。

在本章后半部分，我们创建了 Tkinter 画布的装饰器类，使我们能够直接绘制我们的几何基元。该类还包括一个仿射变换，在基元绘制之前应用。该类具有定义轮廓线宽和颜色以及填充颜色的属性。这些是应用于我们绘制的基元的线宽和颜色。现在是时候让这些静态的几何形状动起来了。

第 11 章 Chapter 11

动画、模拟和时间循环

与用矢量图来可视化静态问题一样，动画可以帮助我们构建对动态问题的视觉印象。图像只能展示某一时间点的事物状态。当系统的状态随时间变化时，我们需要使用动画来获得全部信息。

就像静态分析可以呈现系统某一刻的状态，模拟可以呈现系统随时间的变化。动画是呈现这种变化过程的好方法。工程师模拟动态系统有两个充分的理由：这是巩固对这些系统的理解的一个好机会，而且这很有趣。

在本章中，我们将开始探索引人入胜的动画世界，首先从一些定义开始。然后，我们将学习如何使图纸在画布上移动。我们将使用 Tkinter 的画布，更重要的是，我们的 CanvasDrawing 装饰器类。

11.1 名词解释

让我们首先定义本章用到的一些概念。

11.1.1 什么是动画

动画是通过图像快速连续的接替产生的运动感。由于计算机将这些图像非常迅速地绘制到屏幕上，因此我们的眼睛会产生运动的错觉。

我们制作动画的方式是通过在画布上画一些东西来清除它，然后再画其他东西。每张在屏幕上停留几分之一秒的图形，称为一帧（frame）。

以图 11-1 为例，它描绘了动画的每一帧：一个向右移动的三角形。

动画的每一帧都是一个位置略有差异的三角形。如果我们将它们绘制在画布上，一个接一个，清除上一个图形，则三角形看起来似乎在移动。

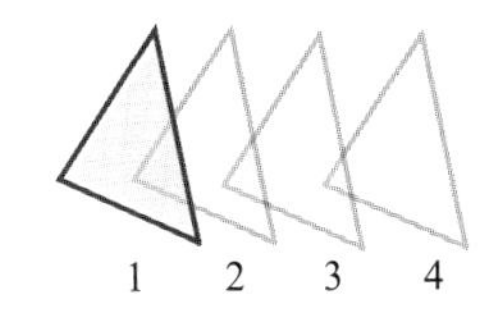

图 11-1 三角形的动画帧

很简单，不是吗？我们稍后在本章中构建我们的第一个动画，但是，首先让我们定义术语：系统（system）和模拟（simulation），因为它们会经常出现在我们的讨论中。

11.1.2 什么是系统

本书所说的“系统”一词是指我们在动画中在画布上绘制的任何内容。它由一组遵守某些物理定律并相互作用的物体组成。我们将使用这些定律来建立数学模型，通常以微分方程系统的形式。我们将使用数值方法求解这些方程，从而产生在离散时间下描述系统状态的值。这些值可能是系统的位置或速度。

现在，让我们来看看系统的示例并得出其方程式。假设我们有一个质量为 m 的物体，受到一个随时间变化的外力 $\vec{F}(t)$ 的作用。图 11-2 描述了一个其受力图。图中可以看到外力和物体自身的重力，其中 $\vec{g}$ 是重力加速度向量。

根据牛顿第二定律，用 $\vec{p}$ 表示物体的位置向量，可以得到如下公式：

$$\sum \vec{f} = m\ddot{\vec{p}} \to \vec{F}(t) + m\vec{g} = m\ddot{\vec{p}}$$

加速度 $\ddot{\vec{p}}$ 的求解公式为

$$\ddot{\vec{p}}(t) = \vec{g} + \frac{\vec{F}(t)}{m} = \begin{pmatrix} 0 \\ -g \end{pmatrix} + \frac{1}{m}\begin{pmatrix} F_x(t) \\ F_y(t) \end{pmatrix}$$

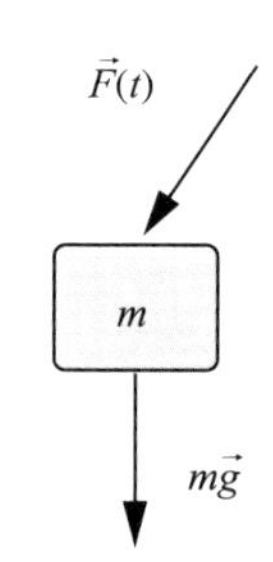

图 11-2 受外力作用的物体

上面的向量方程可以分解为两个标量方程组：

$$\begin{cases} \ddot{x}(t) = \dfrac{F_x(t)}{m} \\ \ddot{y}(t) = -g + \dfrac{F_y(t)}{m} \end{cases}$$

这两个方程式表达了物体的加速度随时间的变化。为了模拟这个简单的系统，我们需要获得动画的每一帧中物体的加速度、速度和位置的值。我们马上就会知道这意味着什么。

11.1.3 什么是模拟

模拟是对系统变化的研究，用数学描述系统的行为。模拟利用中央处理单元（CPU）的计算能力求解给定系统在实际条件下的行为。

计算机模拟通常比真实世界的实验更便宜、更简单，所以它们被用来研究和预测许多工程设计的行为。

以我们在上一小节中推导出的方程式的系统为例。给定一个相对于时间变化的外力的表达式，如

$$\vec{F}(t) = \begin{pmatrix} 10t \\ 5t^2 \end{pmatrix}$$

假设物体的质量为 m=5kg，加速度方程变成如下形式：

$$\begin{cases} \ddot{x}(t) = \dfrac{10t}{5} = 2t \\ \ddot{y}(t) = -g + \dfrac{5t^2}{5} = -g + t^2 \end{cases}$$

这些标量方程为我们提供了物体每时每刻的加速度分量。由于方程很简单，我们可以对其进行积分，以获得速度分量的表达式：

$$\begin{cases} \dot{x}(t) = \int 2t \cdot \mathrm{d}t = t^2 + \dot{X}_0 \\ \dot{y}(t) = \int (-g + t^2) \cdot \mathrm{d}t = -gt + \dfrac{t^3}{3} + \dot{Y}_0 \end{cases}$$

其中 $\dot{X}_0$ 和 $\bar{Y}_0$ 是初速度的分量，即时间 t=0 时的速度。

我们知道每时每刻的物体速度。如果我们想对物体的运动进行动画化，则需要一个物体位置的表达式，我们可以通过对速度方程进行积分来获得：

$$\begin{cases} x(t) = \int (t^2 + \dot{X}_0) \cdot \mathrm{d}t = \dfrac{t^3}{3} + \dot{X}_0 t + X_0 \\ y(t) = \int (-gt + \dfrac{t^3}{3} + \dot{Y}_0) \cdot \mathrm{d}t = -g\dfrac{t^2}{2} + \dfrac{t^1}{12} + \dot{Y}_0 t + Y_0 \end{cases}$$

其中 X_0 和 Y_0 是物体初始的位置分量。

现在，我们可以创建一个动画，通过简单地创建一系列时间值，计算每个时间点对应的位置，然后在该位置对应的屏幕上绘制一个矩形，从而了解物体在外力作用下如何移动。

微分方程与系统的加速度与时间的变化有关，本例中的方程非常简单，这使我们能够通过积分获得解析解。我们通常无法得到模拟系统的解析解，因此我们倾向于采用数值方法。

解析解是精确解，而数值解是使用计算机算法得到的近似解。欧拉法是一种常见的数值方法，尽管不是最精确的方法。

实时绘制模拟的结果意味着我们需要求解的方程与绘制的帧数一样多。例如，如果我们要以每秒 50 帧的速率进行模拟，那么每秒需要绘制帧并求解方程 50 次。

每秒 50 帧对应的各帧之间的时间为 20ms。考虑到计算机需要一些时间来重绘屏幕，我们几乎没有时间进行数学求解。

模拟也可以提前计算，然后播放。这样求解方程的时间可以尽可能长，动画只有在所有帧准备就绪时才发生。

视频游戏引擎使用实时模拟，因为它们需要模拟玩家与之互动时周围的世界，这是无法提前确定的。这些引擎倾向于用精度换取速度，它们的结果在物理上并不准确，但肉眼看起来很真实。

复杂的工程系统需要进行提前模拟，因为这些问题的控制方程非常复杂，需要更精确地求解。

11.1.4 什么是时间循环

实时模拟发生在循环中，我们将其称为时间循环（time loop）或主循环（main loop）。该循环每秒执行的次数等于帧绘制到屏幕上的次数。下面是一些伪代码，显示了时间循环的样子：

```
while current_time < end_time:
    solve_system_equations()
    draw_system()
    sleep(time_delta - time_taken)
    current_time += time_delta
```

为了使动画看起来流畅，我们需要稳定的帧率。这意味着模拟的绘图阶段应在均匀间隔的时间点进行。(虽然不是严格必要的，但是有一些技术可以调整处理器和 GPU 输出的帧率，但是我们不会在本书中涉及这么深的话题。)

连续帧之间的时间称为时间增量（time delta，或 δt）。它与帧率（fps）成反比：FPS=1/δt，单位通常为秒或毫秒。因此，在我们的时间循环中发生的所有事情都应该在不到一个时间增量内完成。

循环的第一步是求解方程，以弄清楚系统在经过一个时间增量以后的变化。然后，我们将系统的新配置绘制到屏幕上。我们需要测量循环中这一段所花费的时间，并将结果存储在 time_taken 变量中。

此时，该程序会被暂停或睡眠，直到达到一个时间增量。睡眠时间可以通过从 time_delta 中减去 time_taken 来得到。结束循环之前的最后一步是将当前时间提前一个时间增量。然后循环重新开始。图 11-3 显示了绘制时间循环中事件的时间线。

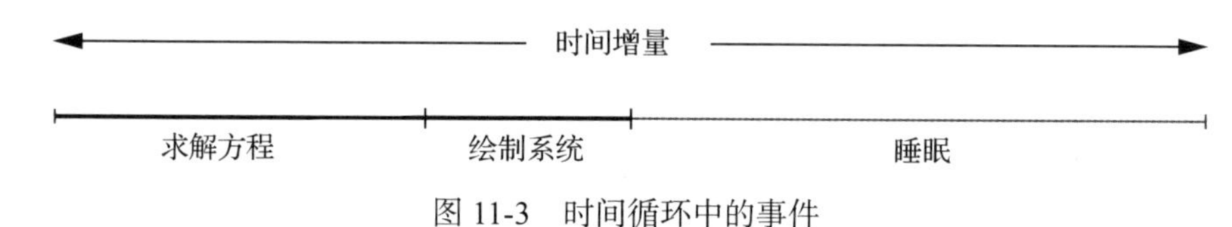

图 11-3 时间循环中的事件

在讲解了这些定义后，让我们实现一个时间循环并开始动画。

11.2 我们的第一个动画

在本章的开头，我们解释了如何通过每秒多次绘画来实现运动的感觉。时间循环负责使这些图像以稳定的速度更新。让我们创建第一个循环。

11.2.1 初始设置

我们首先创建一个可以实验的新文件。在 simulation 包中，创建一个新文件并将其命名为 hello_motion.py。输入清单 11-1 中的代码。

清单 11-1 The hello_motion.py 文件

```
import time
from tkinter import Tk, Canvas

tk = Tk()
tk.title("Hello Motion")

canvas = Canvas(tk, width=600, height=600)
canvas.grid(row=0, column=0)

frame_rate_s = 1.0 / 30.0
frame_count = 1
max_frames = 100


def update_system():
```

```
        pass


    def redraw():
        pass


❶ while frame_count <= max_frames:
      update_start = time.time()
    ❷ update_system()
    ❸ redraw()
    ❹ tk.update()
      update_end = time.time()

    ❺ elapsed_s = update_end - update_start
      remaining_time_s = frame_rate_s - elapsed_s

      if remaining_time_s > 0:
        ❻ time.sleep(remaining_time_s)
    frame_count += 1

tk.mainloop()
```

在清单 11-1 的代码中，我们首先创建一个 600 × 600 像素的画布并将其添加到主窗口的网格中。然后，我们初始化了一些变量：frame_rate_s 存储两个连续帧之间的时间，单位为秒；frame_count 统计已经绘制的帧数；max_frames 是需要绘制的总帧数。

注意：存储时间相关的数字的变量，其名称中有时间单位的信息。frame_rate_s 或 elapsed_s 中的 s 表示秒（second）。这种做法很好，因为它可以帮助开发人员了解该代码正在使用的单位，而无须阅读注释或浏览所有代码。当你每天花费数小时的时间进行编码时，这些小细节可以为你节省很多时间并避免挫败感。

然后是时间循环❶，执行速率为 frame_rate_s，次数是 max_frames，至少在原则上是这样（正如你马上会看到的）。请注意，我们选择使用最大帧数来限制模拟，但我们也可以通过时间来限制它，也就是说，继续运行循环，直到给定的时间过去，就像我们在上面展示的伪代码中所做的那样。这两种方法都很好用。

在循环中，我们首先在 update_start 中存储当前时间。在对系统和图形进行更新之后，我们再次存储时间，这次是在 update_end 中。然后通过 update_end 减去 update_start 来计算消耗的时间，并存储在 elapsed_s 中❺。我们使用这个量来计算循环保持稳定帧率所需的睡眠时间，从 frame_rate_s 中减去 elapsed_s。这个数存储在 remaining_time_s 中，如果它大于零，我们就休眠循环❻。

如果 remaining_time_s 小于零，那么这个循环所花费的时间就比帧率更长，这意味着它不能跟上我们强加给它的节奏。如果这种情况经常发生，时间循环将变得不稳定，动画可能看起来很粗糙，在这种情况下，最好的办法是降低帧率。

魔法发生（或者更准确一点说，将会发生）在 update_system ❷和 redraw ❸中，我们在循环中调用它们来更新和重新绘制系统。我们很快将在此编写绘图代码。pass 语句在 Python 中用作占位符：它不做任何事情，但它允许我们拥有一个有效的函数体。

还有一个从主窗口 tk 更新的调用 update ❹，它告诉 Tkinter 运行主循环，直到所有挂起的事件都被处理完毕。这对于强制 Tkinter 查找可能触发用户界面小部件（包括画布）中的更改的事件是必要的。

你现在可以运行该文件。你将看到一个空窗口，看起来什么都不做，但它实际上正在运行循环 max_frames 次。

11.2.2 添加帧计数标签

在画布下添加一个标签，让我们知道正在画布上绘制的当前帧和总帧数。我们可以在 update 中更新其值。首先，将 Label 添加到 tkinter 导入中：

```
from tkinter import Tk, Canvas, StringVar, Label
```

然后，在 canvas 定义之后，添加 label 定义（见清单 11-2）。

清单 11-2 在窗口中添加标签

```
label = StringVar()
label.set('Frame ? of ?')
Label(tk, textvariable=label).grid(row=1, column=0)
```

最后，在 update 中通过设置 label 的文本变量标签的值来更新标签的文本（见清单 11-3）。

清单 11-3 更新标签的文本

```
def update():
    label.set(f'Frame {frame_count} of {max_frames}')
```

尝试运行文件。画布仍然空白，但下面的标签现在显示当前帧。你的程序应看起来像图 11-4：一个空白窗口，其中帧数从 1 增加到 100。

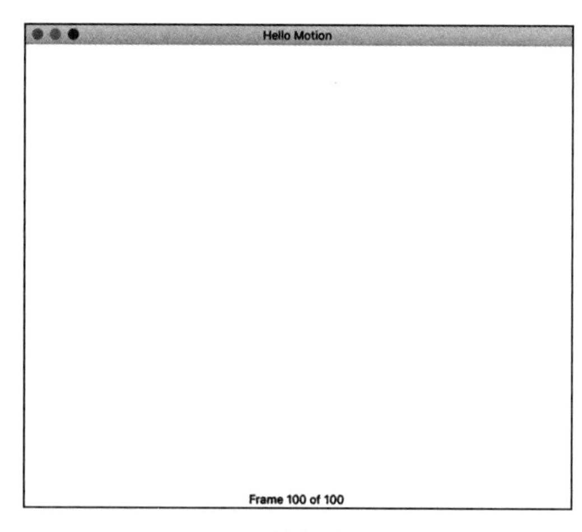

图 11-4 帧数计数标签

目前的代码应该与清单 11-4 相同（供参考）。

清单 11-4 带有标签的画布

```
import time
from tkinter import Tk, Canvas, StringVar, Label

tk = Tk()
tk.title("Hello Motion")

canvas = Canvas(tk, width=600, height=600)
canvas.grid(row=0, column=0)

label = StringVar()
label.set('Frame ? of ?')
Label(tk, textvariable=label).grid(row=1, column=0)

frame_rate_s = 1.0 / 30.0
frame_count = 1
max_frames = 100


def update_system():
    pass


def redraw():
    label.set(f'Frame {frame_count} of {max_frames}')


while frame_count <= max_frames:
    update_start = time.time()
    update_system()
    redraw()
    tk.update()
    update_end = time.time()

    elapsed_s = update_end - update_start
    remaining_time_s = frame_rate_s - elapsed_s

    if remaining_time_s > 0:
        time.sleep(remaining_time_s)

    frame_count += 1

tk.mainloop()
```

要在画布上绘制任何东西，我们都需要有一个系统。让我们先来看看如何在模拟中添加和更新系统。

11.2.3 系统更新

在此例中，我们将保持简单，绘制一个圆圈，其圆心始终位于画布的中心点（300, 300）处。

它的半径将从零开始增大。当半径大于画布并且不再可见时，我们将其重新设置为零。这将产生迷幻的隧道效果。

我们可以用 Circle 类的实例来表示“系统”。因为我们需要将圆绘制到画布上，让我们也应用恒等变换创建一个 CanvasDrawing 的实例。在变量 frame_rate_s、frame_count 和 max_frames 之后，添加以下内容：

```
transform = AffineTransform(sx=1, sy=1, tx=0, ty=0, shx=0, shy=0)
drawing = CanvasDrawing(canvas, transform)
circle = Circle(Point(300, 300), 0)
```

不要忘记增加所需的导入：

```
from geom2d import Point, Circle, AffineTransform
from graphic.simulation.draw import CanvasDrawing
```

我们需要在 update_system 中更新每帧的半径值，以便在 redraw 运行时，用更新的半径值来绘制圆。在 update_system 中，输入清单 11-5 中的代码。

清单 11-5 更新圆的半径值

```
def update_system():
    circle.radius = (circle.radius + 15) % 450
    tk.update()
```

通过用当前值加 15 来更新半径值。使用取余操作符（%），每当半径大于 450 时，该值都会环绕并返回到零。

注意：取余操作符 % 返回两个数相除后的余数。例如，5%3 等于 2。

你可能已经意识到我们改变了圆的半径属性，而不是创建一个具有新半径的圆——这是本书中我们第一次更改几何基元的属性。原因是，对于模拟，保持循环的输出至关重要，并且为每一帧创建一个新实例将对性能产生很大的影响。

我们现在定义了系统的每一帧，即一个圆，它的圆心始终保持在窗口的中心，而半径逐渐增大。让我们把它画到屏幕上去吧！

11.2.4 创建运动

为了创建运动的效果，必须在每一帧时清除画布，并重新绘图。在主循环调用 redraw 之前，update_system 已经更新了圆的属性。在 redraw 中，我们只需要清除画布上现有的内容，然后再次绘制圆即可。使用清单 11-6 中的代码更新 redraw。

清单 11-6 重新绘制圆的每一帧

```
def redraw():
    label.set(f'Frame {frame_count} of {max_frames}')
    drawing.clear_drawing()
    drawing.draw_circle(circle, 50)
```

你可能一直在等待这一章中的宏伟时刻，所以继续执行文件。你会看到一个尺寸增长的圆，直到它从屏幕上消失，然后重新开始。

此时你的 hello_motion.py 代码应该与清单 11-7 相同（供参考）。

清单 11-7　simulation 的最终代码

```
import time
from tkinter import Tk, Canvas, StringVar, Label

from geom2d import Point, AffineTransform, Circle
from graphic.simulation import CanvasDrawing

tk = Tk()
tk.title("Hello Motion")

canvas = Canvas(tk, width=600, height=600)
canvas.grid(row=0, column=0)

label = StringVar()
label.set('Frame ? of ?')
Label(tk, textvariable=label).grid(row=1, column=0)

frame_rate_s = 1.0 / 30.0
frame_count = 1
max_frames = 100

transform = AffineTransform(sx=1, sy=1, tx=0, ty=0, shx=0, shy=0)
drawing = CanvasDrawing(canvas, transform)
circle = Circle(Point(300, 300), 0)


def update_system():
    circle.radius = (circle.radius + 15) % 450
    tk.update()
def redraw():
    label.set(f'Frame {frame_count} of {max_frames}')
    drawing.clear_drawing()
    drawing.draw_circle(circle, 50)


while frame_count <= max_frames:
    update_start = time.time()
    update_system()
    redraw()
    tk.update()
    update_end = time.time()

    elapsed_s = update_end - update_start
    remaining_time_s = frame_rate_s - elapsed_s

    if remaining_time_s > 0:
        time.sleep(remaining_time_s)
```

```
    frame_count += 1

tk.mainloop()
```

请注意，在绘制任何内容之前，redraw 函数必须先清除画布。你能猜到如果我们忘了这样做，会发生什么吗？注释掉该行并运行模拟。

```
def redraw():
    label.set(f'Frame {frame_count} of {max_frames}')
    # drawing.clear_drawing()
    drawing.draw_circle(circle, 50)
```

所有绘制的圆都保留在画布上，如图 11-5 所示。

图 11-5 画布没有清除的结果

我们在画布上画了第一个动画，这看起来很棒。不过，如果我们要写另一个动画，我们必须复制并粘贴主循环的代码。为避免这种不必要的重复，让我们将主循环代码移至函数中，从而可以轻松地重复使用。

11.3 抽象主循环函数

我们刚刚写的主循环具有相当多与所有模拟共通的逻辑。一遍又一遍地复制和粘贴其代码不仅不好，而且如果我们发现改进或想更改代码，就需要编辑所有模拟的代码。我们不想复制知识：我们应该仅在一个地方定义主循环的逻辑。

要实现主循环的通用版本，我们需要进行抽象练习。让我们问自己以下有关主循环的实现的问题：哪些是永远不会改变的？哪些是与特定模拟相关的？ while 循环、内部操作的顺序以及时间计算对所有模拟来说都相同。相反，有三个逻辑会随模拟不同而变化，即使循环保持运行的条件、系统更新和绘图。

如果我们将其封装到模拟的函数中，就可以传递给我们的主循环抽象逻辑。我们创建的主循环将只需要关心时间，即试图保持帧率稳定。

在 simulation 包中创建一个名为 loop.py 的新文件。输入清单 11-8 中的代码。

清单 11-8　模拟的主循环函数

```
import time


def main_loop(
        update_fn,
        redraw_fn,
        should_continue_fn,
        frame_rate_s=0.03
):
    frame = 1
    time_s = 0
    last_elapsed_s = frame_rate_s

 ❶ while should_continue_fn(frame, time_s):
        update_start = time.time()
     ❷ update_fn(last_elapsed_s, time_s, frame)
     ❸ redraw_fn()
        update_end = time.time()

        elapsed_s = update_end - update_start
        remaining_time_s = frame_rate_s - elapsed_s

        if remaining_time_s > 0:
            time.sleep(remaining_time_s)
            last_elapsed_s = frame_rate_s
        else:
            last_elapsed_s = elapsed_s

        frame += 1
        time_s += last_elapsed_s
```

你应该注意的第一件事是，main_loop 函数的三个参数也是函数：update_fn-redraw_fn 和 should_continue_fn。这些函数包含模拟特有的逻辑，因此我们的主循环根据需要调用它们即可。

注意：2.1.4 节中介绍了将函数作为参数传递给其他函数的知识。你可能需要重新复习一下。

main_loop 函数首先声明三个变量：frame——存储当前帧的索引；time_s——存储消耗的总时间；last_elapsed_s——存储最后一帧消耗的时间（s）。循环运行的条件被交给 should_continue_fn 函数 ❶。只要此函数返回 true，循环就会继续。它接收两个参数：帧数计数和消耗的总时间（单位为秒）。你是否还记得，我们的大多数模拟都会受到其中一个值的限制，因此我们将它们传递给函数，以便它拥有决定循环是否应该继续运行所需的信息。

接下来，update_fn 函数❷在模拟下更新系统和用户界面。该函数接收三个参数：上一帧运行的时间 last_elapsed_s、模拟的总运行时间 time_s，以及当前帧数 frame。正如我们将在本书的后面看到的，当我们将物理引入模拟时，从上一帧开始消耗的时间是一个重要的数据。最后是 redraw_fn ❸，它将系统绘制到屏幕上。

多亏了我们对模拟主循环的抽象，我们将不需要再编写此逻辑。让我们尝试使用此主循环的定义重构我们前面所写的模拟。

11.4 重构模拟程序

在创建了一个主循环的抽象后，让我们来看看如何重构我们的模拟以包含主循环函数。

创建一个名为 hello_motion_refactor.py 的新文件，并输入清单 11-9 中的代码。你可能想要复制粘贴 hello_motion.py 的前几行代码，即那些定义 UI 的行。注意，为了使代码更短一点，我已经从 UI 中删除了帧数计数标签。

清单 11-9 重构版 hello_motion .py

```
from tkinter import Tk, Canvas

from geom2d import Point, Circle, AffineTransform
from graphic.simulation.draw import CanvasDrawing
from graphic.simulation.loop import main_loop

tk = Tk()
tk.title("Hello Motion")

canvas = Canvas(tk, width=600, height=600)
canvas.grid(row=0, column=0)

max_frames = 100

transform = AffineTransform(sx=1, sy=1, tx=0, ty=0, shx=0, shy=0)
drawing = CanvasDrawing(canvas, transform)
circle = Circle(Point(300, 300), 0)


def update_system(time_delta_s, time_s, frame):
    circle.radius = (circle.radius + 15) % 450
    tk.update()


def redraw():
    drawing.clear_drawing()
    drawing.draw_circle(circle, 50)


def should_continue(frame, time_s):
```

```
    return frame <= max_frames


main_loop(update_system, redraw, should_continue)
tk.mainloop()
```

如果我们看到代码的末尾，我们会找到对 main_loop 的调用。传递我们前面定义的函数，唯一的不同之处在于，现在这些函数必须声明适当的参数以匹配 main_loop 的需要。

此代码更容易理解。所有保持稳定的帧率的逻辑都已转移到独立的函数中，因此我们可以将注意力集中在模拟本身上，而无须处理这些细节。现在，让我们花一些时间来了解模拟的一些参数，并了解它们如何影响最终结果。

11.4.1 尝试不同的多边形近似圆

请记住，CanvasDrawing 类将仿射变换作为其状态的一部分，并且每个几何基元在被绘制之前都会经过仿射变换。还请记住，这是使用足够多的划分来将圆转换为一般多边形的原因。转换发生在绘制命令中，因此，必须传递划分的数量，否则使用默认值 30。

回到清单 11-9 中的 redraw 函数：

```
def redraw():
    drawing.clear_drawing()
    drawing.draw_circle(circle, 50)
```

你可以看到我们使用了划分数 50，但是我们可以使用任何其他数字。例如，让我们尝试 10：

```
def redraw():
    drawing.clear_drawing()
    drawing.draw_circle(circle, 10)
```

重新运行文件。你能看到区别吗？如果你尝试 6 呢？图 11-6 显示了使用 50、10 和 6 对应的圆的模拟。

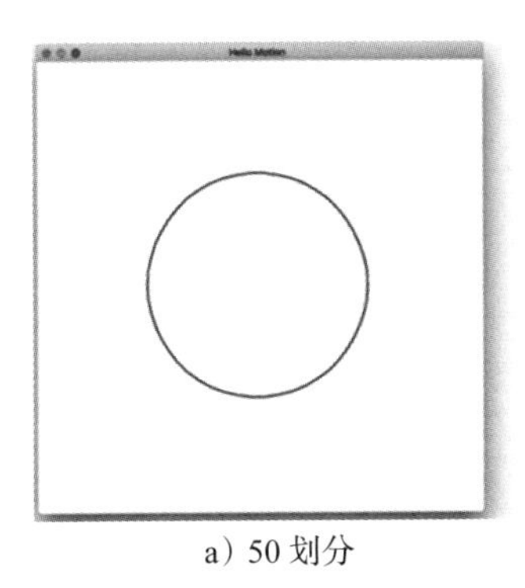
a）50 划分

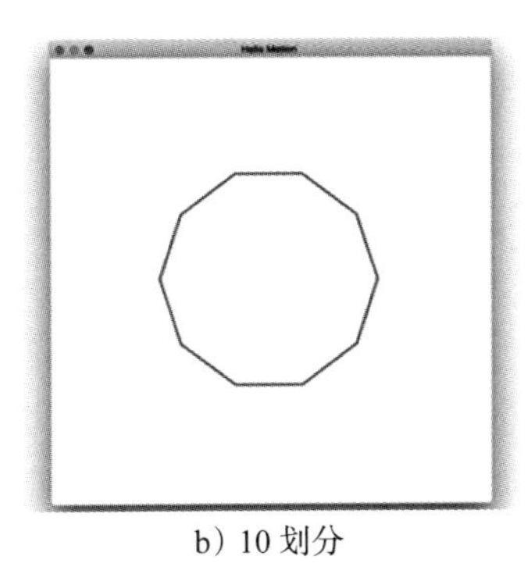
b）10 划分

c）6 划分

图 11-6　使用 50、10 和 6 划分数绘制的圆

经过这个有趣的实验，我们可以清楚地看到，用于近似圆的划分数的影响。现在，在将其绘制到画布之前，让我们尝试用于转换几何基元的仿射变换。

11.4.2 尝试不同的仿射变换

在我们的模拟中应用于图形的仿射变换是一个恒等转换：它使点保持不动。但是我们可以使用这种变换来做一些不同的事情，例如倒转 y 轴，以便其朝上。返回 hello_motion_refactor.py 文件，并找到定义变换的行：

```
transform = AffineTransform(sx=1, sy=1, tx=0, ty=0, shx=0, shy=0)
```

然后，修改以使其翻转 y 轴：

```
transform = AffineTransform(
    sx=1, sy=-1, tx=0, ty=0, shx=0, shy=0
)
```

再次运行模拟。你看到了什么？只是画布顶部一点点的轮廓，对吗？原因是我们倒转了 y 轴，但是坐标系的原点仍在左上角。因此，我们试图绘制的圆位于窗口外，如图 11-7 所示。

我们可以通过将坐标系的原点移到画布的左下角来轻松解决此问题。由于画布高度为 600 像素，我们可以将变换设置如下：

```
transform = AffineTransform(
    sx=1, sy=-1, tx=0, ty=600, shx=0, shy=0
)
```

可能会让你感到惊讶的是，垂直平移的数值为 600，而不是 −600，但请记住，在原始的坐标系统中，y 轴方向朝下，而仿射变换是基于该坐标系。

如果你愿意，通过串联两个简单的变换，可能会更容易理解过程：第一个将原点向下移动 600 像素，第二个将 y 轴翻转：

```
>>> t1 = AffineTransform(sx=1, sy=1, tx=0, ty=-600, shx=0, shy=0)
>>> t2 = AffineTransform(sx=1, sy=-1, tx=0, ty=0, shx=0, shy=0)
>>> t1.then(t2).__dict__
{'sx': 1, 'sy': -1, 'tx': 0, 'ty': 600, 'shx': 0, 'shy': 0}
```

如你所见，这会产生相同的变换。

现在，让我们在水平方向上添加一些剪切，以了解圆是如何变形的。尝试以下变换值：

```
transform = AffineTransform(
    sx=1, sy=-1, tx=150, ty=600, shx=-0.5, shy=0
)
```

并再次运行模拟。你应该看到与图 11-8 中类似的形状。

现在轮到你处理这些值，看看是否对于动画、图像和变换的工作原理有了更好的直觉。你从头开始创建了一些美丽的东西，因此请花点时间尝试一下。尝试使用三角形或矩形代替圆。你可以通过移动而非更改其尺寸来更新几何图形。在运行模拟之前，使用仿射变换值，并尝试推理图形的外观。使用此练习来加强你对仿射变换的直觉。

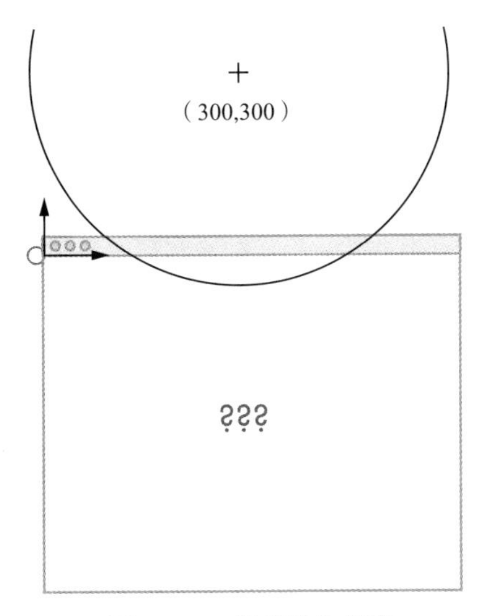

图 11-7　*y* 轴翻转的模拟

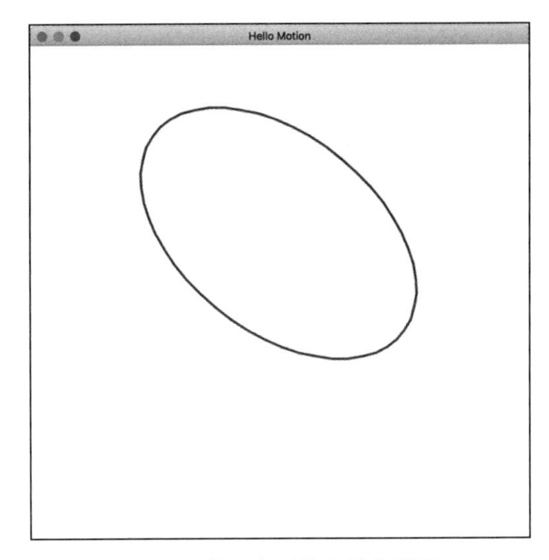

图 11-8　使用水平剪切绘制的圆

11.5　模块简洁化

让我们对模块进行两个小的重构来稍微清理一下。首先，在 simulation 包中创建一个新的文件夹，并将其命名为 examples。我们将使用它来存放所有不属于模拟和绘图逻辑的文件，而不是我们在本章中编写的示例。所以，基本上，除了 draw.py 和 loop.py 以外，把其他文件都移到这里。你的 simulation 文件夹结构应该是这样的：

```
simulation
  |- examples
  |     |- hello_canvas.py
  |     |- hello_motion.py
  |     |- ...
  |
  |- __init__.py
  |- draw.py
  |- loop.py
```

我们要做的第二件事是将 CanvasDrawing 类和 main_loop 函数添加到 simulation 包的默认导出中。在 simulation 中打开 __init__.py 文件，并添加以下导入：

```
from .draw import CanvasDrawing
from .loop import main_loop
```

可以了！从现在开始，我们将能够使用较短的语法来导入它们了。

11.6 小结

在本章中，我们学习了时间循环。在满足条件的情况下，时间循环会一直执行，其主要工作是保持帧率稳定。在此循环中，发生了两件事：在模拟下更新系统和重新绘制屏幕。这些操作是定时的，因此在它们完成后，我们知道完成一个周期还有多少时间。

因为时间循环将出现在我们的所有模拟中，所以我们决定将其作为一个函数来实现。此函数接收其他函数：一个负责更新系统，另一个将系统绘制到屏幕上，最后一个决定模拟是否结束。

在下一章中，我们将使用这个时间循环函数来创建仿射变换的动画。

第 12 章 Chapter 12

仿射变换动画化

你刚刚学习了动画和 GUI 设计的基础知识。在本章中，我们将结合这两者，并构建一个创建仿射变换动画的应用程序。这将有助于建立对这个可能令人困惑的主题的视觉直觉，并加强你的编程技能。

应用程序将首先读取定义仿射变换和要变换的几何图形的文本文件。然后，它将计算一系列仿射变换——从恒等变换到给定变换的插值。此序列中的每个变换都将用于绘制动画的一帧。

与我们在第 9 章中构建的画圆的应用程序一样，我们将使用正则表达式从文本文件中读取基元。我们将使用一些更高级的语法，我们将详细分析它们。本章将会有很多代码。我们正在构建一个更大的应用程序，这是一个学习如何在代码中分配职责的好机会。

和往常一样，我们将尽量保持架构和设计的干净，解释我们遇到的每一个决定背后的原因。我们开始吧！

12.1 应用程序架构和图示

为了讨论此应用程序的架构，我们将介绍一种新型的图：可见度图。可见度图使用箭头展示应用程序的组件的相互关系——换句话说，谁可以看到谁。请看图 12-1 的图表。

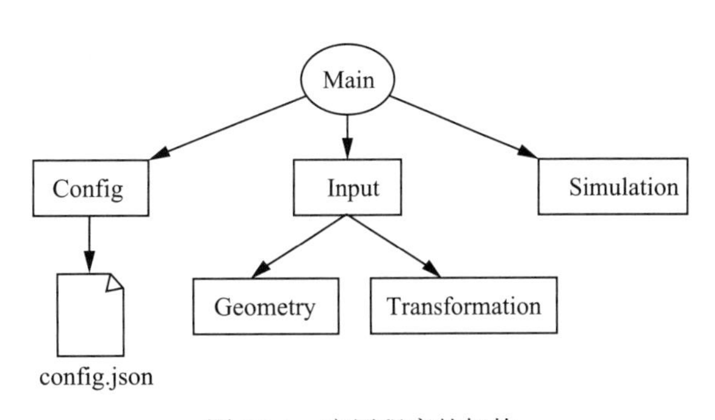

图 12-1 应用程序的架构

图的顶部是执行脚本 Main，圆圈表示它是应用程序的入口点。有三个箭头从 Main 开始，这意味着 Main 知道其他三个模块：Config、Input 和 Simulation。模块用矩形表示。

注意，箭头是单向的。Main 知道这些模块的存在，并依赖于它们，但这些模块并不知道 Main 的存在。这是至关重要的：我们希望最大限度地减少应用程序的组件对彼此的了解。这确保了模块尽可能地解耦（decoupled），这意味着它们可以独立运行。

解耦设计的好处主要是简洁，它允许我们轻松地开发和维护我们的软件，以及可重用性。一个模块拥有的依赖关系越少，就更容易在其他地方使用它。

回到图 12-1 中的图表，我们说 Main 使用了三个模块：Config、Input 和 Simulation。Config 模块负责加载 config.json 中存储的应用程序的配置，如箭头所示。

Input 模块负责读取用户的输入文件，并定义仿射变换和几何基元。因此，这个模块将使用另外两个模块：Geometry——负责解析基元；Transformation——负责解析仿射变换。同样，箭头从 Input 指向其他两个模块，意味着这两个模块对 Input 一无所知：它们可以被其他模块完美地使用。

最后，我们有 Simulation 模块，它将负责执行实际的仿真。

注意：分离架构的重要性如何强调也不为过。应用程序应由小型子模块组成，子模块拥有直接、简洁的界面，并将其内部工作对外部世界隐藏。这些模块的对外依赖越少，则维护越简单。不尊重这一简单原则的应用程序往往会失败，相信我，当你在模块中修复一个小错误，而它破坏了其他明显不相关的模块时，你会感到绝望的。

让我们继续开展项目。

12.2 初始设置

在 apps 文件夹中，创建一个名为 aff_transf_motion 的新 Python 包。在其中，添加以下结构树中显示的所有文件。如果你是通过右击 apps 并选择 New → Python Package 创建的新包，那么 __init__.py 已经在目录中，IDE 为我们创造了它。如果你以其他方式创建软件包，请不要忘记添加此文件。

```
apps
  |- aff_transf_motion
       |- __init__.py
       |- config.json
       |- config.py
       |- input.py
       |- main.py
       |- parse_geom.py
       |- parse_transform.py
       |- simulation.py
       |- test.txt
```

现在所有的文件都是空的，但我们很快会用代码填充它们。

然而，在此之前，我们希望有一个运行配置或 bash 脚本来在开发时运行项目，就像我们在第 9 章中所做的那样。我们首先需要定义它将在 main.py 中执行的脚本。现在，我们只需向 shell 输出一条消息，以确保一切正常。打开该文件，并输入清单 12-1 中的代码。

清单 12-1 Main 文件

```
if __name__ == '__main__':
    print('Ready!')
```

现在让我们探索执行该项目的两个选项：运行配置和 bash 脚本。你不需要两者都设置；你可以选择最适合自己的，并跳过另一个。

12.2.1　创建运行配置文件

在菜单中，选择 Run（运行）→ Edit Configurations（编辑配置）。单击左上方的“+”图标，然后选择 Python 创建运行配置。将其命名为 aff-transf-motion。与我们在第 9 章中所做的类似，选择 main.py 作为脚本路径，aff_transform_motion 作为工作目录。最后，从 Redirect input from 选项，选择 test.txt。你的配置应看起来与图 12-2 相似。

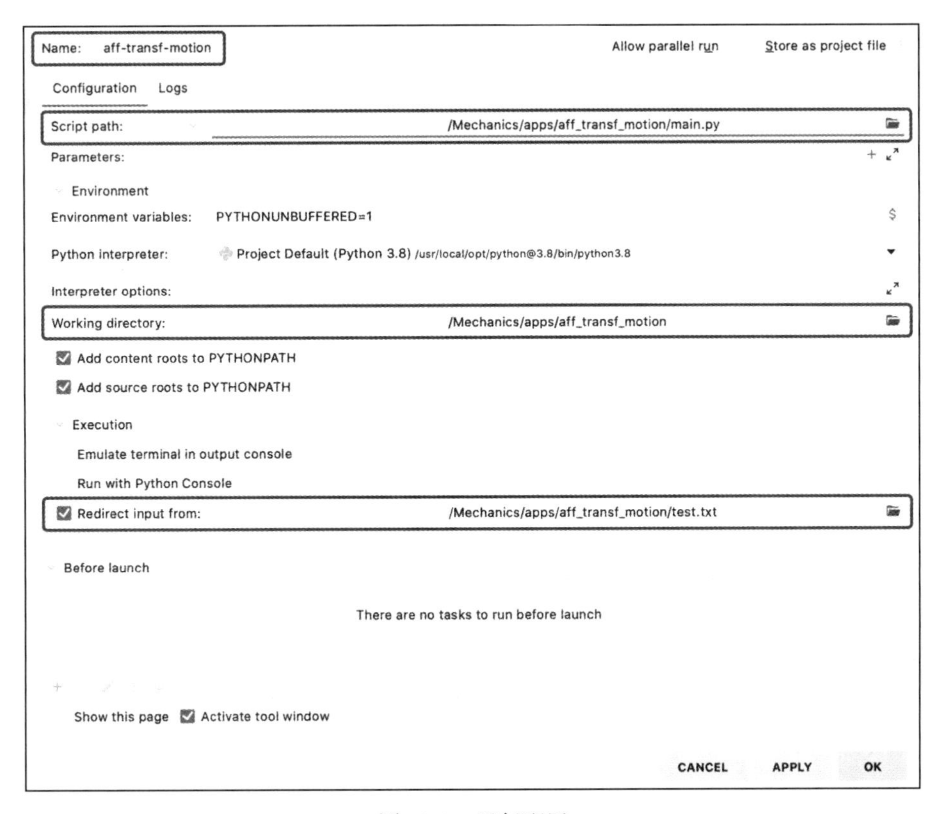

图 12-2　运行配置

要确保运行配置已被正确设置，请从运行配置导航栏选择它，然后单击绿色的运行按钮。shell 应该显示信息 Ready！如果你在设置时遇到了任何麻烦，请参阅第 9 章，我们在那里详细介绍了此过程。

12.2.2　创建一个 bash 脚本

要从命令行运行该应用程序，我们将使用第 9 章中探索的技术：创建一个 bash 脚本装饰器，该装饰器使用我们的项目根目录作为 Python 的工作区来解决我们的依赖关系。在项目的根目录（Mechanics 下面）中创建一个新文件：aff_motion.sh。在该文件中，输入清单 12-2 中的代码。

清单 12-2 执行项目的 bash 脚本

```
#!/usr/bin/env bash
PYTHONPATH=$PWD python3 apps/aff_transf_motion/main.py
```

使用此 bash 脚本，我们现在可以从命令行中执行程序，代码如下：

```
$ bash ./aff_motion.sh < apps/aff_transf_motion/test.txt
```

我们可以使此 bash 脚本变为可执行文件：

```
$ chmod +x aff_motion.sh
```

然后像下面这样执行：

```
$ ./aff_motion.sh < apps/aff_transf_motion/test.txt
```

12.3 读取配置文件

因为我们想将配置值与代码分开，所以我们将其保留在 JSON 文件中。这允许我们在不需要触碰代码的情况下更改应用程序的行为。打开 config.json 并输入清单 12-3 中的内容。

清单 12-3 配置的 JSON 文件

```
{
  "frames": 200,
  "axes": {
    "length": 100,
    "arrow-length": 20,
    "arrow-height": 15,
    "stroke-width": 2,
    "x-color": "#D53636",
    "y-color": "#33FF86"
  },
  "geometry": {
    "stroke-color": "#3F4783",
    "stroke-width": 3
  }
}
```

该配置首先定义用于模拟的帧数。然后是坐标轴的尺寸和颜色，我们将绘制这些坐标轴，以帮助我们可视化空间的变换过程。最后，我们具有将要转换的几何形状的配置值。在这里，我们定义了轮廓颜色和线宽。

现在，我们需要一种读取此配置 JSON 文件并将其内容转换成 Python 字典的方法。让我们使用在第 9 章中相同的方法。在 config.py 中，输入清单 12-4 中的代码。

清单 12-4 读取配置文件

```
import json

import pkg_resources as res
```

```
def read_config():
    config = res.resource_string(__name__, 'config.json')
    return json.loads(config)
```

配置文件的操作就是这样。让我们将注意力转向读取和解析输入。

12.4 读取输入文件

我们希望用户给程序传递一个文件，该文件包含仿射变换的定义以及要转换的几何基元的列表。让我们定义如何格式化这些文件。我们可以从读取仿射变换的值开始，因为我们事先知道我们期望的值是多少。因为可以有任意数量的几何基元，所以我们将它们放在最后。

12.4.1 输入格式化

下面是一个格式化仿射变换值的好方法：

```
sx <value>
sy <value>
shx <value>
shy <value>
tx <value>
ty <value>
```

这里每个值都定义在单独行中，并具有一个标签，指示其所对应的元素。我们可以使用更紧凑的格式，将所有值都放在一行中，例如：

```
transformation: <value> <value> <value> <value> <value> <value>
```

但其缺点是对用户来说不太清晰。值的顺序是什么？第三个数字是 x 方向上的剪切还是 y 方向的平移？要回答这个问题，你需要打开源代码并找出如何解析这些值。在输入大小不大的情况下，我倾向于更明确而不是紧凑，因此我们将使用第一种方法。

那么几何基元呢？对于每种几何基元，我们将使用不同的四字代号：例如，circ 代表圆。此代号之后将有很多定义基元属性的数字。

对于圆而言，定义看起来像如下：

```
circ <cx> <cy> <r>
```

其中 <cx> 和 <cy> 是圆心的坐标，<r> 是半径的值。

矩形看起来像如下：

```
rect <ox> <oy> <w> <h>
```

其中 <ox> 和 <oy> 定义其原点的坐标，<w> 是宽度，<h> 是高度。

多边形看起来像：

```
poly [<x1> <y1> <x2> <y2> <x3> <y3> ...]
```

其中 [<x> <y>] 代表顶点序列的 x 和 y 坐标值。请记住，创建多边形的最小顶点数量为三个。因此，这里至少需要六个值。

最后，线段的定义如下

```
segm <sx> <sy> <ex> <ey>
```

其中 <sx> 和 <sy> 是起点的坐标，而 <ex> 和 <ey> 是终点的坐标。

12.4.2 添加输入范例

让我们用一个输入示例填充 test.txt 文件。请记住，我们将程序中的标准输入重定向以从 test.txt 中读取，因此我们将使用它来测试代码。打开文件并输入清单 12-5 中的代码。

清单 12-5 测试的输入文件

```
sx 1.2
sy 1.4
shx 2.0
shy 3.0
tx 50.0
ty 25.0

circ 150 40 20
rect 70 60 40 100
rect 100 90 40 100
poly 30 10 80 10 30 90
segm 10 20 200 240
```

该文件首先定义仿射变换如下：

$$\boldsymbol{T}=\begin{pmatrix}1.2 & 2.0 & 50.0\\ 3.0 & 1.4 & 25.0\\ 0 & 0 & 1\end{pmatrix}$$

它还定义了一个圆、两个矩形、一个多边形和一条线段。图 12-3 描述了在应用仿射变换之前的这些几何基元的大致布局。

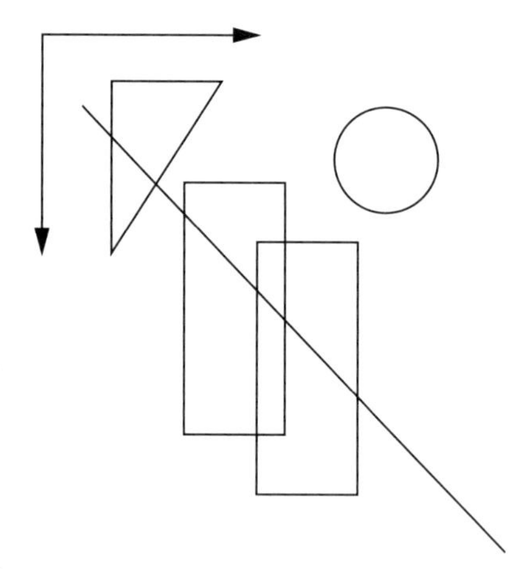

图 12-3 测试文件中的几何基元

现在 test.txt 有了这些定义，让我们编写读取和解析输入所需的代码大纲。打开 input.py 并输入清单 12-6 中的代码。

我们首先定义一个函数 read_input，它将读取仿射变换和几何基元，并返回包含两者的元组。为了完成工作，它将两个任务分别委托给私有函数 __read_transform 和 __read_primitives。这些函数现在只返回 None。我们将在接下来的两个部分中实现它们。

清单 12-6 解析输入文件起点

```
def read_input():
    transform = __read_transform()
```

```
    primitives = __read_primitives()
    return transform, primitives


def __read_transform():
    return None


def __read_primitives():
    return None
```

12.4.3 解析仿射变换

输入文件中的仿射变换将始终占据六行，每个元素一行。我们可以要求元素始终以相同的预定义顺序出现来简化解析。我们将仔细检查每个元素是否都具有适当的名称标签，确保用户以正确的顺序填写元素，但是我们不会将其包含在我们的正则表达式中，以使事情变得更简单。

我们需要的第一件事是可以匹配变换组件的浮点数的正则表达式。设计此正则表达式以便它也匹配整数很重要；小数部分应该是可选的。我们也想接受负数。将所有这些特征结合在一起的正则表达式看起来像这样：

/−?\d+(\.\d+)?/

正则表达式分为三个部分。第一部分 −？匹配零个或一个减法符号。第二部分 \d+ 匹配小数点前的一个或多个数字：整数部分。最后是 (\.\d+)？，匹配零个或一个由小数点和一个以上的数字组成的序列。请注意我们使用了？来代表可能的其他组件。

使用上面的正则表达式，我们可以创建另一个与所有元素的值匹配的正则表达式：

/(?P<val>−?\d+(\.\d+)?)/

它定义了一个名为 val 的组，该组将使用上面的表达式捕获元素的值。

让我们打开 parse_transform.py（目前为空），创建读取和解析仿射变换元素的逻辑。输入清单 12-7 中的代码。

清单 12-7 解析仿射变换的元素

```
import re

__TRANSF_VAL_RE = r'(?P<val>-?\d+(\.\d+)?)'


def parse_transform_term(term, line):
    __ensure_term_name(term, line)
    return __parse_transform_term(line)


def __ensure_term_name(name, line):
    if name not in line:
```

```
        raise ValueError(f'Expected {name} term')


def __parse_transform_term(line):
    matches = re.search(__TRANSF_VAL_RE, line)
    if not matches:

        raise ValueError('Couldn\'t read transform term')

    return float(matches.group('val'))
```

我们首先定义正则表达式来解析仿射变换的元素值：__TRANSF_VAL_RE。然后是主函数：parse_transform_term，它需要两个参数：要验证的术语的名称和要解析的行。这两个操作分别由两个私有函数来处理。

函数 __serf_term_name 检查给定的 name 是否在 line 中。如果不在，那么该函数就会触发一个 ValueError，并给出一个有用的信息，让用户知道哪个术语不能被正确地解析。然后，__parse_transform_term 应用正则表达式 __TRANSF_VAL_RE 来匹配元素的值。如果成功，匹配的组 val 将被转换为浮点值并返回。如果该字符串与正则表达式不匹配，则会触发一个错误。

现在让我们在 Input 模块中使用这个 parse 函数（如图 12-1 所示）。打开你的 input.py 文件，并在顶部添加以下导入：

```
from apps.aff_transf_motion.parse_transform import parse_transform_term
from geom2d import AffineTransform
```

然后，重构 __read_transform 函数，如清单 12-8 所示。

清单 12-8 解析仿射变换

```
--snip--

def __read_transform():
    return AffineTransform(
        sx=parse_transform_term('sx', input()),
        sy=parse_transform_term('sy', input()),
        shx=parse_transform_term('shx', input()),
        shy=parse_transform_term('shy', input()),
        tx=parse_transform_term('tx', input()),
        ty=parse_transform_term('ty', input())
    )
```

通过编辑 main.py 文件的内容来匹配清单 12-9，我们可以轻松地测试代码是否可以正常工作。

清单 12-9 主文件（读取变换的测试）

```
from apps.aff_transf_motion.input import read_input

if __name__ == '__main__':
    (transform, primitives) = read_input()
    print(transform)
```

如果你使用之前创建的运行配置或 bash 脚本运行应用程序，你的 shell 中的输出应如下：

```
Input is being redirected from .../test.txt
(sx: 1.2, sy: 1.4, shx: 2.0, shy: 3.0, tx: 50.0, ty: 25.0)

Process finished with exit code 0
```

你希望确保我们在 test.txt 中定义的仿射变换中的所有值都被正确地解析了。如果你还记得，这些内容如下：

sx 1.2

sy 1.4

shx 2.0

shy 3.0

tx 50.0

ty 25.0

再次检查你从程序中得到的输出是否与这些值相匹配。如果你全对，那么恭喜！如果你得到了任何意外的值，调试你的程序，直到你找到罪魁祸首并修复这个错误为止。

12.4.4 解析几何基元

几何基元可以按任何顺序出现，并且可以有任意个，因此我们需要不同的解析策略。我们需要解决两个独立的问题：我们需要从输入中读取未知行数的数据，然后找出每一行代表的几何基元类型。让我们从第一个开始，分别解决这些问题。

1. 读取未知数量的行

为了读取未知行数的数据，我们可以持续从标准输入中读取直到遇到 EOFError（end of line error，文件末尾错误），表示我们已经使用了所有可用的行。打开 input.py 并用清单 12-10 中的代码重构 __read_primitives。

清单 12-10 从标准输入中读取行

```
--snip--

def __read_primitives():
    has_more_lines = True

    while has_more_lines:
        try:
            line = input()
            print('got line -->', line)

        except EOFError:
            has_more_lines = False
```

我们声明了一个变量 has_more_lines，并为其赋值 True。然后，使用 while 循环，我们尝试从标准输入中读取下一行，直到这个变量不再是 True。如果操作成功，我们将行打印到输出；否则，我们会捕获 EOFError，并将 has_more_lines 设为 False。

再次运行程序以确保输入文件中的所有行都由 __read_primitives 处理并出现在 shell 中。程序的输出应包括以下行：

```
got line -->
got line --> circ 150 40 20
got line --> rect 70 60 40 100
got line --> rect 100 90 40 100
got line --> poly 30 10 80 10 30 90
got line --> segm 10 20 200 240
```

第一个问题解决了：我们的 input.py 模块知道如何读取输入文件所有的行。请注意，__read_primitives 函数还处理空行，我们将在下一部分中处理这一点。现在，我们知道如何读取行，让我们将重点转向第二个问题：确定每一行对应的基元类型。

2. 解析正确的基元

让我们从我们确定的一件事开始：对于我们的程序所理解的每个几何基元，都需要有专门的正则表达式。在本章前面，我们定义了每个基元的期望输入格式。我们只需要将其转变为正则表达式。我们接受的基元属性要么是整数，要么是浮点数。我们已经知道如何做到这一点。让我们将捕获属性值的正则表达式称作 NUM_RE，并使用以下公式：

/ \d+(\.\d+)?/

使用此正则表达式，我们可以将圆对应的正则表达式写成如下形式：

/circ (?P<cx>NUM_RE) (?P<cy>NUM_RE) (?P<r>NUM_RE)/

在这里，我们使用了三个捕获组：cx、cy 和 r。这些组正是我们之前定义的圆的标准输入属性。以类似的方式，矩形可以用以下正则表达式匹配：

/rect (?P<ox>NUM_RE) (?P<oy>NUM_RE) (?P<w>NUM_RE) (?P<h>NUM_RE)/

匹配线段的正则表达式如下：

/segm (?P<sx>NUM_RE) (?P<sy>NUM_RE) (?P<ex>NUM_RE) (?P<ey>NUM_RE)/

最后，对于多边形，我们使用一种略有不同的方法来简化其解析过程，正如我们现在所看到的那样。以下是我们将使用的正则表达式：

/poly (?P<coords>[\d\s\.]+)/

该正则表达式是匹配的字符串以单词 poly 开头，然后是一个空格和一系列数字、空格或点（用作十进制的小数点）。有了它，我们可以匹配多边形的定义，如下：

poly 30 10 80.5 10 30 90.5

我们将其解析为顶点（30, 10）、（80.5, 10）和（30, 90.5）定义的多边形。

让我们将这些定义写入 parse_geom.py 文件中，包括一些我们需要用来创建几何基元的导入。输入清单 12-11 中的代码。

清单 12-11 几何基元，正则表达式的定义

```
import re

from geom2d import Circle, Point, Rect, Size, Segment
```

```
from geom2d import make_polygon_from_coords

__NUM_RE = r'\d+(\.\d+)?'

__CIRC_RE = rf'circ (?P<cx>{__NUM_RE}) (?P<cy>{__NUM_RE}) ' \
    rf'(?P<r>{__NUM_RE})'

__RECT_RE = rf'rect (?P<ox>{__NUM_RE}) (?P<oy>{__NUM_RE}) ' \
    rf'(?P<w>{__NUM_RE}) (?P<h>{__NUM_RE})'

__POLY_RE = rf'poly (?P<coords>[\d\s\.]+)'

__SEGM_RE = rf'segm (?P<sx>{__NUM_RE}) (?P<sy>{__NUM_RE}) ' \
    rf'(?P<ex>{__NUM_RE}) (?P<ey>{__NUM_RE})'
```

我们有所需的所有正则表达式，所以我们的下一个目标是为我们读取的每一行创建合适的基元。为了解决这个问题，我们将遵循“如果可以 < 动词 > 就 < 动词 >”模式，在本例中，则是“如果可以解析就解析”。让我们看看这是如何工作的。我们有一系列的解析函数，每个函数都需要特定格式的字符串。如果这些函数试图用错误格式的字符串解析几何基元，它们将失败。因此，在使它们工作之前，我们要确保它们了解我们传递的字符串。我们将为每个解析函数提供一个 can_parse 函数。第二个函数将确定解析函数期望的元素是否都在字符串中：是否符合“可以解析”。

对于我们的每个几何基元，我们都需要一对函数：一个确定给定的文本是否可以解析为此基元（“可以解析”部分），而另一个进行实际解析（“就解析”部分）。该算法的结构如下：

```
if can_parse_circle(line):
    parse_circle(line)

elif can_parse_rect(line):
    parse_rect(line)

elif can_parse_polygon(line):
    parse_polygon(line)

elif can_parse_segment(line):
    parse_segment(line)

else:
    handle_unknown_line(line)
```

我们首先检查给定的行是否可以解析为圆。如果测试通过，我们就解析圆。否则，我们将继续下一个比较，重复此模式。有可能这些比较都没有通过，我们到达最后的 else 陈述。我们在 handle_unknown_line 函数中处理这种情况。例如，考虑一下我们从输入文件中读取的那些空行，这些不会与任何已知的基元匹配。有几种方法可以处理这些问题行。例如，我们可以将它们输出到 shell 上，并附带一条警告信息，从而让用户知道该行没有被程序理解。为了使事情变得简单，我们会忽略未知的行。

现在让我们为每个基元创建“可以解析”和“就解析”函数。在 parse_geom.py 中，在我们刚刚定义的正则表达式之后，输入清单 12-12 中的代码。此代码处理圆的情形。

清单 12-12 解析圆

```
--snip--

def can_parse_circle(line):
    return re.match(__CIRC_RE, line)


def parse_circle(line):
    match = re.match(__CIRC_RE, line)
    return Circle(
        center=Point(
            float(match.group('cx')),
            float(match.group('cy'))
        ),
        radius=float(match.group('r'))
    )
```

如你所见，can_parse_circle 函数只是检查传入的行和圆的正则表达式 __CIRC_RE 之间是否匹配。parse_circle 函数更进一步，假设该行与正则表达式匹配，提取 cx 和 cy 组的值，作为圆心坐标。对于 r 组执行相同的操作，作为圆的半径。

不要忘记我们从正则表达式上捕获的值总是字符串。由于我们需要浮点数，因此我们需要使用 float 函数进行转换。

现在，让我们为矩形的情形实现相同的功能。在你刚刚编写的代码之后，输入清单 12-13 中的代码。

清单 12-13 解析矩形

```
--snip--

def can_parse_rect(line):
    return re.match(__RECT_RE, line)


def parse_rect(line):
    match = re.match(__RECT_RE, line)
    return Rect(
        origin=Point(
            float(match.group('ox')),
            float(match.group('oy'))
        ),
        size=Size(
            float(match.group('w')),
            float(match.group('h'))
        )
    )
```

没有惊喜。我们应用了相同的过程，这次捕获组 ox、oy、w 和 h 分别定义矩形的原点和尺寸。让我们为多边形的情况做同样的处理。输入清单 12-14 中的代码。

清单 12-14　解析多边形

```
--snip--

def can_parse_polygon(line):
    return re.match(__POLY_RE, line)


def parse_polygon(line):
    match = re.match(__POLY_RE, line)
    coords = [float(n) for n in match.group('coords').split(' ')]

    return make_polygon_from_coords(coords)
```

在这种情况下，原理有些不同。记住多边形的正则表达式有一点不同。由于多边形的顶点数未知，因此将对这些数字进行匹配的正则表达式必须更加复杂。我们还必须使用列表推导式来正确解析坐标。

首先，名为 coords 的组捕获的字符串被空格分开。因此，数字字符串

'10 20 30 40 50 60'

将会被转化为字符串的数组，如下所示：

['10', '20', '30', '40', '50', '60']

然后将每个字符串转换为浮点数：

[10.0, 20.0, 30.0, 40.0, 50.0, 60.0]

使用该数字组成的数组，我们可以使用工厂函数 make_polygon_from_coords 轻松地创建 Polygon 类的实例。不要忘记在文件顶部添加导入：

```
from geom2d import make_polygon_from_coords
```

我们需要的最后一对“可以解析”和“就解析”函数是针对线段。输入清单 12-15 中的代码。

清单 12-15　解析线段

```
--snip--

def can_parse_segment(line):
    return re.match(__SEGM_RE, line)


def parse_segment(line):
    match = re.match(__SEGM_RE, line)
    return Segment(
        start=Point(
            float(match.group('sx')),
            float(match.group('sy'))
        ),
        end=Point(
            float(match.group('ex')),
            float(match.group('ey'))
```

```
        )
    )
```

太好啦！现在，我们有需要应用“如果可以解析就解析”策略的函数了，打开 input.py 文件，导入这些函数：

```
from apps.aff_transf_motion.parse_geom import *
```

我们使用星号导入 parse_geom 中定义的所有函数，而不需要将名称一一写出。现在，让我们重构 __read_primitives 函数（见清单 12-16）。

清单 12-16 从输入读取基元

```
--snip--

def __read_primitives():
    prims = {'circs': [], 'rects': [], 'polys': [], 'segs': []}
    has_more_lines = True

    while has_more_lines:
        try:
            line = input()

            if can_parse_circle(line):
                prims['circs'].append(parse_circle(line))

            elif can_parse_rect(line):
                prims['rects'].append(parse_rect(line))

            elif can_parse_polygon(line):
                prims['polys'].append(parse_polygon(line))

            elif can_parse_segment(line):
                prims['segs'].append(parse_segment(line))

        except EOFError:
            has_more_lines = False

    return prims
```

我们首先定义一个名为 prims 的字典，为每种几何基元提供一个数组。字典中的每个数组都通过名称识别：circs，rects，polys 和 segs。然后是 while 循环，它遍历所有行。我们没有将它们输出到 shell 上，而是添加了解析函数，类似于我们之前在伪代码中所做的操作。这次，每当基元被解析，结果就会附加到 prims 字典相应的数组中。该函数以返回 prims 结束。

清单 12-17 包含了 input.py 的最终代码。确保你的代码与其类似。

清单 12-17 完整的输入 – 读取代码

```
from apps.aff_transf_motion.parse_geom import *
from apps.aff_transf_motion.parse_transform import parse_transform_term
from geom2d import AffineTransform
```

```
def read_input():
    transform = __read_transform()
    primitives = __read_primitives()
    return transform, primitives


def __read_transform():
    return AffineTransform(
        sx=parse_transform_term('sx', input()),
        sy=parse_transform_term('sy', input()),
        shx=parse_transform_term('shx', input()),
        shy=parse_transform_term('shy', input()),
        tx=parse_transform_term('tx', input()),
        ty=parse_transform_term('ty', input())
    )


def __read_primitives():
    prims = {'circs': [], 'rects': [], 'polys': [], 'segs': []}
    has_more_lines = True

    while has_more_lines:
        try:
            line = input()

            if can_parse_circle(line):
                prims['circs'].append(parse_circle(line))

            elif can_parse_rect(line):
                prims['rects'].append(parse_rect(line))

            elif can_parse_polygon(line):
                prims['polys'].append(parse_polygon(line))

            elif can_parse_segment(line):
                prims['segs'].append(parse_segment(line))

        except EOFError:
            has_more_lines = False

        return prims
```

现在我们可以完全解析输入，让我们继续并实现模拟。

12.5 运行模拟程序

一旦完整读取和解析了配置和输入，它们都将传递给我们稍后将要编写的模拟函数。此函数还将定义用户界面：绘制图形的画布和一个启动动画的按钮。图 12-4 显示了组件的布置。

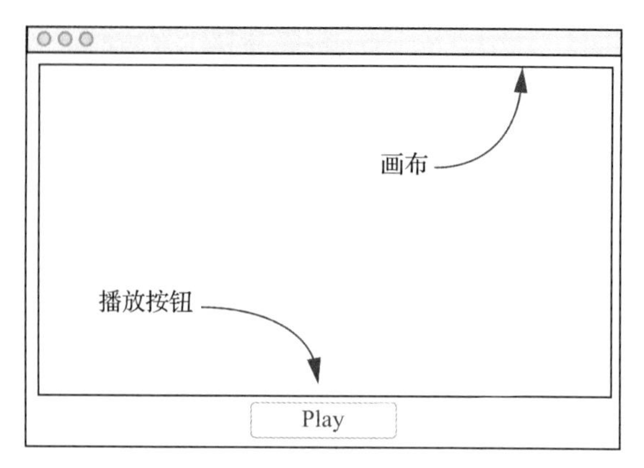

图 12-4 模拟的用户界面

在用户单击 Play 按钮之前，该模拟不会启动。这样做可以防止模拟启动太早；否则，用户可能会错过第一部分。此外，由于按钮，我们将不需要重新启动应用程序，也能够重新启动模拟。

12.5.1 建立用户界面

打开空的 simulation.py 文件并输入 12-18 中的代码。

清单 12-18 模拟函数

```
from tkinter import Tk, Canvas, Button


def simulate(transform, primitives, config):
    # ---------- UI DEFINITION ---------- #
    tk = Tk()
    tk.title("Affine Transformations")

    canvas = Canvas(tk, width=800, height=800)
    canvas.grid(row=0, column=0)

    def start_simulation():
    tk.update()
    print('Starting Simulation...')

Button(tk, text='Play', command=start_simulation) \
    .grid(row=1, column=0)

# ---------- UPDATE, DRAW & CONTINUE ---------- #
def update_system(time_delta_s, time_s, frame):
    pass

def redraw():
    pass

def should_continue(frame, time_s):
    pass
```

```
    # ---------- MAIN LOOP ---------- #
    redraw()
    tk.mainloop()
```

我们定义了一个 simulation 函数，该函数接收目标变换、几何基元和应用程序的配置。回想一下，配置 JSON 文件包含用于仿真的帧数以及我们将绘制到屏幕的所有内容的尺寸和颜色。由于该函数会稍长一点，因此我们添加了三个标题注释以轻松定位每个部分：用户界面定义；update、draw、should_continue 函数；主循环。

该函数的第一部分构建了用户界面。我们初始化 Tk 类，并在其中添加画布和一个按钮。使用网格系统，我们将画布放在第一行（row=0），按钮放在第二行（row =1）。我们还创建了一个函数 start_simulation，按下按钮时将被执行。此函数目前没有太大作用；它所做的就是告诉 Tkinter 处理所有待处理事件（tk.update()），并向 shell 输出一条消息。我们将很快在此处添加模拟的更新逻辑。

然后，我们定义关键模拟函数的模板：update_system、redraw 和 should_continue。不要忘记为每个声明输入适当的参数类型；否则，一旦我们将它们交给 main_loop 函数，Python 就会报错。我们将很快完善这些函数。

最后，我们调用 redraw 来将几何基元的初始状态渲染到屏幕上，并启动 Tkinter 主循环。要测试你的进度，请让我们编辑 main.py，以显示用户界面。打开该文件并修改它，以使其看起来像清单 12-19。

清单 12-19 执行的入口点

```
from apps.aff_transf_motion.config import read_config
from apps.aff_transf_motion.input import read_input
from apps.aff_transf_motion.simulation import simulate
if __name__ == '__main__':
    (transform, primitives) = read_input()
    config = read_config()
    simulate(transform, primitives, config)
```

我们的 main.py 文件已经完成，让我们继续完善模拟逻辑。

12.5.2 实现模拟逻辑

让我们继续讨论模拟逻辑，如果你记得第 7 章的内容，要绘制动画的不同帧，我们需要生成一系列从输入中解析的由恒等变换到目标变换的插值变换序列。如果你需要复习该主 题，请参阅 7.3 节。由于我们在第 7 章中实现了仿射变换插值的函数 ease_in_out_interpolation，因此这个逻辑是轻而易举的。在 simulation.py 中输入清单 12-20 中所示的更改。

清单 12-20 计算转换序列

```
from tkinter import Tk, Canvas, Button

from geom2d import affine_transforms as tf


def simulate(transform, primitives, config):
    # ---------- UI DEFINITION ---------- #
```

```
    --snip--

    # ---------- UPDATE, DRAW & CONTINUE ---------- #
    frames = config['frames']
    transform_seq = __make_transform_sequence(transform, frames)

    --snip--


def __make_transform_sequence(end_transform, frames):
    start_transform = tf.AffineTransform(sx=1, sy=1, tx=20, ty=20)
    return tf.ease_in_out_interpolation(
        start_transform, end_transform, frames
    )
```

我们首先需要的是插值的步数。这也是帧数，我们从配置中读取该值并存储在变量 frames 中。要计算插值序列，我们在文件中定义了一个私有函数：__make_transform_sequence。此函数使用目标仿射变换和帧数，并使用以下变换作为开始点来计算序列：

$$\boldsymbol{T}=\begin{pmatrix}1 & 0 & 20\\ 0 & 1 & 20\\ 0 & 0 & 1\end{pmatrix}$$

注意在水平轴和垂直轴上都平移了 20 像素。这个小偏移将轴与画布的上侧和左侧分开 。最终的转换序列存储在 transform_seq 中。

现在，让我们深入了解模拟的关键函数：update_system、redraw 和 should_continue。编辑 simulation.py，使其看起来像清单 12-21 中的代码。

清单 12-21 创建绘制和更新函数

```
from tkinter import Tk, Canvas, Button

from geom2d import affine_transforms as tf
from graphic.simulation import CanvasDrawing


def simulate(transform, primitives, config):
    # ---------- UI DEFINITION ---------- #
    --snip--

    # ---------- UPDATE, DRAW & CONTINUE ---------- #
    frames = config['frames']
    transform_seq = __make_transform_sequence(transform, frames)
❶   drawing = CanvasDrawing(canvas, transform_seq[0])

    def update_system(time_delta_s, time_s, frame):
      ❷ drawing.transform = transform_seq[frame - 1]
        tk.update()
```

```
❸ def redraw():
       drawing.clear_drawing()

       drawing.outline_width = config['geometry']['stroke-width']
       drawing.outline_color = config['geometry']['stroke-color']

       for circle in primitives['circs']:
           drawing.draw_circle(circle)

       for rect in primitives['rects']:
           drawing.draw_rectangle(rect)

       for polygon in primitives['polys']:
           drawing.draw_polygon(polygon)

       for segment in primitives['segs']:
           drawing.draw_segment(segment)

   def should_continue(frame, time_s):
     ❹ return frame <= frames

   # ---------- MAIN LOOP ---------- #
   redraw()
   tk.mainloop()


--snip--
```

在我们最近计算的转换序列之后，我们实例化 CanvasDrawing 类，传入 Tkinter 画布和第一个仿射变换❶。请注意，我们在文件的顶部导入了类，并且序列上的第一个变换是几何基元的初始变换。

然后，我们实现了 update_system 函数。此函数根据当前帧数更新图形的变换❷并调用 tk 的 update 方法。为了计算用于获得对应变换的索引，我们从帧数中减 1。回想一下，帧数是从 1 开始计数的，而 Python 列表的第一个索引为 0。重要的是要意识到，在此特定的模拟中，不是系统（由几何基元组成）在每个帧中更新，而是仿射变换——CanvasDrawing 类的属性——获得新值。

接下来是 redraw 函数❸。它首先清除画布并设置绘制图形的尺寸和轮廓颜色。这两个值来自配置文件。然后，它遍历字典中的所有基元，并从 CanvasDrawing 类中调用相应的绘制命令。多亏了我们以前在该类的工作，在画布上绘制变得如此简单。

最后是 should_continue 函数的实现，它简单地比较当前帧数与动画的总帧数❹。

12.5.3 绘制坐标轴

我们马上完成了！让我们添加一些代码来绘制 x 轴和 y 轴，并调用模拟的主循环（不要与 Tkinter 的 mainloop 函数混淆）。坐标轴将为空间的转换提供良好的视觉参考。输入清单 12-22 中的代码更改。

清单 12-22 绘制坐标轴和运行主循环

```
from tkinter import Tk, Canvas, Button

from geom2d import affine_transforms as tf, Segment, Point
from graphic.simulation import CanvasDrawing, main_loop

def simulate(transform, primitives, config):
    # ---------- UI DEFINITION ---------- #
    --snip--

    def start_simulation():
        tk.update()
      ❶ main_loop(update_system, redraw, should_continue)

    Button(tk, text='Play', command=start_simulation) \
        .grid(row=1, column=0)

    # ---------- UPDATE, DRAW & CONTINUE ---------- #
    frames = config['frames']
    transform_seq = __make_transform_sequence(transform, frames)
    axis_length = config['axes']['length']
  ❷ x_axis = Segment(Point(0, 0), Point(axis_length, 0))
  ❸ y_axis = Segment(Point(0, 0), Point(0, axis_length))
    drawing = CanvasDrawing(canvas, transform_seq[0])

    def update_system(time_delta_s, time_s, frame):
        drawing.transform = transform_seq[frame - 1]
        tk.update()

    def redraw():
        drawing.clear_drawing()

        drawing.outline_width = config['axes']['stroke-width']
        drawing.outline_color = config['axes']['x-color']
      ❹ drawing.draw_arrow(
            x_axis,
            config['axes']['arrow-length'],
            config['axes']['arrow-height']
        )

        drawing.outline_color = config['axes']['y-color']
      ❺ drawing.draw_arrow(
            y_axis,
            config['axes']['arrow-length'],
            config['axes']['arrow-height']
        )

        --snip--

    def should_continue(frame, time_s):
```

```
        return frame <= frames
    # ---------- MAIN LOOP ---------- #
    redraw()
    tk.mainloop()

--snip--
```

首先是最重要的补充：对 main_loop 函数的调用❶。我们传入之后定义的函数，以负责模拟的更新、重新绘制和延续。确保导入文件顶部的 main_loop 函数。

接下来是 x_axis ❷和 y_axis ❸的定义，两者都被定义为线段。其长度是我们从配置文件中读取的参数，并存储在 axis_length 中。要绘制坐标轴，我们需要考虑到它们具有与其他几何图形不同的外轮廓宽度和颜色。我们已经在 redraw 函数中添加了这些属性的代码，就在 clear_drawing 调用的下方。

设置相应的轮廓宽度和颜色后，我们使用 CanvasDrawing 类的 draw_arrow 方法，传入定义 x_axis 的线段和箭头的尺寸❹。箭头的尺寸同样来自配置。我们必须添加相同的代码来绘制 y_axis ❺，但是这次只需要更新轮廓颜色：使用相同的外轮廓宽度绘制。

好吧，我们一直在逐步编写很多代码。供参考，清单 12-23 展示了最终的 simulation 文件。查看并确保你全部编写。

清单 12-23　完整的模拟代码

```
from tkinter import Tk, Canvas, Button

from geom2d import affine_transforms as tf, Segment, Point
from graphic.simulation import CanvasDrawing, main_loop


def simulate(transform, primitives, config):
    # ---------- UI DEFINITION ---------- #
    tk = Tk()
    tk.title("Affine Transformations")

    canvas = Canvas(tk, width=800, height=800)
    canvas.grid(row=0, column=0)

    def start_simulation():
        tk.update()
        main_loop(update_system, redraw, should_continue)

    Button(tk, text='Play', command=start_simulation) \
        .grid(row=1, column=0)
    # ---------- UPDATE, DRAW & CONTINUE ---------- #
    frames = config['frames']
    transform_seq = __make_transform_sequence(transform, frames)
    axis_length = config['axes']['length']
    x_axis = Segment(Point(0, 0), Point(axis_length, 0))
    y_axis = Segment(Point(0, 0), Point(0, axis_length))
    drawing = CanvasDrawing(canvas, transform_seq[0])
```

```
def update_system(time_delta_s, time_s, frame):
    drawing.transform = transform_seq[frame - 1]
    tk.update()

def redraw():
    drawing.clear_drawing()

    drawing.outline_width = config['axes']['stroke-width']
    drawing.outline_color = config['axes']['x-color']
    drawing.draw_arrow(
        x_axis,
        config['axes']['arrow-length'],
        config['axes']['arrow-height']
    )

    drawing.outline_color = config['axes']['y-color']
    drawing.draw_arrow(
        y_axis,
        config['axes']['arrow-length'],
        config['axes']['arrow-height']
    )

    drawing.outline_width = config['geometry']['stroke-width']
    drawing.outline_color = config['geometry']['stroke-color']

    for circle in primitives['circs']:
        drawing.draw_circle(circle)

    for rect in primitives['rects']:
        drawing.draw_rectangle(rect)

    for polygon in primitives['polys']:
        drawing.draw_polygon(polygon)

    for segment in primitives['segs']:
        drawing.draw_segment(segment)

def should_continue(frame, time_s):
        return frame <= frames

    # ---------- MAIN LOOP ---------- #
    redraw()
    tk.mainloop()


def __make_transform_sequence(end_transform, frames):
    start_transform = tf.AffineTransform(sx=1, sy=1, tx=20, ty=20)
    return tf.ease_in_out_interpolation(
        start_transform, end_transform, frames
    )
```

终于！我们现在准备查看结果，因此使用运行配置或 bash 脚本执行应用程序。输入文件中定义的几何基元应出现在窗口中（见图 12-5a）。还要注意 x 轴和 y 轴，我们将其绘制为箭头。你能发现我们给原点的 20 像素偏移吗？

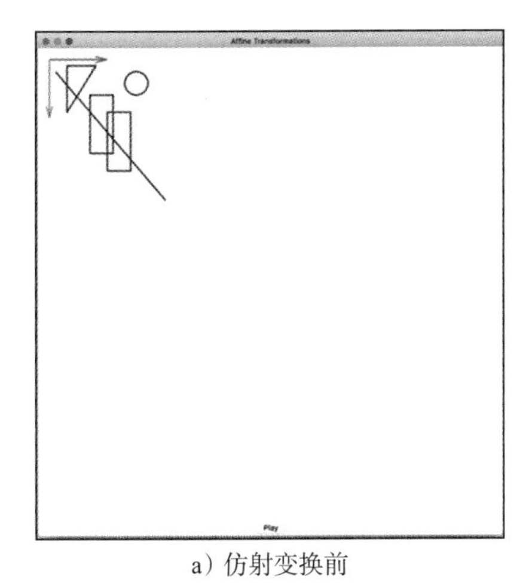

a）仿射变换前

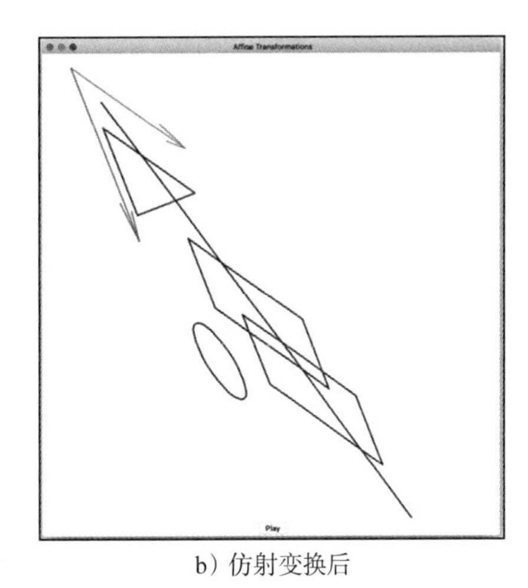

b）仿射变换后

图 12-5　模拟仿射变换

现在单击 Play 按钮并观看结果。模拟开始应该比较缓慢，然后速度逐渐加快，并最终在末尾减速。我们使用渐入渐出插值实现了这种效果，这使动画看起来平稳和现实。

现在是时候回到 7.3 节，并再读一遍了。在看到渐入渐出的实际效果后，你可以对公式（7.11）建立一个坚实的视觉直觉，它定义了你刚刚看到的动画的速度。

花点时间来玩一下你的应用程序。更改一些参数，以查看对模拟的影响。例如，尝试更改初始仿射变换的偏移量（平移分量 tx 和 ty）。更改配置文件中的轮廓宽度和颜色，编辑帧数。另一个有趣的练习是编辑输入文件 test.txt 中定义仿射变换和几何基元。

12.6　小结

在本章中，我们开发了第二个应用程序，该应用程序可以使仿射变换的效果动画化。像以前一样，我们使用正则表达式解析输入，并使用我们的几何图库来完成繁重的工作。这次输出的是一个动画，由于我们在前几章中所做的工作，该动画的创建非常简单。

本章结束了本书的第三部分。在这一部分中，我们学会了创建 SVG 矢量图和对几何基元的动画模拟，这是构建良好工程软件的关键技能。我们使用这些知识构建两个简单的应用程序：通过三个给定点确定一个圆，一个对仿射变换下的几何基元进行动画化。这些是简单的应用程序，但它们说明了几何和视觉基元的真正强大之处。

在本书的下一部分中，我们将研究如何求解方程组系统，这是用于任何工程应用程序的另一个关键。这是我们 Mechanics 包所需的最后一个工具。在探索了该主题之后，本书的其余部分将仅使用我们编码的强大基元来解决力学问题。

第四部分 Part 4

方 程 组

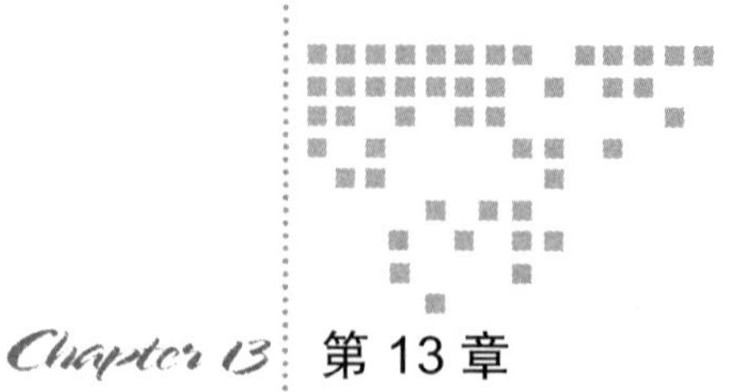

Chapter 13 第 13 章

矩阵和向量

本书的这一部分将涉及求解系统方程组。我们可以使用矩阵形式方便地表示一组方程。将未知数的系数用矩阵表示，未知数用向量表示。

我们一直在使用仿射变换处理矩阵和向量，但出于完整的目的，让我们在这里定义它们。矩阵（matrix）是行和列的数字组成的二维数组。矩阵可以进行一些数学运算，如加、减、乘等。向量（vector）是只有一行或一列的矩阵（通常为一列，即列向量）。

考虑以下方程组：

$$\begin{cases} 7x-3y+4z=1 \\ 2x+5y-z=-3 \end{cases}$$

我们可以方便地用矩阵形式写成如下：

$$\begin{pmatrix} 7 & -3 & 4 \\ 2 & 5 & -1 \end{pmatrix}\begin{pmatrix} x \\ y \\ z \end{pmatrix}=\begin{pmatrix} 1 \\ -3 \end{pmatrix}$$

注意方程组的系数是如何用 2（行）× 3（列）的矩阵表示的。根据矩阵的乘法规则，这些系数乘以未知数 x、y 和 z，可以得到两个方程，每个方程都需要等于其对应的右边的（1, −3）向量中的元素。

现在可能不明显，但矩阵和扩展向量将大大简化方程组的计算。然而，为了使用它们，我们需要同时为矩阵和向量创建新的类。

新的 Vector 类将表示任意长度的一维数组（一个序列）。这种类型的向量不应与我们在第 4 章中创建的几何向量相混淆，后者由两个坐标（u 和 v）组成。新 Vector 类的一个大小为 2 的实例可能看起来与几何向量类似，但它们是不同的：数字不一定代表定义一个方向的坐标。我们将不得不处理两个命名相同的类：Vector。正如你将看到的，因为它们是在不同的模块中定义的，所以消除它们的歧义应该不成问题。

我们可以为这两个新类实现相当多的操作，但是我们将秉承实用主义，只实现那些在下一章中需要的用来求解方程组的操作。例如，我们不需要实现加法、减法或乘法运算，即使这些都是常见操作。

让我们首先实现两个简单的函数，以帮助我们用零填充新实例化的向量和矩阵。当我们实例化一个向量或矩阵时，我们将使用这些函数。

13.1 列表初始化

在内部，新 Vector 类的实例将使用数字列表来存储数据。当类的实例进行初始化时，我们希望用零填充其内部列表。这样，尚未明确设置为其他值的值默认情况下将为零。同样，Matrix 类将其数据存储在列表的列表中。我们也希望矩阵中的每个位置初始化为零。

在 utils 软件包中创建一个新的 Python 文件，命名为 lists.py，输入清单 13-1 中的代码。

清单 13-1 零列表

```
def list_of_zeros(length: int):
    return [0] * length


def list_of_list_of_zeros(rows: int, cols: int):
    return [list_of_zeros(cols) for _ in range(rows)]
```

我们定义了两个函数。第一个函数 list_of_zeros，接收 length 参数并创建同等长度的、元素全为零的列表。第二个函数 list_of_list_of_zeros，创建多个长度等于 col 值的零列表，列表数量等于参数 rows。

[0]*length 的语法比较有趣，可以做如下解读："创建一个由给定长度的零组成的列表。"在 Python 控制台中尝试一下：

```
>>> [0] * 5
[0, 0, 0, 0, 0]
```

这是初始化包含相同值的列表的好方法。

list_of_list_of_zeros 函数使用列表推导式创建一个大小为 rows 的列表，其中每个项是另一个大小为 cols 的列表。每个迭代都没有使用索引，因此使用了一个下划线：

```
from _ in range(rows)
```

让我们在 shell 中尝试这个函数：

```
>>> from utils.lists import list_of_list_of_zeros
>>> list_of_list_of_zeros(2, 3)
[[0, 0, 0], [0, 0, 0]]
```

现在，让我们设置新软件包，在其中添加新 Matrix 和 Vector 类。

13.2 初始设置

现在，让我们在项目中创建一个新软件包，在其中添加 Vector 和 Matrix 代码。该软件包还将包含我们将在接下来的章节以及我们编写的任何数学或方程求解算法中都需要实现的方程求解函数。在项目的最上层创建新软件包，并将其命名为 eqs。在其中添加另一个软件包，并将其命名为 tests。你的项目的结构现在应该看起来像这样：

```
Mechanics
  |- apps
  |     |- circle_from_points
  |- eqs
  |     |- tests
  |- geom2d
  |     |- tests
  |- graphic
  |     |- simulation
  |     |- svg
  |- utils
```

你应该只添加了 eqs 目录及其子目录 tests：

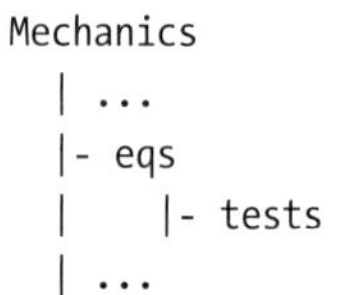

```
Mechanics
  | ...
  |- eqs
  |     |- tests
  | ...
```

13.3 向量

正如我们在本章的介绍中看到的那样，eqs 软件包中的向量将代表列表中存储的数字序列。我们不会将其与 geom2d 软件包的 Vector 混淆，它们共享一个名称确实不太好，但请记住，它们是两个不同（尽管可以说是相关）的概念。这里的向量是一种特殊的矩阵；更明确一点地说，它们是只有一行或一列的矩阵。例如，我们可能将类似如下向量

$$\begin{pmatrix} 2 \\ -1 \\ 3 \end{pmatrix}$$

称为列向量（column vector），强调它是一个只有一列的矩阵。类似地，我们称向量

$$\begin{pmatrix} 2 & -1 & 3 \end{pmatrix}$$

为行向量（row vector），因为它不过是一个只有一行的矩阵。

为了提高可读性，我们将把矩阵和向量实现为单独的类（而不是使用 Matrix 类来表示两者）。例如，为了从矩阵中获得一个值，我们同时给出行和列的索引。对于一个向量，我们只需要一个索引，所以使用 Matrix 类来存储一个向量是有意义的，但会迫使我们必须通过两个索引来获得或设

置值，而在概念上，一个也足够。因此，当读取类似如下代码时，我们可以快速识别 m 是矩阵，v 是向量：

```
m.value_at(2, 4)
v.value_at(3)
```

13.3.1 创建类：Vector

我们将使用列表来存储向量数据。我们不会让用户访问此私有数字列表，而是会在类中提供操作向量的方法。在 eqs 中创建一个新文件 vector.py，并输入清单 13-2 中的代码。

清单 13-2 Vector 类

```
from utils.lists import list_of_zeros


class Vector:

    def __init__(self, length: int):
        self.__length = length
        self.__data = list_of_zeros(length)

    @property

    def length(self):
        return self.__length
```

当初始化 Vector 类的实例时，我们传入长度参数。该长度保存在一个名为 __length 的私有属性中，并使用装饰器 @property 作为特性。这样可以确保一旦实例化了 Vector 类，就不会修改长度属性。记住，特性是只读属性。

向量的数据存储在 __data 属性中，它使用之前的 list_of_zeros 函数进行初始化。

让我们实现在向量中设置值的方法。在类中，输入清单 13-3 中的新代码。

清单 13-3 设置向量的值

```
class Vector:
    --snip--

    def set_value(self, value: float, index: int):
        self.__data[index] = value
        return self

    def add_to_value(self, amount: float, index: int):
        self.__data[index] += amount
        return self

    def set_data(self, data: [float]):
        if len(data) != self._length:
            raise ValueError('Cannot set data: length mismatch')
```

```
        for i in range(self.__length):
            self.__data[i] = data[i]

        return self
```

我们添加了三种新方法。第一个 set_value 是最简单的：它在向量的指定索引处设置值。请注意，如果给定索引大于或等于向量的长度，或者小于零，我们会提出通常称为超出界限错误（out of bounds error），即 IndexError。只要我们对 Python 的处理方式感到满意，我们就不需要检查这个情形。还请注意，该方法返回 self，即类本身的实例。我们将继续使用此模式，当我们在类中设置值时，我们将返回实例。这样我们就可以链接“设置”操作或做类似如下的事情：

```
vec = Vector(5).set_value(3, 2)
```

而非如下同样但不好看的操作：

```
vec = Vector(5)
vec.set_value(3, 2)
```

我们定义的第二个方法是 add_to_value，它可以给向量内的值一个增量。后面会发现，在使用本书第五部分中的结构时，此方法将很方便。

最后，我们有 set_data，它使用 data 列表对向量中的所有值进行设置。为此，它首先检查输入的列表长度是否与向量相同；然后，它将每个值复制到私有列表 __data 中。

现在，让我们实施一种方法，使用给定索引，获取对应的向量值。在 vector.py 文件中，输入清单 13-4 中的代码。

清单 13-4 获取向量值

```
class Vector:
    --snip--

    def value_at(self, index: int):
        return self.__data[index]
```

Vector 类已经接近完成。我们可以实现更多的方法来做诸如加、减向量之类的事情，但是对于本书的目的而言，我们并不需要。我们唯一需要和尚未实现（或覆盖）的方法是 __eq__，我们可以使用它来检查两个 Vector 实例是否相等。让我们现在就做。首先在 vector.py 中添加以下导入：

```
from geom2d import are_close_enough
```

然后输入清单 13-5 中的代码。

清单 13-5 Vector 类的相等性

```
from geom2d import are_close_enough
from utils.lists import list_of_zeros


class Vector:
    --snip--
```

```
    def __eq__(self, other):
        if self is other:
            return True

        if not isinstance(other, Vector):
            return False

        if self.__length != other.__length:
            return False

        for i in range(self.length):
            if not are_close_enough(
                    self.value_at(i),
                    other.value_at(i)
            ):
                return False

        return True
```

我们首先检查我们是否将同一实例与自身进行比较，在这种情况下，结果是 True，我们不需要比较其他任何东西。然后，如果传递的 other 不是 Vector 类的实例，我们知道无法比较成功，所以返回 False。如果我们发现正在比较 Vector 类的两个实例，我们就开始实际检查。首先，我们确保向量的长度是相同的（不同长度的向量不可能相等）。如果长度检查通过，我们最后使用函数 are_close_enough 逐个检查值。

当我们实现可能计算量较大的 __eq__ 方法时，首先检查计算量较小的条件是很重要的。例如，在这里，我们在检查每一对值是否相等之前，会快速检查向量的长度是否相等。两两之间的值比较需要进行 n 次比较（其中 n 是向量的长度），而长度比较只需要一次。

我们完成的 Vector 类应该看起来像清单 13-6。

清单 13-6　Vector 类的最终结果

```
from geom2d import are_close_enough
from utils.lists import list_of_zeros


class Vector:

    def __init__(self, length: int):
        self.__length = length
        self.__data = list_of_zeros(length)

    @property
    def length(self):
        return self.__length

    def set_value(self, value: float, index: int):
        self.__data[index] = value
        return self
```

```
    def add_to_value(self, amount: float, index: int):
        self.__data[index] += amount
        return self

    def set_data(self, data: [float]):
        if len(data) != self.__length:
            raise ValueError('Cannot set data: length mismatch')

        for i in range(self.__length):
            self.__data[i] = data[i]

        return self

    def value_at(self, index: int):
        return self.__data[index]

    def __eq__(self, other):
        if self is other:
            return True

        if not isinstance(other, Vector):
            return False

        if self.__length != other.__length:
            return False

        for i in range(self.length):
            if not are_close_enough(
                    self.value_at(i),
                    other.value_at(i)
            ):
                return False

        return True
```

因为这个类将作为解析线性方程组的基础，所以我们不能在其实现中出现任何错误：这将使此类系统的解析变得无用。让我们添加一些测试，以确保该类是没有错误的。

13.3.2 测试 Vector 类

在本章的开头，我们在 eqs 包中创建了一个 test 目录。在该目录中，创建一个名为 vector_test.py 的新文件，并输入清单 13-7 中的代码。

清单 13-7 Vector 类的单元测试

```
import unittest

from eqs.vector import Vector

class VectorTest(unittest.TestCase):

    def test_length(self):
```

```
        self.assertEqual(5, Vector(5).length)

    def test_unset_value_is_zero(self):
        vector = Vector(2)
        self.assertEqual(0.0, vector.value_at(0))
        self.assertEqual(0.0, vector.value_at(1))

    def test_set_get_value(self):
        value = 10.0
        vector = Vector(2).set_value(value, 1)
        self.assertEqual(0.0, vector.value_at(0))
        self.assertEqual(value, vector.value_at(1))

    def test_add_to_value(self):
        vector = Vector(2).set_data([1, 2]).add_to_value(10, 0)
        self.assertEqual(11, vector.value_at(0))
        self.assertEqual(2, vector.value_at(1))
```

这个代码定义了一个新的测试类 VectorTest，它有四个单元测试。运行所有的测试，以确保它们通过，保证我们的实现是正确的。你可以从 bash shell 中执行以下操作：

```
$ python3 -m unittest eqs/tests/vector_test.py
```

第一个测试 test_length，检查向量的长度属性是否返回正确的数。然后是 test_unset_value_is_zero，它确保了我们正确地初始化向量，即用零填充。test_set_get_value 首先将索引 1 的值设为 10.0，然后获取索引 1 处的值，检查向量是否返回相同的值。我们还断言，向量为索引 0 处的值返回零，只是为了确保 set_value 不会修改除它应该修改的值之外的任何值。最后，我们用 test_add_to_value 来测试 add_to_value 方法。测试用 [1,2] 初始化向量，向索引 0 处的项添加 10 个单位，并断言该索引处的值已正确更新。

你可能已经注意到，test_set_get_value 测试实际上可能有两个不同的失败原因：向量的 set_value 方法或 value_at 方法的实现错误。这基本上是正确的，你应该指出的是，我们在这里违反了良好测试的第一个规则（见 4.5.5 节）。但是，如果不在断言中使用 value_at 方法，就很难测试 set_value。我们可以通过以某种方式访问向量的私有 __data 而不是使用 value_at 来获得值，但是最好通过类的公共 API 来测试类，而不是访问它的实现细节。我们希望能够在不改变类的行为的情况下改变类的内部实现，这不应该破坏任何测试。如果我们依赖类的内部来测试它，我们将测试与类的实现相结合。

作为一条经验法则，一个类的私有实现应该始终对外部世界保密，只有类本身应该知道它。这在面向对象的术语中被称为封装（encapsulation）。

我们的 Vector 类现已准备就绪并进行了测试。让我们实施一个类来代表矩阵吧。

13.4 矩阵

矩阵在向量基础上增加了额外的维度。矩阵是分布在行和列中的数字数组。

在 eqs 目录中创建一个新文件 matrix.py。输入 Matrix 类的初始定义，如清单 13-8 所示。

清单 13-8 Matrix 类

```
from utils.lists import list_of_list_of_zeros


class Matrix:

    def __init__(self, rows_count: int, cols_count: int):
        self.__rows_count = rows_count
        self.__cols_count = cols_count
        self.__is_square = rows_count == cols_count
        self.__data = list_of_list_of_zeros(rows_count, cols_count)

    @property
    def rows_count(self):
        return self.__rows_count

    @property
    def cols_count(self):
        return self.__cols_count

    @property
    def is_square(self):
        return self.__is_square
```

Matrix 类对行和列的值进行初始化。这些值被保存为类的私有属性：__rows_count 和 __cols_count。它们对应的公共属性是 rows_count 和 cols _count。如果矩阵具有相同数量的行和列，则称为方阵。我们将其作为特性进行了公开：is_square。最后，我们使用在本章开始时使用的函数来初始化私有属性 __data，将其变成零列表组成的列表。

13.4.1 设置矩阵值

让我们添加设置矩阵值的方法。在 Matrix 类中，输入清单 13-9 中的两种方法。

清单 13-9 设置矩阵值

```
class Matrix:
    --snip--

    def set_value(self, value: float, row: int, col: int):
        self.__data[row][col] = value
        return self

    def add_to_value(self, amount: float, row: int, col: int):
        self.__data[row][col] += amount
        return self
```

就像我们对 Vector 类所做的一样，我们已经创建了一个方法来在给定矩阵位置（由 row 和 col 给定）的情况下设置矩阵中的值，以及一个方法来将给定数量添加到矩阵的现有值中。按照我们在设置值时返回实例的约定，set_value 和 add_to_value 都返回 self。

用给定值的列表来填充矩阵，有一个方法来实现这个操作会很方便，在我们刚刚写的内容之后，输入清单 13-10 中该方法的代码。

清单 13-10　将数据设置到矩阵之中

```
class Matrix:
    --snip--

    def set_data(self, data: [float]):
     ❶ if len(data) != self.__cols_count * self.__rows_count:
            raise ValueError('Cannot set data: size mismatch')

        for row in range(self.__rows_count):
         ❷ offset = self.__cols_count * row
            for col in range(self.__cols_count):
             ❸ self.__data[row][col] = data[offset + col]

        return self
```

如你所知，使用列表中的值设置矩阵数据不像向量那样简单。我们需要检查，以确保数据符合矩阵的形式：给定的 data 的长度应与行数和列数相乘的结果相同❶，也就是矩阵中所有元素的数量。如果不相同，我们会提出一个 ValueError。

然后，我们遍历矩阵的行索引。在 offset 变量中我们存储输入列表中相对数据开头的偏移量❷。对于索引 0 处的行，偏移量也为 0。对于索引 1 处的行，偏移量将是行的长度：也就是矩阵的列数，以此类推。图 13-1 显示了这个偏移量。我们遍历列的索引，将输入 data 中的值设置为 __data 中的每个值❸。

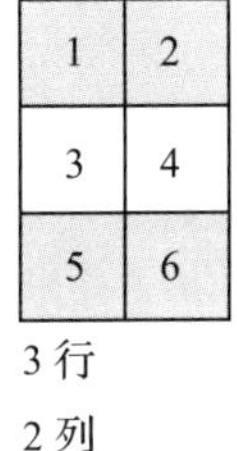

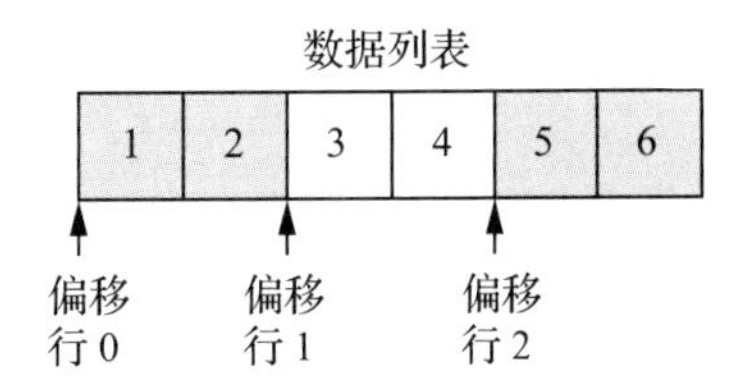

图 13-1　从列表设置矩阵数据

正如我们将在本书的第五部分中看到的那样，当我们处理桁架结构时，计算结构方程组的步骤之一是考虑到节点的外部约束。我们会在之后研究细节，但是现在可以知道，这种修改要求我们将矩阵的一行和一列作为单位向量。例如，如果我们有以下矩阵，

$$\begin{pmatrix} 1 & 2 & 3 \\ 4 & 5 & 6 \\ 7 & 8 & 9 \end{pmatrix}$$

设置索引 0 和 1 的行和列为单位向量，将得到以下矩阵：

$$\begin{pmatrix} 1 & 0 & 0 \\ 4 & 1 & 6 \\ 7 & 0 & 9 \end{pmatrix}$$

让我们在 Matrix 类中写两种方法来执行此操作。输入清单 13-11 中的代码。

清单 13-11　设置行和列为单位向量

```
class Matrix:
    --snip--
```

```
    def set_identity_row(self, row: int):
        for col in range(self.__cols_count):
            self.__data[row][col] = 1 if row == col else 0

        return self

    def set_identity_col(self, col: int):
        for row in range(self.__rows_count):
            self.__data[row][col] = 1 if row == col else 0

        return self
```

我们创建了两种新方法：set_identity_row 和 set_identity_col。两者在实现方面是相似的：它们将对应行或列中的所有值设置为 0，除了主对角线的位置，该位置设置为 1。

在此代码中，我们使用了紧凑的条件表达式：三目运算符。该运算符的语法如下：

```
<expression> if <condition> else <expression>
```

它会根据条件值返回两个表达式中的一个。在本例中，我们的条件是 row == col，如果行和列索引相等，则为 True。

注意，如果矩阵不是方阵，我们可能会将一行或一列设置为单位向量，结果矩阵被全零填充。例如，见图 13-2。我们有一个三行两列的矩阵，并且我们将第三行（索引 2 处的行）设置为单位向量。由于矩阵只有两列，所以值 1 将在矩阵之外，在不存在的第三列中。

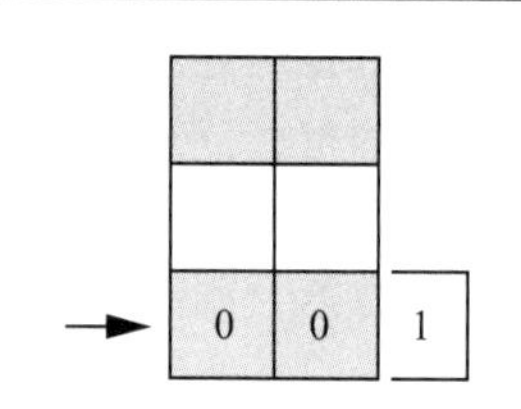

图 13-2　在非方阵中设置行为单位矩阵

现在让我们添加两个方法来从矩阵中获取值。

13.4.2 获取矩阵值

我们需要实现 value_at 方法来获得给定的行和列索引处的值。我们还需要另一个方法 value_transposed_at，它抓取矩阵的对应转置矩阵中的值，但并不会实际执行转置操作。快速提醒：矩阵 $\boldsymbol{M}$ 的转置是另一个矩阵 $\boldsymbol{M}'$，其中 $\boldsymbol{M}$ 的行与其列交换：

$$\boldsymbol{M}=\begin{pmatrix}1 & 2\\ 3 & 4\\ 5 & 6\end{pmatrix}\rightarrow \boldsymbol{M}'=\begin{pmatrix}1 & 3 & 5\\ 2 & 4 & 6\end{pmatrix}$$

我们将在第 14 章中使用第二个方法来创建 Cholesky 的分解算法，求解线性方程组。我们还可以在 Matrix 类中实现另一个方法，该方法返回转置后的新矩阵，然后从该矩阵中读取值。这确实是一个不错的选择，但是由于代表方程组的矩阵通常非常大，因此将所有值复制到新矩阵中是一个计算量非常大的操作。直接从矩阵中获取对应转置矩阵的值，是基于性能的优化，我们将在创建 Cholesky 算法时使用。

在 matrix.py 中，输入清单 13-12 中的代码。

清单 13-12　获取矩阵值

```
class Matrix:
    --snip--
```

```
    def value_at(self, row: int, col: int):
        return self.__data[row][col]

    def value_transposed_at(self, row: int, col: int):
        return self.__data[col][row]
```

首先，我们实现 value_at。此方法从私有数据存储中返回给定行和列索引的值。然后，我们就有了值 value_transposed_at。如你所见，此方法类似 value_at。唯一的区别是，我们没有使用

self.__data[row][col]

而是使用如下语法来获取矩阵的值：

self.__data[col][row]

它通过交换行和列的索引，获取的矩阵值就是对应转置矩阵的值。这种方法将在稍后带来很大的性能改进。

使用此方法要记住的一件事是，传入的行索引不应大于列数，且列索引不应大于行数。由于我们想要获取的是转置矩阵的值，因此实际的行数是原矩阵的列数。列数也是如此。

13.4.3 缩放矩阵值

让我们实现最后一个有用的方法：缩放矩阵。正如我们可以按比例缩放向量，我们也可以通过将矩阵的所有值乘以一个标量来缩放矩阵。输入清单 13-13 中的方法代码。

清单 13-13 缩放矩阵

```
class Matrix:
    --snip--

    def scale(self, factor: float):
        for i in range(self.__rows_count):
            for j in range(self.__cols_count):
                self.__data[i][j] *= factor

        return self
```

该方法遍历所有的行和列索引，并将对应位置上的值乘以传入的 factor。我们返回 self，因为这是设置数据的方法。

13.4.4 矩阵相等性

要完成我们的 Matrix 类，让我们包含 __eq__ 方法以比较矩阵是否相等。首先在 matrix.py 的顶部添加以下导入：

```
from geom2d import are_close_enough
```

然后输入清单 13-14 中的 __eq__ 方法的代码。

清单 13-14 Matrix 类的相等比较

```
from geom2d import are_close_enough
from utils.lists import list_of_list_of_zeros
```

```
class Matrix:
    --snip--

    def __eq__(self, other):
        if self is other:
            return True

        if not isinstance(other, Matrix):
            return False

        if self.__rows_count != other.rows_count:
            return False

        if self.__cols_count != other.cols_count:
            return False

        for i in range(self.__rows_count):
            for j in range(self.__cols_count):
                if not are_close_enough(
                        self.__data[i][j],
                        other.__data[i][j]
                ):
                    return False

        return True
```

像往常一样，我们首先检查 self 和 other 的指代，因为如果我们将实例与其自身进行比较，则无须比较其他任何内容，可以直接返回 True。然后，我们检查传入的对象是 Matrix 类的实例；否则，我们无法进行比较。

在我们开始一一比较矩阵的值之前，我们需要确保矩阵的大小相同。如果我们检测到行长度或列长度不匹配，则返回 False。

最后，如果所有先前的检查都没有返回值，我们将比较两个矩阵的值。一旦我们找到一对不相等的值（使用 are_close_enough 函数），我们就会返回 False。如果所有值都相等，我们将退出 for 循环，最终返回 True。

作为参考，你的 matrix.py 文件应该看起来像清单 13-15。

清单 13-15 Matrix 类的结果

```
from geom2d import are_close_enough
from utils.lists import list_of_list_of_zeros


class Matrix:

    def __init__(self, rows_count: int, cols_count: int):
        self.__rows_count = rows_count
        self.__cols_count = cols_count
        self.__is_square = rows_count == cols_count
```

```
        self.__data = list_of_list_of_zeros(rows_count, cols_count)

    @property
    def rows_count(self):
        return self.__rows_count

    @property
    def cols_count(self):
        return self.__cols_count

    @property
    def is_square(self):
        return self.__is_square

    def set_value(self, value: float, row: int, col: int):
        self.__data[row][col] = value
        return self

    def add_to_value(self, amount: float, row: int, col: int):
        self.__data[row][col] += amount
        return self

    def set_data(self, data: [float]):
        if len(data) != self.__cols_count * self.__rows_count:
            raise ValueError('Cannot set data: size mismatch')

        for row in range(self.__rows_count):
            offset = self.__cols_count * row
            for col in range(self.__cols_count):
                self.__data[row][col] = data[offset + col]

        return self

    def set_identity_row(self, row: int):
        for col in range(self.__cols_count):
            self.__data[row][col] = 1 if row == col else 0

        return self

    def set_identity_col(self, col: int):
        for row in range(self.__rows_count):
            self.__data[row][col] = 1 if row == col else 0

        return self

    def value_at(self, row: int, col: int):
        return self.__data[row][col]

    def value_transposed_at(self, row: int, col: int):
        return self.__data[col][row]
```

```
    def scale(self, factor: float):
        for i in range(self.__rows_count):
            for j in range(self.__cols_count):
                self.__data[i][j] *= factor

        return self

    def __eq__(self, other):
        if self is other:
            return True

        if not isinstance(other, Matrix):
            return False

        if self.__rows_count != other.rows_count:
            return False

        if self.__cols_count != other.cols_count:
            return False

        for i in range(self.__rows_count):
            for j in range(self.__cols_count):
                if not are_close_enough(
                self.__data[i][j],
                other.__data[i][j]
        ):
            return False

    return True
```

我们的 Matrix 类已经准备好了！我们需要检查错误。我们可能在编写代码时犯了一些小错误。一旦我们开始使用这个类求解方程组时，这可能会造成麻烦。这些计算在工程应用中通常是非常关键的。因此，我们在代码中不能出现一个错误。但这对我们来说不是问题。我们知道如何解决它：让我们添加一些自动化的单元测试吧。

13.4.5 测试 Matrix 类

在 tests 文件夹中，创建一个名为 matrix_test.py 的新文件。输入清单 13-16 中的测试代码。

清单 13-16 Matrix 类的单元测试

```
import unittest

from eqs.matrix import Matrix


class MatrixTest(unittest.TestCase):

    def test_is_square(self):
        self.assertTrue(
```

```
            Matrix(2, 2).is_square
        )

    def test_is_not_square(self):
        self.assertFalse(
            Matrix(2, 3).is_square
        )
```

在这个文件中，我们定义了一个名为 MatrixTest 的新测试类，该类继承自 TestCase。我们为 is_square 属性创建了两个测试，一个检查矩阵是否为方阵，另一个检查矩阵是否不是方阵。运行测试。理想情况下，它们都会通过，但如果没有，请返回属性的实现代码，并确保你的代码正确。你可以使用以下命令从 shell 中运行测试：

```
$ python3 -m unittest eqs/tests/matrix_test.py
```

你应该得到类似于下面的输出：

```
Ran 2 tests in 0.001s

OK
```

接下来检查设置或获取值的方法。在刚写的两个测试之后，添加清单 13-17 中的测试代码。

清单 13-17　测试设置和获取值的方法

```
class MatrixTest(unittest.TestCase):
    --snip--

    def test_unset_value_is_zero(self):
        matrix = Matrix(2, 2)
        self.assertEqual(0.0, matrix.value_at(0, 1))

    def test_set_get_value(self):
        value = 10.0
        matrix = Matrix(2, 2).set_value(value, 0, 1)
        self.assertEqual(value, matrix.value_at(0, 1))

    def test_add_to_value(self):
        expected = [1, 12, 3, 4]
        matrix = Matrix(2, 2) \
            .set_data([1, 2, 3, 4]) \
            .add_to_value(10, 0, 1)
        self.assert_matrix_has_data(matrix, expected)
```

第一个测试确保矩阵中尚未设置的值被初始化为零。然后，我们测试 set_value 和 value_at 方法实际设置和获取了矩阵值。最后，我们测试 add_to_value 方法，确保它将给定的数量添加到已经设置的值中。

在最后一个测试中，我们使用了一种不存在的断言方法：assert_matrix_has_data。我们需要在 MatrixTest 类中实现此方法，并在需要确保矩阵中的所有值如预期的情况下使用它。通过这样做，我们只使用一个断言，就可以检查矩阵中的值是否与作为第二个参数传入的列表中的值相同。在测试类的末尾，添加清单 13-18 中的方法代码。

清单 13-18 矩阵值测试的自定义断言

```
class MatrixTest(unittest.TestCase):
    --snip--


    def assert_matrix_has_data(self, matrix, data):
        for row in range(matrix.rows_count):
            offset = matrix.cols_count * row
            for col in range(matrix.cols_count):

                self.assertEqual(
                    data[offset + col],
                    matrix.value_at(row, col)
                )
```

此断言方法与 Matrix 类中的 set_data 具有相同的结构。这一次，我们没有设置值，而是使用 assertEqual 来测试是否相等。

我们必须注意，通过引入一个具有自己逻辑的断言方法（本例中是计算 offset），我们引入了测试失败的一个可能原因：断言方法本身被错误地实现。和往常一样，如果我们想做到务实，我们就需要做出权衡。我们可以使用我们的工程常识来分析利弊和替代方案。在本例中，使用一个自定义断言来检查矩阵值是值得的：它促进了简单的矩阵值断言，并使编写新的测试和检查矩阵值变得轻松。我们只需要特别确定断言方法中的逻辑是正确的。

现在让我们测试 set_data 方法。该测试代码显示在清单 13-19 中。

清单 13-19 测试从列表设置数据

```
class MatrixTest(unittest.TestCase):
    --snip--

    def test_set_data(self):
        data = [1, 2, 3, 4, 5, 6]
        matrix = Matrix(2, 3).set_data(data)
        self.assert_matrix_has_data(matrix, data)
```

在此测试中，我们使用了自定义的断言方法，这使得测试代码非常简洁和准确。我们创建一个两行三列的矩阵，使用 1 ～ 6 的数字列表设置其元素，然后断言它们已正确放置在各自的位置。

继续，我们的下一个测试应该是将行和列设置成单位向量的方法。输入清单 13-20 中的测试代码。

清单 13-20 测试设置行列单位向量的方法

```
class MatrixTest(unittest.TestCase):
    --snip--

    def test_set_identity_row(self):
        expected = [1, 0, 4, 5]
        matrix = Matrix(2, 2) \
```

```
            .set_data([2, 3, 4, 5]) \
            .set_identity_row(0)
        self.assert_matrix_has_data(matrix, expected)

    def test_set_identity_col(self):
        expected = [2, 0, 4, 1]

    matrix = Matrix(2, 2) \
        .set_data([2, 3, 4, 5]) \
        .set_identity_col(1)
    self.assert_matrix_has_data(matrix, expected)
```

在这两个测试中，我们首先指定结果矩阵中的预期值。然后，我们创建一个新的 2×2 矩阵，并将其值设置为 2 ～ 5 的数字列表。我们设置了行或列的单位向量，并断言该值符合预期。

我们避免将 1 用于矩阵中的任何初始值：我们正在测试的方法会将矩阵内部的某个值设为 1。假设我们创建的 set_identity_row 方法错误地将矩阵中的某个值设为 1，而该值在初始化后就是 1。我们的测试将无法判断这样的错误，因为没有办法判断 1 是在测试开始前设置的还是 set_identity_row 方法设置的。通过不使用 1 作为输入值，我们避免使测试遇到这样的问题。

我们在 Matrix 类中实现的最后一个方法需要进行测试：scale。输入清单 13-21 中的测试代码。

清单 13-21　测试缩放矩阵

```
class MatrixTest(unittest.TestCase):
    --snip--

    def test_scale(self):
        expected = [2, 4, 6, 8, 10, 12]
        matrix = Matrix(2, 3) \
            .set_data([1, 2, 3, 4, 5, 6]) \
            .scale(2)
        self.assert_matrix_has_data(matrix, expected)
```

这个测试创建了一个 2×3 矩阵，使用从 1 ～ 6 的数字进行设置，然后将所有数乘以 2。使用自定义的 assert_matrix_has_data 断言，我们检查所有值是否都已正确缩放。请确保在测试类中运行这些测试。从 shell 上，运行代码如下：

```
$ python3 -m unittest eqs/tests/matrix_test.py
```

你应该得到一个类似于下面的输出：

```
Ran 9 tests in 0.001s

OK
```

13.5　小结

在本章中，我们实施了两个需要用来求解方程组的类：Vector 和 Matrix。在下一章中，我们将使用这两个类来表示我们将使用数值方法求解的方程组。

Chapter 14 第 14 章

线性方程组

许多工程问题都需要求解线性方程组。这些方程组出现于结构分析、电路、统计和优化问题中。实现算法来解决这些无处不在的方程组，是我们的 Mechanics 项目处理真实世界工程问题的关键。

在本章中，我们将探讨数值方法（numerical method）的概念：使用计算机求解方程组的现有算法。我们将提出一种求解线性方程组的强大方法：Cholesky 算法。当我们在本书第五部分的结构分析问题中求解大型方程式时，我们将使用此方法。

14.1 线性方程组简介

带有 n 个未知数 x_1，x_2，…，x_n 的线性方程组可以用公式（14.1）表示。

$$m_1x_1 + m_2x_2 + \cdots + m_nx_n = b \tag{14.1}$$

其中，m_1，m_2，…，m_n 是方程的系数，也是已知数，它们乘以一个未知数，而 b 是一个已知数，不乘任何未知数。我们称这个数字为自由项（free term）。

如果未知数只有与系数相乘、加或减运算，我们就说方程是线性（linear）的。系数始终是已知数。另一种线性方程组的表达方式，

$$\sum_i^n m_ix_i = b$$

其中，m_i 是系数，x_i 是未知数，b 是自由项。

相比之下，非线性方程包含未知数的指数（x^3）、三角函数（$\sin x$）或几个未知数的乘积（$x_1 \cdot x_2$）。这些方程比线性方程更难求解，所以我们将继续专注于线性方程。

线性方程组的形式如公式（14.2）所示。

$$m_{1,1}x_1 + m_{1,2}x_2 + \cdots + m_{1,n}x_n = b_1 \tag{14.2}$$

$$m_{2,1}x_1 + m_{2,2}x_2 + \cdots + m_{2,n}x_n = b_2$$
$$\vdots \qquad (14.2\ 续)$$
$$m_{n,1}x_1 + m_{n,2}x_2 + \cdots + m_{n,n}x_n = b_n$$

其中，$m_{i,j}$ 是与第 i 行第 j 个未知数的系数。这些方程组可以方便地以其矩阵形式表达，如公式（14.3）所示。

$$\boldsymbol{Mx}=\boldsymbol{b} \qquad (14.3)$$

其中，$\boldsymbol{M}$ 是系数矩阵，

$$\boldsymbol{M} = \begin{pmatrix} m_{1,1} & m_{1,2} & \cdots & m_{1,n} \\ m_{2,1} & m_{2,2} & \cdots & m_{2,n} \\ \vdots & \vdots & & \vdots \\ m_{n,1} & m_{n,2} & \cdots & m_{n,n} \end{pmatrix}$$

$\boldsymbol{x}$ 和 $\boldsymbol{b}$ 是未知数和自由项组成的列向量：

$$\boldsymbol{x} = \begin{pmatrix} x_1 \\ x_2 \\ \vdots \\ x_n \end{pmatrix} \qquad \boldsymbol{b} = \begin{pmatrix} b_1 \\ b_2 \\ \vdots \\ b_n \end{pmatrix}$$

公式（14.3）的解是符合所有 n 个方程的一组数字 x_1，x_2，…，x_n。通过手工计算找到大型方程式的解可能需要很长时间，但请放心：有很多使用计算机求解类似方程组的算法。

关于命名法的简要说明。我们将使用黑斜体大写字母表示矩阵：$\boldsymbol{M}$。矩阵中的项将使用矩阵名称的小写字母。项有两个用逗号隔开的下标，分别代表其在矩阵中位置所对应的行和列索引。例如，矩阵 $\boldsymbol{M}$ 的第 3 行和第 5 列中的数是 $m_{3,5}$。列和行向量表示为方括号内的小写字母：$\boldsymbol{x}$。请记住，列和行向量也是矩阵。

14.2 数值方法

数值方法（numerical method）是利用计算机的计算能力找到方程组的近似解的算法。

有些数值方法可以用来求解线性、非线性和微分方程组。然而，大多数数值方法仅限于解决特定类型的方程组。例如，Cholesky 分解法只适合求解系数矩阵为对称且正定的线性方程组（我们很快会介绍“正定”的含义）。如果我们需要求解一个非线性方程组，甚至是一个线性的但是有非对称系数矩阵的方程组，Cholesky 分解法根本不起作用。

数值方法分为两大类：直接法（direct）和迭代法（iterative）。直接法对原方程组使用代数修正来进行求解。迭代法从方程组的近似解开始，然后一步一步改进，直到解具有所需的精度。Cholesky 分解法是一种直接法。

数值方法是一个大主题：有专门的书来介绍。关于数值方法的许多技术细节，我们不会在这里进行讨论。这不是一本理论书，我们对实践更感兴趣，所以我们将实现一个算法来解决在书的下一部分将创建的结构分析应用程序中出现的各种方程组。在这种情况下，这意味着我们将处理具有对称的、正定系数矩阵的线性方程组。

14.3 Cholesky 分解法

Cholesky 分解法是一种直接的（非迭代）方法，它求解 **M**（系数矩阵）为对称和正定矩阵的线性方程组。

对称矩阵 **M** 是与其转置矩阵相等：**M=M′**。也就是说，矩阵中的值相对于主对角线是对称的。在对称矩阵中，每个行都包含与具有相同索引的列相同的值，反之亦然。请注意，对称矩阵必须是方阵。以下是对称矩阵的示例：

$$\begin{pmatrix} 4 & -2 & 4 \\ -2 & 10 & -2 \\ 4 & -2 & 8 \end{pmatrix}$$

具有 n 行 n 列的方阵 **M** 是正定的，当且仅当对任意由 n 个实数组成的列向量（零向量除外），公式（14.4）均成立。

$$\boldsymbol{x'Mx} > 0 \tag{14.4}$$

如果存在一个不满足以上公式的非零向量 $\boldsymbol{x}$，则矩阵 **M** 不是正定矩阵。

我们还可以说，如果矩阵是对称的，且所有特征值都为正数，那么矩阵就是正定矩阵。如果你还记得获取矩阵特征值的过程，你可能会认为它很痛苦，还有点无聊。无论哪种情况，证明 $\boldsymbol{x'Mx} > 0$ 对于每一个可能的 $\boldsymbol{x}$ 成立或获取矩阵的所有特征值并确保所有值都是正的，我们需要选择一种。

我们将跳过所有的技术复杂性，不会去证明我们将使用的矩阵是正定的。我们会把 Cholesky 分解法应用于一个众所周知的对应的方程组为对称正定矩阵的问题：使用直接刚度法分析桁架结构。如果你需要将此算法应用于任何其他问题，则首先需要弄清楚其对应的方程式是否具有 Cholesky 可以使用的矩阵。如果不是这样，请不要担心：你可以使用许多其他数值方法。

在我们一起实施 Cholesky 的算法之后，我希望你能感觉到有能力自行实施任何其他数值方法。如你所见，我们可以使用的最强大的资源是单元测试，可以确保我们正确处理这些棘手的算法。

14.3.1 LU 算法

Cholesky 分解是一种来自所谓的 LU 因式分解或分解法的计算方法。给定方阵 **M** 的 LU 因式分解的形式如公式（14.5）所示。

$$\boldsymbol{M=LU} \tag{14.5}$$

其中，**L** 是下三角矩阵，**U** 是上三角矩阵。下三角矩阵是所有非零值在主对角线及以下的矩阵。相反，上三角矩阵在主对角线及以上具有非零值。下面是一个下三角矩阵和上三角矩阵的示例：

$$\boldsymbol{L} = \begin{pmatrix} 2 & 0 & 0 \\ 1 & 3 & 0 \\ 4 & 1 & 2 \end{pmatrix} \qquad \boldsymbol{U} = \begin{pmatrix} 2 & 1 & 5 \\ 0 & 3 & 4 \\ 0 & 0 & 7 \end{pmatrix}$$

非奇异矩阵（具有逆矩阵的矩阵）都可以进行 **LU** 分解。例如，上述示例的矩阵是以下矩阵的 **LU** 分解：

$$\begin{pmatrix} 4 & 2 & 10 \\ 2 & 10 & 17 \\ 8 & 7 & 38 \end{pmatrix}$$

你可以做以下运算进行验证：

$$\begin{pmatrix}4 & 2 & 10\\ 2 & 10 & 17\\ 8 & 7 & 38\end{pmatrix}=\begin{pmatrix}2 & 0 & 0\\ 1 & 3 & 0\\ 4 & 1 & 2\end{pmatrix}\begin{pmatrix}2 & 1 & 5\\ 0 & 3 & 4\\ 0 & 0 & 7\end{pmatrix}$$

Cholesky 算法可以为我们提供一个下三角矩阵和一个上三角矩阵。除了 Cholesky 算法以外，还有两种著名的方法可以获得任何非奇异矩阵的因式分解：Doolittle 算法和 Crout 算法。这些算法定义了计算下和上三角矩阵的 $l_{i,j}$ 和 $u_{i,j}$ 值所需的公式。它们的优势是适用于任何类型的矩阵，而不仅仅是对称正定矩阵。我们不会在这里讲述它们，但我鼓励你看一看，并尝试自己在我们的 Mechanics 项目中实现其中一个。在我们实现了 Cholesky 算法之后，你可能会想尝试一下这个练习。

你或许会问，为什么不使用 Doolittle 或 Crout 算法来处理非奇异矩阵，而选择限制更严格的 Cholesky 算法呢？对于对称正定矩阵，Cholesky 算法的求解速度大约是这两种算法的两倍。由于我们将处理 Cholesky 算法所需的矩阵类型，因此我们希望从该算法所提供的执行速度中获益。

一旦我们得到了矩阵的 LU 分解，我们就可以用两步来求解方程组。假设原方程组如下：

$$\boldsymbol{Mx}=\boldsymbol{b}$$

经过分解 $\boldsymbol{M}$，我们得到公式（14.6）。

$$\boldsymbol{LUx}=\boldsymbol{b} \tag{14.6}$$

我们可以从公式（14.6）中提取两个方程组，如果将乘积 $\boldsymbol{Ux}$ 替换为一个新的未知向量 $\boldsymbol{y}$：

$$\boldsymbol{L}\underbrace{\boldsymbol{Ux}}_{\boldsymbol{y}}=\boldsymbol{b}$$

我们现在有一个下三角矩阵的方程组，如公式（14.7）所示，

$$\boldsymbol{Ly}=\boldsymbol{b} \tag{14.7}$$

和一个上三角矩阵方程组，如公式（14.8）所示。

$$\boldsymbol{Lx}=\boldsymbol{y} \tag{14.8}$$

首先求解公式（14.7），可以得到 $\boldsymbol{y}$，将其代入公式（14.8），就能计算出未知向量 $\boldsymbol{x}$，也就是方程的组。公式（14.7）和公式（14.8）都是具有三角矩阵的方程组，并且可以通过前后代入消元来轻松求解。

以下三角系数矩阵的方程组为例：

$$\begin{pmatrix}l_{1,1} & 0 & 0\\ l_{2,1} & l_{2,2} & 0\\ l_{3,1} & l_{3,2} & l_{3,3}\end{pmatrix}\begin{pmatrix}y_1\\ y_2\\ y_3\end{pmatrix}=\begin{pmatrix}b_1\\ b_2\\ b_3\end{pmatrix}$$

第一个未知数 y_1 可以从第一个方程计算，如下所示：

$$y_1=\frac{b_1}{l_{1,1}}$$

从第二个方程可以得出如下，

$$y_2=\frac{b_2-l_{2,1}y_1}{l_{2,2}}$$

这个非常好求解，因为我们上一步中计算了 y_1 的值。对第三个方程，同样也有：

$$y_3 = \frac{b_3 - l_{3,1}y_1 - l_{3,2}y_2}{l_{3,3}}$$

我们知道 y_1 和 y_2 的值，因此 y_3 的值也可以计算。这个过程被称为前代。通过公式（14.9）可以使用前代法计算 y_i 值（索引从 0 开始）。

$$y_i = \frac{b_i - \sum_{j=0}^{j<i} l_{i,j}y_j}{l_{i,i}} \tag{14.9}$$

在上三角系数矩阵的方程组中，我们可以使用类似的替代过程，但需要从下开始。该过程称为回代。具体过程如下：

$$\begin{pmatrix} u_{1,1} & u_{1,2} & u_{1,3} \\ 0 & u_{2,2} & u_{2,3} \\ 0 & 0 & u_{3,3} \end{pmatrix} \begin{pmatrix} x_1 \\ x_2 \\ x_3 \end{pmatrix} = \begin{pmatrix} y_1 \\ y_2 \\ y_3 \end{pmatrix}$$

从最后一个方程开始，我们可以计算 x_3：

$$x_3 = \frac{y_3}{u_{3,3}}$$

有了这个值，我们可以移至倒数第二个方程以获得 x_2 的值：

$$x_2 = \frac{y_2 - u_{2,3}x_3}{u_{2,2}}$$

最后，从方程组的第一个方程中，我们有：

$$x_1 = \frac{y_1 - u_{1,2}x_2 - u_{1,3}x_3}{u_{1,1}}$$

对于回代法，计算 x_i 项由公式（14.10）描述，n 为方程组的数量。

$$x_i = \frac{y_i - \sum_{j=i+1}^{j\leqslant n} u_{i,j}x_j}{u_{i,i}} \tag{14.10}$$

我们很快会在代码中实现这些公式。你会发现它实际上比它看起来更简单。

14.3.2 Cholesky 算法原理

正如我们所讨论的那样，Cholesky 分解是一种处理对称正定矩阵的 LU 方法。多亏了这些属性，可以将矩阵 $\boldsymbol{M}$ 分解为 $\boldsymbol{LU}$ 形式，且上三角矩阵是下三角矩阵的转置：$\boldsymbol{U}=\boldsymbol{L}'$。这意味着我们只需要计算下三角矩阵 $\boldsymbol{L}$，$\boldsymbol{U}$ 只是它的转置。使用 Cholesky 方法，$\boldsymbol{M}$ 矩阵分解具有公式（14.11）中所示的形式。

$$\boldsymbol{M} = \boldsymbol{LL}' \tag{14.11}$$

因此，方程组可以表示成公式（14.12）：

$$LL'x = b \tag{14.12}$$

在这种情况下，我们通过将 $L'x$ 替换为 y，可以获得我们需要求解的两个方程组：

$$L\underbrace{L'x}_{y} = b$$

我们已经知道，这种转换生成了一个下三角矩阵方程组，我们将首先使用前代来求解，见公式（14.13）：

$$Ly = b \tag{14.13}$$

然后使用回代来求解一个上三角矩阵方程组，得到解向量 x，请参见公式（14.14）。

$$L'x = y \tag{14.14}$$

给定一个对称正定矩阵 M，我们可以利用公式（14.15）计算它的 Cholesky 分解法的下三角矩阵项，即 $l_{i,j}$ 项，如下。

$$l_{i,j} = \begin{cases} \sqrt{m_{i,i} - \sum_{k=0}^{i-1} l_{i,k}^2}, & \text{if } i = j, \\ \frac{1}{l_{j,j}}\left(m_{i,j} - \sum_{k=0}^{j-1} l_{i,k} l_{j,k}\right), & \text{if } i > j \end{cases} \tag{14.15}$$

公式（14.15）看起来可能令人生畏，但实际上并不复杂。理解它的最好方法是手动计算。拿起笔和纸，让我们一起分解一个矩阵。

14.3.3　因式分解过程演算

给定对称正定矩阵如下：

$$M = \begin{pmatrix} 4 & -2 & 4 \\ -2 & 10 & -2 \\ 4 & -2 & 8 \end{pmatrix}$$

让我们找到它的 Cholesky 分解，一个下三角形矩阵 L，

$$L = \begin{pmatrix} l_{0,0} & 0 & 0 \\ l_{1,0} & l_{1,1} & 0 \\ l_{2,0} & l_{2,1} & l_{2,2} \end{pmatrix}$$

使得 $M=LL'$。为了计算 $l_{i,j}$，我们使用公式（14.15）。不要忘记下标 i 表示矩阵的行，j 表示列。让我们一步一步来做。

步骤 1：$i=0$，$j=0$。由于 $i=j$，我们使用第一个公式。

$$l_{0,0} = \sqrt{m_{0,0} - \cancel{\sum_{k=0}^{-1} l_{0,k}^2}} = \sqrt{4} = 2$$

请注意，求和公式被划掉是因为它不会产生任何值。这是因为求和的终值 $k=-1$ 小于起始值 $k=0$。正如你可能知道的，为了使求和得出任何值，k（迭代变量）的终值需要大于等于起始值。

步骤 2：$i=1$，$j=0$。在这种情况下，$i \neq j$，因此我们使用第二个公式。

$$l_{1,0}=\frac{1}{l_{0,0}}\left(m_{1,0}-\sum_{k=0}^{-1}l_{1,k}l_{0,k}\right)=\frac{-2}{2}=-1$$

步骤 3：i=1，j=1。

$$l_{1,1}=\sqrt{m_{1,1}-\sum_{k=0}^{0}l_{1,k}^2}=\sqrt{m_{1,1}-l_{1,0}^2}=\sqrt{10-1}=3$$

步骤 4：i=2，j=0。

$$l_{2,0}=\frac{1}{l_{0,0}}\left(m_{2,0}-\sum_{k=0}^{-1}l_{2,k}l_{0,k}\right)=\frac{4}{2}=2$$

步骤 5：i=2，j=1。

$$l_{2,1}=\frac{1}{l_{1,1}}\left(m_{2,0}-\sum_{k=0}^{0}l_{2,k}l_{1,k}\right)=\frac{1}{l_{1,1}}(m_{2,0}-l_{2,0}l_{1,0})=\frac{1}{3}(-2+2)=0$$

步骤 6：i=2，j=2。

$$l_{2,2}=\sqrt{m_{2,2}-\sum_{k=0}^{1}l_{2,k}^2}=\sqrt{m_{2,2}-(l_{2,0}^2+l_{2,1}^2)}=\sqrt{8-(2^2+0^2)}=2$$

如果我们组合所有计算得到的 $l_{i,j}$ 值，则结果矩阵为：

$$\boldsymbol{L}=\begin{pmatrix}2&0&0\\-1&3&0\\2&0&2\end{pmatrix}$$

这意味着原方程组的矩阵 [M] 可以分解如下：

$$\begin{pmatrix}4&-2&4\\-2&10&-2\\4&-2&8\end{pmatrix}=\begin{pmatrix}2&0&0\\-1&3&0\\2&0&2\end{pmatrix}\begin{pmatrix}2&-1&2\\0&3&0\\0&0&2\end{pmatrix}$$

你可以用矩阵乘法计算以验证乘积 $\boldsymbol{LL}'$ 确实等于 $\boldsymbol{M}$。为了完成练习，让我们假设该矩阵是方程组的系数矩阵，并使用前代和回代来求解它。

14.3.4 解答过程演算

假设我们先前分解为 $\boldsymbol{LL}'$ 形式的矩阵是以下方程组的一部分：

$$\begin{pmatrix}4&-2&4\\-2&10&-2\\4&-2&8\end{pmatrix}\begin{pmatrix}x_1\\x_2\\x_3\end{pmatrix}=\begin{pmatrix}0\\-3\\-15\end{pmatrix}$$

我们需要找到满足所有三个等式的 x_1，x_2 和 x_3 的值。使用我们刚刚求得的 Cholesky 分解结果，我们可以将方程组写成如下形式：

$$\begin{pmatrix}2&0&0\\-1&3&0\\2&0&2\end{pmatrix}\begin{pmatrix}2&-1&2\\0&3&0\\0&0&2\end{pmatrix}\begin{pmatrix}x_1\\x_2\\x_3\end{pmatrix}=\begin{pmatrix}0\\-3\\-15\end{pmatrix}$$

我们需要求解的两个子方程组中的第一个，$\boldsymbol{Ly}=\boldsymbol{b}$，是用一个新的未知向量 $\boldsymbol{y}$ 替换 $\boldsymbol{L'x}$ 的结果：

$$\begin{pmatrix}2&0&0\\-1&3&0\\2&0&2\end{pmatrix}\underbrace{\begin{pmatrix}2&-1&2\\0&3&0\\0&0&2\end{pmatrix}\begin{pmatrix}x_0\\x_1\\x_2\end{pmatrix}}_{(y_0\ y_1\ y_2)'}=\begin{pmatrix}0\\-3\\-15\end{pmatrix}$$

这就带来了第一个方程组（下三角方程组）：

$$\begin{pmatrix}2&0&0\\-1&3&0\\2&0&2\end{pmatrix}\begin{pmatrix}y_0\\y_1\\y_2\end{pmatrix}=\begin{pmatrix}0\\-3\\-15\end{pmatrix}$$

我们需要使用公式（14.9）的前代公式来求解该方程组。

1. 下三角方程组：前代法

让我们逐步应用公式（14.9）：

步骤 1：i=0。

$$y_0=\frac{b_0-\cancel{\sum_{j=0}^{j<0}l_{0,j}y_j}}{l_{0,0}}=\frac{0}{2}=0$$

步骤 2：i=1。

$$y_1=\frac{b_1-\sum_{j=0}^{j<1}l_{1,j}y_j}{l_{1,1}}=\frac{b_1-l_{1,0}y_0}{l_{1,1}}=\frac{-3+1\times 0}{3}=-1$$

步骤 3：i=2。

$$y_2=\frac{b_2-\sum_{j=0}^{j<2}l_{2,j}y_j}{l_{2,2}}=\frac{b_2-(l_{2,0}y_0+l_{2,1}y_1)}{l_{2,2}}=\frac{-15-(2\times 0-0\times 1)}{2}=\frac{-15}{2}=-7.5$$

因此，第一个方程组的解如下：

$$\boldsymbol{y}=\begin{pmatrix}0\\-1\\-7.5\end{pmatrix}$$

有了这个解，我们可以使用后代来计算原方程组的解 $\boldsymbol{x}$。

2. 上三角方程组：后代法

让我们使用公式（14.10）来一步步计算解。这次，我们必须使用后代法来求解以下方程组：

$$\begin{pmatrix}2&-1&2\\0&3&0\\0&0&2\end{pmatrix}\begin{pmatrix}x_0\\x_1\\x_2\end{pmatrix}=\begin{pmatrix}0\\-1\\-7.5\end{pmatrix}$$

由于使用的是后代法，我们需要从最后一行（i=2）开始，一直计算到第一行（i=0）。

步骤 1：i=2。

$$x_2 = \frac{y_2 - \cancel{\sum_{j=3}^{j\le 2} u_{2,j} x_j}}{u_{2,2}} = \frac{-7.5}{2} = -\frac{15}{4}$$

步骤 2：i=1。

$$x_1 = \frac{y_1 - \sum_{j=2}^{j\le 2} u_{1,j} x_j}{u_{1,1}} = \frac{y_1 - u_{1,2} x_2}{u_{1,1}} = \frac{-1 + 0 \times \frac{15}{4}}{3} = -\frac{1}{3}$$

步骤 3：i=0。

$$x_0 = \frac{y_0 - \sum_{j=1}^{j\le 2} u_{0,j} x_j}{u_{0,0}} = \frac{y_0 - (u_{0,1} x_1 + u_{0,2} x_2)}{u_{0,0}} = \frac{0 - \left(\frac{1}{3} - \frac{15}{2}\right)}{2} = \frac{43}{12}$$

因此，原方程组的解如下：

$$\boldsymbol{x} = \begin{pmatrix} 43/12 \\ -1/3 \\ -15/4 \end{pmatrix}$$

你可以通过以下计算来验证解是否正确：

$$\begin{pmatrix} 4 & -2 & 4 \\ -2 & 10 & -2 \\ 4 & -2 & 8 \end{pmatrix} \begin{pmatrix} 43/12 \\ -1/3 \\ -15/4 \end{pmatrix} = \begin{pmatrix} 0 \\ -3 \\ -15 \end{pmatrix}$$

现在，我们知道了 Cholesky 算法的工作原理，并且已经手工求解了一个示例，让我们在代码中实现算法。

14.3.5 实现 Cholesky 算法

首先在 eqs 软件包中创建一个名为 cholesky.py 的新文件。在其中，输入清单 14-1 中的 cholesky_solve 函数代码。

清单 14-1 Cholesky 分解法的代码

```
import math

from eqs.matrix import Matrix
from eqs.vector import Vector


def cholesky_solve(sys_mat: Matrix, sys_vec: Vector):
    validate_system(sys_mat, sys_vec)
```

```
    low_matrix = lower_matrix_decomposition(sys_mat)
    low_solution = solve_lower_sys(low_matrix, sys_vec)
    return solve_upper_sys(low_matrix, low_solution)
```

这个函数以一个 Matrix 和一个 Vector 作为输入。它们分别是一个方程组的系数矩阵和自由项向量：$\boldsymbol{M}$ 和 $\boldsymbol{b}$ 来自方程组 $\boldsymbol{Mx}=\boldsymbol{b}$。返回的向量是 $\boldsymbol{x}$，即应用 Cholesky 方法找到的方程组的解。

这个 cholesky_solve 函数定义了一个最高级算法，该算法有三个主要步骤，再加上对输入方程组的验证。我们还没有实现任何这些函数，我们很快就会做。以下是该算法的三个主要步骤：

（1）lower_matrix_decomposition　应用公式（14.15），获得下三角矩阵 $\boldsymbol{L}$。

（2）solve_lower_sys　应用前代法求解第一个子方程组，即下三角方程组，见公式（14.9）。

（3）solve_upper_sys　应用回代法求解第二个子方程组，即上三角方程组，见公式（14.10）。

从函数名称中，很容易看出 cholesky_solve 中的代码所做的事。请注意，我们将这个函数分解为几个较小的函数。如果我们把 Cholesky 算法的所有代码都扔到 cholesky_solve 函数中，结果将是一大堆结构不清晰的源代码。这段代码将非常难以理解。

一般来说，你需要将大算法分为较小的算法，每个都包含在一个具有描述名称的小函数中。

注意 cholesky_solve 使用的子函数的可见性。所有子函数都是公开的，这样就可以单独测试它们。求解算法有点复杂。如果我们知道其每个子部分都没有错误地完成工作，我们会更安全。

1. 验证方程组

让我们实现一个函数，该函数验证方程组是否为方阵，以及是否具有和向量长度相同的列数。输入清单 14-2 中的 validate_System 函数的代码。

清单 14-2　验证方程组

```
--snip--

def validate_system(sys_matrix: Matrix, sys_vector: Vector):
    if sys_matrix.cols_count != sys_vector.length:
        raise ValueError('Size mismatch between matrix and vector')

    if not sys_matrix.is_square:
        raise ValueError('System matrix must be square')
```

我们首先检查矩阵是否具有与向量长度相同的列数。如果不满足此条件，则无法求解该方程组，因此我们会弹出错误。如果方程组的矩阵不是方阵，则同样如此。

我们没有进行任何检查以确保矩阵对称或正定；如果传递给我们的函数的矩阵不是对称正定矩阵，则该函数将在某点处因为除零错误或其他类似错误而失败。添加这些检查也是好的，至少是对称性的检查，但是检查方程组的矩阵是否正定有一点挑战性。对称检查易于实现，但是它具有计算量大的缺点。我鼓励你考虑进行检查的方法，并将它们添加到你的代码中。

现在我们将提前做一些后面的事情。我们将开始使用单元测试而不是继续编写代码。这是为了使我们知道代码何时准备就绪：一旦测试通过。我们可以继续进行测试，以检查我们编写的逻辑是否准备就绪；我们可以对其进行重构，直到看起来可读为止，并通过测试的如果我们做错了一些事情，安全网会警告我们。这种在代码之前编写测试的方法被称为测试驱动开发（test-driven development，TDD）。

我们将首先查看将在单元测试中使用的方程组。

2. 测试用的方程组

为确保我们实现的逻辑没有错误，我们将对 Cholesky 算法中每个子函数进行测试。我们还将进行一次测试，以检查所有子函数的组合可以计算出最终的解。对于这些测试，我们希望使用一个解已知的方程组。

让我们使用如下的 4 阶方程组：

$$\begin{pmatrix} 4 & -2 & 4 & 2 \\ -2 & 10 & -2 & -7 \\ 4 & -2 & 8 & 4 \\ 2 & -7 & 4 & 7 \end{pmatrix}\begin{pmatrix} x_1 \\ x_2 \\ x_3 \\ x_4 \end{pmatrix}=\begin{pmatrix} 20 \\ -16 \\ 40 \\ 28 \end{pmatrix}$$

对于此方程组的系数矩阵 $\boldsymbol{M}$，Cholesky 分解的 $\boldsymbol{LL}'$ 矩阵如下：

$$\begin{pmatrix} 4 & -2 & 4 & 2 \\ -2 & 10 & -2 & -7 \\ 4 & -2 & 8 & 4 \\ 2 & -7 & 4 & 7 \end{pmatrix}=\begin{pmatrix} 2 & 0 & 0 & 0 \\ -1 & 3 & 0 & 0 \\ 2 & 0 & 2 & 0 \\ 1 & -2 & 1 & 1 \end{pmatrix}=\begin{pmatrix} 2 & -1 & 2 & 1 \\ 0 & 3 & 0 & -2 \\ 0 & 0 & 2 & 1 \\ 0 & 0 & 0 & 1 \end{pmatrix}$$

下三角方程组

$$\begin{pmatrix} 2 & 0 & 0 & 0 \\ -1 & 3 & 0 & 0 \\ 2 & 0 & 2 & 0 \\ 1 & -2 & 1 & 1 \end{pmatrix}\begin{pmatrix} y_1 \\ y_2 \\ y_3 \\ y_4 \end{pmatrix}=\begin{pmatrix} 20 \\ -16 \\ 40 \\ 28 \end{pmatrix}$$

的解向量如下：

$$\boldsymbol{y}=\begin{pmatrix} 10 \\ -2 \\ 10 \\ 4 \end{pmatrix}$$

最终解，也是上三角方程组

$$\begin{pmatrix} 2 & -1 & 2 & 1 \\ 0 & 3 & 0 & -2 \\ 0 & 0 & 2 & 1 \\ 0 & 0 & 0 & 1 \end{pmatrix}\begin{pmatrix} x_1 \\ x_2 \\ x_3 \\ x_4 \end{pmatrix}=\begin{pmatrix} 10 \\ -2 \\ 10 \\ 4 \end{pmatrix}$$

的解向量如下：

$$\boldsymbol{x}=\begin{pmatrix} 1 \\ 2 \\ 3 \\ 4 \end{pmatrix}$$

最好花一些时间检查所有这些数字并确保你了解求解过程。在你对过程的原理有了坚实的理解后，我们就可以开始编码了，首先从一个单元测试开始。

3. 下三角矩阵的因式分解

因为我们将要实现目前为止本书中最复杂的算法，让我们首先编写一个单元测试。我们将知道，一旦测试通过，我们的分解逻辑就是正确的。我们很可能需要调试代码，这时候测试将有所帮助。

为我们的测试创建一个新文件 cholesky_test.py，并将其放在 eqs/tests 目录中。然后输入清单 14-3 中的测试代码。

清单 14-3　测试下三角矩阵分解算法

```
import unittest

from eqs.cholesky import lower_matrix_decomposition
from eqs.matrix import Matrix


class CholeskyTest(unittest.TestCase):
    sys_matrix = Matrix(4, 4).set_data([
        4, -2, 4, 2,
        -2, 10, -2, -7,
        4, -2, 8, 4,
        2, -7, 4, 7
    ])
    low_matrix = Matrix(4, 4).set_data([
        2, 0, 0, 0,
        -1, 3, 0, 0,
        2, 0, 2, 0,
        1, -2, 1, 1
    ])

    def test_lower_matrix_decomposition(self):
        actual = lower_matrix_decomposition(self.sys_matrix)
        self.assertEqual(self.low_matrix, actual)
```

这段代码定义了原矩阵 sys_matrix 和期望的分解结果 low_matrix。使用我们尚未定义的函数 lower_matrix_decomposition，我们计算分解后的矩阵并将其与已知解进行比较。你的 IDE 应该抱怨你正在尝试导入 eqs.cholesky 模块中找不到的函数：

```
Cannot find reference 'lower_matrix_decomposition' in 'cholesky.py'
```

让我们实现该函数。返回到 cholesky.py 文件，在 validate_system 之后，输入清单 14-4 的代码。

清单 14-4　下三角矩阵分解

```
--snip--

def lower_matrix_decomposition(sys_mat: Matrix):
    size = sys_mat.rows_count
    low_mat = Matrix(size, size)
```

```
    for i in range(size):
        sq_sum = 0

        for j in range(i + 1):

         ❶ m_ij = sys_mat.value_at(i, j)

            if i == j:
                # main diagonal value
             ❷ diag_val = math.sqrt(m_ij - sq_sum)
             ❸ low_mat.set_value(diag_val, i, j)

            else:
                # value under main diagonal
                non_diag_sum = 0
             ❹ for k in range(j):
                    l_ik = low_mat.value_at(i, k)
                    l_jk = low_mat.value_at(j, k)
                    non_diag_sum += l_ik * l_jk

                l_jj = low_mat.value_at(j, j)
             ❺ non_diag_val = (m_ij - non_diag_sum) / l_jj
             ❻ sq_sum += non_diag_val * non_diag_val

             ❼ low_mat.set_value(non_diag_val, i, j)

    return low_mat
```

我们首先将方程组的阶数存入变量 size 中。阶数是行或列的数量，因为矩阵是方阵，所以都可以。然后，我们创建一个具有相同阶数的新方阵 low_mat。回想一下，当我们实例化矩阵时，矩阵会被零填充。

注意：不要忘记，Python 的 range(n) 函数会生成一个从 0 到 $n-1$ 的序列，而不是从 0 到 n。

在 j 循环内，我们将系数矩阵 (i, j) 处的值存储在变量 m_ij 中❶。然后，我们使用 if else 语句区分主对角线 (i == j) 或主对角线以下的情况。回想一下，计算分解矩阵的主对角线上的元素的公式如下：

$$l_{i,i} = \sqrt{m_{i,i} - \sum_{k=0}^{i-1} l_{i,k}^2}$$

我们使用该公式计算值，将其存储在 diag_val 中❷，并设置在矩阵中❸。在计算中，我们使用了 m_ij 值和 sq_sum。后者在每个 i 的新迭代（每一行）中都先初始化为 0，并对主对角线下方的每个新值进行更新❻。

对于在主对角线（i>j，else 分支）下的情况，计算 $l_{i,j}$ 项的公式如下：

$$l_{i,j} = \frac{1}{l_{j,j}}\left(m_{i,j} - \sum_{k=0}^{j-1} l_{i,k} l_{j,k}\right)$$

注意，要计算此 $l_{i,j}$ 值，我们需要先有 $l_{j,j}$，这是上一行的值，因为 $i > j$。我们计算的第一个

值是 $l_{i,k}l_{j,k}$ 的总和（k 从 0 到 $j-1$）。❹中的循环正是负责这一计算。在进入循环之前，我们将变量 non_diag_sum 初始化为零。在循环内部，每个 k 值对应的 l_ik 和 l_jk 的乘积都被加到该变量中。

通过计算 non_diag_sum，我们拥有所需的一切。$l_{j,j}$ 的值被从 low_mat 中提取并存储在变量 l_jj 中。然后，分解矩阵的值被计算并存储在变量 non_diag_val 中❺。该值首先用于更新 sq_sum，然后存储在分解矩阵中❼。

一切就绪。运行我们之前编写的测试，并确保你的代码通过。如果没有的话，不用担心；实际上，第一次编写该算法很难不犯错，但这就是我们首先实现测试的原因。使用测试调试代码，并仔细地将你写的内容与本书中的代码进行比较。你也可以参考与该书一起分发的代码。

要在 shell 中运行测试，请使用以下代码：

```
$ python3 -m unittest eqs/tests/cholesky_test.py
```

我们使用 Cholesky 算法获得了分解矩阵 $\boldsymbol{L}$。现在，让我们实施下三角和上三角的求解。

4. 下三角方程组求解

为使用前代法来求解下三角方程组，我们需要将公式（14.9）中实现为算法。为了方便起见，我们将在此处重复该公式：

$$y_i = \frac{b_i - \sum_{j=0}^{j<i} l_{i,j} y_j}{l_{i,i}}$$

我们将遵循与以前相同的方法，在我们编写主要代码之前，先编写测试代码。在 cholesky_test.py 文件中，输入清单 14-5 中的新测试代码。

清单 14-5　测试下三角方程组的求解

```
import unittest

from eqs.cholesky import lower_matrix_decomposition, \
    solve_lower_sys
from eqs.matrix import Matrix
from eqs.vector import Vector

class CholeskyTest(unittest.TestCase):
    --snip--
  ❶ sys_vec = Vector(4).set_data([20, -16, 40, 28])
  ❷ low_solution = Vector(4).set_data([10, -2, 10, 4])

    def test_lower_matrix_decomposition(self):
        actual = lower_matrix_decomposition(self.sys_matrix)
        self.assertEqual(self.low_matrix, actual)

  ❸ def test_lower_system_resolution(self):
        actual = solve_lower_sys(self.low_matrix, self.sys_vec)
        self.assertEqual(self.low_solution, actual)
```

我们首先从 eqs.vector 中导入了 Vector 类。然后我们添加了新测试所需的两个新向量：sys_vec，是方程组的自由项向量❶，而 low_solution 是下三角方程组的预期解❷。

测试代码已经准备好❸，现在让我们实现缺少的 solve_lower_sys 函数。在 cholesky.py 文件中的分解函数代码之后，输入清单 14-6 中的代码。

清单 14-6 求解下三角方程组

```
--snip--

def solve_lower_sys(low_mat: Matrix, vector: Vector):
    size = vector.length
    solution = Vector(size)

  ❶ for i in range(size):
        _sum = 0.0

      ❷ for j in range(i):
            l_ij = low_mat.value_at(i, j)
            y_j = solution.value_at(j)
            _sum += l_ij * y_j

        b_i = vector.value_at(i)
        l_ii = low_mat.value_at(i, i)
      ❸ solution_val = (b_i - _sum) / l_ii
        solution.set_value(solution_val, i)

    return solution
```

我们要做的第一件事是将方程组的阶数保存在变量 size 中，并且创建该阶数的解向量。负责对 sys_vector 中的所有值进行迭代的主循环是 i 循环❶，在其中，我们首先将总和变量（sum）初始化为零。j 循环❷遍历从 0 到 i−1 的所有值，每次迭代都更新一次总和值。

得到单次循环的总和后，我们可以计算解值，它存储在 solution_val 中❸。然后我们在下一行中将其设置到 solution 向量中。

在 cholesky_test.py 中运行这两个测试，以确保两者都通过。第一个测试通过似乎是合理的：我们没有以任何方式修改分解函数，但是在文件中运行所有测试是很好的做法，以防我们修改了我们不应该修改的东西。我希望你的第二个测试也通过，在这种情况下，你的新函数就成功了！否则，你就需要调试你的代码。花点时间去做，这是一个很棒的练习。

要从 shell 中运行测试，请使用以下代码：

```
$ python3 -m unittest eqs/tests/cholesky_test.py
```

现在让我们继续上三角方程组的求解。

5. 上三角方程组的求解

使用回代法求解上三角方程组的公式（14.10），作为提醒，该公式如下：

$$x_i = \frac{y_i - \sum_{j=i+1}^{j \le n} u_{i,j} x_j}{u_{i,i}}$$

需要记住的一件重要的事情是，上三角矩阵 $\boldsymbol{U}$，元素记为 $u_{i,j}$，是 Cholesky 分解所得的下三角矩阵的转置 $\boldsymbol{L}'$。

我们将同样从测试开始。打开你的 cholesky_test.py 文件，并输入清单 14-7 中的新测试代码。

清单 14-7 测试上三角方程组的求解

```
import unittest

from eqs.cholesky import lower_matrix_decomposition, \
    solve_lower_sys, solve_upper_sys
from eqs.matrix import Matrix
from eqs.vector import Vector


class CholeskyTest(unittest.TestCase):
    --snip--
  ❶ solution = Vector(4).set_data([1, 2, 3, 4])

    def test_lower_matrix_decomposition(self):
        actual = lower_matrix_decomposition(self.sys_matrix)
        self.assertEqual(self.low_matrix, actual)

    def test_lower_system_resolution(self):
        actual = solve_lower_sys(self.low_matrix, self.sys_vec)
        self.assertEqual(self.low_solution, actual)

  ❷ def test_upper_system_resolution(self):
        actual = solve_upper_sys(
            self.low_matrix,
            self.low_solution
        )
        self.assertEqual(self.solution, actual)
```

在这个新的测试❷中，我们调用 solve_upper_sys 函数（仍待写），传入分解矩阵 low_matrix 和下三角方程组的解 low_solution。然后，我们断言返回的向量是我们期望的向量，后者已经作为测试数据的一部分，被定义成 solution 变量❶。

我们现在已经准备好实施最后一部分来完成 Cholesky 算法：上三角方程组的求解。再次打开 cholesky.py 文件，并输入清单 14-8 中的 solve_upper_sys 函数代码。

清单 14-8 求解上三角方程组

```
--snip--

def solve_upper_sys(up_matrix: Matrix, vector: Vector):
    size = vector.length
    last_index = size - 1
    solution = Vector(size)

  ❶ for i in range(last_index, -1, -1):
        _sum = 0.0
```

```
    ❷ for j in range(i + 1, size):
        ❸ u_ij = up_matrix.value_transposed_at(i, j)
          x_j = solution.value_at(j)
          _sum += u_ij * x_j

      y_i = vector.value_at(i)
    ❹ u_ii = up_matrix.value_transposed_at(i, i)
    ❺ solution_val = (y_i - _sum) / u_ii
      solution.set_value(solution_val, i)

return solution
```

此函数类似于之前的 solve_lower_sys 函数。我们首先初始化解向量，solution，其大小与传入的 low_vector 相同。这次，由于迭代从最后一行开始，我们将其索引存放在变量 last_index 中。

循环遍历所有行索引，从 last_index 一直到 −1（不包含）❶。内部循环从 i+1 到 size（同样，不包含），计算乘积 $u_{i,j}x_j$ ❷的和。为了得到 u_ij，我们要求下三角形矩阵的转置矩阵的值❸。多亏了这个巧妙的技巧，我们避免了转置 $\boldsymbol{L}$，这是一个计算量非常大的过程。我们在上一章中讨论过这个优化方法。

为了得到公式（14.10）中的除数，我们再次使用函数 value_transposed_at ❹。有了这个值，我们已经可以计算每一行的解❺，并将其存储在结果向量中。

运行该文件中的所有测试，以检查该实现是否无错误。仅供参考，清单 14-9 是完整的 cholesky.py 文件。

清单 14-9　Cholesky 算法的最终文件

```
import math

from eqs.matrix import Matrix
from eqs.vector import Vector


def cholesky_solve(sys_mat: Matrix, sys_vec: Vector) -> Vector:
    validate_system(sys_mat, sys_vec)

    low_matrix = lower_matrix_decomposition(sys_mat)
    low_solution = solve_lower_sys(low_matrix, sys_vec)
    return solve_upper_sys(low_matrix, low_solution)


def validate_system(sys_matrix: Matrix, sys_vector: Vector):
    if sys_matrix.cols_count != sys_vector.length:
        raise ValueError('Size mismatch between matrix and vector')

    if not sys_matrix.is_square:
        raise ValueError('System matrix must be square')


def lower_matrix_decomposition(sys_mat: Matrix) -> Matrix:
```

```
    size = sys_mat.rows_count
    low_mat = Matrix(size, size)

    for i in range(size):
        sq_sum = 0

        for j in range(i + 1):
            m_ij = sys_mat.value_at(i, j)

            if i == j:
                # main diagonal value
                diag_val = math.sqrt(m_ij - sq_sum)
                low_mat.set_value(diag_val, i, j)

            else:
                # value under main diagonal
                non_diag_sum = 0
                for k in range(j):
                    l_ik = low_mat.value_at(i, k)
                    l_jk = low_mat.value_at(j, k)
                    non_diag_sum += l_ik * l_jk

                l_jj = low_mat.value_at(j, j)
                non_diag_val = (m_ij - non_diag_sum) / l_jj
                sq_sum += non_diag_val * non_diag_val

                low_mat.set_value(non_diag_val, i, j)

    return low_mat


def solve_lower_sys(low_mat: Matrix, vector: Vector):
    size = vector.length
    solution = Vector(size)

    for i in range(size):
        _sum = 0.0

        for j in range(i):
            l_ij = low_mat.value_at(i, j)
            y_j = solution.value_at(j)
            _sum += l_ij * y_j

        b_i = vector.value_at(i)
        l_ii = low_mat.value_at(i, i)
        solution_val = (b_i - _sum) / l_ii
        solution.set_value(solution_val, i)

    return solution
```

```python
def solve_upper_sys(up_matrix: Matrix, vector: Vector):
    size = vector.length
    last_index = size - 1
    solution = Vector(size)

    for i in range(last_index, -1, -1):
    _sum = 0.0

    for j in range(i + 1, size):
        u_ij = up_matrix.value_transposed_at(i, j)
        x_j = solution.value_at(j)
        _sum += u_ij * x_j

    y_i = vector.value_at(i)
    u_ii = up_matrix.value_transposed_at(i, i)
    solution_val = (y_i - _sum) / u_ii
    solution.set_value(solution_val, i)

return solution
```

Cholesky 方法中参与方程组求解的三个子函数中的每一个都已分别测试：我们可以确定这些方法能够正常工作。这是否意味着 cholesky_solve 函数已经没有错误了呢？不一定。将所有这些经过充分测试的函数组合在一起时，我们仍然可能会犯错。

检查 cholesky_solve 函数作为整体是否可以起作用还需要一项测试。这项测试可确保组合后的每个子函数表现良好，它被称为集成测试（integration test）。

14.3.6 集成测试法测试 Cholesky 算法

最后一次打开你的 cholesky_test.py 文件。让我们添加最终测试（见清单 14-10）。

清单 14-10 测试 Cholesky 分解法

```python
import unittest

from eqs.cholesky import lower_matrix_decomposition, \
    solve_lower_sys, solve_upper_sys, cholesky_solve
from eqs.matrix import Matrix
from eqs.vector import Vector


class CholeskyTest(unittest.TestCase):
    sys_matrix = Matrix(4, 4).set_data([
        4, -2, 4, 2,
        -2, 10, -2, -7,
        4, -2, 8, 4,
        2, -7, 4, 7
    ])
    low_matrix = Matrix(4, 4).set_data([
        2, 0, 0, 0,
```

```
        -1, 3, 0, 0,
        2, 0, 2, 0,
        1, -2, 1, 1
    ])
    sys_vec = Vector(4).set_data([20, -16, 40, 28])
    low_solution = Vector(4).set_data([10, -2, 10, 4])
    solution = Vector(4).set_data([1, 2, 3, 4])

    def test_lower_matrix_decomposition(self):
        actual = lower_matrix_decomposition(self.sys_matrix)
        self.assertEqual(self.low_matrix, actual)

    def test_lower_system_resolution(self):
        actual = solve_lower_sys(self.low_matrix, self.sys_vec)
        self.assertEqual(self.low_solution, actual)

    def test_upper_system_resolution(self):
        actual = solve_upper_sys(
            self.low_matrix,
            self.low_solution
        )
        self.assertEqual(self.solution, actual)

    def test_solve_system(self):
        actual = cholesky_solve(self.sys_matrix, self.sys_vec)
        self.assertEqual(self.solution, actual)
```

清单 14-10 是最终的测试文件。我们包括了最后一个测试：test_solve_system。这个测试通过调用 cholesky_solve 来检查整个 Cholesky 算法。

运行该文件中的所有测试。如果所有四个测试都通过，你的所有代码就都成功了。你应该为自己跟随了这一长章中的代码而感到自豪。恭喜你！

如果要从命令行运行测试，请使用以下代码：

```
$ python3 -m unittest eqs/tests/cholesky_test.py
```

14.4 小结

在本章中，我们讨论了数值方法，然后集中讨论了那些求解线性方程组的方法。特别是，我们分析了 Cholesky 分解法。这种 **LU** 分解算法适用于对称正定矩阵，其速度可能是其他 **LU** 分解算法的两倍。

我们特别注意了代码的可读性。为了使算法易于遵循，我们将其分解为更小的函数，每个函数都分别进行了测试。我们在编写主算法之前先编写了测试逻辑，这种技术被称为测试驱动开发。我们包括了最后一个测试，该测试针对整个方程组的完整算法。

我们已经实施了强大的求解算法，我们将让其在本书的第五部分发挥作用。

第五部分 Part 5

桁架结构

Chapter 15 第 15 章

结构模型

在本书的这一部分中，我们将重点讨论桁架结构问题。桁架结构用于支撑工业仓库的屋顶（见图 15-1）和长跨度的桥梁。这是一个真正的工程问题，也是一个很好的应用程序案例，该应用程序从文件中读取数据，根据数据构建模型，求解线性方程组，并以图形形式显示结果。

由于解决桁架结构是一个很大的话题，因此我们将其分解为几个章节。首先将简要介绍材料力学基础知识。这并不是要从头开始解释这些概念，而只是复习这些知识。经过基础知识学习后，我们将创建两个类来对桁架结构建模：节点和杆。正如我们在前几章中看到的，用代码解决问题的第一步是创建一组代表求解过程中的实体的基元。

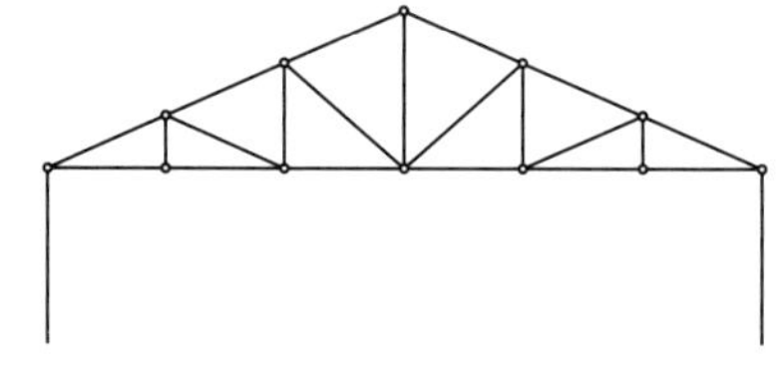

图 15-1　仓库屋顶是桁架结构的一个很好的例子

15.1　求解结构问题

让我们从一些定义开始。结构是一组承受外部载荷和自身重量的阻力构件。桁架结构是一种由杆件彼此在两端用铰链连接而成的结构。外力仅作用于杆连接的地方，即节点处。

当处理结构问题时，我们对两件事最感兴趣。首先，结构中的杆件是否可以承受作用于它们的外力而不至于崩溃？其次，结构在外部载荷的作用下变形后，变形的位移有多大？前者是一个明显的问题：如果结构中的任何杆件断裂，那么结构可能会崩溃，这可能会带来灾难性的后果（例如，倒塌的仓库屋顶或桥梁）。我们的分析应确保这永远不会发生。

第二个问题不太明显，但仍然很重要。如果一个结构已经变形到肉眼可视的程度，即使结构是安全的，不会崩溃，周围或下方的人也可能会感到焦虑。考虑一下，如果你看到客厅的天花板明显弯曲，你会感觉如何。限制结构的变形在一定范围之内，以免影响用户的舒适性。

我们所追求的解应包括每个杆件所承受的压力，以及结构的总体位移。我们将在下一章中对实际解决方案进行编码，在这里，我们将定义解决方案模型。我们可以期望我们的解决方案模型包括这两个量：每个杆件上的机械应力和节点位移。

不过，在我们这样做之前，我们需要深入结构分析的世界。准备好编写很多代码。我们将要解决一系列的工程问题，我们的辛勤工作会得到很高的回报。

15.2 结构件的内力分析

让我们从快速回顾弹性体如何应对外力作用开始。这是材料力学的典型主题，材料力学是机械工程领域的经典学科。如果你学习过该课程，请随意跳过这个部分或快速浏览以作复习。如果没有，那这部分就是为你准备的。你的力学知识应该足够跟上本书教学，但我们不可能涵盖所有的细节。你可以参考文献 [3]，关于这个主题的书中，它是我的最爱之一。关于静力学的书籍也会涵盖这个主题的一些细节，我建议你看看文献 [9] 或 [11]。

15.2.1 弹性体受外力作用

让我们以工字梁弹性体为例，并对它施加一个外部的平衡力。平衡力是指这些力的和等于零：$\sum \vec{F}_i = 0$。图 15-2 描绘了梁受外力作用的示意图。

当外力作用于弹性体时，弹性体内部的原子将会反击，以维持原本的相对距离。如果外力想要将原子分开，则原子会试图将彼此固定得更紧。如果原子有被外力挤压的趋势，它们将尽量避免太接近彼此。这种“反击”构成了内力：由于外力作用而产生的物体内部的力。

为了研究这些力对物体的影响，让我们取图 15-2 中的梁，然后用一个平面对其进行虚拟切割，如图 15-3 所示。

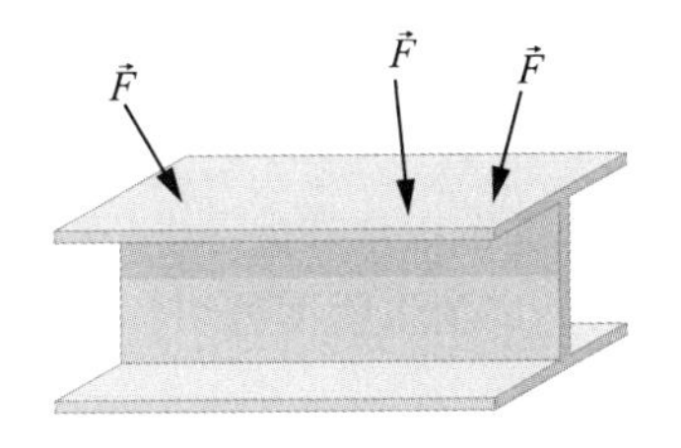

图 15-2 受外力作用的梁

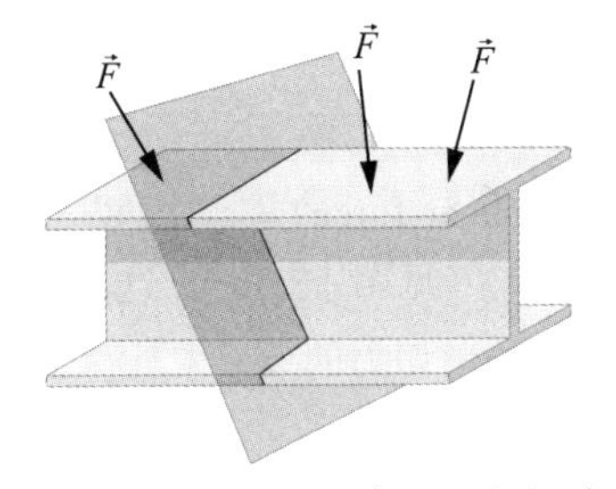

图 15-3 受外力约束的梁的切片

让我们去掉梁的右半部分，分析左半部分的横截面的受力情况。由于整个梁在我们切割之前处于静力平衡状态，因此左半部分也应处于静力平衡状态。为了保持这种平衡，我们必须说明已经去除的右半部分对左半部分所施加的内力分布。这些力之所以出现，是因为左半部分的原子已与右半部分分开。需要将把它们拉在一起的力添加到断面上，以使原子保持原来的静力平衡状态。

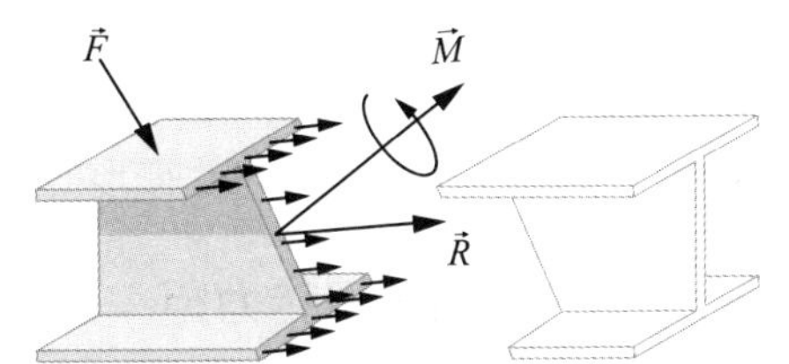

图 15-4 分析部分的平衡应力

这些力分布在整个断面上，如图 15-4 所示。

作用于单位面积的力称作应力（stress）。它的最终影响可以用等效系统的力 $\vec{R}$ 和力矩 $\vec{M}$ 代替。这种等效力和力矩的每个组成部分对梁产生不同的影响。让我们对其进行分解。

15.2.2 轴向力和剪切力

等效内力 $\vec{R}$ 可以分解为两个力的等效系统，一个与截面垂直 $\vec{R}_N$，一个与之相切 $\vec{R}_T$（见图 15-5）。

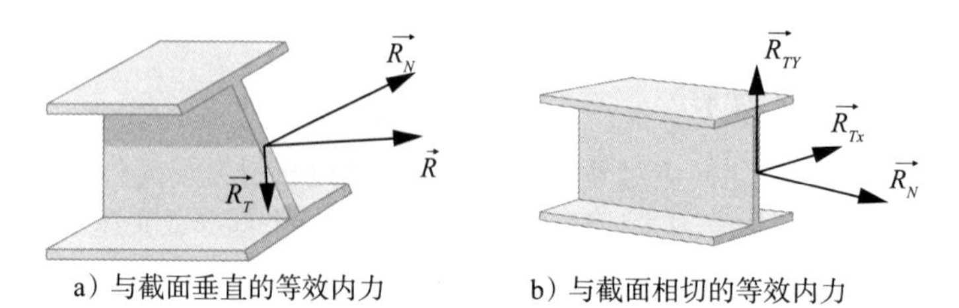

图 15-5 梁截面上的等效内力

如果弹性体具有棱柱形状（一边尺寸比另外两边大），且我们切割的截面与其准线垂直，则我们获得的垂直力 $\vec{R}_N$ 称为轴向力。该名称表示这个力与杆的主轴或准线平行。棱柱体在结构分析中很常见。梁和柱就是很好的例子。

轴向力可以拉伸或压缩物体。将物体分开的轴向力称为拉力（tension force），而压缩的力称为压力（compression force）。图 15-6 显示了受这些力作用的两个棱柱体。

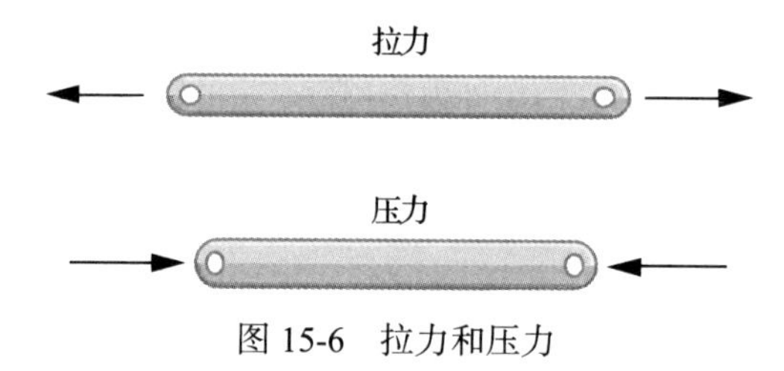

图 15-6 拉力和压力

剪切力（shear force）是与横截面相切的力（见图 15-7），因此可以将其进一步分解为两个组成部分：$\vec{R}_{Tx}$ 和 $\vec{R}_{Ty}$（见图 15-5b）。这两个力具有相同的效果：它们试图将物体剪切。图 15-7 显示了应用于棱柱体的剪切力的效果。

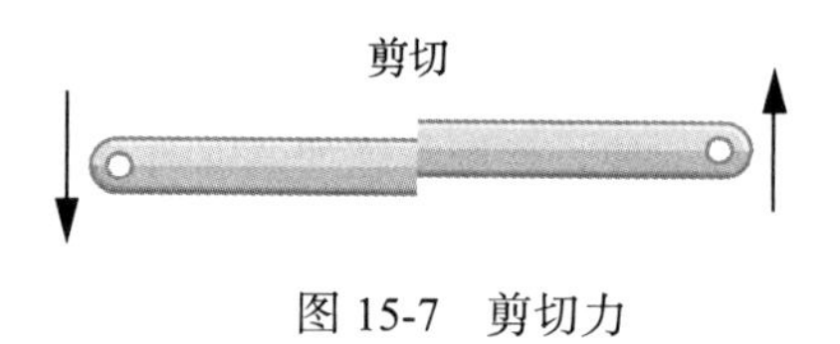

图 15-7 剪切力

总之，物体的横截面上的等效内力可能具有伸长或压缩效果的垂直力，也可能具有剪切效果的剪切力。这是内力对物体产生变形的两种方式。

15.2.3 弯曲和扭转力矩

我们研究了内力对给定横截面的可能影响。力矩会产生什么影响呢？如图 15-8 所示，力矩 $\vec{M}$

可以分解为与横截面垂直的 $\vec{M}_N$ 和与横截面平行的 $\vec{M}_T$。

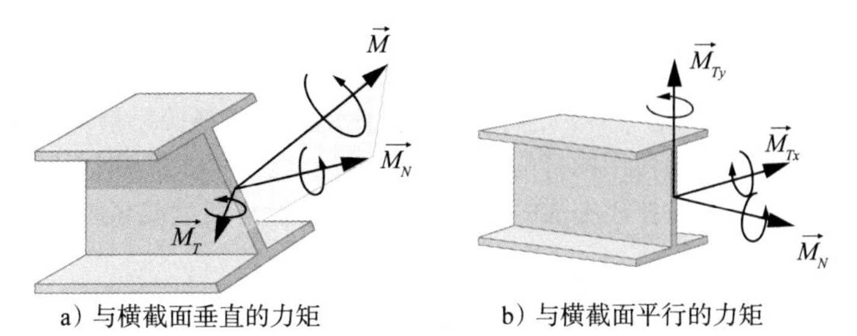

a）与横截面垂直的力矩　　b）与横截面平行的力矩

图 15-8　梁截面的等效内力矩

这些力矩以任意方式弯曲物体，但是如果我们选择一个棱柱体并将其以垂直于准线的截面进行切割（与分析力的情形一样），则我们获得的力矩具有可预测且很好定义的效果。与表面垂直的力矩 $\vec{M}_N$ 对棱柱体会产生扭转（扭曲）影响，因此被称为扭转力矩（torsional moment）。

同样，与该部分相切的力矩可以进一步分解为两个子组件：$\vec{M}_{Tx}$ 和 $\vec{M}_{Ty}$（见图 15-8b）。这两个力矩具有类似的作用——弯曲棱柱体，因此被称为弯曲力矩（bending moment）。图 15-9 说明了这种效果。

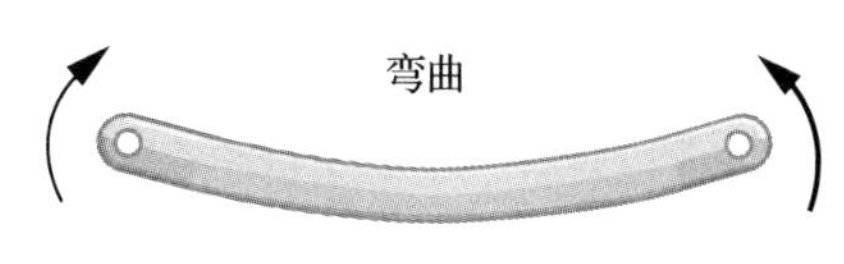

图 15-9　弯曲力矩

总之，物体横截面上的等效内力矩可能具有法向成分，它倾向于将其绕准线进行扭转（扭转力矩），并且也可能有两个相切力矩，倾向于弯曲棱柱体（弯曲力矩）。

现在让我们详细分析棱柱形杆在受到轴向力作用时的行为。然后，我们将学习如何通过使用一组这样的阻力件来构建可以承受重载荷的结构。

15.3 拉伸和压缩

让我们集中分析轴向力：那些与棱柱形阻力体的轴向平行的力。正如我们将在下一小节中看到的，我们将解决的结构仅由受轴向力作用的棱柱形元素（杆）组成。

15.3.1 胡克定律

实验证明，在一定范围内，棱柱杆的伸长长度与施加的轴向力成正比。这种线性关系称为胡克定律（Hooke's law）。让我们假设一个长度为 l、截面积为 A 的杆受到一对外力 $\vec{F}$ 和 $-\vec{F}$ 的作用，如图 15-10 所示。

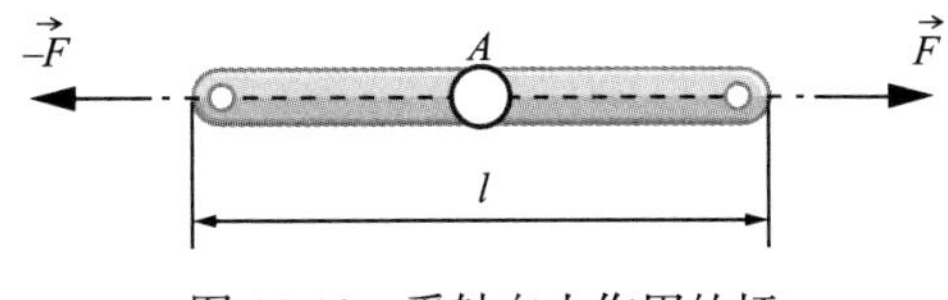

图 15-10　受轴向力作用的杆

公式（15.1）是对应的胡克定律：

$$\delta=\frac{Fl}{EA} \tag{15.1}$$

其中，δ 是杆的总伸长长度；F 是外力 $\vec{F}$ 的标量；E 是比例常数或杨氏模量，是材料的固有特性。

胡克定律指出，受一对外力作用的杆的总伸长长度 δ：与力的大小和杆的长度成正比；与其横截面积和杨氏模量成反比。杆越长或施加的外力越强，杆的伸长长度就越大；相反，横截面积或杨氏模量越大，伸长长度就越小。

回想一下，当力分布在一个区域上时，单位面积的力的强度被称为应力（stress）。应力通常用希腊字母 σ 表示，见公式（15.2）：

$$\sigma=\frac{F}{A} \tag{15.2}$$

按照惯例，拉力对应正应力，压力对应负应力。应力是机械设计中的有用量。它用于确定给定组件（例如，在结构或机器中）是否会在操作过程中失效。材料失效前能承受的应力已经有了充分研究。

我们将单位长度的伸长量定义为应变（strain），它是无量纲量，用希腊字母 ϵ 表示，见公式（15.3）：

$$\epsilon=\frac{\delta}{l} \tag{15.3}$$

利用应力和应变的公式，胡克定律的公式（15.1）可以重写成公式（15.4）的形式：

$$\sigma=E\epsilon \tag{15.4}$$

有趣的是，通过引入应力和应变，对抗体的外部作用（力）和其影响（伸长量）不再和物体的面积或长度相关。我们从公式中有效地删除了所有尺寸参数。公式（15.4）中的比例常数（E）是杨氏模量，是材料的固有特性。例如，对于结构钢，E 约为 200 GPa，即 2×10^{11}Pa。因此，我们可以通过应用实验获得的材料数据来预测该材料组成的物体的机械行为。为此，我们使用应力–应变图，它绘制了给定材料的应力与应变的关系曲线。

15.3.2 应力–应变曲线

应力–应变图绘制给定材料的应力与应变关系曲线，数据通过进行拉伸或压缩测试获得（有关更多详细信息，请参见文献[3]）。我们使用这些图来预测由相同材料制成的抗体的行为。回想一下，由于我们引入了应力和应变，因此每个尺寸参数都从胡克公式中消失了，这意味着一旦通过实验确定了材料在给定荷载下的应力和应变关系，就可以将这些数据用于同样材料所制造的任何物体，无论其形状或大小如何。

图15-11是结构钢的近似应力–应变曲线。请注意，此图不是按比例绘制的。

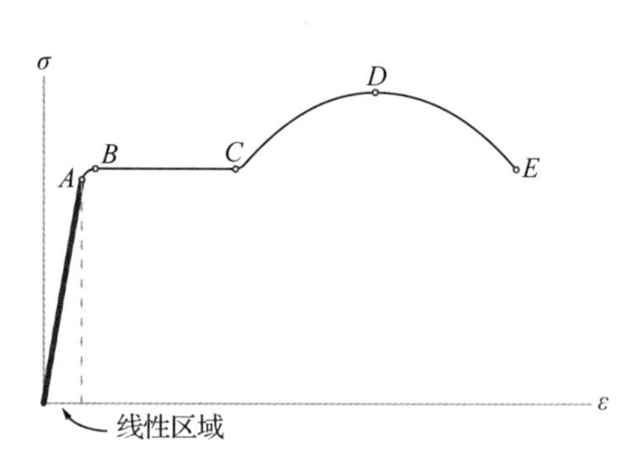

图15-11 结构钢的近似应力–应变曲线

该图的初始线性阶段延伸到一个给定的应力值，该值被称为比例极限（proportional limit），由点 A 表示。应力值大于比例极限之后，应力 – 应变关系不再是线性的。结构钢的比例极限通常在 210 ～ 350 MPa 之间，比杨氏模量小三个数量级。该区域可以由胡克定律和线性关系 $\sigma = E\varepsilon$ 建模。我们的分析将集中在这里。

比例极限 A 的应力增加一点点，就到点 B，屈服应力或屈服强度。屈服应力阶段，应变显著增加但应力没有变化。这种现象称为材料的屈服。

经过一段较长的应变后，我们到达 C 点，材料似乎变硬了。应力必须继续增加才能达到 D 点，这是结构钢能够承受的最大应力。我们称该应力值为极限应力或强度极限。从这一点开始，材料将获得更大的应变，但应力会减少。

点 E 是材料发生断裂的位置。材料在断裂之前的总应变被称为断裂应变。这是机械结构完全失效的点，但是如果你思考一下，在达到强度极限（D 点）之后，材料很可能无论如何都会断裂。强度极限通常用作给定材料在失效之前可以承受的最大应力。

现在我们对抗体对拉伸应力的反应有了很好的了解，让我们看一下桁架结构。

15.4 平面桁架

有许多结构类型，但是我们将主要分析最简单的一种：平面桁架。

平面桁架（plane truss）结构是在平面中的结构，抗体是仅受轴向力作用的杆，且其重量可以忽略。有两个情形符合这个要求。

- ❑ 杆的末端必须有铰链连接；
- ❑ 外部载荷必须始终作用于节点。

节点是几个杆末端交汇的点。节点在杆末端的连接是无摩擦的，这意味着杆围绕节点的旋转不受限制。

平面桁架由三角形组成，即三个末端固定的杆。三角形是最简单的刚性框架，连接成四边形或多边形的杆组成非刚性框架。图 15-12 显示了由四根杆组成的平面桁架如何从其原始位置移动，因此不被认为是刚性的。只需添加一个新杆，创建两个子三角形，结构就会变成刚性。

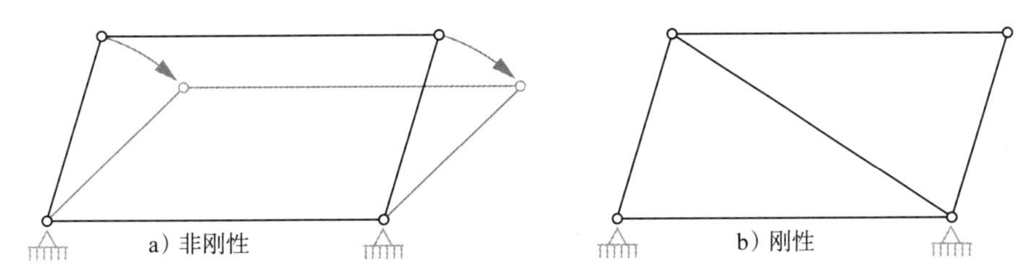

图 15-12 多边形平面桁架的示例

图 15-13 是平面桁架的一个示例。结构是由 8 个节点（N_1，N_2，⋯，N_8）和 13 个杆组成的。节点 1 和 5 具有外部支撑或约束。节点 6、7 和 8 具有外部载荷。

图 15-14 是由对图 15-13 中描述的平面桁架进行结构分析所产生的结果。它是由我们在本书的这一部分中构建的应用程序所制作的。

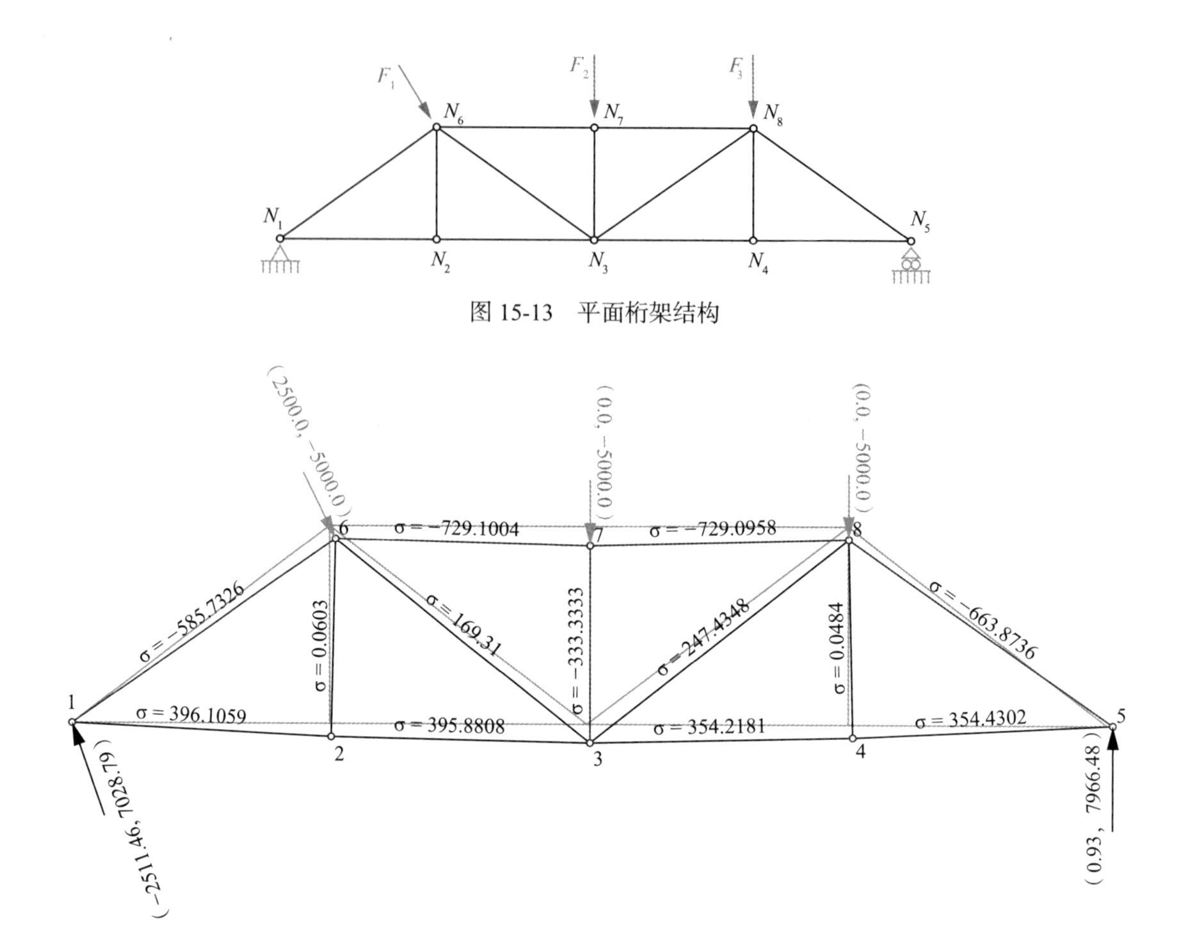

图 15-13 平面桁架结构

图 15-14 平面桁架结构的最终解示意

在图 15-14 中，我们可以欣赏结构变形后的几何形状，因为它已被放大到可视程度。节点位移往往很小（比结构杆的尺寸小两个数量级），因此描绘未放大节点位移的图可能很难从原始几何形状中分辨出来。

你会注意到图 15-14 中有很多信息。每个杆都标记有其所受的应力，尽管图中的标签字体很小，因此标签可能不容易阅读。正数代表拉应力，负数代表压应力。杆还以绿色或红色进行标记，具体取决于其承受的载荷：绿色代表拉力，红色代表压力。由于本书是黑白印刷，你将无法分辨颜色，但是一旦开发了完整的应用程序，你就可以用自己的代码生成该图像，并能够探索所有细节。

现在让我们研究构成平面桁架的杆的机械响应。它们有一个有趣的特性，我们已经提过：它们仅承受轴向力。

15.5 二力构件

正如我们已经讨论的，平面桁架的杆末端被锁住，载荷只施加到节点上。因此，杆仅受轴向力作用。我们只能通过节点的连接接触，对杆的接头施加外力。由于这些连接是无摩擦的，因此它们只能将力传递到杆，而且只能沿杆的轴向。

图 15-15 显示了应用于节点的外力是如何传递到杆上的。这些力与杆的轴向平行，因此仅产生轴向应力。

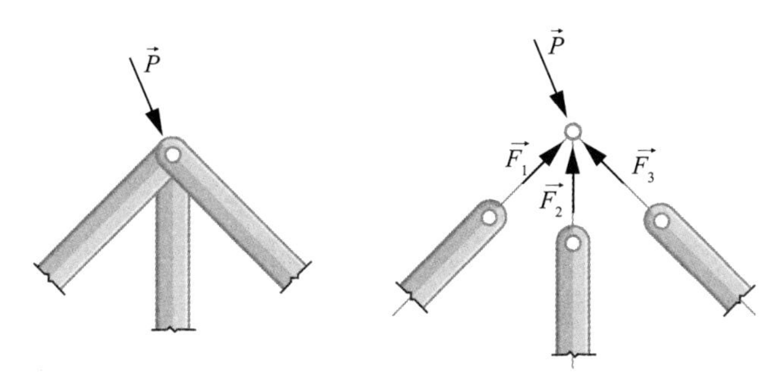

图 15-15 力在节点上的传播

由于杆有两个固定的末端承受外力，因此受两个力的约束。要处于平衡状态，要求两个力是共线的、大小相等、方向相反。在杆的情况下（长棱柱体），这两个力必须朝着杆的轴向（见图 15-16），因此仅产生轴向应力。我们将这些承受两个共线力的杆件称为二力构件（two-force member）。

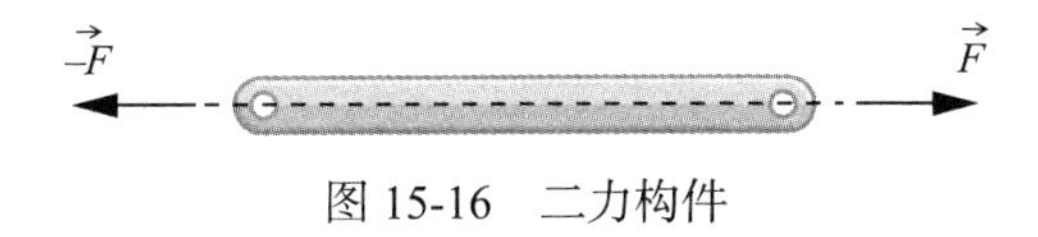

图 15-16 二力构件

图 15-16 中施加到杆上的力标记为 $\vec{F}$ 和 $-\vec{F}$，这是为了表明这两个力必须大小相等，方向相反。在本例中，力将在杆上产生拉应力。

根据胡克定律，我们知道材料对外部载荷的反应。我们还探索了二力构件，并且已经看到，平面桁架中的杆都是二力构件。现在，让我们推导一组公式，将这两个力与其对二力构件造成的位移关联起来。

15.6 全局坐标中的刚度矩阵

回到胡克定律的原始公式，即公式（15.1），我们可以提取力项，得到以下结果：

$$F = \frac{EA}{l}\delta$$

其中，项 $\frac{EA}{l}$ 是杆的比例常数，将外力 F 和杆的伸长量 δ 联系起来。该项又被称为刚度（stiffness）。如你所见，刚度取决于杆的杨氏模量（E）——材料属性，以及几何尺寸（A 和 l）。

现在看图 15-17 中的杆。如果我们使用局部坐标系，以杆的轴向作为 x 轴，该杆拥有两个自由度（Degree of Freedom, DOF），换句话说，两种不同的独立运动方式。两个节点在 x 轴方向的位移，分别用 u'_1 和 u'_2 表示。每个节点都施加一个力：F_1 和 F_2。

注意：关于命名法的注释，即我们将使用上撇号来标记杆在局部坐标系下的自由度。例如，u'_1指节点 1 在局部坐标系（x'，y'）下的 x 坐标。相比之下，没有上撇号的字母，如 u_1，代表全局坐标系（x，y）下的 x 坐标。

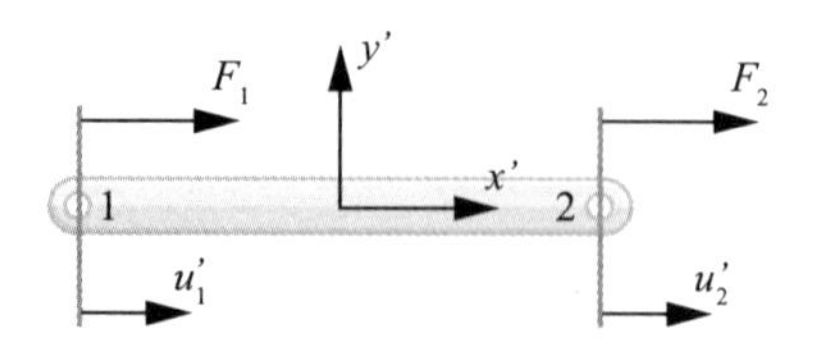

图 15-17 拥有双自由度的杆

使用上面的公式，我们可以将每个节点上的力与阶段位移 u'_1 和 u'_2 联系起来，如下所示：

$$\begin{cases} F_1 = \dfrac{EA}{l}(u'_1 - u'_2) \\ F_2 = \dfrac{EA}{l}(u'_2 - u'_1) \end{cases}$$

上面的两个公式可以写成公式（15.5）所示的矩阵形式。

$$\begin{pmatrix} F_1 \\ F_2 \end{pmatrix} = \underbrace{\frac{EA}{l}\begin{pmatrix} 1 & -1 \\ -1 & 1 \end{pmatrix}}_{[k']}\begin{pmatrix} u'_1 \\ u'_2 \end{pmatrix} \tag{15.5}$$

其中，$[k']$ 被称为杆的局部刚度矩阵（stiffness matrix）。该刚度矩阵将杆的两个节点的位移与施加到它们上面的外力关联起来，全部基于杆的局部坐标系。根据该局部坐标系，杆只有两个自由度，即杆的两个节点在局部坐标系的 x 轴方向上的位移（u'_1 和 u'_2）。

现在让我们考虑一个相对全局坐标系旋转的杆，以图 15-18 为例。该杆具有自己的局部坐标系 (x', y')，该坐标系与全局坐标系 (x, y) 形成 θ 的角度。

从全局坐标系的角度来看，杆的每个节点拥有两个自由度：每个节点都可以在 x 和 y 方向移动。在此参考系统中投影的四个自由度分别为 u_1，v_1，u_2 和 v_2。

为了将杆的局部刚度矩阵 $[k']$ 转换为全局刚度矩阵 $[k]$，我们需要使用一个变换矩阵。我们可以通过将局部坐标 u'_1 和 u'_2 分解为对应的全局坐标来找到这个矩阵。图 15-19 描述了这个操作。

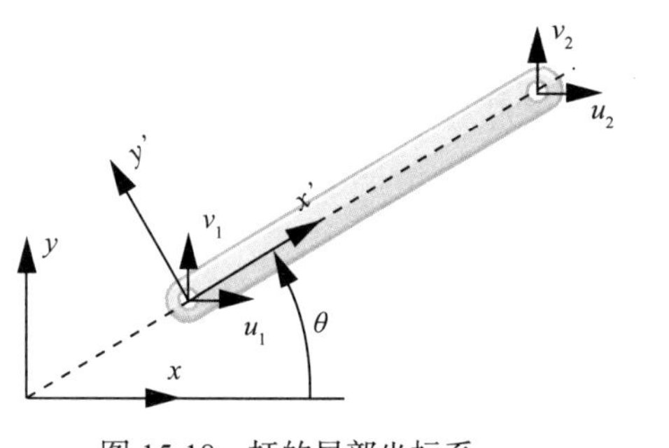

图 15-18 杆的局部坐标系

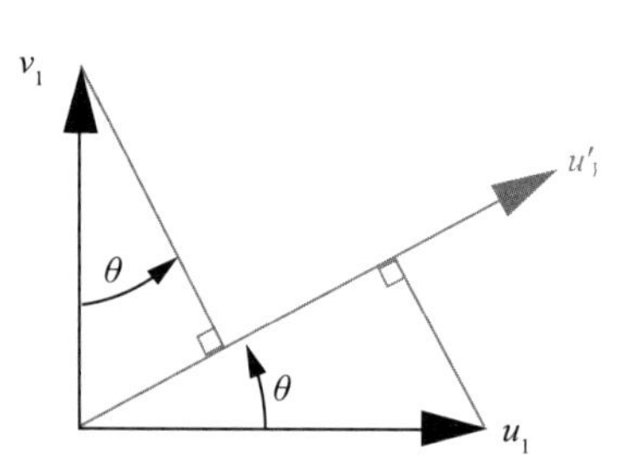

图 15-19 局部坐标的投影

让我们找到一个数学表达式来计算局部坐标对应的全局坐标：

$$\begin{cases} u_1' = \cos\theta \cdot u_1 + \sin\theta \cdot v_1 \\ u_2' = \cos\theta \cdot u_2 + \sin\theta \cdot v_2 \end{cases}$$

将其转换为如下矩阵形式：

$$\begin{pmatrix} u_1' \\ u_2' \end{pmatrix} = \underbrace{\begin{pmatrix} \cos\theta & \sin\theta & 0 & 0 \\ 0 & 0 & \cos\theta & \sin\theta \end{pmatrix}}_{[L]} \begin{pmatrix} u_1 \\ v_1 \\ u_2 \\ v_2 \end{pmatrix}$$

其中 $[L]$ 是变换矩阵。为了从局部 $[k']$ 计算全局刚度矩阵，我们可以使用以下公式（有关如何得出此表达式的详细信息，请参阅文献 [2] 或 [10]）：

$$[k]=[L]'[k'][L]$$

设 $c = \cos\theta$，$s = \sin\theta$，则有公式（15.6）：

$$[k] = \frac{EA}{l}\begin{pmatrix} c^2 & cs & -c^2 & -cs \\ cs & s^2 & -cs & -s^2 \\ -c^2 & -cs & c^2 & cs \\ -cs & -s^2 & cs & s^2 \end{pmatrix} \tag{15.6}$$

我们现在有了一个方程组，它将应用于杆节点的外力与它们在全局坐标中的位移联系起来，见公式（15.7）：

$$\begin{pmatrix} F_{1x} \\ F_{1y} \\ F_{2x} \\ F_{2y} \end{pmatrix} = \frac{EA}{l}\begin{pmatrix} c^2 & cs & -c^2 & -cs \\ cs & s^2 & -cs & -s^2 \\ -c^2 & -cs & c^2 & cs \\ -cs & -s^2 & cs & s^2 \end{pmatrix}\begin{pmatrix} u_1 \\ v_1 \\ u_2 \\ v_2 \end{pmatrix} \tag{15.7}$$

现在让我们利用这些知识开始编码我们的结构模型。

15.7 结构的初始模型

在我们的 Mechanics 项目中，创建一个名为 structures 的新 Python 包。在 structures 中，创建另一个包：model。在这里，我们将定义组成结构模型的类。在 structures 包中创建另一个名为 solution 的软件包。在这里，我们将拥有对求解结构进行建模的类。此外，在 structures 中创建一个 tests 文件夹，以包含我们将开发的单元测试代码。你的项目的结构应该看起来像这样：

```
Mechanics
  |- apps
  |- eqs
  |- geom2d
  |- graphic
  |- structures
  |     |- model
  |     |     |- __init__.py
```

```
|     |- solution
|     |    |- __init__.py
|     |- tests
|     |    |- __init__.py
|     |- __init__.py
|- utils
```

下一步是创建一个表示结构节点的类。

15.7.1 创建类：StrNode

在 model 中创建一个名为 node.py 的新文件，并输入清单 15-1 中的代码。这是结构节点的基本定义。

清单 15-1 结构节点类

```
import operator
from functools import reduce

from geom2d import Point, Vector


class StrNode:

    def __init__(
        self,
      ❶ _id: int,
        position: Point,
        loads=None,
        dx_constrained=False,
        dy_constrained=False
):
    self.id = _id
    self.position = position
  ❷ self.loads = loads or []
    self.dx_constrained = dx_constrained
    self.dy_constrained = dy_constrained

@property
def loads_count(self):
    return len(self.loads)

@property
def net_load(self):
  ❸ return reduce(
        operator.add,
        self.loads,
        Vector(0, 0)
    )
```

在此清单中，我们定义了新的类 StrNode。该类定义了一个 id，这将有助于确定其每个实例。

请注意，传递给构造函数的参数使用下划线：_id ❶。Python 已经定义了一个全局函数 id，因此，如果我们将参数用同样的名称命名（而不是使用下划线），那么我们将在构造函数内覆盖全局函数 id。这意味着构造函数内 id 不会指向 Python 函数，而是指向我们传入的值。尽管我们不在该类的构造函数中使用 Python 的 id 函数，但我们也要避免覆盖全局函数。

StrNode 还包括 Point 类的实例（用于确定节点位置）和一个应用于节点的载荷列表，默认值为 None。该结构可能具有相当多的节点，没有外部载荷。因此，我们使 loads 参数可选（并提供默认值 None）。当 loads 参数为 None 时，我们给 self.loads 属性分配一个空列表 ([ ]) ❷。

你可能想知道 or 操作符在❷中的工作方式：

```
self.loads = loads or []
```

or 操作符返回其操作数中的第一个“真”值或 None。看看以下示例：

```
>>> 'Hello' or 'Good bye'
'Hello'

>>> None or 'Good bye'
'Good bye'

>>> False or True
True

>>> False or 'Hello'
'Hello'

>>> False or None
# nothing returned here

>>> False or None or 'Hi'
'Hi'
```

正如你可能已经猜到的，在布尔运算中，None 被认为是“假”。

我们还必须给构造函数传递另外两个属性，它们在构造函数中都有默认值：dx_constrained 和 dy_constrained。这些属性决定了 x 和 y 方向上的位移是否受到外部约束。我们将它们初始化为 False，这意味着该节点无外部约束，除非另行说明。

我们在类中定义了两个属性：loads_count 和 net_load。第一个（loads_count）返回 loads 列表的长度。

注意：如果你还记得第 5 章的 Demeter 定律，StrNode 类以外的成员想知道施加到节点上的载荷数量的话，应该能够直接访问 StrNode。但是，要求 StrNode 返回载荷列表，然后使用 len 函数获得其长度会违反这一重要原则。

net_load 特性使用 reduce 函数来计算所有载荷的总和❸。请注意，我们将第三个参数传递给 reduce 函数：Vector (0, 0)。第三个参数是缩减函数的初始值。因为载荷列表完全可能为空，如果出现这种情况，我们将返回此初始值。否则，缩减过程的第一步是将此初始值与列表的第一个项目结合在一起。如果我们没有提供初始值，缩减载荷列表将引起以下错误：

```
TypeError: reduce() of empty sequence with no initial value
```

接下来，我们将添加一个方法来将载荷添加到节点的载荷列表中，输入清单 15-2 中的代码。

清单 15-2 向节点添加载荷

```
class StrNode:
    --snip--

    def add_load(self, load: Vector):
        self.loads.append(load)
```

最后，让我们实现 StrNode 类的相等比较。类中有几个属性，但仅当两个节点位于平面上的相同位置时，我们才认为它们相等。这种比较认为重叠的节点是相等的，而不管它们的其他属性如何。

如果我们希望结构中的节点真正独一无二，我们可以比较节点的所有属性，包括载荷列表和外部约束。但是，就本例而言，我们只需要确保没有重叠的节点。如果我们在相等检查中加入更多比较对象，可能会出现两个重叠的节点（具有相同位置的节点）因为具有不同的载荷列表而被评估为不同节点。这样我们会允许两个重叠的节点在结构中存在。

输入清单 15-3 中的 __eq__ 方法代码。

清单 15-3 节点的相等比较

```
class StrNode:
    --snip--

    def __eq__(self, other):
        if self is other:
            return True

        if not isinstance(other, StrNode):
            return False

        return self.position == other.position
```

我们的 StrNode 类已经准备就绪！清单 15-4 包含最终的 StrNode 类。

清单 15-4 StrNode 类的结果

```
import operator
from functools import reduce

from geom2d import Point, Vector


class StrNode:

    def __init__(
```

```
            self,
            _id: int,
            position: Point,
            loads=None,
            dx_constrained=False,
            dy_constrained=False
    ):
        self.id = _id
        self.position = position
        self.loads = loads or []
        self.dx_constrained = dx_constrained
        self.dy_constrained = dy_constrained

    @property
    def loads_count(self):
        return len(self.loads)

    @property
    def net_load(self):
        return reduce(
            operator.add,
            self.loads,
            Vector(0, 0)
        )

    def add_load(self, load: Vector):
        self.loads.append(load)

    def __eq__(self, other):
        if self is other:
            return True

        if not isinstance(other, StrNode):
            return False

        return self.position == other.position
```

现在，让我们创建一个类来代表结构杆。

15.7.2 创建类：StrBar

结构杆是在StrNode类建模的两个节点实例之间定义的。杆需要存储刚度矩阵计算（公式（15.6））所需的两个抗性特性的值：杨氏模量和横截面积。

1. 创建杆类

在model中创建一个名为bar.py的新文件，并输入StrBar类的初始定义代码（见清单15-5）。

清单 15-5 杆类结构

```
from geom2d import Segment
from .node import StrNode


class StrBar:

    def __init__(
            self,
            _id: int,
            start_node: StrNode,
            end_node: StrNode,
            cross_section: float,
            young_mod: float
    ):
        self.id = _id
        self.start_node = start_node
        self.end_node = end_node
        self.cross_section = cross_section
        self.young_mod = young_mod

    @property
    def geometry(self):
        return Segment(
            self.start_node.position,
            self.end_node.position
        )

    @property
    def length(self):
        return self.geometry.length
```

在这个清单中，我们定义了具有五个属性的 StrBar 类：作为标识符的 ID，开始和结束节点，横截面积值，以及杨氏模量值。这些被传递给构造函数并存储在类中。

我们还使用 @property 装饰器来定义两个特性：geometry 和 length。杆的几何形状是从开始节点到末端节点的线段，而杆的长度是线段的长度。

我们需要实现的最后一件事是根据公式（15.6）的定义，计算杆在全局坐标系中的刚度矩阵的方法。输入清单 15-6 中的代码。

清单 15-6 全局坐标系中的杆刚度矩阵

```
from eqs import Matrix
from geom2d import Segment
from .node import StrNode


class StrBar:
    --snip--
```

```
    def global_stiffness_matrix(self) -> Matrix:
        direction = self.geometry.direction_vector
        eal = self.young_mod * self.cross_section / self.length
        c = direction.cosine
        s = direction.sine

        c2_eal = (c ** 2) * eal
        s2_eal = (s ** 2) * eal
        sc_eal = (s * c) * eal

        return Matrix(4, 4).set_data([
            c2_eal, sc_eal, -c2_eal, -sc_eal,
            sc_eal, s2_eal, -sc_eal, -s2_eal,
            -c2_eal, -sc_eal, c2_eal, sc_eal,
            -sc_eal, -s2_eal, sc_eal, s2_eal
        ])
```

不要忘记导入 Matrix 类，代码如下：

```
from eqs import Matrix
```

我们已经添加了 global_stiffness_matrix 方法。此方法创建一个 4×4 矩阵，并将其值设置为公式（15.6）中的对应刚度项，为了方便起见，此处再次给出该公式：

$$[k]=\frac{EA}{l}\begin{pmatrix} c^2 & cs & -c^2 & -cs \\ cs & s^2 & -cs & -s^2 \\ -c^2 & -cs & c^2 & cs \\ -cs & -s^2 & cs & s^2 \end{pmatrix}$$

要计算每个值，我们首先要获得杆的方向向量并获得正弦和余弦。因为 $[k]$ 中的每个项都乘以 $\frac{EA}{l}$，我们计算它并将结果存在变量 eal 中。对于矩阵中的 16 项，实际上我们只需要计算三个不同的值。它们分别存储在 c2_eal、s2_eal 和 sc_eal 中，之后在 set_data 方法中引用。

2. 测试 Bar 类

刚度矩阵计算是我们结构问题分析的核心。此代码中的一个错误将产生完全错误的结果，例如，杆的巨大变形。让我们添加一个单元测试，以确保刚度矩阵中的所有项都被正确计算。我们首先需要在 structures/tests 目录中创建一个新的测试文件 bar_test.py。在文件中，输入清单 15-7 中的代码。

清单 15-7 测试杆的刚度矩阵计算函数

```
import unittest
from math import sqrt

from eqs import Matrix
from geom2d import Point
from structures.model.node import StrNode
from structures.model.bar import StrBar
```

```
class BarTest(unittest.TestCase):
    section = sqrt(5)
    young = 5

    node_a = StrNode(1, Point(0, 0))
    node_b = StrNode(2, Point(2, 1))
    bar = StrBar(1, node_a, node_b, section, young)

    def test_global_stiffness_matrix(self):
        expected = Matrix(4, 4).set_data([
            4, 2, -4, -2,
            2, 1, -2, -1,
            -4, -2, 4, 2,
            -2, -1, 2, 1
        ])
        actual = self.bar.global_stiffness_matrix()
        self.assertEqual(expected, actual)
```

在这个测试中，我们创建了一个节点位于（0,0）和（2,1）的杆，截面积为 $\sqrt{5}$，杨氏模量为5。我们选择这些数字是为了期望刚度矩阵中的所有值都是整数，这就方便了我们写断言，特别是在这种情况下：$\sin\theta=1/\sqrt{5}$，$\cos\theta=2/\sqrt{5}$，和 $\frac{EA}{l}=5\sqrt{5}/\sqrt{5}=5$。

你可以通过在 IDE 中单击绿色运行按钮或从 shell 运行测试。

```
$ python3 -m unittest structures/tests/bar_test.py
```

这应该产生以下输出：

```
Ran 1 test in 0.000s

OK
```

你的 StrBar 类代码应该类似于清单 15-8。

清单 15-8 杆类的结果代码

```
from eqs import Matrix
from geom2d import Segment
from .node import StrNode


class StrBar:

    def __init__(
            self,
            _id: int,
            start_node: StrNode,
            end_node: StrNode,
            cross_section: float,
            young_mod: float
```

```
    ):
        self.id = _id
        self.start_node = start_node
        self.end_node = end_node
        self.cross_section = cross_section
        self.young_mod = young_mod

    @property
    def geometry(self):
        return Segment(
            self.start_node.position,
            self.end_node.position
        )

    @property
    def length(self):
        return self.geometry.length

    def global_stiffness_matrix(self) -> Matrix:
        direction = self.geometry.direction_vector
        eal = self.young_mod * self.cross_section / self.length
        c = direction.cosine
        s = direction.sine

        c2_eal = (c ** 2) * eal
        s2_eal = (s ** 2) * eal
        sc_eal = (s * c) * eal

        return Matrix(4, 4).set_data([
            c2_eal, sc_eal, -c2_eal, -sc_eal,
            sc_eal, s2_eal, -sc_eal, -s2_eal,
            -c2_eal, -sc_eal, c2_eal, sc_eal,
            -sc_eal, -s2_eal, sc_eal, s2_eal
        ])
```

我们需要最后一个类来将节点和杆捆绑在一起：Structure 类。

15.7.3 创建类：Structure

在 structures/model 中创建一个名为 structure.py 的新 Python 文件，然后输入 Structure 类的代码（见清单 15-9）。

清单 15-9 Structure 类

```
from functools import reduce

from .node import StrNode
from .bar import StrBar
```

```
class Structure:
    def __init__(self, nodes: [StrNode], bars: [StrBar]):
        self.__bars = bars
        self.__nodes = nodes

    @property
    def nodes_count(self):
        return len(self.__nodes)

    @property
    def bars_count(self):
        return len(self.__bars)

    @property
    def loads_count(self):
        return reduce(
            lambda count, node: count + node.loads_count,
            self.__nodes,
            0
        )
```

这个类目前非常简单，但是在后面的章节中，我们将编写算法，组装结构的全局刚度矩阵，生成方程组，求解，并创建解决方案。目前，这个类所做的只是存储传递给构造函数的一个节点列表和一个杆列表，以及一些处理它所拥有的项数的计算。

loads_count 特性对所有节点的载荷进行求和。为了实现这一点，我们传递一个 lambda 函数作为 reduce 函数的第一个参数。lambda 包含两个参数：当前的载荷计数和 self.__nodes 列表中的下一个节点。这个缩减需要一个初始值（即第三个参数，0），我们将第一个节点的计数与其相加。没有这个初始值，就不能进行缩减，因为 reduce 函数不知道第一次迭代时 lambda 的第一个参数 count 的值。

我们现在有了定义该结构的完整模型！

15.7.4 用 Python shell 创建结构

让我们尝试使用我们的模型类构建图 15-20 中的桁架结构。

要定义结构，请首先在 Python 的 shell 中导入以下类：

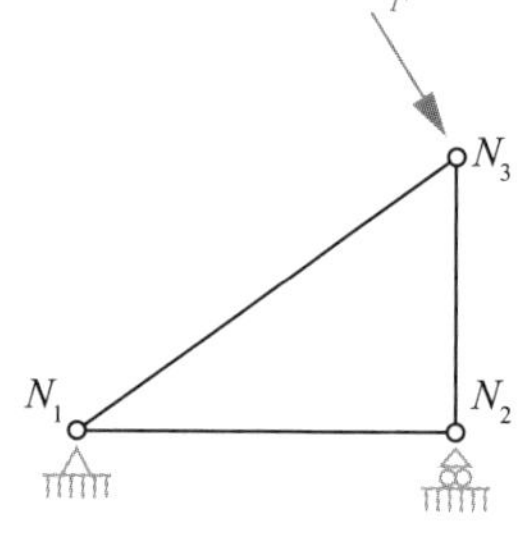

图 15-20 桁架结构示例

```
>>> from geom2d import Point, Vector
>>> from structures.model.node import StrNode
>>> from structures.model.bar import StrBar
>>> from structures.model.structure import Structure
```

然后输入以下代码：

```
>>> node_one = StrNode(1, Point(0, 0), None, True, True)
>>> node_two = StrNode(2, Point(100, 0), None, False, True)
```

```
>>> node_three = StrNode(3, Point(100, 100), (Vector(50, -100)))

>>> bar_one = (1, node_one, node_two, 20, 20000000)
>>> bar_two = (2, node_two, node_three, 20, 20000000)
>>> bar_three = (3, node_three, node_one, 20, 20000000)

>>> structure = Structure(
    (node_one, node_two, node_three),
    (bar_one, bar_two, bar_three)
)
```

如你所见，在代码中创建桁架结构的模型是小菜一碟。无论如何，我们通常会从外部定义文件中加载模型，我们将在第 17 章中学到这一点。然而，手动求解一个示例，对于理解我们的模型类的工作方式，永远是一个很好的练习。

要完成本章，需要我们为结构的解创建模型：存储节点位移和杆应力的类。

15.8　结构的解模型

我们将在下一章中解决结构求解的问题，但是我们将在此处准备好存储解值的类。现在，假设我们已经准备好求解算法，并且需要解类来存储解的数据。

当我们求解结构时，我们首先获得节点在全局坐标系中的位移。从结构中节点的新位置，我们可以计算其余所有量（应变、应力和反应值）。我们需要一个新类来表示位移后的节点，这与我们刚刚使用 StrNode 类定义的节点相似，只是加上了位移向量。

这些节点位移将拉长或压缩结构杆。请记住，杆会产生应变和应力，这是它们对拉伸或压缩的反应。应变和应力值是结构解中的重要数据：它们将确定结构是否可以承受施加到其上的载荷。

我们还将创建一个新类来代表解杆。这个类将引用位移节点并计算应变和应力值。

15.8.1　创建类：StrNodeSolution

让我们创建一个表示结构解中的节点的类。在 structures/solution 包中，创建一个名为 node.py 的新文件，并输入清单 15-10 中的代码。

清单 15-10　解的节点类

```
from geom2d import Vector
from structures.model.node import StrNode


class StrNodeSolution:
    def __init__(
            self,
            original_node: StrNode,
            global_disp: Vector
    ):
        self.__original_node = original_node
```

```
        self.global_disp = global_disp

    @property
❶   def id(self):
        return self.__original_node.id

    @property
❷   def original_pos(self):
        return self.__original_node.position

    @property
❸   def is_constrained(self):
        return self.__original_node.dx_constrained \
               or self.__original_node.dy_constrained

    @property
❹   def loads(self):
        return self.__original_node.loads

    @property
❺   def is_loaded(self):
        return self.__original_node.loads_count > 0

    @property
❻   def net_load(self):
        return self.__original_node.net_load
```

此清单声明了 StrNodeSolution 类。如你所见，这个类的构造函数被传入原始节点及其在全局坐标系中的位移向量——这就是所有我们需要的。原始节点在类中是私有的（__brin_node），但是它的一些特性被公开。例如，id 特性❶直接返回原始节点的 ID，loads 与之类似。

original_pos 特性❷返回原始节点的位置：应用位移前的位置，这也是结构解的一部分。这里的命名很重要，因为我们将很快添加另一个特性以代表节点的新位置。

is_constrained 特性❸检查原始节点是否有任何自由度（x 或 y 上的位移）被外部约束。我们将利用此信息来了解是否需要为节点计算反作用力。反作用力是指由节点中的支撑或约束所施加的外力。我们想知道支撑或约束所吸收的力的数量，以正确设计支撑的尺寸。

最后，我们有三个与外部载荷相关的特性：loads ❹、is_loaded ❺和 net_load ❻。第一个特性直接返回原节点的外力列表。我们将在绘制解的矢量图时使用此信息，如图 15-14 所示。特性 is_loaded 让我们知道该节点是否已施加了任何载荷。当我们需要检查哪些解节点有载荷以将其载荷绘制到结果图上时，此特性将非常方便。特性 net_load 返回原节点的净载荷，我们将用其来计算节点中的反作用力。

1. 移动位置

让我们将移动后的位置作为特性。由于位移往往比结构尺寸小几个数量级，因此我们要包括一种方法来缩放位移向量，以绘制变形后的几何图形。这样可以确保在结果图中，我们能够分辨出变形后的几何图形和原始图形。

在 StrNodeSolution 类中输入清单 15-11 中的代码。

清单 15-11 节点位移的解

```
class StrNodeSolution:
    --snip--

    @property
    def displaced_pos(self):
        return self.original_pos.displaced(self.global_disp)

    def displaced_pos_scaled(self, scale=1):
        return self.original_pos.displaced(self.global_disp, scale)
```

displaced_pos 方法返回施加 global_disp 向量后的节点位移。displaced_pos_scaled 方法执行类似的操作，但具有使我们可以增加位移大小的比例值。

2. 最终结果

跟随本书一步一步操作，你的 StrNodeSolution 类应该如清单 15-12 所示。

清单 15-12 解节点的类

```
from geom2d import Vector
from structures.model.node import StrNode


class StrNodeSolution:
    def __init__(
            self,
            original_node: StrNode,
            global_disp: Vector
    ):
        self.__original_node = original_node
        self.global_disp = global_disp

    @property
    def id(self):
        return self.__original_node.id

    @property
    def original_pos(self):
        return self.__original_node.position

    @property
    def is_constrained(self):
        return self.__original_node.dx_constrained \

              or self.__original_node.dy_constrained
```

```
    @property
    def loads(self):
        return self.__original_node.loads

    @property
    def is_loaded(self):
        return self.__original_node.loads_count > 0

    @property
    def displaced_pos(self):
        return self.original_pos.displaced(self.global_disp)

    def displaced_position_scaled(self, scale=1):
        return self.original_pos.displaced(self.global_disp, scale)
```

现在，让我们实现杆的解类。

15.8.2 创建类：StrBarSolution

只需了解杆节点的位移，我们就可以计算杆的应变和轴向应力。我们将在开发 StrBarSolution 类的同时解释原因。

在 structures/solution 中创建一个名为 bar.py 的新文件，并输入清单 15-13 中的代码。

清单 15-13 杆的解类

```
from structures.model.bar import StrBar
from .node import StrNodeSolution


class StrBarSolution:
    def __init__(
            self,
            original_bar: StrBar,
            start_node: StrNodeSolution,
            end_node: StrNodeSolution
    ):
        if original_bar.start_node.id != start_node.id:
            raise ValueError('Wrong start node')

        if original_bar.end_node.id != end_node.id:
            raise ValueError('Wrong end node')

        self.__original_bar = original_bar
        self.start_node = start_node
        self.end_node = end_node

    @property
    def id(self):
        return self.__original_bar.id
```

```
    @property
    def cross_section(self):
        return self.__original_bar.cross_section

    @property
    def young_mod(self):
        return self.__original_bar.young_mod
```

StrBarSolution 类用原杆和两个解节点进行初始化。在构造函数中，我们通过对比节点 ID 与原节点的 ID，来判断是否是正确的解节点。如果我们检测到一个错误的节点被传入，我们会触发一个 ValueError 并停止执行。如果我们继续执行程序，则结果将不正确，因为解杆将与原始结构定义中未连接的节点相连。这将防止我们在构建结构的解类时犯错误。

该类还定义了 id、cross_section 和 young_mod 特性。这些值返回原杆的参数。

1. 伸长量、应力和应变

现在，让我们一步步计算伸长量、应变和应力值。应力可以根据应变计算出来（使用公式（15.4）），因此我们将从应变开始。应变是杆单位长度的伸长量（请参见公式（15.3）），因此我们需要找出此伸长量。为此，我们首先想知道杆的原始几何形状和最终的几何形状。输入清单 15-14 中的代码。

清单 15-14 杆的几何解

```
from geom2d import Segment
from structures.model.bar import StrBar
from .node import StrNodeSolution


class StrBarSolution:
    --snip--

    @property
    def original_geometry(self):
        return self.__original_bar.geometry

    @property
    def final_geometry(self):
        return Segment(

            self.start_node.displaced_pos,
            self.end_node.displaced_pos
        )
```

原始几何形状已经是 StrBar 中的特性。最后的几何形状也是线段，位于位移后的起始节点和终节点之间。关键是要理解，由于桁架结构的杆是二力构件，因此它们仅受轴向力的影响。所以，杆的轴线将始终保持直线段。图 15-21 描绘了原始的杆和对节点分别施加位移向量 $\vec{u}_1$ 和 $\vec{u}_2$ 后的杆。

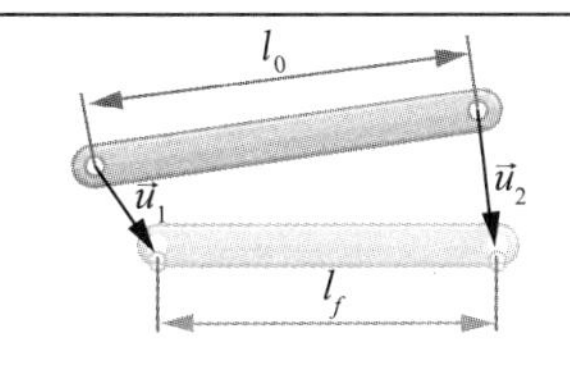

图 15-21 一个杆的长度变化

假设原始杆具有长度 l_0，最终长度是 l_f，则杆的伸长量就是$\Delta l=l_f-l_0$。如果杆被拉伸，则伸长量为正；如果杆被压缩，则伸长量为负。请注意，这与我们的应力符号约定相一致：拉伸应力为正，压缩应力为负。输入清单 15-15 中的代码。

清单 15-15 解的杆长度

```
class StrBarSolution:
    --snip--

    @property
    def original_length(self):
        return self.original_geometry.length

    @property
    def final_length(self):
        return self.final_geometry.length

    @property
    def elongation(self):
        return self.final_length - self.original_length
```

现在我们知道了杆的伸长量，我们可以轻松地计算应变和应力。在 StrBarSolution 类中，输入清单 15-16 中的 strain 和 stress 特性。

清单 15-16 杆的应变和应力

```
class StrBarSolution:
    --snip--

    @property
    def strain(self):
        return self.elongation / self.original_length

    @property
    def stress(self):
        return self.young_mod * self.strain
```

如你所见，根据公式（15.3），应变是杆的伸长量和原长度的比值。凭借应变值，我们可以乘以材料的杨氏模量，即可获得应力值。这是公式（15.4）中给出的胡克定律。

2. 内力

为了计算反作用力，我们将利用每个节点的静态平衡条件：节点中的净力始终为零。在这一力和中，连接到节点的每个杆都施加了一个与其内力相等、方向相反的力（如图 15-23 所示）。该内力的计算方式是杆的应力乘以其横截面积（见公式（15.2））。

我们需要每个杆节点的内力大小和方向，因为如果你记得，为了使这个二力构件保持平衡，两端的力都需要大小相同、方向相反。让我们看看如何做到这一点。

输入清单 15-17 中的代码。

清单 15-17 杆的内力

```
from geom2d import Segment, make_vector_between
from structures.model.bar import StrBar
from .node import StrNodeSolution


class StrBarSolution:
    --snip--

    @property
    def internal_force_value(self):
        return self.stress * self.cross_section

    def force_in_node(self, node: StrNodeSolution):
      ❶ if node is self.start_node:

            return make_vector_between(
                self.end_node.displaced_pos,
                self.start_node.displaced_pos
            ).with_length(
                self.internal_force_value
            )
      ❷ elif node is self.end_node:
            return make_vector_between(
                self.start_node.displaced_pos,
                self.end_node.displaced_pos
            ).with_length(
                self.internal_force_value
            )

        raise ValueError(
            f'Bar {self.id} does not know about node {node.id}'
        )
```

在此代码中，我们首先定义 internal_force_value 特性，其输出根据公式（15.2）计算的内力值，符号为正或负。

然后是 force_in_node 方法，该方法传入杆的起始节点或终节点，返回该节点的力向量。在两种情况下，力向量的大小都是 internal_force_value。根据传递节点的不同，方向也会不同。

我们的符号约定是，拉力为正，压力为负。如果我们将所有节点的内力方向定义为正，则力向量将始终具有正确方向。这是因为稍后我们会给它一个 internal_force_value 长度，其对压力为负，并且如你所知，为我们的一个 Vector 实例分配负的长度会倒转其方向。

回头看代码。如果传递的节点是起始节点❶，则创建的力向量从终节点的最终位置指向起点。然后，根据 internal_force_value 将结果向量进行缩放。

反之，如果传递的节点是终节点❷，则力向量相反，但是缩放部分保持不变。

最后，如果传递的节点不是这两个节点之一，我们会弹出一个错误提示。

3. 杆有节点吗

我们几乎完成了杆的解类。我们只需要另外两个方法，类就准备好了。第一个检查结构中的任意节点是否是杆的终节点。我们将用这个方法来绘制结果。输入清单 15-18 中的代码。

清单 15-18 杆有节点吗

```
class StrBarSolution:
    --snip--

    def has_node(self, node: StrNodeSolution):
        return node is self.start_node or node is self.end_node
```

最后，我们需要一个方法来生成杆的最终几何形状，且将缩放应用到位移上。

4. 缩放后的最终几何形状

如果你还记得，我们已经在 StrNodeSolution 类中实现了一个方法，该方法通过对位移应用缩放来生成其位置。让我们利用此实现来构建代表变形后杆的几何形状的线段，并应用缩放。输入清单 15-19 中的代码。

清单 15-19 杆缩放后的几何形状

```
class StrBarSolution:
    --snip--

    def final_geometry_scaling_displacement(self, scale: float):
        return Segment(
            self.start_node.displaced_pos_scaled(scale),
            self.end_node.displaced_pos_scaled(scale)
        )
```

final_geometry_scaling_displacement 方法返回一条线段，其端点是杆节点的最终位置，其位移向量应用了缩放。这是我们将绘制到结果图的线段，以可视化原始杆是如何从原来的位置移位的。

同样，由于位移与结构本身的尺寸相比相当小，我们想要缩放节点位移，这样我们就可以清楚地在解图中看到结构是如何变形的。

5. 最终结果

如果你跟随本书一步一步操作，你的 StrBarSolution 应该如清单 15-20 所示。

清单 15-20 解杆类的结果

```
from geom2d import Segment, make_vector_between
from structures.model.bar import StrBar
from .node import StrNodeSolution


class StrBarSolution:
    def __init__(
            self,
            original_bar: StrBar,
            start_node: StrNodeSolution,
```

```
            end_node: StrNodeSolution
    ):
        if original_bar.start_node.id != start_node.id:

        raise ValueError('Wrong start node')

    if original_bar.end_node.id != end_node.id:
        raise ValueError('Wrong end node')

    self.__original_bar = original_bar
    self.start_node = start_node
    self.end_node = end_node

@property
def id(self):
    return self.__original_bar.id

@property
def cross_section(self):
    return self.__original_bar.cross_section

@property
def young_mod(self):
    return self.__original_bar.young_mod

@property
def original_geometry(self):
    return self.__original_bar.geometry

@property
def final_geometry(self):
    return Segment(
        self.start_node.displaced_pos,
        self.end_node.displaced_pos
    )

@property
def original_length(self):
    return self.original_geometry.length

@property
def final_length(self):
    return self.final_geometry.length

@property
def elongation(self):
    return self.final_length - self.original_length

@property
```

```
    def strain(self):
        return self.elongation / self.original_length

    @property
    def stress(self):
        return self.young_mod * self.strain

    @property
    def internal_force_value(self):
        return self.stress * self.cross_section

    def force_in_node(self, node: StrNodeSolution):
        if node is self.start_node:
            return make_vector_between(
                self.end_node.displaced_pos,
                self.start_node.displaced_pos
            ).with_length(
                self.internal_force_value
            )
        elif node is self.end_node:
            return make_vector_between(
                self.start_node.displaced_pos,
                self.end_node.displaced_pos
            ).with_length(
                self.internal_force_value
            )

        raise ValueError(
            f'Bar {self.id} does not know about node {node.id}'
        )

    def has_node(self, node: StrNodeSolution):
        return node is self.start_node or node is self.end_node

    def final_geometry_scaling_displacement(self, scale: float):
        return Segment(
            self.start_node.displaced_position_scaled(scale),
            self.end_node.displaced_position_scaled(scale)
        )
```

我们还需定义最后一个类：结构解。

15.8.3 创建类：StructureSolution

正如我们有一个原始结构模型的类，我们希望有一个代表解结构的类。该类的目的是将解节点和杆放在一起。

在 structures/solution 文件夹中创建一个名为 Structure.py 的新文件。在该文件中，输入类的基本定义（见清单 15-21）。

清单 15-21　结构解的类

```
from .bar import StrBarSolution
from .node import StrNodeSolution


class StructureSolution:
    def __init__(
            self,
            nodes: [StrNodeSolution],
            bars: [StrBarSolution]
    ):
        self.nodes = nodes
        self.bars = bars
```

StructureSolution 类由组成解的节点和杆的列表初始化。这与原始结构的定义类似。但是因为我们使用这个类来生成结果——报告和图表，所以我们需要一些额外的属性。

1. 结构矩形边界

在绘制结构分析结果图时，我们将想知道绘制完整的结构需要多少空间。知道整个结构的矩形边界将使我们之后能够计算 SVG 图的视图框。让我们计算这些边界并增加一些边框（见图 15-22），以便有一些额外的空间来绘制代表载荷的箭头之类的物体。

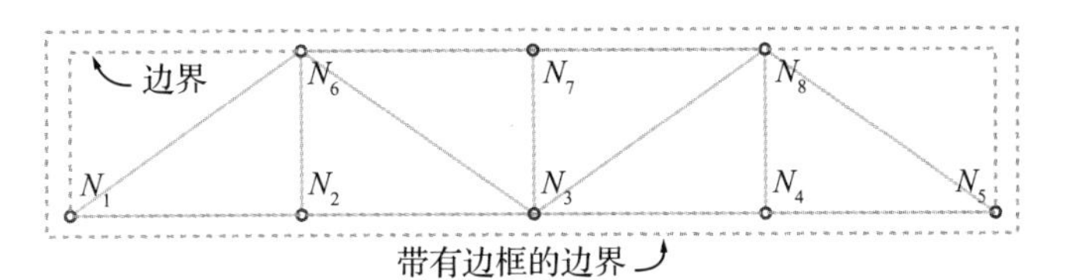

图 15-22　边框结构

在类中，输入 bounds_rect 方法（见清单 15-22）。

清单 15-22　结构图形边界

```
from geom2d import make_rect_containing_with_margin
from .bar import StrBarSolution
from .node import StrNodeSolution


class StructureSolution:
    --snip--

    def bounds_rect(self, margin: float, scale=1):
        d_pos = [

    node.displaced_pos_scaled(scale)
    for node in self.nodes
]
return make_rect_containing_with_margin(d_pos, margin)
```

我们首先导入 make_rect_containing_with_margin 函数。我们在本书的第二部分中创建了这个函数，它创建了一个包含所有传入点的矩形，并带有一定边框。

已经创建的 bounds_rect 方法将 d_pos 变量初始化为一个列出所有结构节点的位移位置的列表，并将其传递给生成矩形的函数。请注意，我们使用的是位移的缩放版本来确保矩形边界在其绘制位置包含所有节点。

2. 节点的反作用力

最后，由于 StructureSolution 类可以访问结构的所有节点和杆，因此它将负责计算每个节点的反作用力。StrNodeSolution 类本身不能做这个计算，因为它不能访问该节点连接的杆列表。

现在我们如何计算节点的反作用力？假设我们有一个像图 15-23 中这样的节点。两个杆——杆 1 和杆 2——在这个节点上相遇，分别受到内力 $\vec{F}_1$ 和 $\vec{F}_2$ 的作用。外部载荷 $\vec{q}$ 也应用于节点。这个节点是受外部约束的，$\vec{R}$ 是我们需要计算的反作用力。

这些量中，只有 $\vec{R}$ 是未知的。杆的内力 $\vec{F}_1$ 和 $\vec{F}_2$，可以使用我们在清单 15-17 中实现的 force_in_node 方法进行计算，外部载荷 $\vec{q}$ 作为问题描述的一部分被给出。

如果节点处于静态平衡状态，则以下条件必须成立：

$$\vec{R}+\vec{q}-\vec{F}_1-\vec{F}_2=\mathbf{0}$$

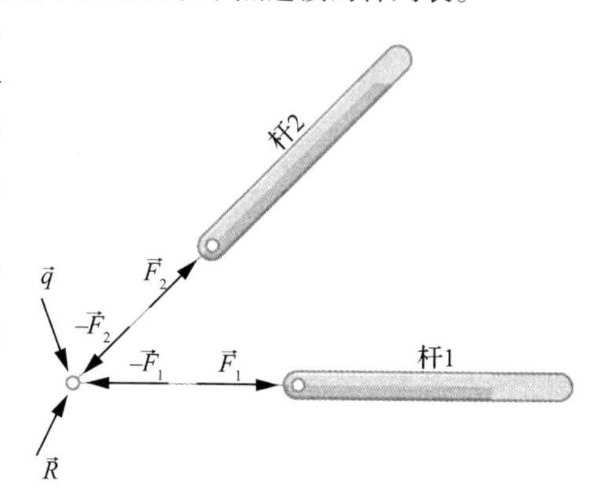

图 15-23 节点中的反应力

你可能已经注意到，在这种情况下，杆力符号为负。根据牛顿第三定律，这些是接收杆的力的节点所承受的反作用力。如果杆受到两个力压缩，则杆将节点拉向自身。另外，如果杆倾向于伸长，则它将节点推离。

对于上面的等式，我们可以轻松地将 $\vec{R}$ 移项：

$$\vec{R}=\vec{F}_1+\vec{F}_2-\vec{q}$$

或者以一种更通用的形式，见公式（15.8）：

$$\vec{R}=\sum\vec{F}_i-\sum\vec{q}_j \tag{15.8}$$

其中$\sum\vec{F}_i$是所有杆力的和，$\sum\vec{q}_j$是施加到节点上的所有外力的和（节点的净载荷）。

让我们在类中实现这个。输入清单 15-23 中的代码。

清单 15-23 节点的反作用力

```
import operator
from functools import reduce

from geom2d import make_rect_containing_with_margin, Vector
from .bar import StrBarSolution
from .node import StrNodeSolution


class StructureSolution:
```

```
--snip--

def reaction_for_node(self, node: StrNodeSolution):
 ❶ if not node.is_constrained:
        return Vector(0, 0)

 ❷ forces = [
        bar.force_in_node(node)
        for bar in self.bars
        if bar.has_node(node)
    ]

    if node.is_loaded:
     ❸ forces.append(node.net_load.opposite())

 ❹ return reduce(operator.add, forces)
```

我们定义了 reaction_for_node 方法，该方法在给定一个节点的情况下计算它的反作用力。不要忘记，只有具有外部支撑或约束的节点才有反作用力。实际上，这是我们检查的第一件事❶：如果节点不受约束，则返回零向量（这意味着没有反作用力）。

第二步是搜索结构中链接到该节点的所有杆，并获得它们对该节点的内力❷。我们使用列表推导式来实现这一点，它遍历结构中的所有杆，过滤那些通过 bar.has_node（node）测试的杆，最后将它们每个映射到给定节点中的内力。这对应公式（15.8）中的 $\sum \vec{F}_i$。

接下来，如果节点有外部载荷，则将净外部载荷附加到 forces 列表中❸。请注意，公式（15.8）中的节点的净载荷有一个负号，这就是我们对它调用 opposite 方法的原因。还要注意，我们不需要对这些载荷进行求和（如公式（15.8）中的 $\sum \vec{q}_j$ 所示），因为 StrNodeSolution 类已经这样做过，并为我们提供净载荷。

最后，使用 reduce 函数，结合 operator.add 操作符对列表中的所有力进行求和❹。

3. 最终结果

供参考，清单 15-24 显示了完整的 StructureSolution 类的代码。

清单 15-24 结构解类

```
import operator
from functools import reduce

from geom2d import make_rect_containing_with_margin, Vector
from .bar import StrBarSolution
from .node import StrNodeSolution


class StructureSolution:
    def __init__(
            self,
            nodes: [StrNodeSolution],
```

```
            bars: [StrBarSolution]
    ):
        self.nodes = nodes
        self.bars = bars

    def bounds_rect(self, margin: float, scale=1):
        d_pos = [
            node.displaced_pos_scaled(scale)
            for node in self.nodes
        ]
        return make_rect_containing_with_margin(d_pos, margin)

def reaction_for_node(self, node: StrNodeSolution):
    if not node.is_constrained:
        return Vector(0, 0)

    forces = [
        bar.force_in_node(node)
        for bar in self.bars
        if bar.has_node(node)
    ]

    if node.is_loaded:
        forces.append(node.net_load.opposite())

    return reduce(operator.add, forces)
```

对这个类进行单元测试很重要，以确保我们没有犯任何错误。但是，要测试它，我们需要了解高级测试技术：mock 测试。我们将在下一章中探讨此主题，因此我们还会回到此代码。

15.9 小结

我们从这一章开始回顾一些材料力学主题，如弹性体对外部载荷的响应而产生的内力。我们介绍了应力和应变的概念，这两者都是结构分析的核心。我们特别感兴趣的是棱柱体中的轴向应力，因为这些在平面桁架结构中至关重要，这是本书的这一部分的重点。

然后，我们研究了平面桁架及其特性，并利用刚度矩阵的概念阐明了杆上的力和位移之间的关系。正如我们将在下一章中看到的，这些矩阵在解决结构的过程中起着至关重要的作用。

最后，我们实现了结构的建模类：StrNode、StrBar 和 Structure。我们还实现了结构的解类：StrNodeSolution、StrBarSolution 和 StructureSolution。这两组类代表了最初设计的结构和结构的解，包括每个杆的应力值和每个节点的位移。我们将在下一章中介绍如何从最初的定义转到解决方案。

第 16 章 Chapter 16

模型求解

在上一章中，我们为结构模型定义了类：StrNode、StrBar 和 Structure。我们还为结构的解编写了类：StrNodeSolution、strnode 解决方案、StrBarSolution 和 StructureSolution。我们使用前三个定义结构，而另外三个来对解进行建模，包括节点的位移和杆的应力和应变。问题是，我们如何从定义模型转到解模型？

在本章中，我们将通过开发求解算法来回答这个问题，即原始结构模型和解结构模型之间的联系。我们将修改结构的求解过程，在其中我们基于单个杆的矩阵，组装结构的刚度矩阵 $[k]$，并根据单个节点的载荷组装载荷向量 $\{\vec{F}\}$。求解方程组 $\{\vec{F}\}=[k]\{\vec{x}\}$ 得到结构中节点在全局坐标下的位移 $\{\vec{x}\}$。为了解方程组，我们将使用 Cholesky 算法。

本章还将介绍一种先进的单元测试技术：测试替身技术（test doubles）。测试替身可以隔离一段代码，通过用“假”代码替换其所依赖的函数或类的“假”实现，因此当我们运行测试时，我们只测试该段代码。

16.1 算法原理

在上一章中，我们研究了将在每个杆的自由度中施加的力与其位移关联的方程组。一个杆有两个节点，每个节点都有两个自由度：u 为 x 方向的位移；v 为 y 方向的位移。

这使每个杆都有四个自由度：节点 1 的 u_1 和 v_1，节点 2 的 u_2 和 v_2。因此，施加到节点上的力——用 $\vec{F}_1$ 和 $\vec{F}_2$ 表示——可以分解为两个投影分量，$\vec{F}_1$ 可以分解为 $\vec{F}_{1x}$ 和 $\vec{F}_{1y}$，$\vec{F}_2$ 类似（见图 16-1）。

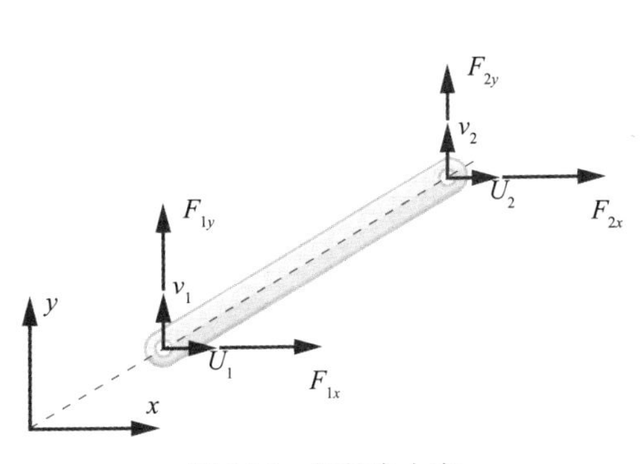

图 16-1 杆的自由度

这里再次给出 15.6 节中将这些力和节点位移联系的公式：

$$\begin{pmatrix} F_{1x} \\ F_{1y} \\ F_{2x} \\ F_{2y} \end{pmatrix} = \underbrace{\frac{FA}{l}\begin{pmatrix} c^2 & cs & -c^2 & -cs \\ cs & s^2 & -cs & -s^2 \\ -c^2 & -cs & c^2 & cs \\ -cs & -s^2 & cs & s^2 \end{pmatrix}}_{[k]} \begin{pmatrix} u_1 \\ v_1 \\ u_2 \\ v_2 \end{pmatrix}$$

需要注意的是，这些力和位移以及刚度矩阵 [k] 均基于全局坐标系，即图 16-1 左下方的坐标系。你可能记得图 15-18 中的每个杆的局部坐标系，但是为了构建结构的全局方程组，我们希望力和位移都基于全局坐标系。

在我们继续学习之前，让我们简要介绍刚度矩阵中每个项的含义。

16.1.1 刚度矩阵项的含义

刚度矩阵项将给定自由度的力与另一个自由度下的位移关联起来。它们以明确的方式排序：

$$[k] = \begin{pmatrix} F_x^1 \to \delta_x^1 & F_x^1 \to \delta_y^1 & F_x^1 \to \delta_x^2 & F_x^1 \to \delta_y^2 \\ F_y^1 \to \delta_x^1 & F_y^1 \to \delta_y^1 & F_y^1 \to \delta_x^2 & F_y^1 \to \delta_y^2 \\ F_x^2 \to \delta_x^1 & F_x^2 \to \delta_y^1 & F_x^2 \to \delta_x^2 & F_x^2 \to \delta_y^2 \\ F_y^2 \to \delta_x^1 & F_y^2 \to \delta_y^1 & F_y^2 \to \delta_x^2 & F_y^2 \to \delta_y^2 \end{pmatrix}$$

例如，在这里，$F_x^1 \to \delta_y^2$ 的含义是"第一个节点的 x 方向的力 (F_x^1) 与它在第二个节点的 y 方向上产生的位移 (δ_y^2) 之间的关系。"了解了这一点，我们就可以察觉一个模式。

每一行中的刚度项表示一个自由度的力与每个自由度的位移的关系。例如，第一行包括开始节点的 x 方向的力 F_x^1 与所有可能的位移的关系：δ_x^1、δ_y^1、δ_x^2 和 δ_y^2。

每一列中的刚度项将每个自由度的力与给定自由度下的位移关联。例如，第一列的项将所有自由度下的力——F_x^1、F_y^1、F_x^2 和 F_y^2——与开始节点在 x 方向上的位移联系起来。

记住刚度项的含义。稍后，当我们组装结构的全局刚度矩阵时，我们将使用这个知识。让我们继续修改求解过程，并一步步编写其代码。

16.1.2 结构初始化

作为结构求解过程的一部分，我们将要在 Structure 类中保存一些中间结果，作为私有属性。让我们初始化这些属性，然后再研究主要算法。

打开 model/structure.py 文件并编辑类，以使它包括我们在 __init__ 方法中添加的新属性，如清单 16-1 所示。

清单 16-1 初始化结构

```
   from functools import reduce

❶ from eqs import Matrix, Vector as EqVector
   from .node import StrNode
   from .bar import StrBar
```

```
class Structure:
 ❷ __DOF_PER_NODE = 2

    def __init__(self, nodes: [StrNode], bars: [StrBar]):

        self.__bars = bars
        self.__nodes = nodes

      ❸ self.__dofs_dict = None
        self.__system_matrix: Matrix = None
        self.__system_vector: EqVector = None
        self.__global_displacements: EqVector = None

  --snip--
```

我们需要从 eqs 包中添加两个新的导入，Matrix 和 Vector❶。因为稍后我们需要导入另一个 Vector 类，即在 geom2d 软件包中定义的那个，所以我们将 eqs 软件包中的 Vector 重命名为 EqVector。注意 Python 中的重命名语法：

```
from <module> import <identifier> as <alias>
```

接下来，我们定义一个常数 __DOF_PER_NODE，设置为 2❷。我们将在代码中使用此常数，而不是直接使用数字。它的名称应该给出一个很好的提示，即数字的实际含义。我们将避免在代码中使用魔法数字，也就是，在代码中出现的不清楚含义的数字。命名良好的常数告诉代码的读者数字的实际含义。

最后，我们定义了四个新的私有属性，并将所有属性初始化为 None❸。

（1）__dofs_dict　一个字典，键是节点的 ID，值是分配给节点的自由度编号列表。我们将马上看到这意味着什么。

（2）__system_matrix　结构在全局坐标系下的刚度矩阵。

（3）__system_vector　该结构的全局方程组的载荷向量。

（4）__global_displacements　节点的全局位移列表，其中每个位移的索引与它们的自由度编号相同。

如果你没有完全理解这些新属性的含义，请不要担心，我们将在下面的章节中详细解释它们。

16.1.3 结构求解的主算法

结构求解算法可以分为三大步：

（1）给每个自由度分配一个数字；

（2）组装和求解结构的方程组；

（3）使用系统的解向量来建立解模型。

让我们尝试快速理解这些步骤的含义，稍后再补充其余细节。第一步编号自由度是将结构中的每个 DOF 分配唯一的数字。让我们以图 16-2 中的结构为例。

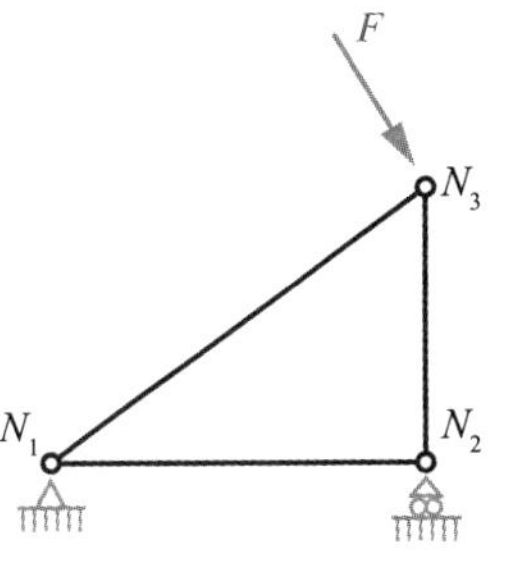

图 16-2　结构示例

图 16-2 中的结构有三个节点（N_1，N_2 和 N_3），每个节点有两个自由度。将数字分配给自由度非常简单：我们给予每个 DOF 一个独立的数字。表 16-1 显示了使用节点自然排序的可能的 DOF 数字分配。

表 16-1 分配自由度数字

节点	数字
N1	0，1
N2	2，3
N3	4，5

如你所见，我们从零开始分配 DOF 编号。我们也可以选择其他任何数字，包括任何开始数字，但是由于我们将使用这些数字来指代系统的矩阵和向量中的位置，因此拥有与索引直接对应的数字更方便。否则，我们需要在 DOF 数字和系统的索引之间进行映射。

指定 DOF 编号后，下一步是组装全局方程组。该方程组具有与杆的公式相同的结构：$\{\vec{F}\}=[k][\vec{u}]$。当我们求解这个方程组时，我们得到了所有自由度的全局位移。使用这些位移，我们可以使用在第 15 章中定义的类来创建结构解决方案模型。

让我们在 Structure 类（从 model 包中）中创建一个新方法来实现这三步算法。输入清单 16-2 中的新方法代码。

清单 16-2 结构求解

```
class Structure:
    --snip--

    def solve_structure(self):
        self.__assign_degrees_of_freedom()
        self.__solve_system_of_equations()
        return self.__make_structure_solution()
```

solve_structure 方法将计算解并返回 StructureSolution 实例。该方法概述了我们刚才描述的三个步骤。这三个私有方法还不存在，但是我们将在以下各节中一一创建。

16.1.4 给结构的自由度编号

求解过程的第一步是为每个结构的自由度分配一个数字。请记住，每个节点都有两个自由度，因此 __assign_degrees_of_freedom 方法将为每个结构的节点分配两个数字，并将它们保存在我们在清单 16-1 中初始化过的 __dofs_dict 字典中。分配了 DOF 编号，我们在图 16-2 中看到的结构现在看起来像图 16-3。

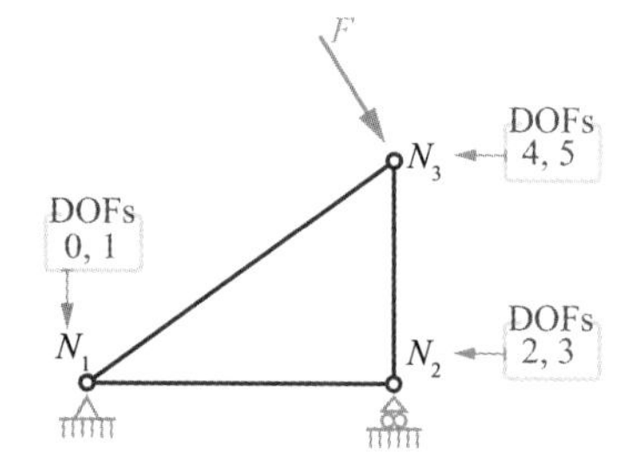

图 16-3 结构节点的自由度和其数字标签

让我们实现这个方法。输入清单 16-3 中的代码。

清单 16-3 自由度编号分配

```
class Structure:
    --snip--

    def __assign_degrees_of_freedom(self):
        self.__dofs_dict = {}
        for i, node in enumerate(self.__nodes):
            self.__dofs_dict[node.id] = (2 * i, 2 * i + 1)
```

该方法首先初始化 __dofs_dict 属性，将其设置为空字典，以确保我们每次运行方法时都使用新的字典。然后，我们迭代结构中所有节点 (self.__nodes) 的列表，将每个节点的 ID 作为字典的键，对应的值是两个数字组成的元组：代表节点的 DOF。

Python 中的 enumerate 函数返回我们传递给函数的元素的可迭代序列以及它们的索引。当我们正在做的逻辑需要列表中的项的索引时，这个函数很方便。在这里，我们使用节点的索引来计算它的 DOF 数，对于一个给定的索引 i，DOF 数是 $2i$ 和 $2i+1$。

因此，在索引 0 处的第一个节点将得到自由度 0 和 1。索引 1 处的节点将得到 2 和 3，以此类推。

对于 ID 分别为 1、2 和 3 的三个节点的结构，自由度字典可以如下所示：

```
dofs_dict = {
    1: (0, 1),
    2: (2, 3),
    3: (4, 5)
}
```

让我们继续下一步，真正的重要环节。

16.1.5　组合和求解方程组

为了找到结构节点的位移，我们需要组装和求解结构的全局方程组 $\{\vec{F}\} = [k]\{\vec{u}\}$。该方程组由各个杆的方程组组装而成。杆的方程组 $\{\vec{F}\} = [k]\{\vec{u}\}$ 将两个节点上的外力和位移联系起来，同样，结构的全局方程组将结构中每个节点的力和位移相关联。

让我们继续分解，以便了解所有细节。和往常一样，手动计算一个小例子将帮助我们更好地理解过程。

1. 手动计算案例

在开始之前，对命名法进行快速说明：我们将使用杆的节点数进行标记，并用箭头分开。因此，$1 \rightarrow 2$ 是从节点 1 到节点 2 的杆，如下命名

$$\left.\frac{EA}{l}\right|_{1\rightarrow 2}$$

指杆 $1 \rightarrow 2$ 的 $\frac{EA}{l}$ 量。其中，E 是指杆的材料的杨氏模量，A 是杆的横截面积，l 是杆的长度。

现在让我们来看看图 16-3 中的结构。该结构有三个节点、三个杆和一个应用于节点 3 的外部载荷。让我们使用我们定义的自由度编号来推导出这三个杆的方程组（见图 16-4）。

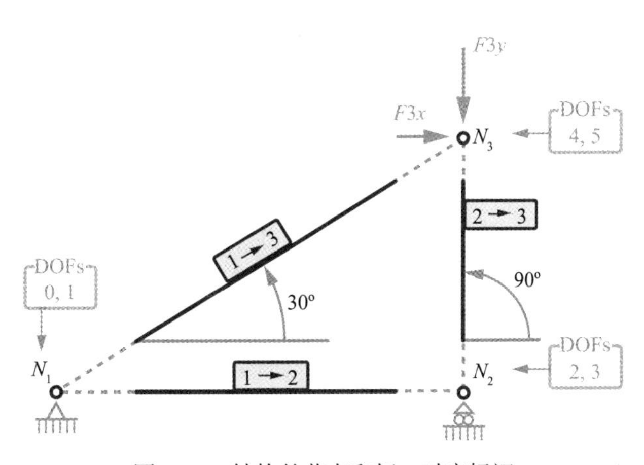

图 16-4　结构的节点和杆，对应标记

杆 $1 \rightarrow 2$　此水平杆从节点 1 到节点 2。它的局部 x 和 y 轴与全局坐标系重合；因此，在这种情况下，$\theta = 0°$，$\cos 0° = 1$，$\sin 0° = 0$。杆的方程组如下：

$$\begin{pmatrix}0\\0\\0\\0\end{pmatrix}=\frac{EA}{l}\bigg|_{1\to2}\begin{pmatrix}1&0&-1&0\\0&0&0&0\\-1&0&1&0\\0&0&0&0\end{pmatrix}\begin{pmatrix}u_1\\v_1\\u_2\\v_2\end{pmatrix}$$

如果你需要复习如何得到该方程组，请参阅15.6节。

杆1→3 从节点1到节点3的杆与全局的x轴形成一个30°角，$\sin 30° = 1/2$，$\cos 30° = \sqrt{3/2}$。杆的方程组如下：

$$\begin{pmatrix}0\\0\\F_{3x}\\F_{3y}\end{pmatrix}=\frac{EA}{l}\bigg|_{1\to3}\begin{pmatrix}3/4&\sqrt{3}/4&-3/4&-\sqrt{3}/4\\\sqrt{3}/4&1/4&-\sqrt{3}/4&-1/4\\-3/4&-\sqrt{3}/4&3/4&\sqrt{3}/4\\-\sqrt{3}/4&-1/4&\sqrt{3}/4&1/4\end{pmatrix}\begin{pmatrix}u_1\\v_1\\u_3\\v_3\end{pmatrix}$$

杆2→3 这个垂直杆从节点2到节点3，从而使θ=90°，$\cos 90° = 0$，$\sin 90° = 1$。杆的方程组如下：

$$\begin{pmatrix}0\\0\\F_{3x}\\F_{3y}\end{pmatrix}=\frac{EA}{l}\bigg|_{2\to3}\begin{pmatrix}0&0&0&0\\0&1&0&-1\\0&0&0&0\\0&-1&0&1\end{pmatrix}\begin{pmatrix}u_2\\v_2\\u_3\\v_3\end{pmatrix}$$

现在我们已经有了每个杆的方程组，我们需要组装结构的全局方程组。该结构总共有三个节点，每个节点具有两个自由度，因此方程组的阶数为3×2 = 6。在这个方程组中，力和位移需要出现在它们的DOF数所对应的位置上。为了清楚这一点，让我们用DOF数字以及与之相关的力和位移制作一张表（见表16-2）。

表16-2 每个力和位移的DOF数

DOF	相关的力	相关的位移
0	$F_{1x}=0$	u_1
1	$F_{1y}=0$	v_1
2	$F_{2x}=0$	u_2
3	$F_{2y}=0$	v_2
4	F_{3x}	u_3
5	F_{3y}	v_3

如果DOF编号给了我们在每个力或位移项需要占据的方程组中的位置，我们就可以开始这样构建系统：

$$\begin{pmatrix}0\\0\\0\\0\\F_{3x}\\F_{3y}\end{pmatrix}=\begin{pmatrix}k_{00}&k_{01}&k_{02}&k_{03}&k_{04}&k_{05}\\k_{10}&k_{11}&k_{12}&k_{13}&k_{14}&k_{15}\\k_{20}&k_{21}&k_{22}&k_{23}&k_{24}&k_{25}\\k_{30}&k_{31}&k_{32}&k_{33}&k_{34}&k_{35}\\k_{40}&k_{41}&k_{42}&k_{43}&k_{44}&k_{45}\\k_{50}&k_{51}&k_{52}&k_{53}&k_{54}&k_{55}\end{pmatrix}\begin{pmatrix}u_1\\v_1\\u_2\\v_2\\u_3\\v_3\end{pmatrix}$$

请注意，如果我们决定以不同的方式对自由度编号，则力和位移项的顺序将有所不同，但也同样有效。

在这个方程组中，我们还没有计算出刚度项。一般刚度项k_{ij}将施加在第i个自由度的力与第j

个自由度的位移联系起来（与我们之前在 16.1.1 节中看到的一样）。

你可以想象，如果第 i 个和第 j 个自由度不属于同一个节点或未通过杆连接的节点，刚度项 k_{ij} 将为零：对 i 施加的力和 j 的位移不可能有任何关系。在我们的示例结构中，所有节点都是连接的，因此在全局矩阵中不会有零值(除非在杆的单独矩阵中已经存在的以外)。在一个仅与其他几个节点连接的大结构中，所得的刚度矩阵往往具有许多零。

要计算每个 k_{ij} 项，我们需要在杆的刚度矩阵中，将所有与第 i 个和第 j 个自由度相关的刚度值相加。例如，要计算 k_{00}，我们必须考虑杆 $1\rightarrow2$ 和 $1\rightarrow3$ 的刚度，因为这些杆在 DOF 0 中施加的力与同一 DOF 中的位移之间增加了刚度的关系。为了简化 $\frac{EA}{l}$，让我们使用以下别名：

$$S_{12}=\left.\frac{EA}{l}\right|_{1\rightarrow2}\quad S_{13}=\left.\frac{EA}{l}\right|_{1\rightarrow3}\quad S_{23}=\left.\frac{EA}{l}\right|_{2\rightarrow3}$$

这样，让我们通过添加每个刚度项和载荷来组装系统的矩阵和向量：

$$\begin{pmatrix}0\\0\\0\\0\\F_{3x}\\F_{3y}\end{pmatrix}=\begin{pmatrix}S_{12}+\frac{3}{4}S_{13} & \frac{\sqrt{3}}{4}S_{13} & -S_{12} & 0 & -\frac{3}{4}S_{13} & -\frac{\sqrt{3}}{4}S_{13}\\ \frac{\sqrt{3}}{4}S_{13} & \frac{1}{4}S_{13} & 0 & 0 & -\frac{\sqrt{3}}{4}S_{13} & -\frac{3}{4}S_{13}\\ -S_{12} & 0 & S_{12} & 0 & 0 & 0\\ 0 & 0 & 0 & S_{23} & 0 & -S_{23}\\ -\frac{3}{4}S_{13} & -\frac{\sqrt{3}}{4}S_{13} & 0 & 0 & \frac{3}{4}S_{13} & \frac{\sqrt{3}}{4}S_{13}\\ -\frac{\sqrt{3}}{4}S_{13} & -\frac{3}{4}S_{13} & 0 & -S_{23} & \frac{\sqrt{3}}{4}S_{13} & \frac{3}{4}S_{13}+S_{23}\end{pmatrix}\begin{pmatrix}u_1\\v_1\\u_2\\v_2\\u_3\\v_3\end{pmatrix}$$

使这个方程式可以求解还需要最后一步：应用外部约束条件，即将约束的位移设置为零。到目前为止，这个方程组代表了没有外部约束的结构，但是有一些强制的位移为零的位置，我们必须将这些条件加到求解方案中。在本例中，节点 N_1 的 x 和 y 位移都受约束，数学上可以表示如下：

$$u_1=0 \text{ 且 } v_1=0$$

N_2 节点的 y 位移受到约束。因此，

$$v_2=0$$

将这些条件代入我们的方程组，以便它们出现在解中，我们必须在系统矩阵中将给定 DOF 编号的行和列设置为单位向量，同时方程组的力向量中也为零。在本例中，位移 u_1、v_1 和 v_2 分配的 DOF 编号是 0，1 和 3；让我们将这些行和列变成单位向量：

$$\begin{pmatrix}0\\0\\0\\0\\F_{3x}\\F_{3y}\end{pmatrix}=\begin{pmatrix}1 & 0 & 0 & 0 & 0 & 0\\ 0 & 1 & 0 & 0 & 0 & 0\\ 0 & 0 & S_{12} & 0 & 0 & 0\\ 0 & 0 & 0 & 1 & 0 & 0\\ 0 & 0 & 0 & 0 & \frac{3}{4}S_{13} & \frac{\sqrt{3}}{4}S_{13}\\ 0 & 0 & 0 & 0 & \frac{\sqrt{3}}{4}S_{13} & \frac{3}{4}S_{13}+S_{23}\end{pmatrix}\begin{pmatrix}u_1\\v_1\\u_2\\v_2\\u_3\\v_3\end{pmatrix}$$

约束索引对应的力向量值已经为零（在这些自由度中没有施加力），但如果它们不是零，我们也必须将它们归零。用这个代数小技巧，我们强迫 u_1、v_1 和 v_2 在系统的解中等于零。所得到的系统矩阵是正定的；因此，我们在第 14 章中实现的 Cholesky 方法是解决该系统的一个很好的候选方法。

这个结构的方程组现在已经组装好，可以求解了。如果我们使用线性方程组求解程序，如 Cholesky 因式分解，我们将得到位移的值。

现在我们理解了这个过程，让我们把它放在代码中。

2. 算法

在 Structure 类中，输入清单 16-4 的方法代码。此方法一步步定义了我们的求解算法。

清单 16-4 求解方程组

```
from functools import reduce

from eqs import Matrix, Vector as EqVector, cholesky_solve
from .node import StrNode
from .bar import StrBar


class Structure:
    --snip--

    def __solve_system_of_equations(self):
        size = self.nodes_count * self.__DOF_PER_NODE
        self.__assemble_system_matrix(size)
        self.__assemble_system_vector(size)
        self.__apply_external_constraints()
        self.__global_displacements = cholesky_solve(
            self.__system_matrix,
            self.__system_vector
        )
```

我们在清单 16-2 中调用 __solve_system_of_equations，但我们还没有定义它。现在，该完成方法概述了组装和求解结构方程组的主要步骤。请注意，我们正在使用许多尚未定义的方法，我们将在以后的部分中这样做。

我们首先通过结构中的节点数量乘以每个节点的自由度来计算方程组的阶数，并将其存储在类中的常量 __DOF_PER_NODE 中。

然后，我们使用两个私有方法组装系统的矩阵和向量，__assemble_system_matrix 和 __assemble_system_vector，我们后面会进行定义。

我们调用的下一个方法，__apply_external_constraints，应用强制约束位移为零的条件，类似于我们前面展示的手动做的例子。

最后一步使用最近计算的系统矩阵和力向量来求解，使用我们的 Cholesky 求解函数：cholesky_solve。

此函数需要从 eqs 软件包导入。我们得到的结果是全局坐标系下的位移向量。

3. 组装系统的矩阵

让我们编写 __assemble_system_matrix 方法。这可能是结构分析算法中涉及的最复杂的代码，但请放心，我会带你学习它。首先，输入清单 16-5 中的代码。

清单 16-5 组装方程组矩阵

```
class Structure:
    --snip--

    def __assemble_system_matrix(self, size: int):
        matrix = Matrix(size, size)

        for bar in self.__bars:
          ❶ bar_matrix = bar.global_stiffness_matrix()
          ❷ dofs = self.__bar_dofs(bar)

            for row, row_dof in enumerate(dofs):
                for col, col_dof in enumerate(dofs):
                    matrix.add_to_value(
                      ❸ bar_matrix.value_at(row, col),
                        row_dof,
                        col_dof
                    )

      ❹ self.__system_matrix = matrix

    def __bar_dofs(self, bar: StrBar):
        start_dofs = self.__dofs_dict[bar.start_node.id]
        end_dofs = self.__dofs_dict[bar.end_node.id]
        return start_dofs + end_dofs
```

我们首先创建一个新的 Matrix 实例，其行和列数量与传递的 size 参数一样。然后，我们有一个 for 循环，可以迭代结构中的杆。在循环中，我们在每个杆上调用 global_stiffness_matrix 方法，并将结果刚度矩阵存储在变量 bar_matrix 中 ❶。

接下来，我们创建一个包含杆节点的所有自由度编号的列表：dofs❷。为了做到这一点，而无须在 __assemble_system_matrix 方法中添加太多噪声，我们实现了另一种私有方法：__bar_dofs。

此 __bar_dofs 方法使用传递的杆节点的 ids，在 __dofs_dict 中提取它的 DOF 编号。提取初始和结束节点的 DOF 编号后，我们通过连接两个 DOF 元组来创建一个新的元组。请注意，我们可以使用 + 运算符连接元组。

现在我们有了一个给定杆节点的 DOF 编号的元组。回想一下，这为我们提供了杆的刚度项在结构的方程组矩阵中的位置：DOF 编号也是系统矩阵中的索引。回到 __assemble_system_matrix 中，我们使用两个 for 循环来涵盖杆的刚度矩阵中的所有项。这些循环在矩阵的行和列上进行迭代，并将每个访问的刚度值添加到结构的全局矩阵中 ❸。我们使用枚举的索引来访问杆的刚度矩阵和 DOF 编号，以了解结构矩阵中的位置。为了确保你了解此过程，见图 16-5。

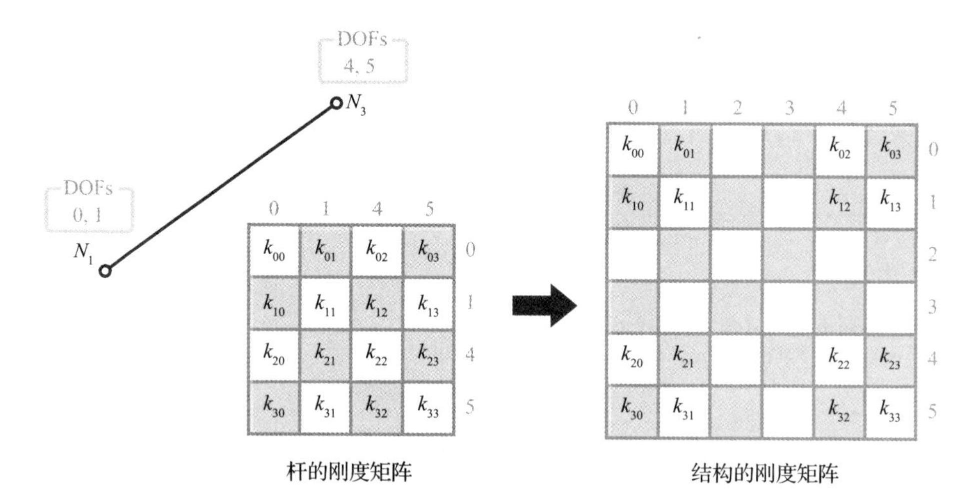

图 16-5 组装刚度矩阵

在图中，我们选择了杆 1 → 3，其第一个节点 N_1 的 DOF 编号是 0 和 1，第二个节点 N_2 的 DOF 编号是 4 和 5。我们已经在杆的刚度矩阵的侧面和顶部标记上自由度编号。矩阵中的刚度项与这些自由度编号关联。例如，项 k_{21} 在对应于 DOF 4 的行和 DOF 1 的列中，该项将 DOF 4 上施加的力与 DOF1 中的位移相关联。这些 DOF 编号是结构刚度矩阵中的索引。例如，k_{21} 项位于此矩阵中的第四行和第一列中。

清单 16-5 的最后一步是将计算的矩阵分配给实例的属性 __system_matrix❹。

4. 组装系统的向量

我们使用与刚度矩阵类似的过程组装系统的外力向量。这次，我们在节点上迭代，而不是在结构的杆上进行迭代：我们希望收集每个节点上的外力。

在文件中，输入清单 16-6 中新的私有方法代码。

清单 16-6 组装方程组的向量

```
class Structure:
    --snip--

    def __assemble_system_vector(self, size: int):

        vector = EqVector(size)

        for node in self.__nodes:
            net_load = node.net_load
            (dof_x, dof_y) = self.__dofs_dict[node.id]

            vector.add_to_value(net_load.u, dof_x)
            vector.add_to_value(net_load.v, dof_y)

        self.__system_vector = vector
```

我们首先根据参数 size 创建一个新的 Vector（不要忘记我们现在已经将这个类重命名为 EqVector）。

接下来，我们有一个 for 循环，来迭代节点。对于每个节点，我们将其净载荷保存在 net_load 变量中。然后我们从 __dofs_dict 中提取节点的 DOF 编号到 dof_x 和 dof_y 变量中。注意，我们正在将元组解包为这些变量，如果需要复习解包，请查看第 15 页的“解包”。

然后，我们将每个净载荷分量添加到变量 vector 中：x 分量（net_load.u）在 dof_x 给出的位置，y 分量（net_load.v）在 dof_y 给出的位置。

最后，我们将计算的向量分配给实例的 __system_vector 特性。

5. 应用外部约束

最后，我们需要在结构的刚度矩阵和力向量中包括外部约束。这意味着我们希望那些受到外部约束的位移在最终解向量中为零。如果受到限制，它们将无法移动。为此，我们可以使用前面探索的代数技巧，其中包括将相关自由度的行和列设为单位向量，以及力向量中的对应位置为零。

这做起来比说要容易，因此，废话少说，让我们看看代码怎么写。输入清单 16-7 中的代码。

清单 16-7 应用外部约束

```
class Structure:
    --snip--

    def __apply_external_constraints(self):
        for node in self.__nodes:
         ❶ (dof_x, dof_y) = self.__dofs_dict[node.id]

         ❷ if node.dx_constrained:
                self.__system_matrix.set_identity_row(dof_x)
                self.__system_matrix.set_identity_col(dof_x)
                self.__system_vector.set_value(0, dof_x)

         ❸ if node.dy_constrained:
                self.__system_matrix.set_identity_row(dof_y)
                self.__system_matrix.set_identity_col(dof_y)
                self.__system_vector.set_value(0, dof_y)
```

要检查现有的外部约束，我们迭代结构中的节点。对于每个节点，我们将其 DOF 编号提取到 dof_x 和 dof_y 变量中 ❶。然后，我们检查节点是否在 x 方向上有位移约束 ❷，如果有，我们要做三件事：

（1）将刚度矩阵 dof_x 行设置为单位向量；

（2）将刚度矩阵 dof_x 列设置为单位向量；

（3）将力向量的 dof_x 值设置为零。

我们对 y 方向的位移约束做同样的事情 ❸。

方程组现在已经可以求解了。一旦有了系统的位移向量形式的解，就可以创建结构的解模型。

16.1.6 创建解模型

让我们快速回顾一下，提醒自己我们在哪里。我们已经在一些私有方法中编写了很多代码。图 16-6 显示了解决结构问题所涉及的方法的层次结构。

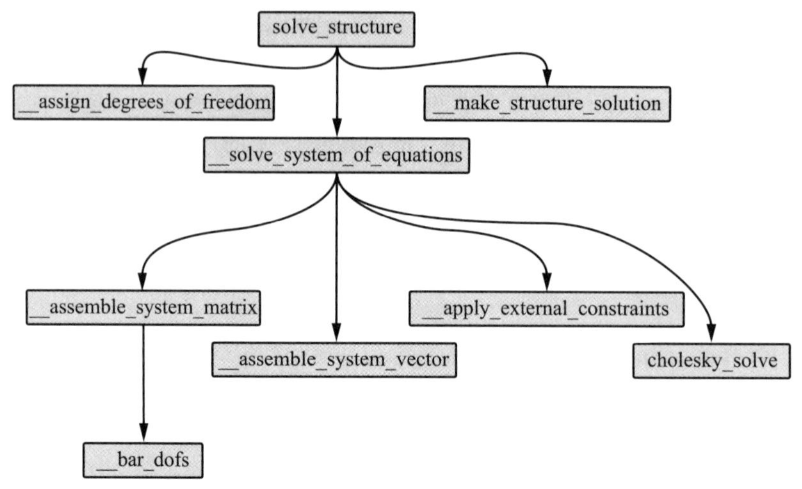

图 16-6 结构求解代码的层次结构

该图中的节点代表方法，根据它们的执行顺序从左到右排序。solve_structure 方法是定义主算法的公共方法。如果你还记得，该方法由三个步骤组成，这些步骤都是私有方法：__assign_degrees_of_freedom、__solve_system_of_equations、__make_structure_solution。

第二个私有方法，__solve_system_of_equations，是具有最多子方法的方法，你可以在图中观察到。

到目前为止，其余所有方法都已经完成，除了 __make_structure_solution，这是求解结构的第三步也是最后一步。现在我们写这个方法。它利用方程组的解（节点的全局位移）来建立结构解模型。

在 model/structure.py 文件中，输入清单 16-8 中的代码。

清单 16-8 创建解模型

```
from functools import reduce

from eqs import Matrix, Vector as EqVector, cholesky_solve
from geom2d import Vector
from structures.solution.bar import StrBarSolution
from structures.solution.node import StrNodeSolution
from structures.solution.structure import StructureSolution
from .bar import StrBar
from .node import StrNode

class Structure:
    --snip--

    def __make_structure_solution(self) -> StructureSolution:
        nodes = [
         ❶ self.__node_to_solution(node)
            for node in self.__nodes
        ]

      ❷ nodes_dict = {}
```

```
        for node in nodes:
            nodes_dict[node.id] = node

        bars = [
          ❸ StrBarSolution(
                bar,
                nodes_dict[bar.start_node.id],
                nodes_dict[bar.end_node.id]
            )
            for bar in self.__bars
        ]

      ❹ return StructureSolution(nodes, bars)

    def __node_to_solution(self, node: StrNode) -> StrNodeSolution:
      ❺ (dof_x, dof_y) = self.__dofs_dict[node.id]
      ❻ disp = Vector(
            self.__global_displacements.value_at(dof_x),
            self.__global_displacements.value_at(dof_y)
        )
      ❼ return StrNodeSolution(node, disp)
```

我们需要做的第一件事是从 structures.solution 包中添加一些导入。我们还从 geom2d 包中导入 Vector 类。

请注意，我们如何添加该方法返回对象的类型提示。这些类型提示前面是箭头符号（->），位于方法或函数名称和冒号之间。

然后，使用列表推导式，我们映射每个原始 __nodes 到节点解模型 ❶。我们使用一个还未编写的私有方法：__node_to_solution。给定节点，此方法查找其自由度编号 ❺，用与这些 DOF 编号相关的位移创建一个向量 ❻，并使用原始节点和全局位移的向量返回 StrNodSolution 的实例 ❼。

回到 __make_structure_solution 中，下一步是一个中间计算，它将简化解杆的构造。我们将创建一个解节点的字典，其中键是节点的 id，值是节点本身 ❷。

在 nodes_dict 的帮助下，计算解的杆模型变得更简单。使用列表推导式，我们将每个原杆条映射到 StrBarSolution 实例中 ❸。要实例化此类，我们需要将原始杆和两个解节点传入。多亏了我们刚创建的字典，这将是小菜一碟。如果我们没有通过 ID 创建节点字典，则需要搜索在解节点列表中搜索给定 ID 的节点。从性能角度来说，这并不理想。对于每个杆，我们可能需要迭代整个节点列表两次。创建字典以通过 ID 找到节点是一个更明智的选择。它使的对节点进行搜索的时间恒定。这意味着，无论字典的大小如何，查找与键相关的值都需要相同的时间。如果结构具有大量的节点，则此改进可以明显减少执行时间。

最后，我们实例化 StructureSolution，将解节点和解杆传入其中 ❹。

16.1.7 代码汇总

求解结构需要大量代码，因此清晰起见，我们最好将它们全部整合在一起。清单 16-9 是完整的 Structure 类的代码，包括 solve_structure 实现和我们编写的每个私有方法。

清单 16-9 最终的 Structure 类代码

```
from functools import reduce

from eqs import Matrix, Vector as EqVector, cholesky_solve
from geom2d import Vector
from structures.solution.bar import StrBarSolution
from structures.solution.node import StrNodeSolution
from structures.solution.structure import StructureSolution
from .bar import StrBar
from .node import StrNode


class Structure:
    __DOF_PER_NODE = 2

    def __init__(self, nodes: [StrNode], bars: [StrBar]):
        self.__bars = bars
        self.__nodes = nodes

        self.__dofs_dict = None
        self.__system_matrix: Matrix = None
        self.__system_vector: EqVector = None
        self.__global_displacements: EqVector = None

    @property
    def nodes_count(self):
        return len(self.__nodes)

    @property
    def bars_count(self):
        return len(self.__bars)

    @property
    def loads_count(self):
        return reduce(
            lambda count, node: count + node.loads_count,
            self.__nodes,
            0
        )

    def solve_structure(self) -> StructureSolution:
        self.__assign_degrees_of_freedom()
        self.__solve_system_of_equations()
        return self.__make_structure_solution()

    def __assign_degrees_of_freedom(self):
        self.__dofs_dict = {}
        for i, node in enumerate(self.__nodes):
            self.__dofs_dict[node.id] = (2 * i, 2 * i + 1)
```

```
    def __solve_system_of_equations(self):
        size = self.nodes_count * self.__DOF_PER_NODE
    self.__assemble_system_matrix(size)
    self.__assemble_system_vector(size)
    self.__apply_external_constraints()
    self.__global_displacements = cholesky_solve(
        self.__system_matrix,
        self.__system_vector
    )

def __assemble_system_matrix(self, size: int):
    matrix = Matrix(size, size)

    for bar in self.__bars:
        bar_matrix = bar.global_stiffness_matrix()
        dofs = self.__bar_dofs(bar)

        for row, row_dof in enumerate(dofs):
            for col, col_dof in enumerate(dofs):
                matrix.add_to_value(
                    bar_matrix.value_at(row, col),
                    row_dof,
                    col_dof
                )

    self.__system_matrix = matrix

def __bar_dofs(self, bar: StrBar):
    start_dofs = self.__dofs_dict[bar.start_node.id]
    end_dofs = self.__dofs_dict[bar.end_node.id]
    return start_dofs + end_dofs

def __assemble_system_vector(self, size: int):
    vector = EqVector(size)

    for node in self.__nodes:
        net_load = node.net_load
        (dof_x, dof_y) = self.__dofs_dict[node.id]

        vector.add_to_value(net_load.u, dof_x)
        vector.add_to_value(net_load.v, dof_y)

    self.__system_vector = vector

def __apply_external_constraints(self):
    for node in self.__nodes:
        (dof_x, dof_y) = self.__dofs_dict[node.id]

        if node.dx_constrained:
```

```
                self.__system_matrix.set_identity_row(dof_x)
                self.__system_matrix.set_identity_col(dof_x)
                self.__system_vector.set_value(0, dof_x)

            if node.dy_constrained:
                self.__system_matrix.set_identity_row(dof_y)
                self.__system_matrix.set_identity_col(dof_y)
                self.__system_vector.set_value(0, dof_y)

    def __make_structure_solution(self) -> StructureSolution:
        nodes = [
            self.__node_to_solution(node)
            for node in self.__nodes
        ]

        nodes_dict = {}
        for node in nodes:
            nodes_dict[node.id] = node

        bars = [
            StrBarSolution(
                bar,
                nodes_dict[bar.start_node.id],
                nodes_dict[bar.end_node.id]
            )
            for bar in self.__bars
        ]

        return StructureSolution(nodes, bars)

    def __node_to_solution(self, node: StrNode) -> StrNodeSolution:
        (dof_x, dof_y) = self.__dofs_dict[node.id]
        disp = Vector(
            self.__global_displacements.value_at(dof_x),
            self.__global_displacements.value_at(dof_y)
        )
        return StrNodeSolution(node, disp)
```

准备好了这段代码，唯一缺少的是一些单元测试。我们需要确保刚刚编写的所有逻辑都是正确的。但是，我们在前两章中编写的代码变得越来越复杂，需要几个不同类的交互才能工作。我们如何单独测试我们需要测试的部分代码？

16.2 进阶版单元测试法：测试替代技术

随着我们的类变得越发复杂，它们通常会依靠其他类和外部函数。这是单元测试变得更棘手的地方。单元测试是关于我们要测试的类或函数中的一小部分逻辑，以使测试失败的原因只有一个。测试事物组合时正确运行的方法被称为集成测试。集成测试旨在测试系统的更大块。在集成测试中，我们有兴趣知道，较小的系统在相互交互时仍然可以正常工作。我们不会在这里进行集成测试，但我鼓励你自己尝试。

回到单元测试，让我们从上一章的 StructureSolution 类开始。假设我们要测试其 bounds_rect 方法。

```
def bounds_rect(self, margin, scale=1):
    d_pos = [
        node.displaced_pos_scaled(scale)
        for node in self.nodes
    ]
    return make_rect_containing_with_margin(d_pos, margin)
```

这个方法将其大部分逻辑分配给 make_rect_containing_with_margin，还依赖 StrNodSolution 实例，以正确计算其位移位置。如果我们按原样测试此方法，我们实际测试的是 make_rect_containing_with_margin 和 Node 类的 displaced_pos_scaled 方法。这些都应该已经在其他地方进行了单元测试。该测试可能会由于几个与 bounds_rect 中的逻辑无关的原因失 败。在这种情况下，我们将进行集成测试，但我们首先需要使用单元测试确保方法在单独工作时没有问题。

我们可以使用测试替代来测试这种方法，而不依赖其他类的实现。

16.2.1 测试替代技术介绍

测试替代（Test Doubles）技术会替换测试中使用的实际实现代码。它可以替换一个函数，一整个类，或者只是它的一部分。为了进行单元测试，我们将代码中所有没有被单元测试直接测试的部分替换。测试替换的具体作用取决于它的类型。这里有几种类型。

（1）Dummy　这是最简单的测试替代。dummy 替换的对象是需要在测试中存在，但实际上从未使用。例如，这可能是函数的参数。

（2）Fake　测试替代 fake 替换代码的某些部分；它有实施但走了一些捷径或被大大简化了。例如，我们具有读取文本文件并从中解析结构模型的函数。如果我们要测试的代码的另一部分中使用了此函数，我们可以创建一个假函数，假装读取文件，创建并返回一个结构，尽管它实际没有。

（3）Stub　stub 替换代码的某些部分，并始终返回相同的值或以特定的方式进行操作。例如，我们可以让 are_close_enough 函数 (比较浮点数) 在给定测试中始终返回 False。

（4）Mock　这个测试替代记录了它的使用方式，以便它可以用来进行断言。mock 可能是测试替代中的最复杂和通用的类型。我们可以 mock 整个对象，将它们传递到我们的代码，代替实际实现的代码，然后探索我们的代码如何与 mock 交互以确保发生正确的交互。我们将简要介绍一个 mock 的真实示例。

现在，让我们探索 Python 如何允许我们创建测试替代。我们会主要关注 mock，因为它是通用的，以至于我们几乎可以在所有需要替代情况下使用它。

16.2.2 unittest.mock 包

Python 标准库中的 unittest 包包括自己的 mock 机制，可以在 unittest.mock 包中找到。你可以在 docs.python.org/3/library/unittest.mock.html 上阅读该包的文档，我建议你这样做，因为它包含了详细的解释，可以帮助你了解使用它的最佳方法。让我们快速看一下如何使用 unittest.mock 软件包的主要功能。

1. Mock 对象

Mock 是 unittest.Mock 包中的主要类。这个类的实例记录了它们的每一次交互，并为我们提供了检查这些交互的断言。你可以在 mock 对象中调用任何需要的方法，如果该方法不存在，则会创建它，以便我们可以检查该方法被调用了多少次或传入了哪些参数。如文档中所述：

> Mock 是可调用的，在访问它们时将其属性创建为新的 mock。访问相同的属性只会返回相同的 mock。Mock 会保存调用记录，可以通过断言获悉代码的调用。

让我们分析下这段话。Mock 类的实例"可调用"表示你可以像调用函数一样"调用"它。对这些实例调用都会被 mock 记录。这意味着我们可以使用 Mock 实例代替函数。

这段话还说 mock"在访问其属性时创建一个新的 mock"。这意味着，当你在 Mock 实例上调用方法时，Python 将为该方法创建一个新的 Mock——如果其不存在的话，并将附加为实例的新属性。不要忘记 mock 是可调用的：你可以调用这些属性，就像调用方法一样，并将其交互记录。

让我们来看看 Python 的 shell 中的一个快速示例，使这些概念更加具体：

```
>>> from unittest.mock import Mock
>>> mock = Mock()
>>> mock()
<Mock name='mock()' id='4548720456'>

>>> mock.some_method('foo', 23)
<Mock name='mock.some_method()' id='4436512848'>
```

在这段代码中，我们创建了 Mock 类的新实例，并像函数一样调用它。我们还在 mock 上调用一个名为 some_method 的方法，并传入两个参数：字符串 'foo' 和数字 23。调用 some_method 没有任何副作用：除了记录调用之外，它不会做其他任何事。这是因为 mock 方法默认没有实现。稍后我们将学习如何使 mock 方法返回某些内容或执行某种副作用，但是现在请记住，默认情况下，模拟只能记录其使用情况。

如果我们从 Mock 对象中调用一个方法，但我们没有配置其返回任何东西或执行任何类型的副作用，默认情况下它将返回其他 Mock 实例。这个实例将作为属性存储到原实例中。

我们可以询问这个 mock 是否已经调用 some_method，以及使用了什么具体参数：

```
>>> mock.some_method.assert_called()
>>> mock.some_method.assert_called_once()
>>> mock.some_method.assert_called_with('foo', 23)
```

这三个调用都成功了（没有引发断言错误），但是如果我们询问未传递给 some_method 的参数，

```
>>> mock.some_method.assert_called_with('bar', 577)
```

我们将获得一个 AssertionError 和一条有用的信息，这将使测试失败，并给我们一个原因：

```
Traceback (most recent call last):
--snip--
AssertionError: Expected call: some_method('bar', 577)
Actual call: some_method('foo', 123)
```

同样，如果我们要求从未被调用过的方法，

```
>>> mock.foo.assert_called()
```

我们也将得到一个错误：

```
Traceback (most recent call last):
--snip--
AssertionError: Expected 'foo' to have been called.
```

我们不要忘记，mock 本身是一个可调用的对象，它记录与它进行的交互。因此，以下代码会成功：

```
>>> mock.assert_called()
```

2. Mock 类

mock 类的常见应用是创建给定类的 mock 实例。这些 mock 让我们检查它们所 mock 的类是如何被使用以及在其中调用了哪些方法，我们还可以使用 mock 来提供用于测试的 mock 方法的返回值。

要 mock 一个类，我们将其传递给 Mock 构造函数的参数 spec。让我们为我们的 Vector 类创建一个 mock：

```
>>> from unittest.mock import Mock
>>> from geom2d import Vector
>>> vector_mock = Mock(spec=Vector)
>>> isinstance(vector_mock, Vector)
True
```

此 mock 对象的 __class__ 属性设置为 Vector，以便看起来就像真实的 Vector 实例一样。它甚至通过了 isinstance 测试！该 mock 可以有效地用于替换真实的 Vector。Vector 类中的所有方法也可以在此测试替代中定义。我们可以像往常一样调用它们中的任何一个：

```
>>> vector_mock.rotated_radians(0.25)
<Mock name='mock.rotated_radians()' id='4498122344'>
```

这次，rotated_radians 没有返回 Vector 的新实例，正如预料一样。相反，它返回了 Mock 实例。由于 mock 的类的方法没有实现，因此没有代码可以执行旋转操作并返回结果向量。我们可以对 mock 方法进行编程，使其用 mock 的 side_effect 和 return_value 属性返回预定义值。

但是在我们做到这一点之前，关于 mock 类还有一件重要的事情：如果我们尝试调用类中不存在的方法，我们将获得一个 AttributeError。新属性可以被添加到一般 mock 中，但不能添加到 mock 的类中。

```
>>> vector_mock.defrangulate()
```

产生以下结果：

```
Traceback (most recent call last):
--snip--
AttributeError: Mock object has no attribute 'defrangulate'
```

这很好：我们可以确定，如果代码的一部分试图调用原始类中不存在的方法，我们将得到一个错误。

现在让我们来看看如何去添加一个 stub 实现，或者如何简单地为它添加一个预定义的 mock 返回值。

3. 设置返回值和副作用

通过设置 mock 的 return_value，我们可以在其被调用时返回某值：

```
>>> vector_mock.rotated_radians.return_value = Vector(0, 0)
>>> vector_mock.rotated_radians(0.25)
<geom2d.vector.Vector object at 0x10bbaa4a8>
```

现在调用 rotated_radians 返回 Vector 类的实例：正是我们编程的返回实例。从现在开始，每次在 mock 上调用此方法时，它将返回同一 Vector 实例。

调用时，Mock 也可以执行副作用。根据文档描述：

side_effect 可以是 mock 被调用时被调用的一个函数，也可以是可迭代对象或者要被引发的异常（类或实例）。

让我们首先看看 mock 如何触发异常。例如，如果我们需要 cosine 方法来触发一个 ValueError，我们可以做以下操作：

```
>>> vector_mock.cosine.side_effect = ValueError
>>> vector_mock.cosine()
Traceback (most recent call last):
--snip--
ValueError
```

请注意，我们将 ValueError 类本身设置为 side_effect，但正如文档所指出的，我们也可以使用一个具体实例，如下：

```
>>> vector_mock.cosine.side_effect = ValueError('Oops')
>>> vector_mock.cosine()
Traceback (most recent call last):
--snip--
ValueError: Oops
```

这种情况下，每次我们调用 cosine 时，我们都会获得相同的 ValueError 实例。在上一个 示例中，每个调用都会产生错误的新实例。

我们还可以将函数分配给 mock 的 side_effect 属性。这个函数接收传递给 mock 函数的参数，可能有返回值。例如，在我们的 Vector mock 中，我们可以让 scaled_by 方法返回传入的参数 factor：

```
>>> vector_mock.scaled_by.side_effect = lambda factor: factor
>>> vector_mock.scaled_by(45)
45
```

在这种情况下，scaled_by 方法接收 45 作为缩放因子，并将此参数转到定义为 mock 的 side_effect 属性的函数。

此函数可以执行自己的副作用，例如保存它收到的参数或将某些内容输出到 shell 上。我们可以将此函数与 return_value 一起使用。如果我们使用函数执行副作用，但仍希望返回 return_value 属性中设置的内容，则该函数应返回 DEFAULT（在 unittest.mock 中定义）：

```
>>> from unittest.mock import DEFAULT
>>> def side_effect(factor):
...     print(f'mock called with factor: {factor}')
...     return DEFAULT

>>> vector_mock.scaled_by.side_effect = side_effect
>>> vector_mock.scaled_by.return_value = Vector(1, 2)

>>> vector_mock.scaled_by(2)
mock called with factor: 2
<geom2d.vector.Vector object at 0x10c4a7f28>
```

如你所见，调用了 side_effect 函数，但由于它返回了 DEFAULT 值，对 scaled_by 的调用返回了我们设置为 return_value 的向量。

4. 补丁装饰器 patch decorator

mock 包包括一个 unittest.mock.patch 装饰器，我们可以用来 mock 测试函数中的对象。@patch 装饰器能够模拟在测试函数中装饰的实例化的对象。一旦函数返回，装饰器创建的 mock 就会自动清除，因此 mock 只有在函数中才有效。我们必须使用格式“package.module.name”（这是字符串，所以不要忘记引号），将我们想要模拟的目标传递给 @patch 装饰器，在其中，name 可以是类或函数的名称。装饰的函数将作为一个新参数，传递给被 mock 的目标。

```
from unittest.mock import patch

@patch('geom2d.circles.make_circle_from_points')
def test_something(make_circle_mock):
    make_circle_mock(1, 2, 3)
    make_circle_mock.assert_called_with(1, 2, 3)
```

在此测试中，我们替换了已在 geom2d 软件包的 circles 模块中定义的 make_circle_from_points 函数。我们必须将 mock 的函数 (make_circle_mock) 作为函数的参数。然后，在 test_something 函数中，我们可以引用这个函数，断言它，就像我们对其他任何 mock 所做的那样。

@patch 装饰器的主要用途是替换我们的测试对象导入的函数或类。通过使用 patch，我们强迫他们导入 mock 而不是实际的对象。

没有其他简单的方法来 mock 我们要进行单元测试的模块的依赖关系：如果模块导入其依赖项，我们需要一种替换 Python 导入机制的依赖性的方法。@patch 装饰者以优雅的方式为我们做到这一点。

现在，让我们应用所有这些知识来孤立地测试我们的代码：没有比在实际用例中使用测试替代更好的学习方法。如果你不熟悉测试替代，那么 此时可能会感到有些困惑。这是完全正常的。多做几次 mock 后，你将开始掌握这些概念。

16.3 测试 StructureSolution 类

在前面介绍的 StructureSolution 类中的 bounds_rect 方法之后，让我们看看如何进行测试。记住，我们要测试的方法定义如下：

```
def bounds_rect(self, margin, scale=1):
    d_pos = [
        node.displaced_pos_scaled(scale)
        for node in self.nodes
    ]
    return make_rect_containing_with_margin(d_pos, margin)
```

该方法要求 StrNodeSolution 类使用缩放正确计算其移动后的位置，并且 make_rect_containing_with_margin 函数使用给定的边距返回正确的矩形。我们不需要测试这些行为，那应该是在其他地方完成的。我们要做的是用替代测试替换其实际实现，以免干涉我们的测试。

闲话少叙，让我们在 structures/tests 中创建一个新文件 structure_solution_test.py。在文件中，输入测试设置代码，如清单 16-10 所示。

清单 16-10 结构求解类的测试：设置

```
import unittest
from unittest.mock import patch, Mock

from geom2d import Point
from structures.solution.node import StrNodeSolution
from structures.solution.structure import StructureSolution


class StructureSolutionTest(unittest.TestCase):

    p_one = Point(2, 3)
    p_two = Point(5, 1)

    def setUp(self):
        self.n_one = Mock(spec=StrNodeSolution)
        self.n_one.displaced_pos_scaled.return_value = self.p_one
        self.n_two = Mock(spec=StrNodeSolution)
        self.n_two.displaced_pos_scaled.return_value = self.p_two
```

在这个测试设置中，我们定义了两点：p_one 和 p_two，它们是我们在 setUp 方法中创建的 mock 节点的位置。此 setUp 方法是在每个测试之前由 unittest 框架执行的，确保每个测试获得新的 mock。否则，mock 将在整个测试中持续记录，从而破坏了测试之间的独立性。

我们定义两个节点：n_one 和 n_two。然后我们使用 StrNodeSolution 类作为 spec 参数的值来实例化 mock 节点。每个 mock 节点都将已定义点之一设为其 displaced_pos_scaled 方法的返回值。

接下来，让我们编写第一个测试，这将确保两个节点使用 scale 参数调用 displaced_pos_scaled 的操作正确。在 setUp 方法之后，输入清单 16-11 中的测试代码。

清单 16-11　结构求解类的测试：第一个测试

```
class StructureSolutionTest(unittest.TestCase):
    --snip--

    def test_node_displaced_scaled_positions_called(self):
        solution = StructureSolution([self.n_one, self.n_two], [])
        solution.bounds_rect(margin=10, scale=4)

        self.n_one.displaced_pos_scaled.assert_called_once_with(4)
        self.n_two.displaced_pos_scaled.assert_called_once_with(4)
```

我们创建一个 StructureSolution 实例，该实例的列表包含在 setUp 中定义的两个节点，没有杆：我们不需要它来测试 bounds_rect 方法，即使我们使用空杆列表初始化，StructureSolution 也不会报错。如果 StructureSolution 类的初始化程序对传入空杆列表报错，这将是使用 dummy 替代测试的绝佳案例：我们将传递给构造函数一个 dummy 杆列表。dummy 可以用于填充所需的参数，但实际上不做任何事情或以任何方式干扰测试。

一旦我们实例化了 StructureSolution，我们调用测试对象——bounds_rect 方法，传入边距和缩放的值。最后，我们断言 displaced_pos_scaled 已分别被两个节点以正确的缩放值调用一次。

该测试确保我们使用节点的位移位置与相应的缩放值来计算结构的解边界。假设，我们在创建该方法时，不小心混淆了 margin 和 scale 参数：

```
def bounds_rect(self, margin, scale=1):
    d_pos = [
        # wrong! used 'margin' instead of 'scale'
        node.displaced_pos_scaled(margin)
        for node in self.nodes
    ]
    # wrong! used 'scale' instead of 'margin'
    return make_rect_containing_with_margin(d_pos, scale)
```

我们的单元测试可能会警告我们：

```
Expected call: make_rect_containing_with_margin([
    <geom2d.point.Point object at 0x10575a630>,
    <geom2d.point.Point object at 0x10575a6a0>], 10)
Actual call: make_rect_containing_with_margin([
    <geom2d.point.Point object at 0x10575a630>,
    <geom2d.point.Point object at 0x10575a6a0>], 4)
```

恭喜你！你已经用替代测试法写下了第一个单元测试。现在让我们编写第二个测试，以确保计算矩形函数的正确使用。输入清单 16-12 中的代码。

清单 16-12　结构解的类测试——第二个测试

```
class StructureSolutionTest(unittest.TestCase):
    --snip--

    @patch('structures.solution.structure.make_rect_containing_with_margin')
```

```
    def test_make_rect_called(self, make_rect_mock):
        solution = StructureSolution([self.n_one, self.n_two], [])
        solution.bounds_rect(margin=10, scale=4)

        make_rect_mock.assert_called_once_with(
            [self.p_one, self.p_two],
            10
        )
```

此测试有点棘手，因为 make_rect_containing_with_margin 函数由 StructureSolution 类导入。为了使这类导入属于我们的 mock 而不是实际实现，我们必须修补函数路径：package.module.name，在本例中，如下：

```
'structures.solution.structure.make_rect_containing_with_margin'
```

但是，等等：make_rect_containing_with_margin 函数不是定义在 geom2d 包中吗？那么为什么我们修补时好像它在 structures.solution 包的 structure 模块中呢？

@patch 装饰器有一些规则来定义应该如何给定路径来模拟给定的对象。在“补丁的位置”部分，文档指出

patch（ ）通过（临时性地）将一个名称指向的对象更改为另一个名称来发挥作用。可以有多个名称指向任意单独对象，因此要让补丁起作用，你必须确保已为被测试的系统所使用的名称打上补丁。

基本原则是你要在对象被查找的地方打补丁，这不一定就是它被定义的地方。

第二段给了我们一个关键提示：对象必须在它们被查找的地方被打补丁。在我们的测试中，我们想要替换的函数在 structures.solution 包的 structure 模块中。一开始听起来有点复杂，但在你做了几次之后就会有意义了。

继续我们的测试，前两行与第一行相同：它们创建结构的解并调用测试中的函数。然后是断言，它是在传递给测试函数的参数 make_rect_mock 上完成的。请记住，@patch 装饰器会将修补过的实体传递给装饰函数。我们断言 mock 只被调用一次，其中包含了 mock 节点返回的位置列表和边界的值。

你可以通过在 PyCharm 中单击测试类名称左侧的绿色运行按钮，运行这些测试。或者，你也可以从 shell 中运行它们：

```
$ python3 -m unittest structures/tests/structure_solution_test.py
```

清单 16-13 显示了你的参考代码。

清单 16-13 结构解的类测试——结果

```
import unittest
from unittest.mock import patch, Mock

from geom2d import Point
from structures.solution.node import StrNodeSolution
from structures.solution.structure import StructureSolution
```

```
class StructureSolutionTest(unittest.TestCase):

    p_one = Point(2, 3)
    p_two = Point(5, 1)

    def setUp(self):
        self.n_one = Mock(spec=StrNodeSolution)
        self.n_one.displaced_pos_scaled.return_value = self.p_one

        self.n_two = Mock(spec=StrNodeSolution)
        self.n_two.displaced_pos_scaled.return_value = self.p_two

    def test_node_displaced_scaled_positions_called(self):
        solution = StructureSolution([self.n_one, self.n_two], [])
        solution.bounds_rect(margin=10, scale=4)

        self.n_one.displaced_pos_scaled.assert_called_once_with(4)
        self.n_two.displaced_pos_scaled.assert_called_once_with(4)

    @patch('structures.solution.structure.make_rect_containing_with_margin')
    def test_make_rect_called(self, make_rect_mock):
        solution = StructureSolution([self.n_one, self.n_two], [])
        solution.bounds_rect(margin=10, scale=4)

        make_rect_mock.assert_called_once_with(
            [self.p_one, self.p_two],
            10
        )
```

在我们继续前进之前，我们需要考虑一个重要的问题。如果你看了这两个测试，你可能会想删除重复的行，

```
solution = StructureSolution([self.n_one, self.n_two], [])
solution.bounds_rect(margin=10, scale=4)
```

然后将它们移至 setUp。这似乎是一件合理的事情，因此测试不需要重复这些行，但是如果你这样进行重构，你会发现第二次测试会失败。为什么？

答案与 @patch 装饰器的工作方式有关。它装饰的函数其修补的依赖必须得到解决，在我们的例子中，当实例化 StructureSolution 类时，将导入 make_rect_containing_with_margin 函数。因此，至少对于第二次测试，该类的实例化需要在测试方法中进行，该测试方法用 @patch 装饰器注释。

16.4 测试结构问题求解过程

现在，添加一些测试，以确保结构求解过程得出正确的结果。对于这些测试，我们将在代码中定义图 16-7 中的结构。

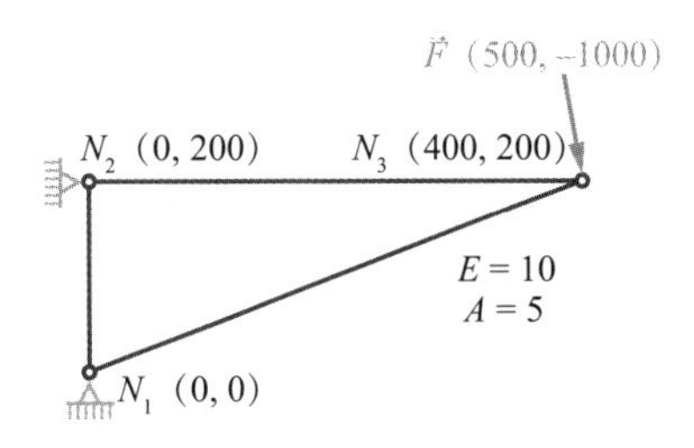

图 16-7 单元测试的结构

在 structures/tests 目录中创建一个名为 construct_test.py 的新文件。在该文件中，输入清单 16-14 中的代码。

清单 16-14 结构求解测试

```
import unittest
from unittest.mock import patch

from eqs import Matrix
from geom2d import Point, Vector
from eqs.vector import Vector as EqVector
from structures.model.node import StrNode
from structures.model.bar import StrBar
from structures.model.structure import Structure


class StructureTest(unittest.TestCase):

    def setUp(self):
        section = 5
        young = 10
        load = Vector(500, -1000)

        self.n_1 = StrNode(1, Point(0, 0))
        self.n_2 = StrNode(2, Point(0, 200))
        self.n_3 = StrNode(3, Point(400, 200), [load])
        self.b_12 = StrBar(1, self.n_1, self.n_2, section, young)
        self.b_23 = StrBar(2, self.n_2, self.n_3, section, young)
        self.b_13 = StrBar(3, self.n_1, self.n_3, section, young)

     ❶ self.structure = Structure(
            [self.n_1, self.n_2, self.n_3],
            [self.b_12, self.b_23, self.b_13]
        )

    def test_nodes_count(self):
     ❷ self.assertEqual(3, self.structure.nodes_count)

    def test_bars_count(self):

     ❸ self.assertEqual(3, self.structure.bars_count)

    def test_loads_count(self):
     ❹ self.assertEqual(1, self.structure.loads_count)
```

此清单定义了 StructureTest 测试类。在每次测试之前都调用的 setUp 方法中，我们定义了图 16-7 中的结构。该结构具有三个节点：n_1、n_2 和 n_3。最后一个 n_3 在其上有一个载荷。我们还没有将外部约束添加到节点 1 和 2 上，我们很快就会明白这是为什么。然后，我们在我们刚定义的节点之间创建杆 b_12、b_23 和 b_13。我们将横截面积和杨氏模量的值分别设为 5 和 10。使用所有这些节点和杆，结构最终被实例化❶。

接下来是三个简单的测试。首先确保结构正确计数它具有的节点数量❷。第二件事是对杆做同样的事情❸。第三个也类似，这次是针对施加到结构上的载荷数量❹。

求解结构最复杂的操作之一是组装刚度矩阵，因此在应用外部约束条件之前，让我们添加一个测试以检验是否正确组装该矩阵。由于我们尚未在结构中添加外部约束，因此传递给 cholesky_solve 函数的矩阵是我们正在需要的系统矩阵。如果我们模拟 cholesky_solve 函数，则传递的参数是系统的刚度矩阵和载荷向量，我们可以将其捕获为断言。通过 mock 此函数，我们的代码不会执行 Cholesky 方法的原始代码，这很好，因为该逻辑不应干扰我们的测试。输入清单 16-15 中的新测试代码。

清单 16-15　系统的刚度矩阵组装测试

```
class StructureTest(unittest.TestCase):
    --snip--

  ❶ @patch('structures.model.structure.cholesky_solve')
    def test_assemble_system_matrix(self, cholesky_mock):
        eal3 = 0.1118033989
        c2_eal3 = .8 * eal3
        s2_eal3 = .2 * eal3
        cs_eal3 = .4 * eal3
      ❷ expected_mat = Matrix(6, 6).set_data([
            c2_eal3, cs_eal3, 0, 0, -c2_eal3, -cs_eal3,
            cs_eal3, .25 + s2_eal3, 0, -.25, -cs_eal3, -s2_eal3,
            0, 0, .125, 0, -.125, 0,
            0, -.25, 0, .25, 0, 0,
            -c2_eal3, -cs_eal3, -.125, 0, .125 + c2_eal3, cs_eal3,
            -cs_eal3, -s2_eal3, 0, 0, cs_eal3, s2_eal3
        ])

        self.structure.solve_structure()

      ❸ [actual_mat, _] = cholesky_mock.call_args[0]

      ❹ cholesky_mock.assert_called_once()
      ❺ self.assertEqual(expected_mat, actual_mat)
```

我们首先要模拟 cholesky_solve 函数，因此我们添加了一个 @patch 装饰器，带有通往此函数的路径：structures/model/structure 包的 cholesky_solve 模块❶。请注意，我们如何将 cholesky_mock 作为参数传递给测试方法。

接下来，我们定义期望的结构刚度矩阵：expected_mat。这是一个 6×6 的矩阵（三个节点，每个节点有两个自由度）。我已经做了数学计算，手动组装了矩阵；我建议你也这样做，以确保你理解这个过程。为杆 1→3 定义了一些辅助变量：eal3 是 $\frac{EA}{l}$ 量；c2_eal3 是 $\cos^2\theta\times\frac{EA}{l}$；s2_eal3 是 $\sin^2\theta\times\frac{EA}{l}$；cs_eal3 是 $\cos\theta\times\sin\theta\times\frac{EA}{l}$。

杆 1→2 和 2→3 的刚度矩阵中的数字非常简单，因为它们的夹角分别是 π/2 和 0。使用三个杆的矩阵组装全局矩阵之后，结果是❷。

要运行求解代码，我们必须调用 solve_structure 方法。执行 solve 方法后，我们有兴趣知道哪些参数传递给了 cholesky_mock 函数。mock 有一个属性，call_args，一个包含每次调用 mock 时传递的参数的列表。我们的 mock 函数仅被调用一次，因此我们希望获取第一次调用的参数。

我们对 cholesky_mock's call_args 进行解包以获取第一次调用的参数（call_args [0]），并将其保存在变量 actual_mat 中❸。如你所见，左侧列表中的第二个元素（[actual_mat, _]）是下划线，这意味着在右边列表的对应位置有一个值（cholesky_mock .call_args [0]），但是我们对其不感兴趣。

然后是两个断言。第一个检验 cholesky_mock 是否仅被调用一次❹，第二个将预期的刚度矩阵与传递给 cholesky_mock 求解函数的实际刚度矩阵进行比较❺。

在此测试中，我们确保 Cholesky 求解函数被传入正确组装的刚度矩阵，且没有应用外部约束。现在，让我们编写一个具有这些约束的新测试，以检查是否正确修改了刚度矩阵以包括它们。输入清单 16-16 中的测试代码。

清单 16-16　系统的刚度矩阵约束测试

```
class StructureTest(unittest.TestCase):
    --snip--

❶ @patch('structures.model.structure.cholesky_solve')
   def test_system_matrix_constraints(self, cholesky_mock):
     ❷ self._set_external_constraints()

       eal3 = 0.1118033989
       c2_eal3 = .8 * eal3
       s2_eal3 = .2 * eal3
       cs_eal3 = .4 * eal3
     ❸ expected_mat = Matrix(6, 6).set_data([
           1, 0, 0, 0, 0, 0,
           0, 1, 0, 0, 0, 0,
           0, 0, 1, 0, 0, 0,
           0, 0, 0, 1, 0, 0,
           0, 0, 0, 0, .125 + c2_eal3, cs_eal3,
           0, 0, 0, 0, cs_eal3, s2_eal3
       ])

       self.structure.solve_structure()
       [actual_mat, _] = cholesky_mock.call_args[0]

       cholesky_mock.assert_called_once()
     ❹ self.assertEqual(expected_mat, actual_mat)
```

这个测试与前一个测试类似。cholesky_solve 函数以相同的方式修补❶，新的 mock 参数 cholesky_mock 被传递给测试方法。然后，我们调用私有方法将外部约束添加到节点 1 和 2 上，就像图 16-7 中一样❷。我们必须在测试代码之后创建此方法。

然后是期望矩阵的定义，这次应用了外部约束❸。除了主对角线上的项外，唯一不是零的项是那些属于节点 3 的项：自由度 4 和 5。因此，只有这些行和列索引中的项是非零的。

测试的其余部分与之前完全相同：我们在 structure 实例上调用 solve_structure 方法。然后，我们将从调用 cholesky_mock 中提取的矩阵参数保存到一个名为 actual_mat 的变量中。注意，我们为此使用了一个列表解包，其中第二个项，即系统的载荷向量，被使用下划线忽略。有一个断言，检查 Cholesky 模拟函数是否只被调用过一次，并检查比较了实际的和预期的系统矩阵❹。

最后，我们需要编写将外部约束应用于节点 1 和节点 2 的 _set_external_constraints 函数。在我们刚刚编写的方法之后，输入清单 16-17 中的代码。

清单 16-17　将外部约束设置到节点上

```
class StructureTest(unittest.TestCase):
    --snip--

    def _set_external_constraints(self):
        self.n_1.dx_constrained = True
        self.n_1.dy_constrained = True
        self.n_2.dx_constrained = True
        self.n_2.dy_constrained = True
```

让我们尝试最后一个测试来检查载荷向量组装过程。想法是遵循最后两个测试的结构，但是这次检查载荷向量。输入清单 16-18 中的测试代码。

清单 16-18　系统的载荷向量组装测试

```
class StructureTest(unittest.TestCase):
    --snip--

❶ @patch('structures.model.structure.cholesky_solve')
    def test_assemble_system_vector(self, cholesky_mock):
      ❷ expected_vec = EqVector(6).set_data([
            0, 0, 0, 0, 500, -1000
        ])

        self.structure.solve_structure()
      ❸ [_, actual_vec] = cholesky_mock.call_args[0]

      ❹ self.assertEqual(expected_vec, actual_vec)
```

我们以与以前相同的方式修补 cholesky_solve 函数❶。然后我们声明预期的载荷向量❷，这一次很容易，因为只在节点 3 上有一个载荷。

测试的其余部分相似。主要区别是这次我们需要解包第一次调用 cholesky_mock 的第二个参数❸，即传入的向量，这是我们的代码生成的载荷向量。这次，我们没有断言该模拟只被调用一次，像我们在上面两个测试中所做的那样。但是这种情况已经进行了测试。无须重复相同的断言。我们要检查的是，actual_vec 等于 expected_vec❹。

我们现在可以进行测试。为了从 shell 中这样做，请运行以下命令：

```
$ python3 -m unittest structures/tests/structure_test.py
```

如果你所有的测试都通过了，这应该会产生以下输出：

```
Ran 6 tests in 0.004s

OK
```

我们可以编写更多的单元测试，但简洁起见，我不会这样做。不过，我建议你提出更多的测试，锻炼替代测试技能。

16.5 小结

在本章中，我们开发了该结构的求解算法，这是一个复杂额度逻辑，我们将其分为几个私有方法。这种求解过程实现了所有繁重的工作，包括组装结构的全局刚度矩阵和向量，应用外部约束并使用我们之前创建的 Cholesky 算法来求解最终的方程组。一旦获得了节点的全局位移，它们就会用于构建结构的解模型。我们将在第 18 章中看到如何为该解模型生成图形结果。

我们还介绍了替代测试的概念，这是一种写单元测试的关键技术，通过将代码的一小部分与其交互对象隔离开来。有几种不同的替代测试类型；Python 的 unittest 包向我们提供了一个：mock。然而，这种模拟是如此灵活，以至于也可以用作 stub 或 spy。我们通过使用它们来测试我们的最新代码来了解如何使用此类和 @patch 装饰器。

现在是时候专注于文本文件的读取和结构解析，从而为求解算法提供一些精细的结构定义。让我们行动吧！

第17章 Chapter 17

从文件中读取输入

我们开发的任何工程应用程序都需要一些数据输入。例如，使用我们在上一章中开发的算法求解桁架结构，我们首先需要构建结构模型。每当我们想求解结构时，手动实例化类来构建模型是很麻烦的。简单地给我们的应用程序传入一个纯文本文件，该文件遵循一个给定的、定义良好的方案来定义我们想要求解的结构，这会方便很多。在本章中，我们将为应用程序提供一个文件解析函数，该文件读取文本文件，解析它们并构造应用程序内部使用的模型。

17.1 定义输入数据格式

为了使我们的应用程序正常工作，我们传入的文件需要具有明确定义的结构。文本文件必须包括节点的定义、施加的载荷和结构的杆。让我们来决定这些部分的格式。

17.1.1 节点的格式

每个节点将用一行定义，遵循以下格式：

```
<node_id>: (<x_coord>, <y_coord>) (<external_constraints>)
```

其中，node_id 是节点的 ID；x_coord 是节点的 x 坐标；y_coord 是节点的 y 坐标；external_constraints 是一组位移约束。

下面是一个示例：

```
1: (250, 400) (xy)
```

这定义了一个 ID 为 1，位置在（250，400）的节点，其 x 和 y 位移均受外部约束。

17.1.2 载荷的格式

载荷将与其所施加的节点分开定义，因此我们必须指示施加载荷的节点的ID。在不同的行中定义节点和载荷，我们可以通过使用两个简单的正则表达式（一个用于节点，另一个用于载荷），而不是一个长且复杂的正则表达式来简化输入解析过程。每个载荷将在单独的行上定义。

让我们使用以下格式定义载荷：

```
<node_id> -> (<Fx>, <Fy>)
```

其中，node_id 是施加载荷的节点；Fx 是载荷的 x 分量；Fy 是载荷的 y 分量。

下面是一个示例：

```
3 -> (500, -1000)
```

这定义了应用于 ID 为 3 的节点的载荷（500，–1000）。我们使用 -> 符号来将节点 ID 和载荷分量分开，而没有使用冒号，这样很明显，我们不是为载荷本身分配一个 ID。相反，我们将载荷应用到具有该 ID 的节点上。

17.1.3 杆的格式

杆在两个节点之间定义，并具有截面积和杨氏模量。与节点和载荷一样，每个杆将在其单独的行上定义。我们可以给杆以下格式：

```
<bar_id>: (<start_node_id> -> <end_node_id>) <A> <E>
```

其中，bar_id 是分配给杆的 ID；start_node_id 是杆开始节点的 ID；end_node_id 是杆末端节点的 ID；A 是杆的截面积；E 是杨氏模量。

下面是一个示例：

```
1: (1 -> 2) 30 20000000
```

这定义了节点 1 和节点 2 之间的杆，横截面积为 30，杨氏模量为 20000000。这个杆的 ID 为 1。

17.1.4 文件格式

现在，我们已经提出了针对节点、载荷和杆的格式，让我们看看如何将它们全部放在一个文件中。我们正在寻找一个手动编写简单，同时也容易解析的文件结构。

一个有趣的想法是将文件分为各部分，每个部分由标题开始：

```
<section_name>
```

每个部分应仅包含相同类型的实体的定义行。

鉴于我们的结构定义文件将具有三种不同的类型实体——节点、载荷和杆——它们将需要三个不同的部分。例如，上一章中用于单元测试的结构（如图 17-1 所示）定义如下：

```
nodes
1: (0, 0)     (xy)
2: (0, 200)   (xy)
```

```
3: (400, 200) ()

loads
3 -> (500, -1000)

bars
1: (1 -> 2) 5 10
2: (2 -> 3) 5 10
3: (1 -> 3) 5 10
```

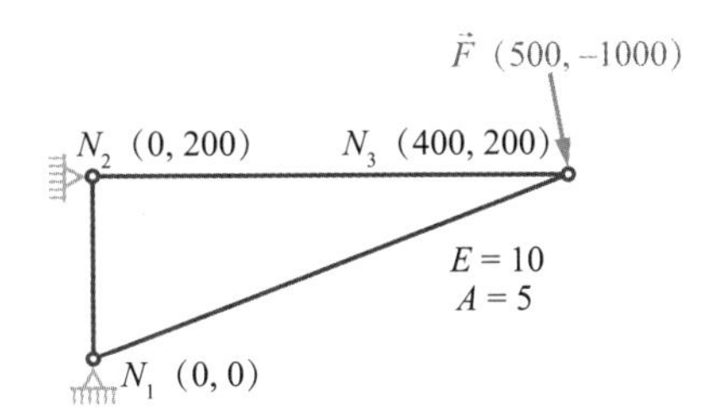

图 17-1　上一章单元测试的结构

现在我们已经为结构定义文件定义了一种格式，我们需要编写一个解析器。解析器是读取文本、解析并将其转换为数据结构或模型的组件（函数或类）。在本例中，模型是我们的桁架结构类：Structure。我们将使用正则表达式，如第 9 章中所做的那样。

17.2　找到正则表达式

如果我们提前知道结构，正则表达式是从纯文本文件中提取所有信息的可靠方法。我 们需要三个不同的正则表达式：分别用于节点、载荷和杆。如果你需要对正则表达式进行复习，请花点时间查看 9.3.1 节。让我们设计这些正则表达式。

17.2.1　节点的正则表达式

要匹配我们格式中定义的节点，我们可以使用以下正则表达式：

/(?P<id>\d+)\s*:\s*

\((?P<pos>[\d\s\.,\-]+)\)\s*

\((?P<ec>[xy]{0,2})\)/

这是一个可怕的正则表达式。它被分成几行，因为它太长了，一行不能容纳，但你可以想象它只是一行的样子。让我们把这个正则表达式分解成几个部分。

(?P<id> \ d+)　匹配节点的 ID，一个或多个的数字（\ d+），并将其捕获在名为 id 的组中。

\s*:\ s*　匹配 ID 之后的冒号与其前后任意可能的空格（\s*）。

\((?P<pos>[\d\s\.,\-]+)\)　匹配括号内的节点坐标，并将它们捕获在一个名为 pos 的组中。注意我们匹配的是括号之内的所有表达式，包括两个坐标和逗号。我们将在代码中将两个数字分开。我们这样做，是为了让本来就很可怕的正则表达式不会变得更加可怕。将正则表达式与 Python 的字符串操纵方法相结合是一种强大的技术。

\ s* 匹配将坐标组和外部约束组分隔的零个或多个空格

\((?P <ec> [xy] {0,2})\) 最后一部分匹配括号之间定义的外部约束，并将它们捕获在一个名为 ec 的组中。括号内的内容仅限于字符群 [xy]，即字符“x”和“y”。允许的字符数量也有一个约束，即 0 和 2 之间的任何数字（{0,2}）。

我们将很快运用这个正则表达式。图 17-2 可能会帮助你了解正则表达式中的每个子部分。

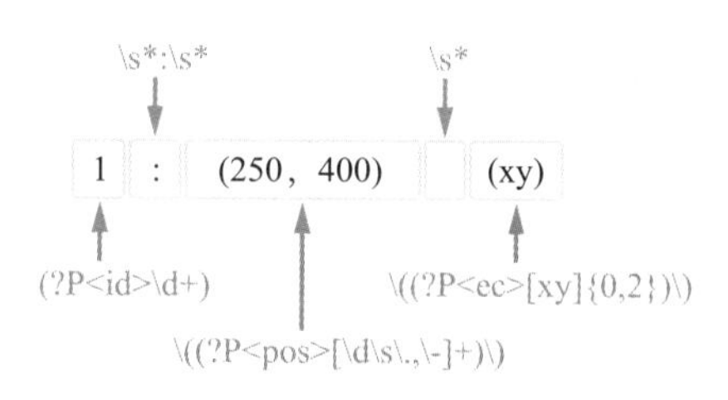

图 17-2 可视化的节点正则表达式

17.2.2 载荷的正则表达式

要匹配我们定义的载荷格式，我们将使用以下正则表达式：

/(?P<node_id>\d+)\s*->\s*\((?P<vec>[\d\s\.,\-]+)\)/

这个正则表达式不像前一个那么可怕，让我们把它分解成子部分。

/(?P<node_id>\d+) 匹配节点 ID 并将其捕获到 node_id 组中。

\s*->\s* 匹配字符序列 -> 和其前后的可能的空格。

\((?P<vec>[\d\s\.,\-]+)\) 匹配括号内定义的所有表达式，在其中定义了力向量的分量。括号内的字符集 [\d\s\.,\-] 都是被允许的，这包括数字、空格、点、逗号和减号。捕获的任何内容都存储在名为 vec 的组中。

图 17-3 是正则表达式的不同部分的分解。确保你理解它们中的每一个。

最后，让我们来看看杆的正则表达式。

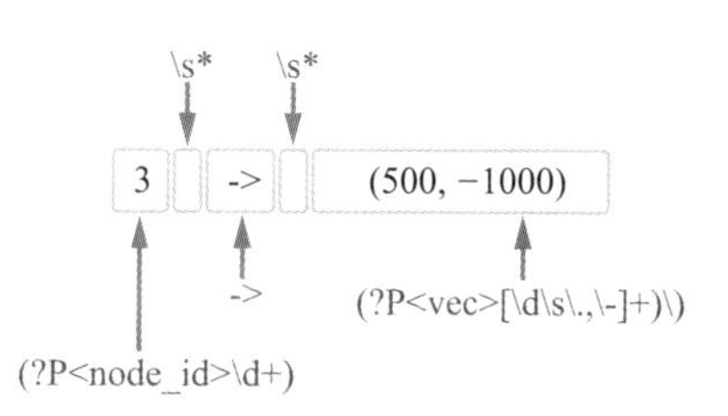

图 17-3 可视化的载荷正则表达式

17.2.3 杆的正则表达式

为了匹配使用我们之前定义的格式编写的杆，我们将使用以下正则表达式：

/(?P<id>\d+)\s*:\s*
\((?P<start_id>\d+)\s*->\s*(?P<end_id>\d+)\)\s*
(?P<sec>[\d\.]+)\s+
(?P<young>[\d\.]+)/

这个正则表达式因为长度过长而分为几行，但你可以想象它是一行写的。让我们将其一一分解：

(?P<id>\d+) 匹配分配给杆的 ID，并捕获到在名为 id 的组中。

\s*:\ s* 匹配冒号与其前后任意可能的空格。

\((?P<start_id>\ d+)\ s*->\s*(?P<end_id>\d+)\) 匹配由字符序列 -> 分隔的两个节点 ID 及其周围的可选的空格。这些 ID 将被捕获到名为 start_id 和 end_id 的组中。这整个表达式需要出现在括号之内。

\ s* 匹配上个括号和下个值（截面积）之间的可能的空格。

(?P<sec>[\d\.]+) 匹配一个十进制数并捕获到 sec 组中。

\s+　匹配上一个括号和下一个杨氏模量值之间所需的空格。回想一下，在这种情况下，我们至少需要一个空格。否则，就无法知道截面积的值在哪里结束，杨氏模量的值在哪里开始。

(?P<young>[\d\.]+)　它会捕获一个十进制数，并将其分配给名为 young 的组。

这是本书中最大最复杂的正则表达式。图 17-4 应该能帮助你识别其每个部分。

现在我们有了正则表达式，让我们开始编写代码来解析我们的结构文件。

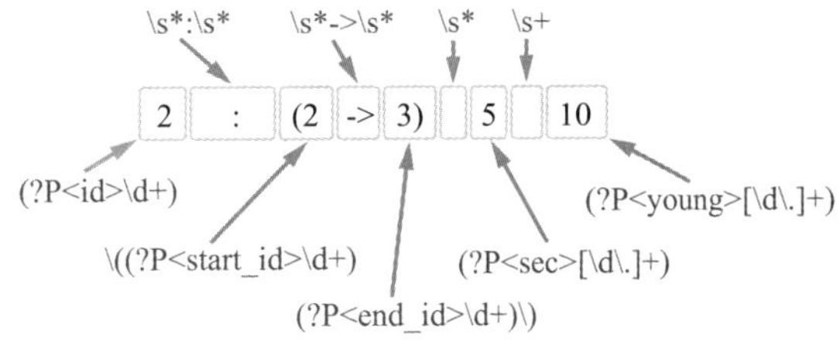

图 17-4　可视化的杆的正则表达式

17.3　初始设置

目前，我们的 structures 包具有以下子目录：

```
structures
  |- model
  |- solution
  |- tests
```

让我们通过右击 structures 包并选择 New → Python Package 来创建一个新的软件包文件夹，命名为 parse。如果你是在 IDE 外进行的，请不要忘记在文件夹中创建一个空的 __init__.py 文件。我们的 structures 包目录应该看起来如下：

```
structures
  |- model
  |- parse
  |- solution
  |- tests
```

我们准备开始实施代码。我们将首先实施解析节点、载荷和杆的逻辑。每个都将以自己的函数定义，并且有相应的单元测试。然后，我们将它们全部放在一个函数中，该函数读取整个文件的内容，将其分成行，然后将每行解析到正确的模型类中。

17.4　节点解析程序

我们将从节点开始。在 structures/parse 中，创建一个名为 node_parse.py 的新文件。在此文件中，输入清单 17-1 中的代码。

清单 17-1　从字符串中解析节点

```
import re

from geom2d import Point
from structures.model.node import StrNode

__NODE_REGEX = r'(?P<id>\d+)\s*:\s*' \
```

```
            r'\((?P<pos>[\d\s\.,\-]+)\)\s*' \
            r'\((?P<ec>[xy]{0,2})\)'


def parse_node(node_str: str):
 ❶ match = re.match(__NODE_REGEX, node_str)
    if not match:
        raise ValueError(
            f'Cannot parse node from string: {node_str}'
        )

 ❷ _id = int(match.group('id'))
 ❸ [x, y] = [
        float(num)
        for num in match.group('pos').split(',')
    ]
 ❹ ext_const = match.group('ec')

 ❺ return StrNode(
        _id,
        Point(x, y),
        None,
        'x' in ext_const,
        'y' in ext_const
    )
```

我们首先定义前面看到的正则表达式。它需要被分解为多行，因为它对于一行来说太长了，但是由于我们使用了代表连续的反斜杠字符（\），Python将把所有内容读取到一行中。

然后是parse_node函数，该函数接受字符串作为输入参数。该字符串应遵循我们先前定义的节点格式。我们在node_str字符串中寻找与节点的正则表达式的匹配❶。如果没有匹配项，我们将弹出一个带有信息的ValueError，其中包含有问题的字符串，以便更容易调试错误。

然后，我们从名为id的捕获组中提取ID并将其存储在变量id中❷。

接下来，我们解析 x 和 y 的位置坐标：我们读取pos捕获组的内容，并使用逗号字符分割字符串。

```
match.group('pos').split(',')
```

这产生了代表定义节点位置的数字的两个字符串。

使用列表推导式，我们将每个字符串映射到浮点数上：

```
[x, y] = [
    float(num)
    for num in match.group('pos').split(',')
]
```

然后，我们将结果解包到变量 x 和 y 中❸。

最后一个命名的捕获组是ec。它包含外部约束的定义。我们读取其内容并将其存储在变量ext_const中❹。最后，我们创建节点实例，将其传期望的所有参数传入❺。我们传入ID、位置点、载荷的None(将在后面添加）和外部约束。通过检查字符串中是否存在字符“x”或“y”来添加外部约束。为此，我们使用Python的in操作符，该操作符检查给定值是否存在于序列中。如下是一个例子：

```
>>> 'hardcore' in 'hardcore programming for mechanical engineers'
True

>>> 3 in [1, 2]
False
```

让我们使用一些单元测试来确保我们的代码能够正确地解析节点。

程序测试

让我们在structures/tests目录中创建一个名为node_parse_test.py的新测试文件。在文件中，输入清单17-2中的代码。

清单17-2 测试节点的解析

```
import unittest

from geom2d import Point
from structures.parse.node_parse import parse_node


class NodeParseTest(unittest.TestCase):
 ❶ node_str = '1 : (25.0, 45.0)   (xy)'
 ❷ node = parse_node(node_str)

    def test_parse_id(self):
        self.assertEqual(1, self.node.id)

    def test_parse_position(self):

        expected = Point(25.0, 45.0)
        self.assertEqual(expected, self.node.position)

    def test_parse_dx_external_constraint(self):
        self.assertTrue(self.node.dx_constrained)

    def test_parse_dy_external_constraint(self):
        self.assertTrue(self.node.dy_constrained)
```

这个文件定义了一个新的测试类：NodeParseTest。我们已经定义了一个具有正确格式的字符串，所以我们可以测试是否可以解析它的所有部分。那个字符串是node_str❶。我们已经编写了所有的测试来处理在解析字符串时产生的节点❷，我们这样做是为了避免在每个测试中重复相同的解析操作。

然后，我们进行了测试，以确保在生成的节点中正确设置ID，另一个测试检查节点的位置，还有两个用于测试是否添加了外部约束。

让我们进行测试以确保它们都通过。你可以从IDE运行测试，或使用如下命令从shell中运行：

```
$ python3 -m unittest structures/tests/node_parse_test.py
```

现在让我们来解析杆。

17.5 杆解析程序

在 structures/parse 中，创建一个名为 bar_parse.py 的新文件。在此文件中，输入清单 17-3 中的代码。

清单 17-3 从字符串中解析杆

```
import re
from structures.model.bar import StrBar

__BAR_REGEX = r'(?P<id>\d+)\s*:\s*' \
              r'\((?P<start_id>\d+)\s*->\s*(?P<end_id>\d+)\)\s*' \
              r'(?P<sec>[\d\.]+)\s+' \
              r'(?P<young>[\d\.]+)'


def parse_bar(bar_str: str, nodes_dict):
 ❶ match = re.match(__BAR_REGEX, bar_str)
    if not match:
        raise ValueError(
            f'Cannot parse bar from string: {bar_str}'
        )

 ❷ _id = int(match.group('id'))
 ❸ start_id = int(match.group('start_id'))
 ❹ end_id = int(match.group('end_id'))
 ❺ section = float(match.group('sec'))
 ❻ young_mod = float(match.group('young'))

 ❼ start_node = nodes_dict[start_id]
    if start_node is None:
        raise ValueError(f'Node with id: ${start_id} undefined')

    end_node = nodes_dict[end_id]
    if end_node is None:
        raise ValueError(f'Node with id: ${start_id} undefined')

 ❽ return StrBar(_id, start_node, end_node, section, young_mod)
```

与杆定义相匹配的正则表达式（__BAR_REGEX）有点长而复杂。确保你仔细地输入它。我们稍后会写一些单元测试，所以这里的任何错误都会在那儿被发现。

我们已经编写了 parse_bar 函数，它接受两个参数：定义杆的字符串和节点字典。在这个字典中，键是节点的 ID，而值是节点本身。杆的端节点需要有对应的引用，因此必须首先解析这些节点，然后传递给 parse_bar 函数。这在我们解析结构文件的方式中增加了一个约束条件：应该首先解析节点。

与节点一样，我们首先将传递的字符串与我们的正则表达式匹配 ❶。如果没有匹配项，我们将提出一个带信息的 ValueError，包括无法解析的字符串。

接下来，我们检索并解析捕获组：id 被解析为整数 ❷，start_id❸ 和 end_id❹ 也被解析为整数，sec❺ 和 young❻ 被解析为浮点数。

然后，我们在节点字典中寻找启动节点 ❼，如果找不到的话，就提出一个错误：我们无法建立一个不存在节点的杆。我们为末端节点做同样的事情，然后我们在最后一行中创建和返回杆 ❽，并将所有解析的值传入。

让我们测试这段代码。

程序测试

要测试杆解析程序，请在 structures/tests 中创建一个名为 bar_parse_test.py 的新文件。输入清单 17-4 中的新测试代码。

清单 17-4 测试杆的解析

```
import unittest

from structures.parse.bar_parse import parse_bar


class BarParseTest(unittest.TestCase):
 ❶ bar_str = '1: (3 -> 5) 25.0 20000000.0'
 ❷ nodes_dict = {
        3: 'Node 3',
        5: 'Node 5'
    }
 ❸ bar = parse_bar(bar_str, nodes_dict)

    def test_parse_id(self):
        self.assertEqual(1, self.bar.id)

    def test_parse_start_node(self):
        self.assertEqual('Node 3', self.bar.start_node)

    def test_parse_end_node_id(self):
        self.assertEqual('Node 5', self.bar.end_node)

    def test_parse_section(self):
        self.assertEqual(25.0, self.bar.cross_section)

    def test_parse_young_modulus(self):
        self.assertEqual(20000000.0, self.bar.young_mod)
```

在此测试中，我们使用其字符串表示形式定义一个杆 ❶。parse_bar 函数需要一个字典，包含 ID 节点作为其第二个参数；我们创建了一个名为 nodes_dict❷ 的 dummy 对象（回顾一下 16.2.1 节）。此字典包含映射到一个字符串的两个节点 ID。我们的解析代码并没有对节点做任何事情，甚至没有检查它们的类型；它只是将它们添加到杆实例中。因此，对于这些测试，一个模拟节点的字符串就足够了。

同样，我们首先解析 ❸ 并将结果存储在变量 bar 中。然后我们创建五个测试，以检查我们正确解析了 ID、启动节点、结束节点、横截面积和杨氏模量。

运行这些测试，以确保它们全部通过。你可以在 shell 中这样做：

```
$ python3 -m unittest structures/tests/bar_parse_test.py
```

最后，我们需要解析载荷。

17.6 载荷解析程序

现在我们将编写一个函数来解析载荷字符串，但我们不会将加载应用于此处的节点。等我们把所有的部分放在一起时，才会这样做。

在 structures/parse 中创建一个名为 load_parse.py 的新文件。输入清单 17-5 中的代码。

清单 17-5 从字符串中解析载荷

```
import re

from geom2d import Vector

__LOAD_REGEX = r'(?P<node_id>\d+)\s*->\s*' \
               r'\((?P<vec>[\d\s\.,\-]+)\)'


def parse_load(load_str: str):
 ❶ match = re.match(__LOAD_REGEX, load_str)
    if not match:
        raise ValueError(
            f'Cannot parse load from string: "{load_str}"'
        )

 ❷ node_id = int(match.group('node_id'))
 ❸ [fx, fy] = [
        float(num)
        for num in match.group('vec').split(',')
    ]

 ❹ return node_id, Vector(fx, fy)
```

在此列表中，我们定义与载荷匹配的正则表达式为 __LOAD_REGEX。然后是 parse_load 函数，该函数首先在传入的字符串（load_str）中寻找匹配 ❶。如果字符串与 __LOAD_REGEX 不匹配，我们会触发错误。

正则表达式定义了两个捕获组：node_id 和 vec。第一个组是需要应用载荷的节点的 ID。我们将这一组的值转换为整数，并将其存储在 node_id 变量中 ❷。

为了提取力分量，我们将捕获组 vec 匹配的值分开，然后解析每个部分，将其转换为浮点数，然后使用解包将分量提取到 fx 和 fy 变量中。

最后，我们返回节点 ID 的元组和一个力分量的向量❹。

让我们测试此逻辑以确保其正确解析载荷。

程序测试

在 structures/tests 文件夹中，创建一个名为 load_parse_test.py 的新文件。输入清单 17-6 中的测试代码。

清单 17-6 测试载荷的解析

```
import unittest

from geom2d import Vector

from structures.parse.load_parse import parse_load


class LoadParseTest(unittest.TestCase):

    load_str = '1 -> (250.0, -3500.0)'
    (node_id, load) = parse_load(load_str)

    def test_parse_node_id(self):
        self.assertEqual(1, self.node_id)

    def test_parse_load_vector(self):
        expected = Vector(250.0, -3500.0)
        self.assertEqual(expected, self.load)
```

此测试定义了一个字符串，表示应用于 ID 为 1 的节点的载荷，其分量为（250.0，–3500.0）。该字符串存储在 load_str 变量中，并传递给 parse_load 函数。

在第一个测试中，我们检查是否正确地解析了节点 ID，函数返回它作为元组的第一个值。然后，我们检查是否正确地解析了元组的第二个值，即向量。这两个简单的测试足以确保我们的函数能完成它的工作。

从 IDE 或 shell 中运行测试：

```
$ python3 -m unittest structures/tests/load_parse_test.py
```

现在我们有可以从它们的字符串表示中解析结构元素的函数，是时候将它们放在一起了。在下一节中，我们将处理一个函数，该函数读取结构定义文件的所有行并生成相应的模型。

17.7 结构解析程序

我们的结构文件在单独的行上定义每个实体，并且实体按部分分组。如果你还记得，我们为需要解析的三个不同实体定义了三个部分：节点、杆和载荷。下面是前面的一个结构文件的示例：

```
nodes
1: (0, 0)      (xy)
2: (0, 200)    (xy)
3: (400, 200) ()

loads
3 -> (500, -1000)

bars


1: (1 -> 2) 5 10
2: (2 -> 3) 5 10
3: (1 -> 3) 5 10
```

因为这些文件大部分都是手写的，所以如果我们允许包含注释会更好：注释是指被解析机制忽略的行，但向阅读文件的人解释一些东西，就像代码中的注释一样。

下面是一个示例：

```
# only node with a load applied
3: (400, 200) ()
```

我们将借用 Python 的语法，并使用 # 符号来标记评论的开头。评论将必须以单独的行出现。

17.7.1 总览

因为我们需要编写一些函数，所以制作一个结构解析过程的图表，并在步骤之后注释函数名可能会有所帮助，见图 17-5。

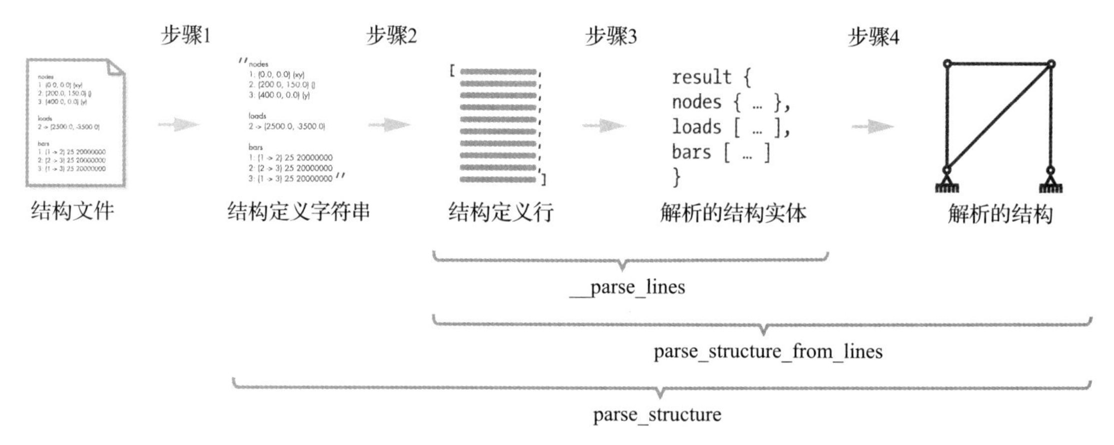

图 17-5 结构解析过程

在图 17-5 中，我们显示了解析过程的每个步骤。我们从一个结构文件开始，该文件按照我们的标准格式以明文形式定义结构。

第 1 步是将文件内容读取到字符串中。我们将在第 19 章中的应用中实施这部分。

第 2 步包括将大字符串分为多行。

第 3 步是将这些行解析为结构的基元组成的字典。此步骤由私有函数 __parse_lines 处理。

第 4 步也是最后一步，汇总这些解析的结构项到一个结构实例中。

parse_structure_from_lines 函数是步骤 3 和 4 的结合：它将定义的列表转换为完整的结构。parse_structure 函数更进一步，将单个字符串分为多行。

17.7.2 设置

在 structures/parse 目录中，创建一个名为 str_parse.py 的新文件。structures 包现在应该看起来像这样：

```
structures
  |- model
  |    | ...
  |- parse
  |    |- __init__.py
  |    |- bar_parse.py
  |    |- load_parse.py
  |    |- node_parse.py
  |    |- str_parse.py
  |- solution
  |    | ...
  |- tests
  |    | ...
```

让我们从确定文件中的一行是否为空白或注释的函数开始实现。此函数将使我们知道是否可以忽略给定行或必须解析它。

17.7.3 忽略空白和注释

在 str_parse.py 中，输入清单 17-7 中的代码。

清单 17-7　确定需要忽略的行的函数

```
__COMMENT_INDICATOR = '#'


def __should_ignore_line(line: str):
    stripped = line.strip()
    return len(stripped) == 0 or \
           stripped.startswith(__COMMENT_INDICATOR)
```

我们定义了一个常数，__COMMENT_INDICATOR，其值为 # 字符。如果我们想更改标识注释的方式，我们只需要编辑这一行即可。

接下来是 __should_ignore_line 函数。此函数接收一个字符串并删除其周围的空格（换句话说，它剥离了字符串）。然后，如果该行的长度为零或从注释的指示符号开始，则该函数将返回 True 值，否则返回 False 值。

17.7.4 解析行

现在我们已经有了一种方法来过滤掉那些不需要解析的行，让我们来看看那些确实需要解析的行。我们将定义一个函数，它接收表示行的字符串列表，并标识该行是一个部分标题（“节点”“杆”或“载荷”）还是一个实体。对于部分标题，该函数将设置一个标志，以跟踪正在读取的当前节。该函数的其余部分将负责使用相应的解析器来解析每一行。

在文件 str_parse.py 中，输入清单 17-8 中的代码。

清单 17-8 解析行

```
import re

from .bar_parse import parse_bar
from .load_parse import parse_load
from .node_parse import parse_node

__COMMENT_INDICATOR = '#'
__NODES_HEADER = 'nodes'
__LOADS_HEADER = 'loads'
__BARS_HEADER = 'bars'


def __parse_lines(lines: [str]):
 ❶ reading = ''
 ❷ result = {'nodes': {}, 'loads': [], 'bars': []}

    for i, line in enumerate(lines):
     ❸ if __should_ignore_line(line):
            continue

        # <--- header ---> #
     ❹ if re.match(__NODES_HEADER, line):
            reading = 'nodes'
        elif re.match(__BARS_HEADER, line):
            reading = 'bars'
        elif re.match(__LOADS_HEADER, line):
            reading = 'loads'

        # <--- definition ---> #
     ❺ elif reading == 'nodes':
            node = parse_node(line)
            result['nodes'][node.id] = node
        elif reading == 'bars':
            bar = parse_bar(line, result['nodes'])
            result['bars'].append(bar)
        elif reading == 'loads':
            load = parse_load(line)

         result['loads'].append(load)
     else:
```

```
            raise RuntimeError(
                f'Unknown error in line ${i}: ${line}'
            )

    return result


def __should_ignore_line(line: str):
    --snip--
```

我们首先添加三个具有文件标头名称的变量：__NODES_HEADER、__LOADS_HEADER 和 __BARS_HEADER。这些常数定义了各节的名称。

然后是 __parse_lines 函数的定义，该函数接收一个参数：结构文件中的行列表。该函数声明一个名为 reading 的变量 ❶。该变量指示了当前循环所在的结构部分。例如，当其值为“bars”时，应使用 parse_bar 函数对后续行进行解析，直到遇到文件末尾或遇到新部分。

接下来是 result 字典的定义 ❷。它用三个键 'nodes'、'loads' 和 'bars' 进行初始化。我们将把解析的元素添加到对应的键的集合中。载荷和杆存储在列表中，节点存储在字典中，而键则是其 ID。我们将映射到其键的节点存储在字典中，因为载荷和杆在结构文件中均用节点 ID 表示。因此，当我们链接它们时，通过 ID 查找它们会更方便。

接下来是在行的枚举中迭代的循环。回顾一下，Python 的 enumerate 函数返回一个可迭代的序列，其中包括原始对象及其索引。我们仅在遇到错误时才使用索引，使用错误消息中的行号，以使查找输入文件中的错误更加容易。我们对每行要做的第一件事是检查它是空白还是注释 ❸，在这种情况下，我们使用 continue 语句跳过它。

接下来，我们有几个 if-else 语句。它们的第一个部分是用于匹配标题行 ❹。当发现一条行与三个可能的标题之一匹配时，我们将变量 reading 设置为该标题值。后面的 if-else 语句评估 reading 阅读以确定要解析的结构元素 ❺。如果 reading 的值是 'nodes'，我们使用 parse_node 函数来解析行并将结果存储在 result 字典中，在 'nodes' 键下：

```
result['nodes'][node.id] = node
```

杆和载荷也是如此，但请记住，在它们的情况下，它们被存储在一个列表中：

```
result['bars'].append(bar)
```

然后，该函数将返回 result 字典。

我们已经实现了一个函数，它可以读取一系列文本行，并将每个文本行转换为一个结构类实例（即我们所知的解析）。这些实例表示结构的节点、杆和载荷。该函数返回一个按类型捆绑这些实例的字典。下一步是使用这些解析后的对象来构造一个结构实例。

17.7.5　拆解行和组装结构

给定一个结构文件的内容作为一个字符串，我们希望将这个字符串分割为行。我们将把这些行传递给我们之前编写的 __parse_lines 函数，并使用解析的对象构造 Structure 类的实例。

在 str_parse.py 文件中，在 __parse_lines 函数之前，输入清单 17-9 中的代码。

清单 17-9 拆解行

```
import re

from structures.model.structure import Structure
from .bar_parse import parse_bar
from .load_parse import parse_load
from .node_parse import parse_node

__COMMENT_INDICATOR = '#'
__NODES_HEADER = 'nodes'
__LOADS_HEADER = 'loads'
__BARS_HEADER = 'bars'


def parse_structure(structure_string: str):
 ❶ lines = structure_string.split('\n')
    return parse_structure_from_lines(lines)


def parse_structure_from_lines(lines: [str]):
 ❷ parsed = __parse_lines(lines)
    nodes_dict = parsed['nodes']
    loads = parsed['loads']
    bars = parsed['bars']

 ❸ __apply_loads_to_nodes(loads, nodes_dict)

    return Structure(

     ❹ list(nodes_dict.values()),
        bars
    )


def __apply_loads_to_nodes(loads, nodes):
 ❺ for node_id, load in loads:
        nodes[node_id].add_load(load)

--snip--
```

我们已经编写了三个新的函数。第一个是 parse_structure，将传入的字符串分割为行 ❶，并将这些行传递到之后定义的 parse_structure_from_lines 函数。

第二个函数 parse_structure_from_lines 将行传递给 __parse_lines，并将结果保存在一个名为 parsed 的变量中 ❷。然后，它将此结果字典的内容提取到变量 nodes_dict、loads 和 bars 中。

载荷与所应用的节点分开定义；因此，我们需要将每个载荷添加到其各自的节点中 ❸。为此，我们编写了另一个小函数：__apply_loads_to_nodes。回想一下定义载荷所使用的格式：

```
1 -> (500, -1000)
```

通过我们的 parse_load 函数将其解析为由节点 ID 和载荷分量的向量组成的元组：

```
(1, Vector(500, -1000))
```

在理解 __apply_load_to_nodes 的循环时，必须记住这一点❺。该循环在载荷元组上进行迭代，在每次迭代中，它将节点 ID 和载荷向量分别存储到变量 node_id 和 load 中。因为我们的节点存储在一个字典中，其键是节点 id，所以应用载荷是小菜一碟。

一旦将载荷应用到节点（返回到 parse_structure_from_lines），最后一步就是返回 Structure 类的一个实例。该类的构造函数需要一个节点列表和一个杆列表。这些杆已经被解析为一个列表，但这些节点在一个字典中。为了将字典的值转换为列表，我们只需要对字典值使用 Python 的 list 函数，我们使用 values() 方法提取字典值❹。

这样，我们的解析逻辑就准备好了！

17.7.6 代码汇总

供你参考，清单 17-10 显示了 str_parse.py 的完整代码。

清单 17-10 解析结构

```
import re

from structures.model.structure import Structure
from .bar_parse import parse_bar
from .load_parse import parse_load
from .node_parse import parse_node

__COMMENT_INDICATOR = '#'
__NODES_HEADER = 'nodes'
__LOADS_HEADER = 'loads'
__BARS_HEADER = 'bars'


def parse_structure(structure_string: str):
    lines = structure_string.split('\n')
    return parse_structure_from_lines(lines)


def parse_structure_from_lines(lines: [str]):
    parsed = __parse_lines(lines)
    nodes_dict = parsed['nodes']
    loads = parsed['loads']
    bars = parsed['bars']

    __apply_loads_to_nodes(loads, nodes_dict)

    return Structure(
```

```
        list(nodes_dict.values()),
        bars
    )


def __apply_loads_to_nodes(loads, nodes):
    for node_id, load in loads:
        nodes[node_id].add_load(load)


def __parse_lines(lines: [str]):
    reading = ''
    result = {'nodes': {}, 'loads': [], 'bars': []}

    for i, line in enumerate(lines):
        if __should_ignore_line(line):
            continue

        # <--- header ---> #
        if re.match(__NODES_HEADER, line):
            reading = 'nodes'
        elif re.match(__BARS_HEADER, line):
            reading = 'bars'
        elif re.match(__LOADS_HEADER, line):
            reading = 'loads'

        # <--- definition ---> #
        elif reading == 'nodes':
            node = parse_node(line)
            result['nodes'][node.id] = node
        elif reading == 'bars':
            bar = parse_bar(line, result['nodes'])
            result['bars'].append(bar)
        elif reading == 'loads':
            load = parse_load(line)
            result['loads'].append(load)
        else:
            raise RuntimeError(
                f'Unknown error in line ${i}: ${line}'
            )

    return result


def __should_ignore_line(line: str):
    stripped = line.strip()
    return len(stripped) == 0 or \
           stripped.startswith(__COMMENT_INDICATOR)
```

在我们移动到下一节之前，请在 parse 中打开 __init__.py 文件，并输入以下导入：

```
from .str_parse import parse_structure
```

这使我们能够像这样导入 parse_structure 函数，

```
from structures.parse import parse_structure
```

而不是这个更长的版本：

```
from structures.parse.str_parse import parse_structure
```

让我们进行一些自动测试，确保我们的解析函数能正确运行。

17.7.7　程序测试

为了确保 parse_structure 函数按预期工作，我们现在将添加一些单元测试。首先，我们要创建一个结构定义文件以在测试中使用。在 structures/tests 目录中，创建一个新文件 test_str.txt，其中包含以下内容：

```
# Nodes
nodes
1: (0.0, 0.0)      (xy)
2: (200.0, 150.0)  ()
3: (400.0, 0.0)    (y)



# Loads
loads
2 -> (2500.0, -3500.0)


# Bars
bars
1: (1 -> 2) 25 20000000
2: (2 -> 3) 25 20000000
3: (1 -> 3) 25 20000000
```

我们添加了注释行和一些额外的空白行，我们的函数应该忽略这些行。创建一个新的测试文件：str_parse_test.py（清单 17-11）。

清单 17-11　设置结构解析测试

```
import unittest

import pkg_resources as res

from structures.parse import parse_structure
```

```python
class StructureParseTest(unittest.TestCase):

    def setUp(self):
        str_bytes = res.resource_string(__name__, 'test_str.txt')
        str_string = str_bytes.decode("utf-8")
        self.structure = parse_structure(str_string)
```

该文件定义了一个新的测试类：StructureParseTest。在setUp方法中，我们使用resource_string函数将test_str.txt文件加载为字节。然后，我们将这些字节解码为UTF-8编码格式的Python字符串。最后，使用parse_structure解析结构字符串，并将结果存储在类属性self.structure中。

1. 测试节点解析器

让我们添加一些测试用例，以确保我们从test_str.txt文件解析的结构包含预期的节点。在setUp方法之后，输入第一个测试（见清单17-12）。

清单 17-12　测试结构解析——节点

```python
import unittest

import pkg_resources as res

from geom2d import Point
from structures.parse import parse_structure


class StructureParseTest(unittest.TestCase):
    --snip--

    def test_parse_nodes_count(self):
        self.assertEqual(3, self.structure.nodes_count)

    def test_parse_nodes(self):
     ❶ nodes = self.structure._Structure__nodes
        self.assertEqual(
            Point(0, 0),
            nodes[0].position
        )
        self.assertEqual(
            Point(200, 150),
            nodes[1].position
        )
        self.assertEqual(
            Point(400, 0),
            nodes[2].position
        )

    def test_parse_node_constraints(self):
        nodes = self.structure._Structure__nodes
```

```
        self.assertTrue(nodes[0].dx_constrained)
        self.assertTrue(nodes[0].dy_constrained)

        self.assertFalse(nodes[1].dx_constrained)
        self.assertFalse(nodes[1].dy_constrained)

        self.assertFalse(nodes[2].dx_constrained)
        self.assertTrue(nodes[2].dy_constrained)
```

我们写了三个测试。第一个检查在结构中是否有三个节点。下一个测试确保这三个节点具有正确的位置。

这里有一件有趣的事情要注意。由于 __nodes 列表对 Structure 类是私有的，Python 使用了一个技巧来试图向我们隐藏它。Python 将一个下划线和类的名称作为其私有属性的名称的前缀。因此，__nodes 属性将被称为 _Structure__nodes，而不是我们期望的 __nodes。这就是为什么，要从我们的测试中访问它，我们使用此名称 ❶。

第三个也是最后一个测试，检查节点中的外部约束是否具有结构定义文件中定义的正确值。让我们运行测试。你可以单击 IDE 中的绿色运行按钮或使用 shell：

```
$ python3 -m unittest structures/tests/str_parse_test.py
```

在 shell 中应该显示一条成功的消息。

2. 测试杆

我们现在测试杆是否也正确解析。在刚刚写的测试用例之后，输入清单 17-13 中的内容。

清单 17-13 测试结构解析：杆

```
class StructureParseTest(unittest.TestCase):
    --snip--

    def test_parse_bars_count(self):
        self.assertEqual(3, self.structure.bars_count)

    def test_parse_bars(self):
        bars = self.structure._Structure__bars

        self.assertEqual(1, bars[0].start_node.id)
        self.assertEqual(2, bars[0].end_node.id)

        self.assertEqual(2, bars[1].start_node.id)
        self.assertEqual(3, bars[1].end_node.id)

        self.assertEqual(1, bars[2].start_node.id)
        self.assertEqual(3, bars[2].end_node.id)
```

第一个测试断言结构中有三个杆。第二个测试检查结构中的每个杆是否链接到正确的节点 ID。与以前相同，要访问杆的私有列表，我们需要将 _Structure 加到属性名称之前：_Structure__bars。

我邀请你再添加两个测试，以检查横截面和杨氏模量的值是否被正确地解析到杆上。出于简洁的原因，我们不会在这里包括它们。

再次运行测试类，以确保我们的新测试也通过。在 shell 中运行如下命令：

```
$ python3 -m unittest structures/tests/str_parse_test.py
```

3. 测试载荷解析器

让我们添加最后两个测试，以确保正确解析载荷。输入清单 17-14 中的代码。

清单 17-14 测试结构解析：载荷

```
import unittest

import pkg_resources as res

from geom2d import Point, Vector
from structures.parse import parse_structure


class StructureParseTest(unittest.TestCase):
    --snip--

    def test_parse_loads_count(self):
        self.assertEqual(1, self.structure.loads_count)

    def test_apply_load_to_node(self):
        node = self.structure._Structure__nodes[1]
        self.assertEqual(
            Vector(2500, -3500),
            node.net_load
        )
```

在最后两个测试中，我们检查结构中的载荷数是否为 1，并且它是否被正确地应用到第二个节点。让我们来运行所有的测试，以确保所有的测试都通过：

```
$ python3 -m unittest structures/tests/str_parse_test.py
```

如果你的代码实现得很好，那么所有的测试都应该通过，你应该在 shell 中看到以下内容：

```
Ran 7 tests in 0.033s

OK
```

4. 测试类结果

我们进行了一些测试，因此清单 17-15 显示了你的测试类，供参考。

清单 17-15 测试结构解析

```
import unittest

import pkg_resources as res
```

```
from geom2d import Point, Vector
from structures.parse import parse_structure


class StructureParseTest(unittest.TestCase):

    def setUp(self):
        str_bytes = res.resource_string(__name__, 'test_str.txt')
        str_string = str_bytes.decode("utf-8")
        self.structure = parse_structure(str_string)

    def test_parse_nodes_count(self):
        self.assertEqual(3, self.structure.nodes_count)

    def test_parse_nodes(self):
        nodes = self.structure._Structure__nodes
        self.assertEqual(
            Point(0, 0),
            nodes[0].position
        )
        self.assertEqual(
            Point(200, 150),
            nodes[1].position
        )
        self.assertEqual(
            Point(400, 0),
            nodes[2].position
        )

    def test_parse_node_constraints(self):
        nodes = self.structure._Structure__nodes

        self.assertTrue(nodes[0].dx_constrained)
        self.assertTrue(nodes[0].dy_constrained)

        self.assertFalse(nodes[1].dx_constrained)
        self.assertFalse(nodes[1].dy_constrained)

        self.assertFalse(nodes[2].dx_constrained)
        self.assertTrue(nodes[2].dy_constrained)

    def test_parse_bars_count(self):
        self.assertEqual(3, self.structure.bars_count)

    def test_parse_bars(self):
        bars = self.structure._Structure__bars

        self.assertEqual(1, bars[0].start_node.id)
        self.assertEqual(2, bars[0].end_node.id)
```

```
        self.assertEqual(2, bars[1].start_node.id)
        self.assertEqual(3, bars[1].end_node.id)

        self.assertEqual(1, bars[2].start_node.id)
        self.assertEqual(3, bars[2].end_node.id)

    def test_parse_loads_count(self):
        self.assertEqual(1, self.structure.loads_count)

    def test_apply_load_to_node(self):
        node = self.structure._Structure__nodes[1]
        self.assertEqual(
            Vector(2500, -3500),
            node.net_load
        )
```

我们的结构解析逻辑已准备就绪并进行了测试！

17.8 小结

在本章中，我们首先为结构文件定义了一种格式。这是一种简单的文本格式，可以手动编写。

然后，我们实施函数来解析结构文件中的每一行到适当的结构元素：节点、载荷和杆中。正则表达式很好用。有了它们，解析结构良好的文本很轻松。

最后，我们将所有内容放在一个函数中，该函数将一个大字符串分割成多行，并决定每一行使用哪个解析器。我们将使用这个函数来读取结构文件，并创建我们的桁架解析应用程序将使用的结构模型。

现在是时候为结构解决方案生成输出图了。这正是我们在下一章中所要做的。

第 18 章 Chapter 18

生成 SVG 图像和文本文件

当我们求解一个桁架结构时，我们构建了一个新的解模型。如果我们想探索每个杆上的应力或每个节点的位移，我们需要用这些信息产生某种输出。图表是显示工程计算结果信息的一种很好的方法，但我们可能也需要一个带有详细值的文本文件。

在本章中，我们将为我们的结构分析应用程序编写一个模块，该模块生成包含解决方案中所有相关数据的矢量图，以及结构解的更简单的文本表示。

18.1 初始设置

让我们在 structures 中添加一个新软件包 out，该软件包将包含所有解的输出代码。你的 structures 包目录现在应该看起来像这样：

```
structures
  |- generation
  |- model
  |- out
  |- parse
  |- solution
  |- tests
```

我们将首先实现从结构解生成 SVG 图像的函数开始。让我们创建一个名为 svg.py 的新的 Python 文件，和另一个名为 config.json 的文件，该文件将包含用于绘制的配置。你的 out 目录现在应包含以下文件：

```
structures
  |- out
      |- __init__.py
```

```
|- config.json
|- svg.py
```

像往常一样，如果你没有使用 IDE，请不要忘记创建一个 __init__.py 文件。

18.2 从结构解到 SVG

当我们的输出代码完成后，它应产生如图 18-1 所示的图。尽管你在本书的纸质版本中看不出来，但压缩杆是红色的，拉伸杆是绿色的。外力是黄色的，紫色则是反作用力。

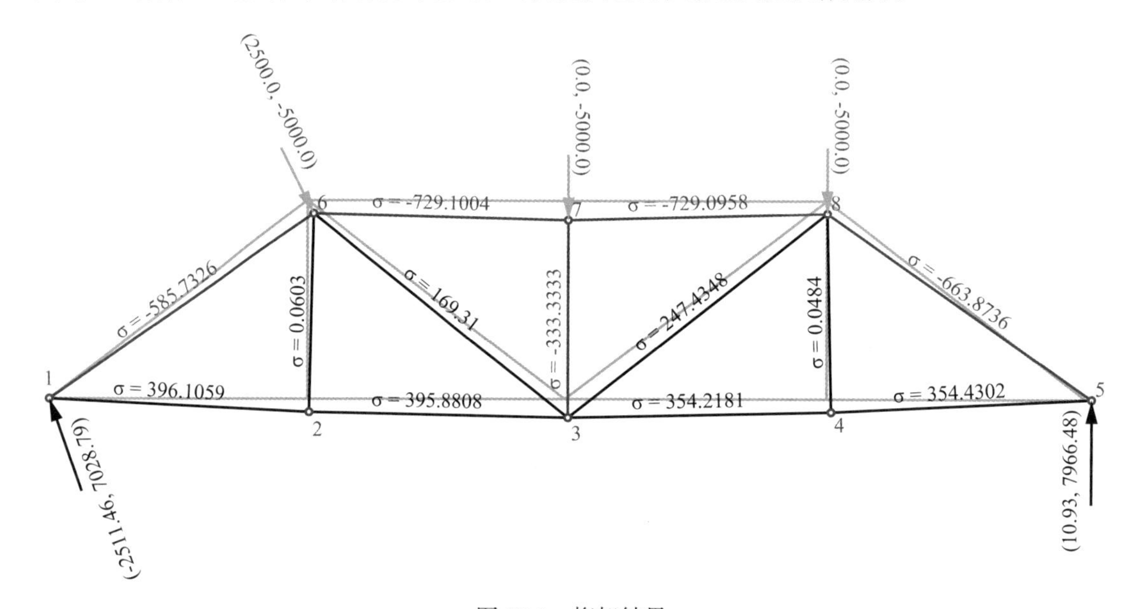

图 18-1 桁架结果

此图像是使用我们将在本章后面部分中一起编写的代码生成的。

18.2.1 配置文件

代码准备就绪并正常工作后，你可能会想改变图像的颜色和尺寸来获得令人满意的结果。我们希望自由更改这些颜色而无须从头到尾阅读代码，因此我们将它们移至单独的配置文件，就像我们在第 9 章和第 12 章中所做的那样。实际上，我们想要调整的任何参数都可以放置在配置文件中。我们将在配置中包括节点的半径、它们的外轮廓宽度以及图像的边距等内容。

图 18-2 说明了我们想要配置的一些属性以及我们将赋予的值。颜色使用带 # 前缀的十六进制值表示。

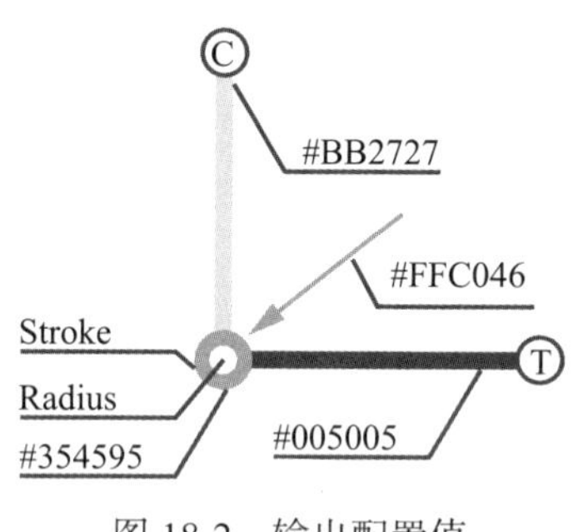

图 18-2 输出配置值

打开我们刚刚创建的 config.json 文件，并输入清单 18-1 中的配置值。

清单 18-1 输出图片的默认配置

```
{
    "sizes": {
        "margin": 170,
        "node_radius": 5,
        "stroke": 4,
        "arrow": 14
    },
    "colors": {
        "node_stroke": "#354595",
        "back": "#FFFFFF",
        "traction": "#005005",
        "compression": "#BB2727",
        "original": "#D5DBF8",
        "load": "#FFC046",
        "reaction": "#4A0072"
    },
    "font": {
        "family": "sans-serif",
        "size": 14
    }
}
```

当没有给出其他配置值时，我们将使用默认的配置值。你可以随意使用不同的颜色、尺寸或字体来个性化设置应用程序图。

为此，我们需要一种将 JSON 配置文件读取到我们的主脚本 svg.py 的方法。让我们写一个函数来做到这一点。在 svg.py 中，输入清单 18-2 中的代码。

清单 18-2 读取 JSON 配置文件

```
import json

import pkg_resources as res


def __read_config():
    config = res.resource_string(__name__, 'config.json')
    return json.loads(config)
```

__read_config 函数使用 pkg_resources 包（来自 Python 的标准库）中的 resource_string 将 config.json 文件加载到字符串中。然后，我们使用 json.loads 将字符串解析到字典中。我们稍后将使用此函数。

现在让我们看看如何允许用户将一些参数传递给应用程序，这些将修改绘制结果图的方式。

18.2.2 参数设置

我们有配置，其中包含确定图像外观的值。这些值由应用程序定义，用户无须担心它们。我们允许用户将配置字典传递给应用程序，并覆盖默认的配置值。

除了配置，我们的应用程序还需要一些其他值来为给定的结构绘制解图。例如，这些值包括用于绘制几何和载荷的缩放因子。我们无法事先预测这些值，因此我们需要用户将其提供给应用程序。

让我们称这些临时的值为 settings。我们将给函数传递设置字典，但是这些设置不会具有默认值，因为在这里没有合理的默认值，它们完全取决于求解的结构以及用户希望的结果的样子。用户是否想放大变形？还是他们想看到没有缩放例的情况下变形以了解变形结构的实际样子？我们自己无法猜测，因此，我们将让应用程序的用户决定这些值。

我们已经在表 18-1 中列出了我们希望用户提供的所有设置。

表 18-1 输出设置

名称	类型	目的
scale	数字	更改结果图的比例
disp_scale	数字	更改节点位移的比例
load_scale	数字	更改载荷表示的比例
no_draw_original	布尔值	指定是否绘制原始几何形状

让我们编写一个函数来验证字典是否包含所有这些设置的值。在 svg.py 文件中，输入清单 18-3 中的函数。

清单 18-3 验证设置字典

```
--snip--

__expected_settings = (
    # scale applied to the diagram
    'scale',
    # scale applied to the node displacements
    'disp_scale',
    # scale applied to the load vectors
    'load_scale',
    # boolean to decide whether to draw the original geometry
    'no_draw_original'
)


def __validate_settings(settings):
    for setting in __expected_settings:
        if setting not in settings:
            raise ValueError(f'"{setting}" missing in settings')
```

此 __validate_settings 函数可确保所有预期的设置都在 settings 字典中。如果任意信息缺失，我们会弹出错误，并为用户提供详细错误信息。现在，让我们编写该功能以生成 SVG 图像。

18.2.3 函数：绘制结果图

在 svg.py 文件中，在 __read_config 函数之前，输入清单 18-4 中的代码。

清单 18-4 结构解到 SVG 的函数

```
import json

import pkg_resources as res

from geom2d import AffineTransform
```

```
from graphic import svg
from structures.solution.structure import StructureSolution


def structure_solution_to_svg(
        result: StructureSolution,
        settings,
        _config=None,
):
    __validate_settings(settings)
    default_config = __read_config()

 ❶ config = {**default_config, **(_config or {})}

 ❷ viewbox = result.bounds_rect(
        config['sizes']['margin'],
        settings.scale
    )
    transform = AffineTransform(sx=1, sy=-1, tx=0, ty=0)

 ❸ return svg.svg_content(
        size=viewbox.size,
        primitives=[],
        viewbox_rect=viewbox,
        transform=transform
    )


--snip--
```

我们定义 structure_solution_to_svg 函数，但它还不会画任何东西，它只是生成一个空的 SVG 图像。该函数接收三个参数：结构解（StructureSolution 类的实例）、settings 字典和配置字典。配置字典是可选的，因此我们给它一个默认值 None。

在函数中，我们首先使用上一节中写的函数检验传入的设置。如果检验失败，我们会弹出错误并停止执行。

接下来，我们使用 __read_config 函数加载默认配置。

下一步是将传入的配置字典与默认值合并❶。使用 Python 的字典联合操作符 ** 合并字典。如果 a 和 b 是字典，则使用 {** a，**b} 将创建一个新的字典，其中包含来自 a 和 b 的所有条目。如果两个字典有同样的键，则保留第二个字典 b 的值。因此，在我们的用法中，如果用户给出了配置值，则会覆盖默认值。我们将合并的配置字典存储在变量 config 中。

注意：字典包装运算符在 Python3.5 版本中添加。你可以在 PEP-448https://www.python.org/dev/peps/pep0448 中阅读有关它的更多信息。PEP 代表“Python Enhancement Proposal，Python 增强建议”。这些是 Python 社区撰写的文档，以提出该语言的新功能。

接下来，我们使用该结构解的边界矩形计算 SVG 图像的视框❷。如果你回想起，StructureSolution bounds_rect 方法的第一个参数是边界的边距 ，第二个参数是比例。我们从配置中获取边距的值，设置中获取比例值。

然后，我们创建一个仿射变换，用于翻转图像，使得 *y* 轴朝上。

最后，我们使用 svg 软件包中的 svg_content 来创建并返回 SVG 图像❸。图像的大小由 viewbox 尺寸决定，基元列表目前为空。在下面章节中，我们将用表示节点、杆和载荷的 SVG 基元来填充这个列表。不过，首先还是让我们来看看注释。

18.2.4 注释

我们将在一些地方使用注释：注标杆的应力，给节点编号，并给出力的坐标。定位这些注释将会有点棘手，因为我们需要旋转它们，使它们与它们注释的元素对齐，如图 18-3 所示。

此外，由于我们对 SVG 图像应用了仿射变换以翻转 *y* 轴，我们添加的注释也将被翻转，如果我们不撤销该翻转，那么它们将无法阅读。我们将通过缩放注释，使其 *y* 轴翻转回去来纠正此问题。

在 structures/out 中创建一个新的 Python 文件，命名为 captions_svg.py。你的 out 目录应该看起来如下：

```
out
  |- __init__.py
  |- captions_svg.py
  |- svg.py
```

图 18-3 图中的注释

在这个新文件中，输入清单 18-5 中的代码。

清单 18-5 SVG 中的注释

```
from geom2d import Point, Vector, make_rotation, make_scale
from graphic import svg
from graphic.svg import attributes


def caption_to_svg(
        caption: str,
        position: Point,
        angle: float,
        color: str,
        config
):
 ❶ font = config['font']['family']
    size = config['font']['size']

    rotation = make_rotation(angle, position)
    scale = make_scale(1, -1, position)
 ❷ transform = rotation.then(scale)

 ❸ return svg.text(
        caption,
        position,
```

```
        Vector(0, 0),
        [
            attributes.fill_color(color),
            attributes.affine_transform(transform),
            attributes.font_family(font),
            attributes.font_size(size)
        ]
    )
```

我们实现一个名为 caption_to_svg 的函数。此函数有五个参数：注释的文字、注释所在的点位置、旋转的角度、颜色和配置字典。

我们将从配置字典中提取字体系列和大小。代码前两行将这些值分别保存到 font 和 size 变量中❶。

我们要做的下一件事是计算一个缩放和旋转注释的仿射变换。我们首先用 make_rotation 函数生成旋转；然后用 make_scale 函数进行缩放；最后，将这些组合成一个单一的变换❷。请注意这两个变换是如何根据注释的位置点来完成的（见图 18-4）。这是关键。如果我们围绕全局原点（0，0）缩放并旋转注释，它就会出现在绘图的一个意想不到的地方。

最后，我们使用 svg.text 函数创建 SVG 的文本元素，传递给它注释、中心点、一个零位移向量和一个属性列表❸。在这些属性中包括填充颜色、变换、字体系列和字体大小。

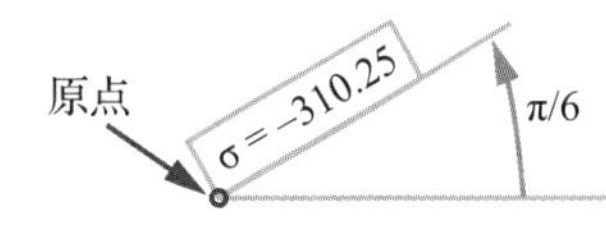

图 18-4 旋转注释

18.2.5 绘制杆图形

现在，让我们开始编写 SVG 代码以绘制原始和变形后的杆几何形状。杆是直线，因此代表它们不会太复杂。在 out 目录中，创建一个名为 bar_svg.py 的新文件。你的 out 目录应该看起来如下：

```
out
  |- __init__.py
  |- bar_svg.py
  |- captions_svg.py
  |- svg.py
```

众所周知，原始杆和变形的杆几何形状都是直线。首先，我们将编写辅助函数以生成代表杆的 SVG 线段，包括原始状态和变形后状态。在文件中，输入清单 18-6 中的代码。

清单 18-6 绘制杆的 SVG 图形

```
from math import sqrt

from graphic import svg
from graphic.svg import attributes


def __bar_svg(geometry, color, cross_section):
 ❶ section_height = sqrt(cross_section)
 ❷ return svg.segment(
```

```
        geometry,
        [
            attributes.stroke_color(color),
            attributes.stroke_width(section_height)
        ]
    )
```

我们已经编写了 __bar_svg 函数来使用传递的 geometry 生成一个 SVG 线段，这应该是 Segment 类的一个实例。我们还传递了要使用的颜色和杆的横截面积。

为什么我们需要横截面积值？我们将使用一个大致表示杆的横截面积的线宽，这样横截面积更大的杆会用更粗的线绘制。图 18-5 显示了我们的近似：我们正在计算线宽，就好像它是一个正方形横截面积的一条边一样。

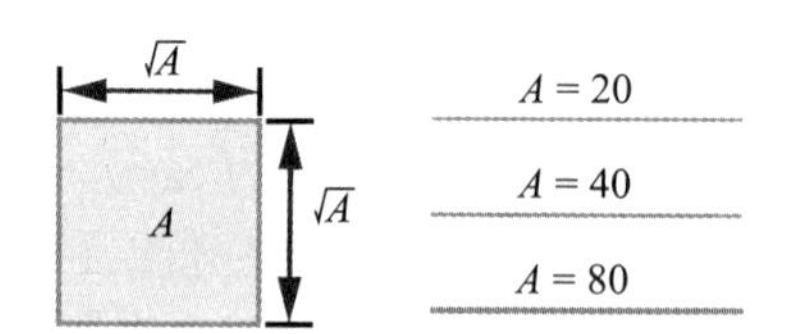

图 18-5 从横截面积计算线宽

在变量 section_height 中，我们存储杆的高度，就好像它的截面是正方形❶。该值是根据杆的横截面积的平方根计算的。

最后，我们使用传入的几何图形返回一个 SVG 线段，并添加两个属性：外轮廓颜色和我们计算的线宽❷。

让我们继续编写 bars_to_svg 函数的第一个版本。在你的文件中，在我们刚刚编写的 __bar_svg 函数之前，输入清单 18-7 中的代码。

清单 18-7 绘制杆的 SVG 图形

```
from math import sqrt

from graphic import svg
from graphic.svg import attributes
from structures.solution.bar import StrBarSolution


def bars_to_svg(bars: [StrBarSolution], settings, config):
    should_draw_original = not settings.no_draw_original
❶  original, final, stresses = [], [], []

    for bar in bars:
      ❷ if should_draw_original:
            original.append(original_bar_to_svg(bar))
      ❸ final.append(bar_to_svg(bar))
      ❹ stresses.append(bar_stress_to_svg(bar))

    # Ordering is important to preserve z-depth
❺  return original + final + stresses


def __bar_svg(geometry, color, cross_section):
    --snip--
```

在此清单中，我们仅概述要生成代表杆的 SVG 基元的主要算法。有三个函数负责完成大部分工作，但我们尚未编写它们：original_bar_to_svg，bar_to_svg 和 bar_stress_to_svg。我们很快就会写这些。

bars_to_svg 函数首先将 no_draw_original 设置的否定值保存到 should_draw_original 变量中。如果 should_draw_original 是 true，我们的函数还将绘制代表原始杆的线段。

接下来，我们声明三个空列表：original，final 和 stresses ❶。第一个 original 存储代表原始杆的线段；第二个 final 存储最终的或解杆；最后一个列表 stresses 存储应力注释。我们将所有生成的 SVG 原语放在这些列表中。

然后，我们迭代杆。对于每个杆，如果 should_draw_original 是 true，我们将 original_bar_to_svg 的结果附加到列表 original 中 ❷。我们尚未编写的函数 original_bar_to_svg，它为原始杆生成 SVG 线段。我们将代表解杆的 SVG 附加到列表 final 和应力注释 stresses❹ 中。

循环后，这三个列表填充了代表原始结构和解结构的杆的 SVG 基元。我们连接并返回这些列表 ❺。正如代码中的注释所指出的那样，这里的顺序很重要：列表中出现的最后一个元素将绘制在其他元素的顶部。我们希望原始杆在解杆后面。因此，它们需要首先出现在列表中。你可以想象这些杆是分层显示的，如图 18-6 所示。

让我们写出用来生成 SVG 原语的三个函数。

1. 绘制原始杆

对于这些函数，我们将使用在 2.1.5 节中介绍的技术。我们将其定义为 bars_to_svg 函数内部的函数，以便它们访问传递给 bars_to_svg 的参数。这使我们不必反复传递 settings 和 config 字典。所得的内部函数将具有较短的参数列表，这使它们变得更简单。由于函数在 bars_to_svg 中有效地保持私有，只有主函数才能访问它们。

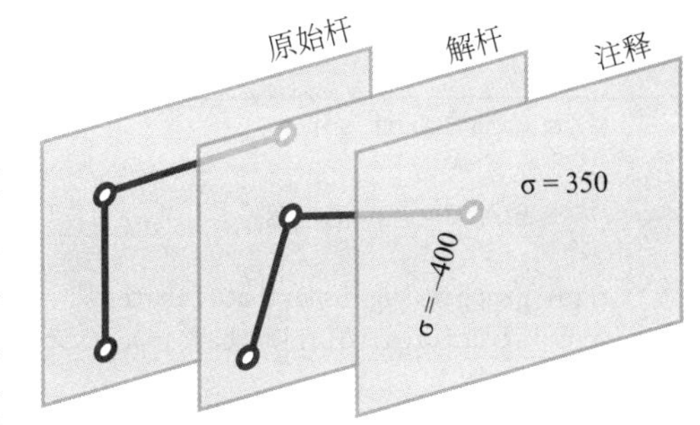

图 18-6 绘制杆的 SVG 分层形式

让我们先写下 original_bar_to_svg 函数。在你的文件中，输入清单 18-8 中的代码。

清单 18-8 原始（非解）杆到 SVG 图像

```
from math import sqrt

from graphic import svg
from graphic.svg import attributes
from structures.solution.bar import StrBarSolution


def bars_to_svg(bars: [StrBarSolution], settings, config):
    def original_bar_to_svg(_bar: StrBarSolution):
      ❶ color = config['colors']['original']
      ❷ return __bar_svg(
            _bar.original_geometry,
            color,
            _bar.cross_section
        )
```

```
    --snip--

    # Ordering is important to preserve z-depth
    return original + final + stresses


def __bar_svg(geometry, color, cross_section):
    --snip--
```

我们已经在 bars_to_svg 函数的开头编写了 original_bar_to_svg 函数。此函数仅需要一个参数：来自解结构 (StrBarSolution 类型) 的杆，其在 original_ geometry 属性包含原始杆。

首先，我们从配置字典中提取原始杆的颜色 ❶。然后，我们调用 __bar_svg 函数，返回原始杆的几何形状、颜色和横截面积 ❷。

2. 绘制解杆

现在，让我们编写代码以绘制解杆。这些杆将具有不同的颜色，具体取决于应力是压缩还是拉伸。在 bars_to_svg 函数中，在我们刚刚编写的 original_bar_to_svg 函数之后，输入清单 18-9 中的代码。

清单 18-9 解杆至 SVG

```
from math import sqrt

from graphic import svg

from graphic.svg import attributes
from structures.solution.bar import StrBarSolution


def bars_to_svg(bars: [StrBarSolution], settings, config):
    def original_bar_to_svg(_bar: StrBarSolution):
        --snip--

    def bar_to_svg(_bar: StrBarSolution):
        return __bar_svg(
          ❶ _bar.final_geometry_scaling_displacement(
                settings.disp_scale
            ),
          ❷ bar_color(_bar),
          ❸ _bar.cross_section
        )

    def bar_color(_bar: StrBarSolution):
        if _bar.stress >= 0:
            return config['colors']['traction']
        else:
            return config['colors']['compression']

    --snip--
```

```
    # Ordering is important to preserve z-depth
    return original + final + stresses


def __bar_svg(geometry, color, cross_section):
    --snip--
```

bar_to_svg 函数返回调用 __bar_svg 的结果，传入的第一个参数是位移后的杆，使用我们在 StrBarSolution 类中实现的 final_geometry_scaling_displacement 方法进行计算 ❶。第二个参数是颜色，我们使用稍后在代码中实现的另一个函数来计算该颜色：bar_color❷。第三个也是最后一个参数是杆的横截面积 ❸。

bar_color 函数根据杆应力的符号从配置字典中返回正确的颜色。再次注意，我们不需要将 config 字典传递给该函数。我们可以直接访问它，因为我们在 bar_to_svg 函数内部。

3. 绘制应力注释

最后，我们需要画出应力注释。这些在图中的位置有点棘手，但我们在 caption_to_svg 函数中解决了最困难的部分。

输入清单 18-10 中的代码。

清单 18-10　SVG 的杆应力

```
from math import sqrt

from geom2d import Vector
from graphic import svg
from graphic.svg import attributes
from structures.solution.bar import StrBarSolution
from .captions_svg import caption_to_svg

__I_VERSOR = Vector(1, 0)
__STRESS_DISP = 10
__DECIMAL_POS = 4


def bars_to_svg(bars: [StrBarSolution], settings, config):
    def original_bar_to_svg(_bar: StrBarSolution):
        --snip--

    def bar_to_svg(_bar: StrBarSolution):
        --snip--

    def bar_stress_to_svg(_bar: StrBarSolution):
      ❶ geometry = _bar.final_geometry_scaling_displacement(
            settings.disp_scale
        )
        normal = geometry.normal_versor
      ❷ position = geometry.middle.displaced(normal, __STRESS_DISP)
      ❸ angle = geometry.direction_versor.angle_to(__I_VERSOR)
```

```
        ❹ return caption_to_svg(
                f'σ = {round(_bar.stress, __DECIMAL_POS)}',
                position,
                angle,
                bar_color(_bar),
                config
            )

    def bar_color(_bar: StrBarSolution):
        --snip--

    --snip--

    # Ordering is important to preserve z-depth
    return original + final + stresses


def __bar_svg(geometry, color, cross_section):
    --snip--
```

我们从 geom2d 和本章前面创建的 caption_to_svg 函数中导入 Vector。然后，我们声明三个常量：__I_VERSOR 是表示水平方向的单位方向向量 $\hat{i}$；__STRESS_DISP 是注释与杆几何形状分开的距离；__DECIMAL_POS 是我们用于定义应力值的位数。

然后是 bar_stress_to_svg 函数的实现。在这个函数中，我们想做的第一件事是计算我们正在添加注释的杆的几何形状，其比例与绘图本身完全相同 ❶。我们希望我们的注释与杆的图对齐；因此，我们需要它的几何图形作为参考。

接下来，我们计算杆的几何法向量，我们需要这个方向来计算注释的位置。然后，我们计算注释的原点，称为 position，通过将杆的中点沿法线移动 __STRESS_DISP 的距离 ❷。图 18-7 说明了这一点。

我们还需要杆与 $\hat{i}$ 所成的角度 ❸，这是我们将旋转注释的角度，以使它与杆对齐。

现在我们有了中心点和旋转角度，我们只需要返回用这些值作为参数调用 caption_to_svg 函数的结果 ❹。对于注释的文本，我们使用希腊字母 σ (sigma)，它通常用来代表机械应力，然后是四舍五入到四位小数的杆的应力值。

最后，请注意，注释的颜色与杆相同，因此我们从 bar_color 函数中得到它。

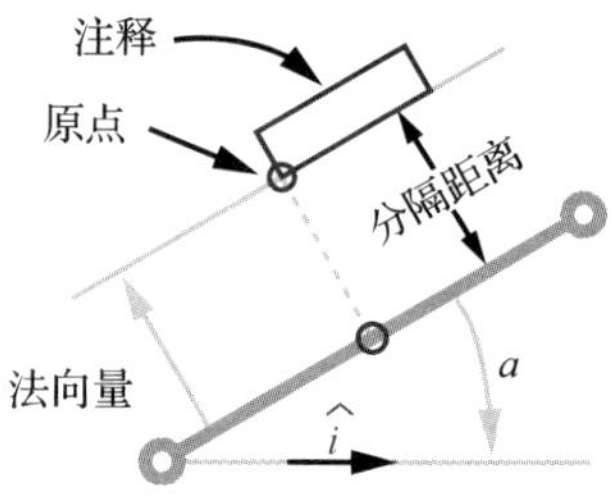

图 18-7 定位杆的注释

4. 结果

编写所有代码后，你的 bar_svg.py 文件应该看起来像清单 18-11。

清单 18-11 杆至 SVG 的结果

```
from math import sqrt

from geom2d import Vector
```

```
from graphic import svg
from graphic.svg import attributes
from structures.solution.bar import StrBarSolution
from .captions_svg import caption_to_svg

__I_VERSOR = Vector(1, 0)
__STRESS_DISP = 10
__DECIMAL_POS = 4


def bars_to_svg(bars: [StrBarSolution], settings, config):
    def original_bar_to_svg(_bar: StrBarSolution):
        color = config['colors']['original']
        return __bar_svg(
            _bar.original_geometry,
            color,
            _bar.cross_section
        )

    def bar_to_svg(_bar: StrBarSolution):
        return __bar_svg(
            _bar.final_geometry_scaling_displacement(
                settings.disp_scale
            ),
            bar_color(_bar),
            _bar.cross_section
        )

    def bar_stress_to_svg(_bar: StrBarSolution):
        geometry = _bar.final_geometry_scaling_displacement(
            settings.disp_scale
        )
        normal = geometry.normal_versor
        position = geometry.middle.displaced(normal, __STRESS_DISP)
        angle = geometry.direction_versor.angle_to(__I_VERSOR)

        return caption_to_svg(
            f ' = {round(_bar.stress, __DECIMAL_POS)}',
            position,
            angle,
            bar_color(_bar),
            config
        )

    def bar_color(_bar: StrBarSolution):
        if _bar.stress >= 0:
            return config['colors']['traction']
        else:
            return config['colors']['compression']
```

```
    should_draw_original = not settings.no_draw_original
    original, final, stresses = [], [], []

    for bar in bars:
        if should_draw_original:
            original.append(original_bar_to_svg(bar))
        final.append(bar_to_svg(bar))
        stresses.append(bar_stress_to_svg(bar))

    # Ordering is important to preserve z-depth
    return original + final + stresses


def __bar_svg(geometry, color, cross_section):
    section_height = sqrt(cross_section)
    return svg.segment(
        geometry,
        [
            attributes.stroke_color(color),
            attributes.stroke_width(section_height)
        ]
    )
```

确保你的代码看起来与清单 18-11 相同，因为我们不会在本章中编写单元测试。用测试涵盖 SVG 生成函数是一个好主意。这里有很多逻辑。但是，为了使本章保持合理的长度，我们不会这样做。

现在该轮到节点了。

18.2.6 绘制节点图形

在 out 目录中，创建一个名为 node_svg.py 的新文件：

```
out
  |- __init__.py
  |- bar_svg.py
  |- captions_svg.py
  |- node_svg.py

  |- svg.py
```

在此文件中，输入清单 18-12 中的代码。

清单 18-12 节点到 SVG 图像

```
from geom2d import Circle, Vector
from graphic import svg
from graphic.svg import attributes
from structures.solution.node import StrNodeSolution
from .captions_svg import caption_to_svg


def nodes_to_svg(nodes: [StrNodeSolution], settings, config):
```

```
❶ def node_to_svg(node: StrNodeSolution):
        radius = config['sizes']['node_radius']
        stroke_size = config['sizes']['stroke']
        stroke_color = config['colors']['node_stroke']
        fill_color = config['colors']['back']

    ❷ position = node.displaced_pos_scaled(settings.disp_scale)
    ❸ caption_pos = position.displaced(Vector(radius, radius))

        return svg.group([
         ❹ svg.circle(
                Circle(position, radius),
                [
                    attributes.stroke_width(stroke_size),
                    attributes.stroke_color(stroke_color),
                    attributes.fill_color(fill_color)
                ]
            ),
         ❺ caption_to_svg(
                f'{node.id}', caption_pos, 0, stroke_color, config
            )
        ])

❻ return [
        node_to_svg(node)
        for node in nodes
    ]
```

我们首先导入一些东西——确保你都有这些导入。然后，我们用 StrNodeSolution 实例的列表以及 settings 和 config 字典作为输入参数来定义 nodes_to_svg 函数。这个函数将 nodes 列表中的每个节点映射到它的 SVG 表示形式，这是通过调用一个内部函数 node_to_svg 来实现的❻。该映射使用了列表推导式。

内部函数 node_to_svg 处理单个节点，并且可以访问主函数的参数❶。它要做的第一件事是将一些配置参数保存在变量中。

接下来，我们计算节点的位移❷和注释的位置，也就是节点的 ID❸。注释的位置是通过将节点的位置在水平和垂直方向上移动等于其半径的距离获得的。图 18-8 说明了这一点。

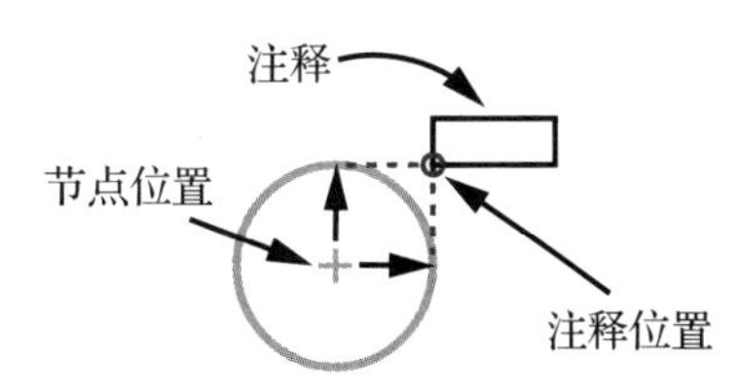

图 18-8　节点注释的定位

node_to_svg 函数返回一个 SVG 组，它由一个表示节点本身的圆圈❹和注释❺组成。

我们的节点已经准备好了！让我们加上它们的外部反作用力。

18.2.7　节点反作用力

我们还将在 SVG 图中包括外部约束节点的反作用力。我们将它们表示为带有注释的箭头，类似于图 18-9。

由于我们会以相同的方式绘制外部载荷和反作用力，让我们写一个将 Vector 几何基元绘制成带有注释的箭头的函数；这样，我们可以在这两种情况下使用它。

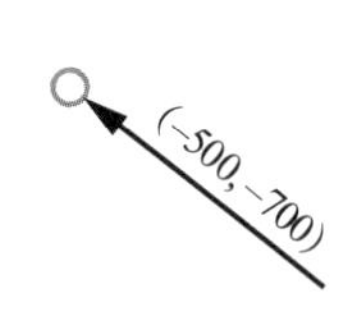

图 18-9 节点的反作用力

1. 绘制向量

在 out 目录中，创建一个名为 vector_svg.py 的新文件。你的 out 目录应该看起来如下：

```
out
  |- __init__.py
  |- bar_svg.py
  |- captions_svg.py
  |- node_svg.py
  |- svg.py
  |- vector_svg.py
```

在此文件中，输入清单 18-13 中的代码。

清单 18-13 向量到 SVG 图像

```
from geom2d import Point, Vector, Segment
from graphic import svg
from graphic.svg import attributes
from .captions_svg import caption_to_svg

__I_VERSOR = Vector(1, 0)
__CAPTION_DISP = 10
__DECIMAL_POS = 2


def vector_to_svg(
        position: Point,
        vector: Vector,
        scale: float,
        color: str,
        config
):
 ❶ segment = Segment(
        position.displaced(vector, -scale),
        position
    )
 ❷ caption_origin = segment.start.displaced(
        segment.normal_versor,
        __CAPTION_DISP
    )

    def svg_arrow():
        pass

    def svg_caption():
        pass
```

```
❸ return svg.group([
       svg_arrow(),
       svg_caption()
   ])
```

我们定义了三个常量：__I_VERSOR 是计算与水平方向的角度；__CAPTION_DISP 是向量基线和注释的分隔距离；__DECIMAL_POS 使用固定数量的位数格式化向量坐标。

然后是 vector_to_svg 函数，它具有以下参数：position 是向量的基点；vector 是向量本身；scale 应用于向量以缩短或延长它；color 是外轮廓和字体颜色；config 是配置字典。

在该函数中，我们创建一个线段来表示向量的基线 ❶。线段的起点是传入的向量移动的位置（向量也作为参数传递给了函数），并使用了比例 scale。我们希望向量的箭头位于原点 origin。因此，线段的终点在向量相反的方向。你可以查看图 18-10 所示的线段向量点的配置。

我们还使用线段的起点沿线段的法向移动来计算注释的原点（见图 18-11）。

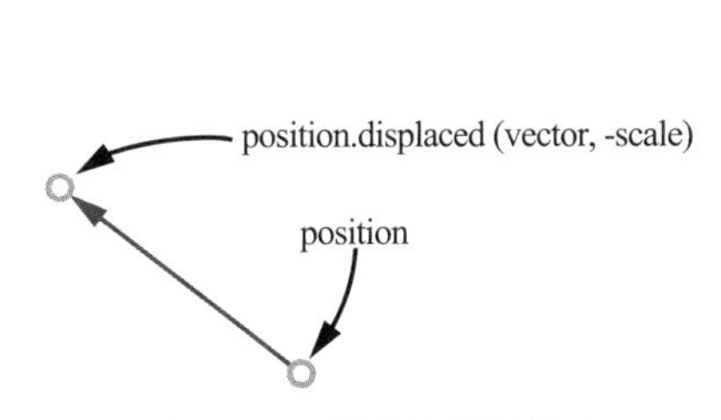

图 18-10　线段向量的终点

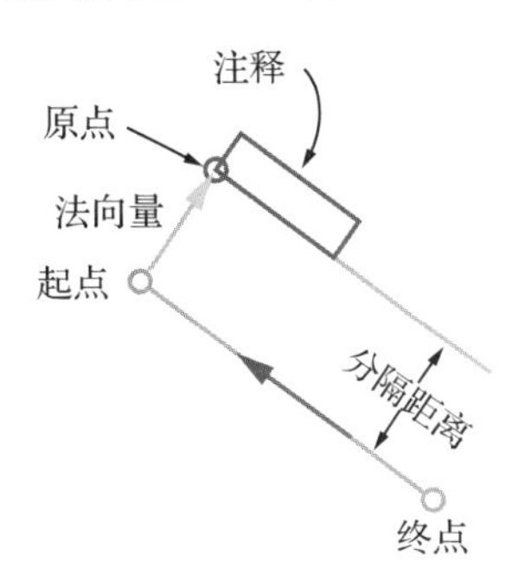

图 18-11　节点反作用力注释的位置

还有两个函数我们还没有实现：svg_arrow 和 svg_caption。这些函数将绘制箭头和注释。我们很快就会编写它们。

最后，我们返回一个由 svg_arrow 和 svg_caption 函数的结果组成的 SVG 组 ❷。

让我们来实现这两个缺失的函数。输入清单 18-14 中新增的代码。

清单 18-14　向量到 SVG 图像

```
--snip--


def vector_to_svg(
        position: Point,
        vector: Vector,
        scale: float,
        color: str,
        config
):
    segment = Segment(
        position.displaced(vector, -scale),
        position
    )
```

```
    caption_origin = segment.start.displaced(
        segment.normal_versor,
        __CAPTION_DISP
    )

    def svg_arrow():
        width = config['sizes']['stroke']
        arrow_size = config['sizes']['arrow']

     ❶ return svg.arrow(
            segment,
            arrow_size,
            arrow_size,
            [
                attributes.stroke_color(color),
                attributes.stroke_width(width),
                attributes.fill_color('none')
            ]
        )

    def svg_caption():
     ❷ return caption_to_svg(
            vector.to_formatted_str(__DECIMAL_POS),
            caption_origin,
            vector.angle_to(__I_VERSOR),
            color,
            config
        )

    return svg.group([
        svg_arrow(),
        svg_caption()
    ])
```

svg_arrow 函数首先将 width 和 arrow_size 配置值保存到变量中。然后，它返回我们的 SVG 箭头基元，传入线段、箭头宽度和长度的 arrow_size，以及属性的列表，包括外轮廓颜色和宽度 ❶。回想一下，svg.arrow 函数绘制位于线段终点的箭头。

svg_caption 函数返回使用注释字符串、原点、旋转角度、颜色和配置字典调用 svg_caption 函数的结果 ❷。具有正确格式的注释是使用 Vector 类的 to_formatted_str 方法计算的。这个方法还没有实现，所以让我们编写它来创建一个包含向量分量和范数的字符串。

打开 geom2d/vector.py 文件并输入清单 18-15 中的代码。

清单 18-15 向量到规定格式的字符串

```
class Vector:
    --snip--

    def to_formatted_str(self, decimals: int):
        u = round(self.u, decimals)
```

```
        v = round(self.v, decimals)
        norm = round(self.norm, decimals)

        return f'({u}, {v}) with norm {norm}'
```

我们还需要在 Point 类中的类似方法来格式化节点的位置，得到解节点的文本表示形式。打开 geom2d/point.py 并输入清单 18-16 中的代码。

清单 18-16 点到规定格式的字符串

```
class Point:
    --snip--

    def to_formatted_str(self, decimals: int):
        x = round(self.x, decimals)
        y = round(self.y, decimals)

        return f'({x}, {y})'
```

现在，我们已经实施了一种绘制向量与其坐标注释的方法，让我们使用实现方法来显示节点反作用力。

2. 绘制反作用力

在 out 目录中，创建一个名为 reaction_svg.py 的新文件。你的 out 目录应该如下所示：

```
out
  |- __init__.py
  |- bar_svg.py
  |- captions_svg.py
  |- node_svg.py
  |- reaction_svg.py
  |- svg.py
  |- vector_svg.py
```

在这个新创建的文件中，输入清单 18-17 中的代码。

清单 18-17 节点反作用力到 SVG 图像

```
from structures.solution.node import StrNodeSolution
from structures.solution.structure import StructureSolution
from .vector_svg import vector_to_svg


def node_reactions_to_svg(
        solution: StructureSolution,
        settings,
        config
):
    def reaction_svg(node: StrNodeSolution):
      ❶ position = node.displaced_pos_scaled(settings.disp_scale)
      ❷ reaction = solution.reaction_for_node(node)
      ❸ return vector_to_svg(
```

```
                position=position,
                vector=reaction,
                scale=settings.load_scale,
                color=config['colors']['reaction'],
                config=config
            )

    ❹ return [
            reaction_svg(node)
            for node in solution.nodes
            if node.is_constrained
        ]
```

在这个文件中，我们定义了 node_reactions_to_svg。结构解中的每个外部约束节点都使用列表推导式映射到它的 SVG 反作用力 ❹。

我们使用一个内部函数来生成每个解节点的 SVG 表示：reaction_svg。这个函数首先得到解节点的位置 (应用 disp_scale 后的)❶。然后，它向解结构询问节点的反作用力 ❷。借助这些信息，我们可以使用 vector_to_svg 函数创建反作用力向量的 SVG 表示 ❸。

18.2.8 载荷

我们最后要在结果图像中绘制的是施加到结构上的载荷。

在 out 目录中，创建一个名为 load svg.py 的新文件。你的 out 目录应该看起来如下：

```
out
  |- __init__.py
  |- bar_svg.py
  |- captions_svg.py
  |- load_svg.py
  |- node_svg.py
  |- reaction_svg.py
  |- svg.py
  |- vector_svg.py
```

在 load_svg.py 中，输入清单 18-18 中的代码。

清单 18-18 载荷到 SVG 图像

```
from geom2d import Vector, Point
from graphic import svg
from structures.solution.node import StrNodeSolution
from .vector_svg import vector_to_svg


def loads_to_svg(nodes: [StrNodeSolution], settings, config):
    def svg_node_loads(node: StrNodeSolution):
      ❶ position = node.displaced_pos_scaled(settings.disp_scale)
      ❷ return svg.group(
            [
                svg_load(position, load)
```

```
            for load in node.loads
        ]
    )

def svg_load(position: Point, load: Vector):
 ❸ return vector_to_svg(
        position=position,
        vector=load,
        scale=settings.load_scale,
        color=config['colors']['load'],
        config=config
    )
 ❹ return [
        svg_node_loads(node)
        for node in nodes
        if node.is_loaded
    ]
```

在此文件中，我们定义一个函数 loads_to_svg，它接收三个参数：StrNodeSolution 列表、settings 和 config 字典。该函数依赖于两个内部函数：svg_node_loads 和 svg_load。我们使用列表推导式将传入的 nodes 列表中的含有外部载荷的每个节点映射到其 SVG 表示❹。我们使用每个节点的 is_loaded 属性来过滤外部加载的节点。

内部函数 svg_node_loads 首先获得解节点的位置❶，然后返回节点中所有载荷的 SVG 组❷。每个载荷都使用第二个内部函数 svg_load 映射到 SVG 向量。

svg_load 函数很简单：它只会调用 vector_to_svg 函数并传入适当的参数❸。

这样，我们就已经准备好所有 SVG 生成代码了！我们只需要将所有内容放在一起，就可以开始绘制结构解。

18.2.9　代码汇总

现在，让我们打开 svg.py 文件，然后将写好的函数添加到 construct_solution_to_svg 函数中。输入新增的代码，参考清单 18-19。

清单 18-19　结构解的 SVG 图像

```
import json

import pkg_resources as res

from geom2d import AffineTransform
from graphic import svg
from structures.solution.structure import StructureSolution
❶ from .bar_svg import bars_to_svg
from .load_svg import loads_to_svg
from .node_svg import nodes_to_svg
from .reaction_svg import node_reactions_to_svg


def structure_solution_to_svg(
```

```
        result: StructureSolution,
        settings,
        _config=None,
):
    __validate_settings(settings)
    default_config = __read_config()
    config = {**default_config, **(_config or {})}

    viewbox = result.bounds_rect(
        config['sizes']['margin'],
        settings.scale
    )
    transform = AffineTransform(sx=1, sy=-1, tx=0, ty=0)

❷ svg_bars = bars_to_svg(result.bars, settings, config)
    svg_nodes = nodes_to_svg(result.nodes, settings, config)
    svg_react = node_reactions_to_svg(result, settings, config)
    svg_loads = loads_to_svg(result.nodes, settings, config)

    return svg.svg_content(
        size=viewbox.size,
      ❸ primitives=svg_bars + svg_nodes + svg_react + svg_loads,
        viewbox_rect=viewbox,
        transform=transform
    )


--snip--
```

首先，我们导入 bars_to_svg、loads_to_svg、nodes_to_svg 和 node_reactions_to_svg 函数 ❶。

然后，在 structure_solution_to_svg 中，我们调用每个函数来生成相应的 SVG 代码 ❷。结果存储在 svg_bars、svg_nodes、svg_react 和 svg_loads 中。这些列表被连接在一个列表中，我们将其传递给 svg_content 函数 ❸。顺序很重要：列表末尾的 SVG 基元将出现在列表开头的基元前面。

18.2.10 最终结果

如果你跟随本书一步一步操作，那么你的 svg.py 文件应该类似于清单 18-20。

清单 18-20 结构解的 SVG 图像

```
import json

import pkg_resources as res

from geom2d import AffineTransform
from graphic import svg
from structures.solution.structure import StructureSolution
from .bar_svg import bars_to_svg
from .load_svg import loads_to_svg
from .node_svg import nodes_to_svg
```

```
from .reaction_svg import node_reactions_to_svg


def structure_solution_to_svg(
        result: StructureSolution,
        settings,
        _config=None,
):
    __validate_settings(settings)
    default_config = __read_config()

    config = {**default_config, **(_config or {})}

    viewbox = result.bounds_rect(
        config['sizes']['margin'],
        settings.scale
    )
    transform = AffineTransform(sx=1, sy=-1, tx=0, ty=0)

    svg_bars = bars_to_svg(result.bars, settings, config)
    svg_nodes = nodes_to_svg(result.nodes, settings, config)
    svg_react = node_reactions_to_svg(result, settings, config)
    svg_loads = loads_to_svg(result.nodes, settings, config)

    return svg.svg_content(
        size=viewbox.size,
        primitives=svg_bars + svg_nodes + svg_react + svg_loads,
        viewbox_rect=viewbox,
        transform=transform
    )


def __read_config():
    config = res.resource_string(__name__, 'config.json')
    return json.loads(config)


__expected_settings = (
    # scale applied to the diagram
    'scale',
    # scale applied to the node displacements
    'disp_scale',
    # scale applied to the load vectors
    'load_scale',
    # boolean to decide whether to draw the original geometry
    'no_draw_original'
)


def __validate_settings(settings):
```

```
    for setting in __expected_settings:
        if setting not in settings:
            raise ValueError(f'"{setting}" missing in settings')
```

我们拥有了需要的一切，但是在下一章之前，我们还需要学习解的文本表示。

18.3 从结构解到文本

直观图有助于我们理解结构变形，因为我们根据杆承受的应力类型为其上色，这也是查看哪些杆被压缩和拉伸的好方法。同时，以文本格式研究数学结果可能会更简单，我们可能希望用它们进行一些其他计算。两种格式可以互补，我们的结构分析程序将同时输出两种格式。

我们将使用以下格式编写文本文件中每个节点的位移：

```
NODE 25
    original position: (1400.0, 150.0)
    displacement: (0.1133, -0.933) with norm 0.9398
    displaced position: (1400.1133, 149.067)
```

如果节点具有外部约束，我们也希望检查其反作用力。在这种情况下，我们可以增加最后一行：

```
NODE 1
    original position: (0.0, 0.0)
    displacement: (0.0, 0.0) with norm 0.0
    displaced position: (0.0, 0.0)
    reaction: (-283.6981, 9906.9764) with norm 9911.0376
```

杆会遵循以下格式：

```
BAR 8 (25 → 9) : ⊕ TENSION
    Δl (elongation) = 0.0026
    ϵ  (strain)     = 1.045e-05
    σ  (stress)     = 209.0219
```

让我们编写一个生成此结构解文本表示的函数。

18.3.1 结构解的字符串表示

在编写生成文本表示形式的函数之前，让我们编写一个有用的辅助函数，该函数接收一个字符串列表，并返回单个字符串，将所有字符串用换行符串联。

我们想将每个结果值定义为单独的字符串，但是我们将实现的函数只返回一个字符串，然后将其写入文件中。

让我们为此辅助函数创建一个新文件。在你的 utils 包中，创建一个名为 strings.py 的新 Python 文件。此软件包现在应该包含以下内容：

```
utils
  |- __init__.py
  |- lists.py
```

```
  |- pairs.py
  |- strings.py
```

在这个 strings.py 文件中，输入清单 18-21 中的函数。

清单 18-21　列表转字符串

```
def list_to_string(strings: [str]) -> str:
    return '\n'.join(strings)
```

此 list_to_string 函数将字符串列表映射到一个字符串中，每个条目使用 " \ n"(换行符) 与下一个条目分开。

现在，让我们概述文本输出函数的逻辑。首先，首先，在 structures/out 包中创建一个新的 text.py 文件，该包现在应该有以下文件：

```
out
  |- __init__.py
  |- bar_svg.py
  |- captions_svg.py
  |- load_svg.py
  |- node_svg.py
  |- reaction_svg.py
  |- svg.py
  |- text.py
  |- vector_svg.py
```

在此 text.py 文件中，输入清单 18-22 中的代码。

清单 18-22　结构解的文本表示

```
from structures.solution.bar import StrBarSolution
from structures.solution.node import StrNodeSolution
from structures.solution.structure import StructureSolution
from utils.strings import list_to_string

❶ __DECIMAL_POS = 4
__SEPARATION = ['------------------------------------------', '\n']


def structure_solution_to_string(result: StructureSolution):
  ❷ nodes_text = __nodes_to_string(result)
  ❸ bars_text = __bars_to_string(result.bars)
  ❹ return list_to_string(nodes_text + __SEPARATION + bars_text)


def __nodes_to_string(result: StructureSolution):
    pass


def __node_to_string(
        result: StructureSolution,
        node: StrNodeSolution
```

```
):
    pass


def __bars_to_string(bars: [StrBarSolution]):
    pass


def __bar_to_string(bar: StrBarSolution):
    pass
```

在这个清单中，我们导入 StrBarSolution、StrNodeSolution 和 StructureSolution 类，以及 list_to_string 函数。我们定义了两个常量，一个指定要用于格式化结果值的小数位数 __DECIMAL_POS❶，以及一个分离字符串列表 __SEPARATION，我们使用它来分隔结果字符串中的不同部分。

然后是主函数 structure_solution_to_string。此函数只接收一个参数：结构解。它使用两个私有函数：一个转换节点的字符串表示 ❷，另一个转换杆 ❸。结果以字符串列表的形式存储在 nodes_text 和 bars_text 变量中。这些列表用 __SEPARATION 字符串居中连接，并传递给 list_to_sting❹。

在这个主函数之后，我们定义了其余的私有函数，但它们尚未实现。现在来完成。

18.3.2 节点

让我们从节点开始。使用清单 18-23 中的代码填充 __nodes_to_string 和 __node_to_string 函数。

清单 18-23 节点的文本表示

```
--snip--


def __nodes_to_string(result: StructureSolution):
    return [
      ❶ __node_to_string(result, node)
        for node in result.nodes
    ]


def __node_to_string(
        result: StructureSolution,
        node: StrNodeSolution
):
  ❷ orig_pos = node.original_pos.to_formatted_str(__DECIMAL_POS)
    displacement = node.global_disp.to_formatted_str(__DECIMAL_POS)
    disp_pos = node.displaced_pos.to_formatted_str(__DECIMAL_POS)

  ❸ strings = [
        f'NODE {node.id}',
        f'\toriginal position: {orig_pos}',
        f'\tdisplacement: {displacement}',
        f'\tdisplaced position: {disp_pos}'
    ]
```

```
❹ if node.is_constrained:
      react = result.reaction_for_node(node)
      react_str = react.to_formatted_str(__DECIMAL_POS)
      strings.append(f'\treaction: {react_str}')

❺ return list_to_string(strings) + '\n'


--snip--
```

第一个函数 __nodes_to_string，使用列表推导式将结果中的每个节点映射到它的文本表示，为此它使用 __node_to_string 函数❶。这个函数不仅需要节点，而且还需要整个结构对象作为参数。回想一下，一个节点的反作用力是由结构解实例计算的，而不是由节点本身计算的。

__node_to_string 函数首先获得节点的原始位置❷、全局位移向量和位移位置的格式化字符串。我们使用来自 Point 和 Vector 类的 to_formatted_str 方法来处理点坐标的格式化。

接下来，我们声明一个列表 strings❸，并放入刚刚得到的字符串。请注意，除了用作标头的第一个字符串外，其余字符串均以选项卡字符 (\t) 开头。这样，我们实现了之前定义的良好格式：

```
NODE 2
    original position: (200.0, 0.0)
    displacement: (0.0063, -0.1828) with norm 0.1829
    displaced position: (200.0063, -0.1828)
```

接下来，如果节点有外部载荷，我们生成反作用力字符串❹。为此，我们首先使用结构解类来计算给定节点的反作用力，然后使用 to_for matted_str 方法格式化，最后将其添加到列表 strings 中。

最后一步是使用辅助函数 list_to_string 将获得的字符串列表转换为一个字符串，并在末尾❺添加换行符。

18.3.3 杆

现在，让我们填写杆的函数。我们将使用一些 UTF8 字符使文本更加直观。这些字符是可选的，你可以决定不将它们添加到代码中，而只是使用标签。如果你要使用它们，我们将在下一节“Unicode 字符”部分中解释如何执行此操作。

输入清单 18-24 中的代码。

清单 18-24 杆的文本表示

```
--snip--


def __bars_to_string(bars: [StrBarSolution]):
 ❶ return [__bar_to_string(bar) for bar in bars]


def __bar_to_string(bar: StrBarSolution):
 ❷ nodes_str = f'{bar.start_node.id} → {bar.end_node.id}'
    type_str = '⊕ TENSION' if bar.stress >= 0 else '⊖ COMPRESSION'
```

```
    elongation = round(bar.elongation, __DECIMAL_POS)
    strain = '{:.3e}'.format(bar.strain)
    stress = round(bar.stress, __DECIMAL_POS)

❸ return list_to_string([
        f'BAR {bar.id} ({nodes_str}) : {type_str}',
        f'\tΔl (elongation) = {elongation}',
        f'\tϵ  (strain)     = {strain}',
        f'\tσ  (stress)     = {stress}\n'
    ])
```

__bars_to_string 函数使用列表推导式来映射列表中的每个杆到其文本表示❶。此文本由第二个函数 __bar_to_string 生成。

在 __bar_to_string 函数中，我们首先准备一些字符串❷，稍后使用 list_to_string 函数❸将它们连接起来，而 node_str 表示杆的节点 ID，用→字符将它们分开。

type_str 根据杆的应力符号表示杆是拉伸还是压缩。我们使用⊕符号来修饰 TENSION 文本，使用⊖来修饰 COMPRESSION 文本。这个细节使结果显示更突出。

然后是字符串 elongation、strain 和 stress。这些是杆的结果值格式化为 __DECIMAL_POS 位小数的形式。这里的 strain 是例外，我们没有对其四舍五入，而是保留三位小数的科学计数法（'{:.3e}'）。应变通常是一个很小的值，比应力小几个数量级，所以如果我们试图四舍五入到四位小数，结果仍然是零：0.0000$。使用"{:.3e}"格式，我们将得到像 1.259e-05 的结果。

在工程应用程序中格式化值时，我们必须注意数量级。一个格式错误的值会丢失所需的精度，使应用程序变得无用。

18.3.4 Unicode 字符

我们在代码中使用的图标，→、Δ ε 、⊕和⊖，都是 Unicode 字符。每个操作系统都有插入这些字符的方法。如果你在谷歌上快速搜索，你应该能够找到如何在你的操作系统中访问它们。例如，macOS 使用 CMD-CTRL- 空格键组合来打开符号对话框，这就是我在代码中插入符号的方式。

你也可以使用它们在 Python 字符串中的代码插入这些字符，例如：

```
>>> '\u2295 is a Unicode symbol'
'⊕ is a Unicode symbol'
```

如果选择此替代方案，则需要将清单中的字符替换为代码。表 18-2 显示了我们使用的字符及其 Unicode 代码。

表 18-2 Unicode 字符

字符	Unicode	用途
⊕	\u2295	拉伸应力
⊖	\u2296	压缩应力
→	\u279c	分隔杆的节点 ID（1→2）
Δ	\u0394	长度增量（Δ l）
ε	\u03f5	应变
σ	\u03c3	应力

18.3.5 代码汇总

如果你跟随本书一步一步操作，那么你的结果应该就如清单 18-25 所示。

清单 18-25 结构解的文本表示

```
from structures.solution.bar import StrBarSolution
from structures.solution.node import StrNodeSolution
from structures.solution.structure import StructureSolution
from utils.strings import list_to_string

__DECIMAL_POS = 4
__SEPARATION = ['------------------------------------------', '\n']


def structure_solution_to_string(result: StructureSolution):
    nodes_text = __nodes_to_string(result)
    bars_text = __bars_to_string(result.bars)
    return list_to_string(nodes_text + __SEPARATION + bars_text)


def __nodes_to_string(result: StructureSolution):
    return [
        __node_to_string(result, node)
        for node in result.nodes
    ]


def __node_to_string(
        result: StructureSolution,
        node: StrNodeSolution
):
    orig_pos = node.original_pos.to_formatted_str(__DECIMAL_POS)
    displacement = node.global_disp.to_formatted_str(__DECIMAL_POS)
    disp_pos = node.displaced_pos.to_formatted_str(__DECIMAL_POS)

    strings = [
        f'NODE {node.id}',
        f'\toriginal position: {orig_pos}',
        f'\tdisplacement: {displacement}',
        f'\tdisplaced position: {disp_pos}'
    ]

    if node.is_constrained:
        react = result.reaction_for_node(node)
        react_str = react.to_formatted_str(__DECIMAL_POS)
        strings.append(f'\treaction: {react_str}')

    return list_to_string(strings) + '\n'

def __bars_to_string(bars: [StrBarSolution]):
```

```
    return [__bar_to_string(bar) for bar in bars]


def __bar_to_string(bar: StrBarSolution):
    nodes_str = f'{bar.start_node.id} → {bar.end_node.id}'
    type_str = '⊕ TENSION' if bar.stress >= 0 else '⊖ COMPRESSION'
    elongation = round(bar.elongation, __DECIMAL_POS)
    strain = '{:.3e}'.format(bar.strain)
    stress = round(bar.stress, __DECIMAL_POS)

    return list_to_string([
        f'BAR {bar.id} ({nodes_str}) : {type_str}',
        f'\tΔl (elongation) = {elongation}',
        f'\tϵ  (strain)     = {strain}',
        f'\tσ  (stress)     = {stress}\n'
    ])
```

在不到 70 行的代码中，我们已经编写了一个能够生成结构解模型的文本表示的函数。

18.4 小结

在本章中，我们实现了创建表示结构解模型的矢量图的代码。我们将生成的绘图过程分为多个块，以使代码更易于管理，然后我们将其全部放在 svg.py 文件中，具体来说是在 structure_solution_to_svg 函数中。

然后，我们实现了一个函数 structure_solution_to_string，用于生成结构解的文本表示。

现在，我们拥有了组装应用程序所需的一切。在最后一章，我们将完成组装。

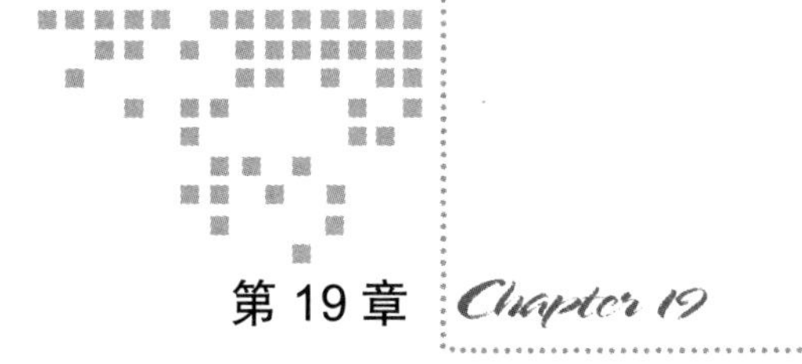

第 19 章 Chapter 19

组装应用程序

我们已经实现了桁架结构的所有应用程序，所以现在是时候把它们组装成我们可以从命令行中运行的东西了。我们在这一章将编写的应用程序会把一个输入文件解析成结构模型，使用 Structure 类的 solve_structure 方法组装解结构，然后使用上一章实现的函数创建一个 SVG 图像和描述解的文本文件。

19.1 概述

为了概述如何将不同的模块组装到一个最终的应用程序中，让我们来看看图 19-1。此图说明了执行应用程序时所发生的阶段。

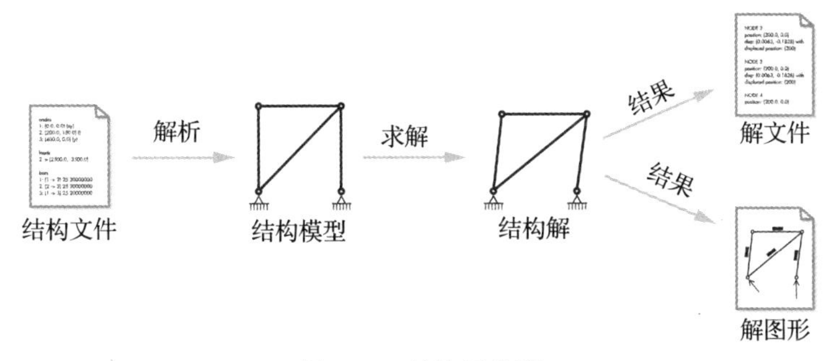

图 19-1　结构解步骤

首先，我们的应用程序接受一个定义结构的文本文件。这个文件是根据我们在第 17 章中定义的规则进行格式化的。在第一步中，我们把文件的内容读入一个字符串，然后将这个字符串解析为从我们的结构类构建的模型。

一旦构建了结构模型，Structure 类的 solve_structure 方法将进行分析并创建一个结构解模型。

如果你还记得，StructureSolution 类是表示该解的最高层级。

最后一步是将结果以图像形式（SVG 文件）和文本报告形式（文本文件）保存。因此，我们的程序的输出将是两个文件。

但是，在做任何事情之前，我们首先需要为应用程序设置一个新的目录。

19.2 设置

首先，让我们在 apps 目录中创建一个新的软件包，将其命名为 truss_structures。你的目录应该如下所示：

```
apps
  |- aff_transf_motion
  |    |- ...
  |- circle_from_points
  |    |- ...
  |- truss_structures
  |     |- __init__.py
```

如果你将包文件夹创建为常规文件夹，请不要忘记添加一个空的 __init__.py 文件，使其成为一个 Python 包。现在，让我们在包中添加主文件。创建一个名为 main.py 的新 Python 文件，并在其中添加以下几行：

```
if __name__ == '__main__':
    print('Main')
```

truss_structures 包现在应该包含两个文件：

```
truss_structures
  |- __init__.py
  |- main.py
```

在本章中，我们不会在 IDE 中使用运行配置；相反，我们将依赖于一个包装程序的 bash 脚本。现在让我们准备好脚本，以便在整个章节中使用它。在项目目录顶部的 Mechanics 文件夹中，创建一个新的 bash 文件，并将其命名为 truss.sh。输入清单 19-1 中的代码。

清单 19-1 bash 包装器脚本

```
#!/usr/bin/env bash
PYTHONPATH=$PWD python3 apps/truss_structures/main.py $@
```

我们需要更改对该文件的权限，以使其可执行。在 shell 中运行以下操作：

```
$ chmod +x truss.sh
```

如果你在 shell 中运行以下代码，

```
$ ./truss.sh
```

你应该看到“Main”出现在输出中。我们已经设置好了，让我们开始编码吧！

19.3　输入参数

我们的命令行应用程序将接受一些参数：图形的总体比例、节点位移的比例、载荷的比例，以及是否绘制原始几何图形（见表 18-1）。

我们像这样将这些参数传递给程序：

```
$ ./truss.sh --scale=1.25 --disp-scale=100 --load-scale=0.1 --no-draw-original
```

我们希望读取这些参数，解析它们的值，如果用户不提供值，则使用默认值。我们可以使用 Python 的标准库中的一个方便的工具——argparse——来实现这一点。argparse 还将为用户生成不同参数的帮助消息，并验证传递的值。

在 apps/truss_structures 包中创建一个名为 arguments.py 的新文件。你的 truss_structures 包现在应该是这样的：

```
truss_structures
  |- __init__.py
  |- arguments.py
  |- main.py
```

输入清单 19-2 中的代码。

清单 19-2　解析命令行参数

```
import argparse


def parse_arguments():
❶ parser = argparse.ArgumentParser(
        description='Solves a truss structure'
    )

❷ parser.add_argument(
        '--scale',
        help='scale applied to the geometry (for plotting)',
        default=2,
        type=float
    )

❸ parser.add_argument(
        '--disp-scale',
        help='scale applied to the displacements (for plotting)',
        default=500,
        type=float
    )

❹ parser.add_argument(
        '--load-scale',
        help='scale applied to the loads (for plotting)',
        default=0.02,
        type=float
```

```
    )

❺ parser.add_argument(
        '--no-draw-original',
        help='Should draw the original geometry?',
        action='store_true'
    )

❻ return parser.parse_args()
```

在这个文件中，我们定义了一个名为 parse_arguments 的函数。这个函数配置了一个 Argument-Parser 类❶的实例来识别我们的参数并解析它们。我们向构造函数传递对程序所做操作的描述。如果用户传递 --help 标志，这将作为帮助信息，如下：

```
$ ./truss.sh --help
```

这为用户提供了以下描述：

```
usage: main.py [--help] [--scale SCALE] [--disp-scale DISP_SCALE]
               [--load-scale LOAD_SCALE] [--no-draw-original]

Solves a truss structure

optional arguments:
  -h, --help            show this help message and exit
  --scale SCALE         scale applied to the geometry (for plotting)
  --disp-scale DISP_SCALE
                        scale applied to the displacements (for plotting)
  --load-scale LOAD_SCALE
                        scale applied to the loads (for plotting)
  --no-draw-original    Should draw the original geometry?
```

我们添加的第一个参数是 --scale❷。我们给它一个帮助消息和一个默认值 2，并将它的类型设置为浮点数。

然后是参数 --disp-scale❸，默认值为 500。不要忘记，与杆的大小相比，这些位移通常很小，所以我们需要一个大的比例来查看它们。每个结构解的位移都有不同的数量级，因此通过反复试验可以更好地调整这个比例。

接下来是参数 --load-scale❹，默认值为 0.02。这个比例将缩小载荷，使其适合于图纸大小。

最后是 --no-draw-original 标志❺，它控制我们是否绘制原始结构的几何图形。如果标志没有出现在参数中，我们将绘制原始几何图形，但使用较浅的颜色来保持焦点在解图形上，如图 19-2 所示。

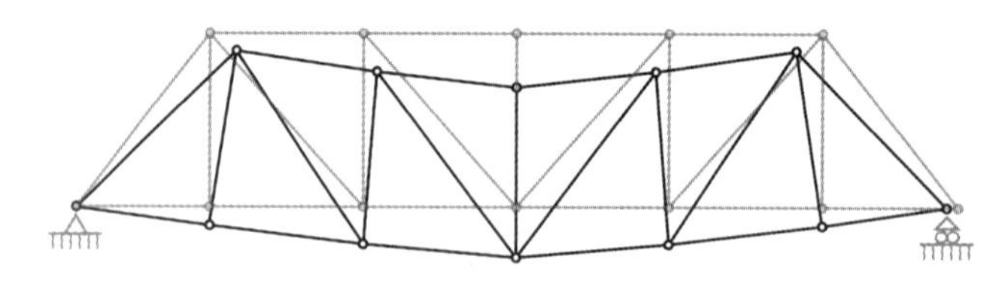

图 19-2 绘制原始几何图形（采用较浅的颜色）

--no-draw-original 标志与其他参数不同：它不期望有一个关联的值，我们只关心该标志是否出现在参数列表中。我们使用带有参数 action 的 add_argument 方法将此标志添加到解析器中。当在参数列表中找到此参数时，将执行一个操作。在这种情况下，我们使用"store_true"操作，如果标志存在，它会在参数中保存 True 值，否则保存 False 值。在 argsparse 包中定义了一些操作，你可以在文档中浏览它们。我们只需要"store_true"。

最后一行返回调用 parse_args 方法的结果❻。此方法从 sys.argv 中读取参数。Python 在 sys.argv 中存储传递给程序的参数，并按照前面定义的规则解析值。

结果是一个类似字典的结构，具有参数值。正如我们稍后将看到的，字典的键的名称与参数相同，但是没有初始短横线（--），中间的短横线用下划线代替。例如，--load-scale 变成了 load_scale，一个更像 Python 的变量名称。此外，在 Python 中，变量名不允许使用短横线。

现在让我们来编写生成应用程序输出文件的代码。

19.4 生成输出文件

我们在前一章中准备了两个函数，它们分别生成 SVG 和解的文本表示。我们将在应用程序中使用这些函数，并将它们的结果写入一个外部文件。

首先，创建一个名为 output.py 的新文件。你的 truss_structures 包现在应该如下所示：

```
truss_structures
  |- __init__.py
  |- arguments.py
  |- main.py
  |- output.py
```

在 output.py 中，输入清单 19-3 中的代码。

清单 19-3　处理结构输出

```
import os

from structures.out.svg import structure_solution_to_svg
from structures.out.text import structure_solution_to_string
from structures.solution.structure import StructureSolution


def save_solution_to_svg(solution: StructureSolution, arguments):
 ❶ solution_svg = structure_solution_to_svg(solution, arguments)
    __write_to_file('result.svg', solution_svg)


def save_solution_to_text(solution: StructureSolution):
 ❷ solution_text = structure_solution_to_string(solution)
    __write_to_file('result.txt', solution_text)


def __write_to_file(filename, content):
```

```
❸ file_path = os.path.join(os.getcwd(), filename)
❹ with open(file_path, 'w') as file:
    file.write(content)
```

我们定义了三个函数：一个将解保存到一个 SVG 图像文件中 (save_solution_to_svg)，另一个保存解到文本文件中（save_solution_to_text），第三个函数创建一个新文件并保存在当前工作目录中 (__write_to_file)。

save_solution_to_svg 函数调用上一章中的 structure_solution_to_svg 函数 ❶，并将生成的 SVG 字符串传递给 write_to_file 函数。注意，我们将命令行参数的字典传递给这个函数，这些是我们用于生成 SVG 矢量图的设置。要做到这一点，我们必须确保使用与 structure_solution_to_svg 期望的设置相同的名称解析命令行参数。在创建 SVG 图后，我们使用 write_to_file 在程序的工作目录中创建一个名为 result.svg 的文件。

save_solution_to_text 函数类似于 save_solution_to_svg：它使用 structure_solution_to_string 函数来生成文本结果 ❷，然后将结果写入一个 result.txt 文件。

在 __write_to_file 中，我们做的第一件事是通过将当前工作目录与文件名（应该包含扩展名）组合来确定文件路径。然后，我们将文件路径存储在变量 file_path 中 ❸。最后，我们使用 with 语句以写模式 ('w') 打开文件，如果文件不存在，就创建文件，然后将传入字符串 content 写入文件 ❹。

我们快完成了！我们只需要将输入、求解和输出缝合在一起。

19.5 主脚本

让我们回到 main.py 文件。打开它并输入清单 19-4 中的代码（你可以删除我们之前编写的 print('Main') 行）。

清单 19-4 主脚本

```
import sys
import time

import apps.truss_structures.output as out
from apps.truss_structures.arguments import parse_arguments
from structures.parse.str_parse import parse_structure_from_lines

if __name__ == '__main__':
  ❶ arguments = parse_arguments()
  ❷ lines = sys.stdin.readlines()

    start_time = time.time()

  ❸ structure = parse_structure_from_lines(lines)
  ❹ solution = structure.solve_structure()
    out.save_solution_to_svg(solution, arguments)
    out.save_solution_to_text(solution)

    end_time = time.time()
```

```
    elapsed_secs = end_time - start_time
❺ print(f'Took {round(elapsed_secs, 3)} seconds to solve')
```

在“ if name is main”块中，我们解析从命令行传递给脚本的参数。为此，我们使用从 arguments.py 模块中导入的 parse_arguments 函数 ❶。如果因为遗漏了一个必需的标志或类似的东西而导致解析失败，执行就会停止，并向用户发送一条有用的消息。

在解析了参数后，我们将读取通过标准输入传递给程序的所有行，并将它们保存在变量 lines 中 ❷。

接下来，我们将解析传入的行，并使用我们在第 17 章中开发的 parse_structure_from_lines 函数 ❸ 来创建结构模型。一旦我们有了结构模型，我们就调用 solve_structure 方法来计算解 ❹。

然后，我们调用上一节中编写的两个函数来生成输出文件：save_solution_to_svg 和 save_solution_to_text。

最后，我们计算程序运行的时间，作为参考，并比较求解不同尺寸的结构所需的时间。在我们开始解析和计算结构之前，我们将时间存储在变量 start_time 中。在生成输出文件后，我们还将时间存储在 end_time 中。从 end_time 中减去 start_time 得到所消耗的时间（s），即我们的应用程序产生结果所花费的时间。我们在应用程序执行结束之前以秒为单位输出此时间结果 ❺。

我相信你会和我一样兴奋地尝试一下我们的新应用程序。让我们手动编写一个结构文件并求解它。

19.6　尝试应用程序

让我们创建一个结构文件来尝试这个应用程序。图 19-3 说明了在桥梁中发现的四种常见桁架配置。从这些标准设计中，我们的第一次测试将选择 Warren 类型。我们将手动编写一个文件，按照桁架中杆的配置定义一个结构。

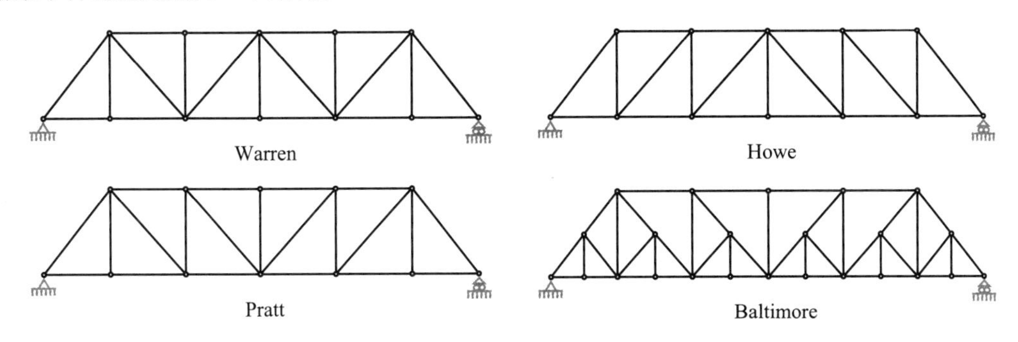

图 19-3　桁架类型

在 apps/truss_structures 中创建一个名为 warren.txt 的新文件。输入以下结构定义：

```
# Warren truss with 4 spans

nodes
# lower nodes
1: (0.0, 0.0) (xy)
```

```
2: (400.0, 0.0) ()
3: (800.0, 0.0) ()
4: (1200.0, 0.0) ()
5: (1600.0, 0.0) (y)
# upper nodes
6: (400.0, 300.0) ()
7: (800.0, 300.0) ()
8: (1200.0, 300.0) ()

loads
6 -> (2500.0, -5000.0)
7 -> (2500.0, -5000.0)
8 -> (2500.0, -5000.0)

bars
# horizontal bars
1: (1 -> 2) 20.0 20000000.0
2: (2 -> 3) 20.0 20000000.0
3: (3 -> 4) 20.0 20000000.0
4: (4 -> 5) 20.0 20000000.0
5: (6 -> 7) 20.0 20000000.0
6: (7 -> 8) 20.0 20000000.0
# vertical bars
7: (2 -> 6) 15.0 20000000.0
8: (3 -> 7) 15.0 20000000.0
9: (4 -> 8) 15.0 20000000.0
# diagonal bars
10: (1 -> 6) 30.0 20000000.0
11: (6 -> 3) 30.0 20000000.0
12: (3 -> 8) 30.0 20000000.0
13: (8 -> 5) 30.0 20000000.0
```

或者，为了避免自己编写所有这些内容，你可以复制和粘贴本书附带的代码中提供的文件的内容。图 19-4 可以帮助你直观地理解在 Warren 结构示例文件中节点和杆是如何排列的。

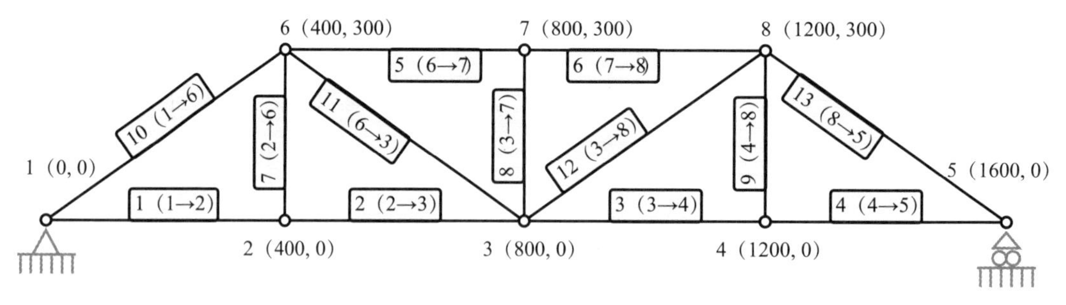

图 19-4 Warren 桁架结构来测试应用程序

现在是时候求解这个结构，看看我们的应用程序生成的美丽结果。从 shell 中，运行以下操作：

```
$ ./truss.sh --scale=1.25 --disp-scale=250 < apps/truss_structures/warren.txt
```

以下内容应输出到 shell 上：

```
Took 0.058 seconds to solve
```

在上一个命令中，我们执行 bash 脚本，该脚本封装代码并传入两个参数：全局绘图比例 1.25 和位移比例 250。其他参数将使用它们的默认值，如果你还记得，载荷比例为 0.02，--no-draw-original 为 False。

两个新文件——result.svg 和 result.txt 应该出现在你的项目中，与 bash 文件 truss.sh 在同一级别。如果你打开第二个，即解的文本文件，你将看到类似于清单 19-5 的内容。

清单 19-5 Warren 桁架的解文本形式

```
NODE 1
   original position: (0.0, 0.0)
   displacement: (0.0, 0.0) with norm 0.0
   displaced position: (0.0, 0.0)
   reaction: (-7513.0363, 6089.8571) with norm 9671.1981

--snip--

NODE 8
   original position: (1200.0, 300.0)
   displacement: (0.0185, -0.0693) with norm 0.0717
   displaced position: (1200.0185, 299.9307)

----------------------------------------


BAR 1 (1 → 2) : ⊕ TENSION
   Δl (elongation) = 0.0156
   ϵ  (strain)     = 3.908e-05
   σ  (stress)     = 781.5951

--snip--

BAR 13 (8 → 5) : ⊖ COMPRESSION
   Δl (elongation) = -0.0124
   ϵ  (strain)     = -2.473e-05
   σ  (stress)     = -494.5523
```

解的文本报告对于检查所有的解值非常有用。例如，你可以检查节点 1 和节点 5（外部约束的节点）的反作用力。ID 为 1 的节点 (NODE1) 在水平和垂直方向上均具有外部约束，其反作用力近似为 $\vec{R} = (-7513, 6090)$。这个节点的位移必然为零。ID 为 5 的节点 (NODE5) 仅在垂直方向上受到约束，其位移向量为 $\vec{u} = (0.055, 0.0)$。

现在就来看看每个杆的部分吧。你可以很容易地识别压缩和拉长的杆，并检查它们的伸长量、应变和应力值。如果我们想在给定的载荷下分析结构，这个报告给了我们需要的所有数据。

最好的部分在 result.svg 文件中。在你最喜欢的浏览器中打开结果图像。你的结果应该像图 19-5。

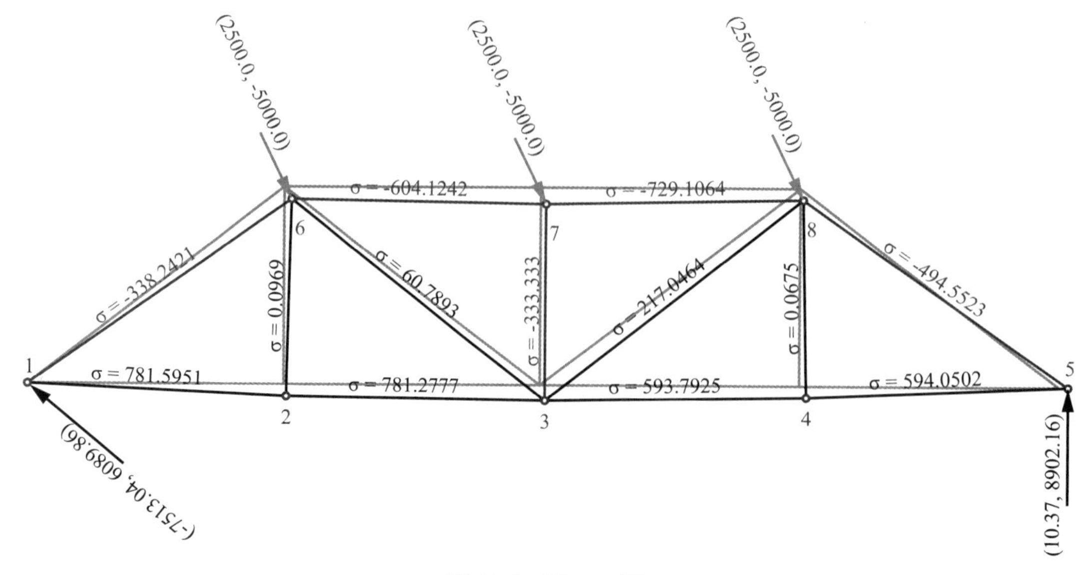

图 19-5 Warren 解

正如你在屏幕上看到的，如果杆受压缩，则为红色；如果受拉伸，则为绿色。与杆一致排列的注释代表它们的应力。原始的几何图形是在背景中使用浅蓝色绘制的，这让我们可以更好地可视化载荷如何使结构变形的。

注意：你可以在 PyCharm 中查看 SVG 图像，但如果我们试图在 IDE 中打开和可视化内部的图像，你会惊讶地看到它们颠倒了。不要惊慌，你没有弄错。只是（从 2021.1 版本开始）PyCharm 不支持我们添加到 SVG 的 transform 属性，如果你记得，我们需要用其来翻转 y 轴。我建议你使用浏览器来代替。

你能看到杆的线宽的不同吗？使用线宽来表示杆的横截面，可以帮助我们识别出结构中能够承受更大载荷的杆。我们添加到杆上的压力注释使我们很容易地检查每个杆上的应力，从而给我们提供了最重要的信息之一。我们只需看一眼图表，就能收集到相当多的信息。这正是这些图像表示的价值。

为了理解我们的程序的参数可以做什么，让我们来看看它们，看看我们可以得到什么样的结果。

19.6.1 尝试不同的参数输入

让我们首先检验一下，如果我们传入 --no-draw-original 标志，会发生什么：

```
$ ./truss.sh --scale=1.25 --disp-scale=250 --no-draw-original
  < apps/truss_structures/warren.txt
```

如果在你喜欢的浏览器中打开 result.svg 图像，你应该看到图 19-6 中的图像。

没有原始几何图形，我们可以看到更清晰的变形结构；同时，我们无法看到节点和杆相对于它们的原始位置是如何移动的。

使用一个更大的位移比例会怎么样？让我们试试以下内容：

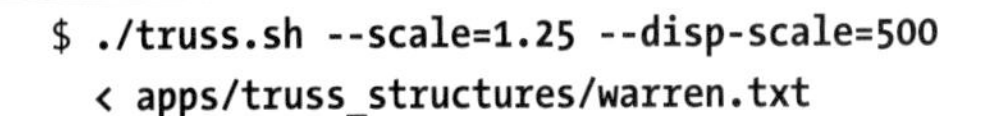

```
$ ./truss.sh --scale=1.25 --disp-scale=500
  < apps/truss_structures/warren.txt
```

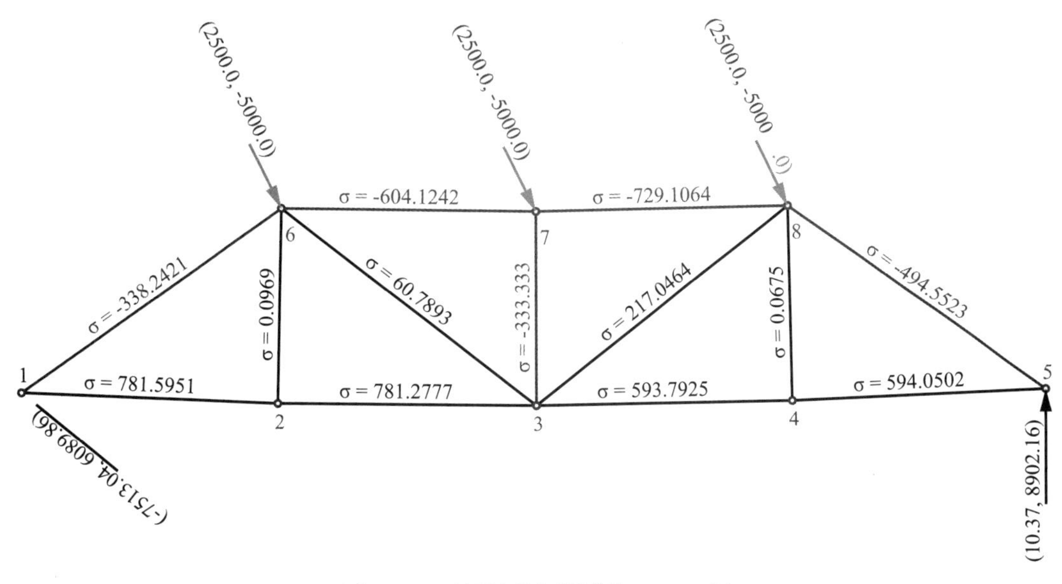

图 19-6　无原始几何图形的 Warren 解

使用 500 的位移比例放大了变形，所以我们可以清楚地看到它们。图像现在应该像图 19-7。

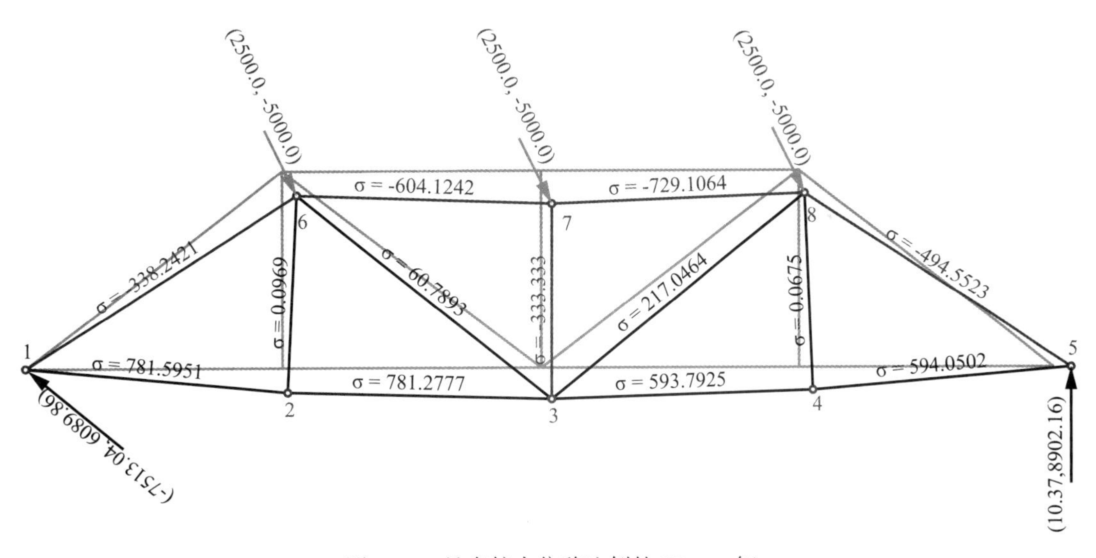

图 19-7　具有较大位移比例的 Warren 解

我们还没有使用载荷图，我们一直在使用默认值 0.02。让我们尝试编辑此值，以查看其效果：

```
$ /truss.sh --scale=1.25 --disp-scale=400 --load-scale=0.01
  < apps/truss_structures/warren.txt
```

如果我们使用 0.01 的载荷比例，这是我们目前使用的一半，你可以看到载荷向量的长度已经缩小，如图 19-8 所示。

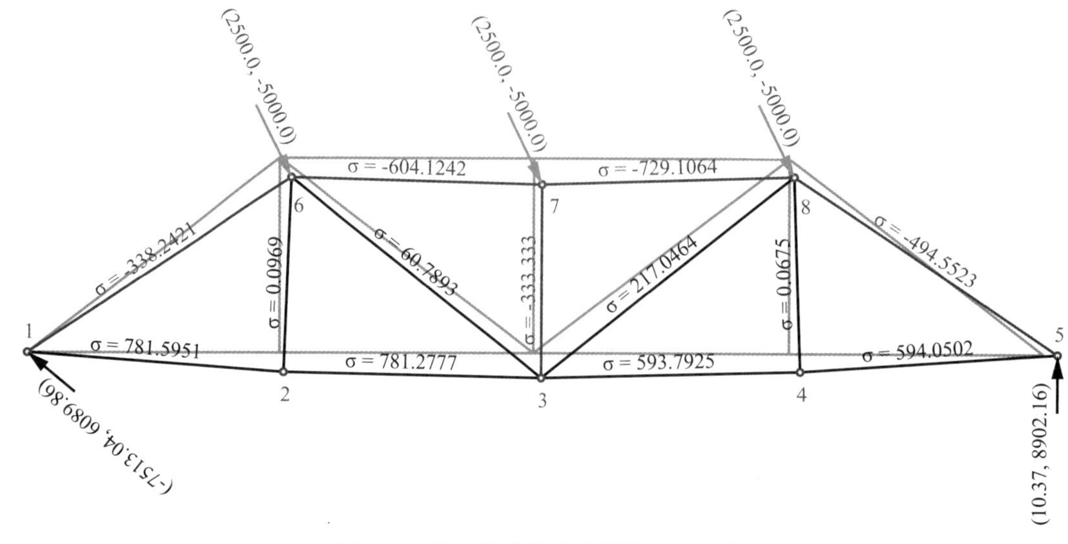

图 19-8 具有较小载荷比例的 Warren 解

如你所见，载荷比例对于载荷向量的正确可视化非常重要。一个小的值会缩小向量，以至于没有空间放置它们的标签。你可以尝试一个更大的载荷比例，比如 0.5。这些标签应该会从图表中消失。在此种情况下，我们绘制的向量太长，以至于它们的中心位于绘图边界之外，因此，我们朝向起点放置的载荷注释直接不可见。

19.6.2 求解一个大型结构问题

在随书分发的代码的 apps/truss_structures 目录中有一个文件 baltimore.txt，它定义了一个具有 10 个跨度的 Baltimore 桁架结构。将此文件复制到项目的同一个文件夹中。或者，你也可以手动创建和写入该文件（见清单 19-6）。

清单 19-6 Baltimore 桁架结构定义

```
# Baltimore truss with 10 spans

nodes
# lower nodes
1: (0.0, 0.0) (xy)
2: (200.0, 0.0) ()
3: (400.0, 0.0) ()
4: (600.0, 0.0) ()
5: (800.0, 0.0) ()
6: (1000.0, 0.0) ()
7: (1200.0, 0.0) ()
8: (1400.0, 0.0) ()
9: (1600.0, 0.0) ()
```

```
10: (1800.0, 0.0) ()
11: (2000.0, 0.0) ()
12: (2200.0, 0.0) ()
13: (2400.0, 0.0) ()
14: (2600.0, 0.0) ()
15: (2800.0, 0.0) ()
16: (3000.0, 0.0) ()
17: (3200.0, 0.0) ()
18: (3400.0, 0.0) ()
19: (3600.0, 0.0) ()
20: (3800.0, 0.0) ()
21: (4000.0, 0.0) (y)
# middle nodes
22: (200.0, 150.0) ()
23: (600.0, 150.0) ()
24: (1000.0, 150.0) ()
25: (1400.0, 150.0) ()
26: (1800.0, 150.0) ()
27: (2200.0, 150.0) ()
28: (2600.0, 150.0) ()
29: (3000.0, 150.0) ()
30: (3400.0, 150.0) ()
31: (3800.0, 150.0) ()
# upper nodes
32: (400.0, 300.0) ()
33: (800.0, 300.0) ()
34: (1200.0, 300.0) ()
35: (1600.0, 300.0) ()
36: (2000.0, 300.0) ()
37: (2400.0, 300.0) ()
38: (2800.0, 300.0) ()
39: (3200.0, 300.0) ()
40: (3600.0, 300.0) ()

loads
1 -> (0.0, -500.0)
2 -> (0.0, -500.0)
--snip--
40 -> (0.0, -500.0)

bars
# zig-zag bars
1: (1 -> 22) 20.0 20000000.0
2: (22 -> 3) 20.0 20000000.0
3: (3 -> 23) 20.0 20000000.0
4: (23 -> 5) 20.0 20000000.0
5: (5 -> 24) 20.0 20000000.0
6: (24 -> 7) 20.0 20000000.0
7: (7 -> 25) 20.0 20000000.0
```

```
8: (25 -> 9) 20.0 20000000.0
9: (9 -> 26) 20.0 20000000.0
10: (26 -> 11) 20.0 20000000.0
11: (11 -> 27) 20.0 20000000.0
12: (27 -> 13) 20.0 20000000.0
13: (13 -> 28) 20.0 20000000.0
14: (28 -> 15) 20.0 20000000.0
15: (15 -> 29) 20.0 20000000.0
16: (29 -> 17) 20.0 20000000.0
17: (17 -> 30) 20.0 20000000.0
18: (30 -> 19) 20.0 20000000.0
19: (19 -> 31) 20.0 20000000.0
20: (31 -> 21) 20.0 20000000.0
# left diagonal bars
21: (32 -> 22) 20.0 20000000.0
22: (32 -> 23) 20.0 20000000.0
23: (33 -> 24) 20.0 20000000.0
24: (34 -> 25) 20.0 20000000.0
25: (35 -> 26) 20.0 20000000.0
# right diagonal bars
26: (37 -> 27) 20.0 20000000.0
27: (38 -> 28) 20.0 20000000.0
28: (39 -> 29) 20.0 20000000.0
29: (40 -> 30) 20.0 20000000.0
30: (40 -> 31) 20.0 20000000.0
# vertical bars
31: (2 -> 22) 20.0 20000000.0
32: (3 -> 32) 20.0 20000000.0
33: (4 -> 23) 20.0 20000000.0
34: (5 -> 33) 20.0 20000000.0
35: (6 -> 24) 20.0 20000000.0
36: (7 -> 34) 20.0 20000000.0
37: (8 -> 25) 20.0 20000000.0
38: (9 -> 35) 20.0 20000000.0
39: (10 -> 26) 20.0 20000000.0
40: (11 -> 36) 20.0 20000000.0
41: (12 -> 27) 20.0 20000000.0
42: (13 -> 37) 20.0 20000000.0
43: (14 -> 28) 20.0 20000000.0
44: (15 -> 38) 20.0 20000000.0
45: (16 -> 29) 20.0 20000000.0
46: (17 -> 39) 20.0 20000000.0
47: (18 -> 30) 20.0 20000000.0
48: (19 -> 40) 20.0 20000000.0
49: (20 -> 31) 20.0 20000000.0
# lower horizontal bars
50: (1 -> 2) 20.0 20000000.0
51: (2 -> 3) 20.0 20000000.0
52: (3 -> 4) 20.0 20000000.0
```

```
53: (4 -> 5) 20.0 20000000.0
54: (5 -> 6) 20.0 20000000.0
55: (6 -> 7) 20.0 20000000.0
56: (7 -> 8) 20.0 20000000.0
57: (8 -> 9) 20.0 20000000.0
58: (9 -> 10) 20.0 20000000.0
59: (10 -> 11) 20.0 20000000.0
60: (11 -> 12) 20.0 20000000.0
61: (12 -> 13) 20.0 20000000.0
62: (13 -> 14) 20.0 20000000.0
63: (14 -> 15) 20.0 20000000.0
64: (15 -> 16) 20.0 20000000.0
65: (16 -> 17) 20.0 20000000.0
66: (17 -> 18) 20.0 20000000.0
67: (18 -> 19) 20.0 20000000.0
68: (19 -> 20) 20.0 20000000.0
69: (20 -> 21) 20.0 20000000.0
# upper horizontal bars
70: (32 -> 33) 20.0 20000000.0
71: (33 -> 34) 20.0 20000000.0
72: (34 -> 35) 20.0 20000000.0
73: (35 -> 36) 20.0 20000000.0
74: (36 -> 37) 20.0 20000000.0
75: (37 -> 38) 20.0 20000000.0
76: (38 -> 39) 20.0 20000000.0
77: (39 -> 40) 20.0 20000000.0
```

请注意，在这段代码中，我们对每个节点应用相同的载荷，但我们省略了一些载荷定义行。如果你是手动编写的，那么你应该添加这些载荷定义行。

让我们将定义这个大型结构的文件传递给程序：

```
$ ./truss.sh --scale=0.75 --disp-scale=100 --load-scale=0.2
  < apps/truss_structures/baltimore.txt
```

由程序产生的输出应该如下所示：

```
Took 0.106 seconds to solve
```

即使对于具有 40 个节点和 77 个杆的 Baltimore 类型，计算时间也只有几分之一秒。如果你打开 solution.svg 文件，你将看到类似于图 19-9 所示的内容。

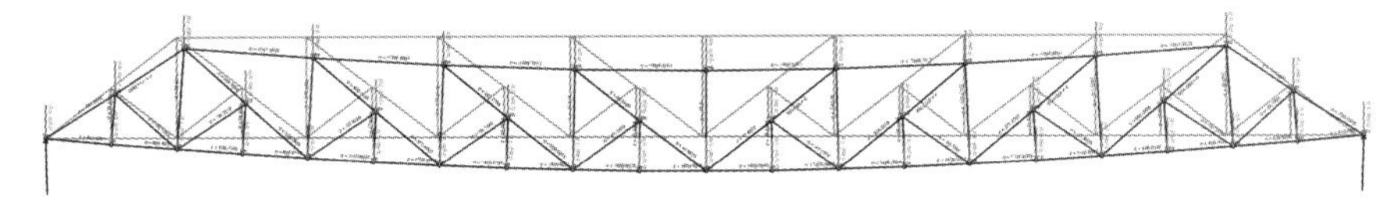

图 19-9　Baltimore 的解

现在你已经做到了这一步，花点时间运行应用程序。尝试使用不同的结构和参数来检查结果。

19.7 小结

在本章中，我们使用了在前几章中已经构建的所有结构分析模块，并将它们组装到一个求解桁架结构的命令行应用程序中。我们的应用程序从标准输入中读取结构文件，并生成两个结果文件：一个是表示解的矢量图，另一个是包含所有相关值的文本报告。

这是这本书第五部分的最后一章。这几章内容有点密集，但我希望结果能有所回报。我们为定义结构的文件创建了一个格式，写一个函数解析成我们的模型，实现生成解模型的解析算法，编码导出这个解到一个图像和一份文本报告，以及最后，组装成一个最终的应用程序。

我们选择了一个求解桁架结构的应用程序来举例说明编写工程应用的过程，但我们也可以选择任何其他主题——传热、流体动力学、梁分析等。过程和技术都是一样的。你所获得的知识应该会使你能够编写适合于你可能遇到的任何工程领域的代码。

这也是本书的最后一章。我希望你喜欢学习如何构建工程应用程序，将它们分成模块，当然，还要测试它们。剩下的就是让你开始创建自己的应用程序了。正如在书的前言中提到的，成为专家的唯一方法是实践：构建许多应用程序，从错误中吸取教训，然后再构建更多。祝你好运！

参考文献

[1] Dustin Boswell and Trevo Foucher. *The Art of Readable Code*. O'Reilly Media, 2011.

[2] Tirupathi R. Chandrupatla and A.D. Belegundu. *Introduction to Finite Elements in Engineering*. Prentice Hall, 1997.

[3] James M. Gere and Stephen P. Timoshenko. *Mechanics of Materials*. Brooks/Cole Engineering Division, 1984.

[4] Erwin Kreyszig. *Advanced Engineering Mathematics*. John Wiley & Sons, 1999.

[5] Eric Lengyel. *Mathematics for 3D Game Programming and Computer Graphics*. Cengage Learning PTR, 2012.

[6] Robert C. Martin. *Clean Code: A Handbook of Agile Software Craftsmanship*. Pearson Education, 2009.

[7] Burkhard A. Meier. *Python GUI Programming Cookbook*. Packt Publishing, 2017.

[8] J. L. Meriam and L. G. Kraige. *Engineering Mechanics: Dynamics*. Wiley, 2006.

[9] J. L. Meriam and L. G. Kraige. *Engineering Mechanics: Statics*. Wiley, 2006.

[10] Singiresu S. Rao. *The Finite Element Method in Engineering*. Elsevier, 2005.

[11] William F. Riley and Leroy D. Sturges. *Engineering Mechanics: Statics*. Wiley, 1995.

[12] Tarek Ziadé and Michał Jaworski. *Expert Python Programming*. Packt Publishing, 2016.

推荐阅读

Python机器学习：基于PyTorch和Scikit-Learn

作者:（美）塞巴斯蒂安·拉施卡（Sebastian Raschka）（美）刘玉溪（海登）（Yuxi（Hayden） Liu）
（美）瓦希德·米尔贾利利（Vahid Mirjalili）译者：李波 张帅 赵炀
ISBN：978-7-111-72681-4 定价：159.00元

Python深度学习“四大名著”之一全新PyTorch版；PyTorch深度学习入门首选。

基础知识+经典算法+代码实现+动手实践+避坑技巧，完美平衡概念、理论与实践，带你快速上手实操。

本书是一本在PyTorch环境下学习机器学习和深度学习的综合指南，既可以作为初学者的入门教程，也可以作为读者开发机器学习项目时的参考书。

本书添加了基于PyTorch的深度学习内容，介绍了新版Scikit-Learn。本书涵盖了多种用于文本和图像分类的机器学习与深度学习方法，介绍了用于生成新数据的生成对抗网络（GAN）和用于训练智能体的强化学习。最后，本书还介绍了深度学习的新动态，包括图神经网络和用于自然语言处理（NLP）的大型Transformer。

本书几乎为每一个算法都提供了示例，并通过可下载的Jupyter notebook给出了代码和数据。值得一提的是，本书还提供了下载、安装和使用PyTorch、Google Colab等GPU计算软件包的说明。